スピントロニクスの基礎と材料・応用技術の最前線

Spintronics — Basics and Forefront of Materials and Applications

《普及版／Popular Edition》

監修 高梨弘毅

シーエムシー出版

はじめに

　電子には，電荷とスピンの2つの自由度がある。第2次世界大戦の終結後間もない1948年にShockley, Bardeen, Brattainの3人がトランジスタの発明を発表して以来，飛躍的に成長し，現在では日常生活に欠かせない技術となるまでに発展したエレクトロニクスは，専ら電荷の制御に注目してきた。一方で，マグネティクスと呼ばれる分野があり，この歴史はエレクトロニクスよりさらに古く，強い磁石をいかに作るかということに人々が取り組み始めた頃，具体的には本多光太郎がKS磁石鋼を発明した頃(1916年)まで遡ることができよう。マグネティクスでは，磁化の制御が専らの関心事であり，磁化の根源は言うまでもなくスピンである。スピントロニクス(あるいはスピンエレクトロニクス)と呼ばれているものは，エレクトロニクスとマグネティクスという別々に歩んできた2つの分野の融合である。また，スピントロニクスは，現在のナノテクノロジーの発展と密接不可分の関係にある。なぜナノテクノロジーか。それは，物質・材料がナノスケール化すると，電荷の輸送(電気伝導)と磁気モーメントの挙動(磁気特性)が強く関係するようになり，一方によって一方が制御できるようになる。その代表的な例が，1988年にFertおよびGrünbergによって独立に発見された巨大磁気抵抗効果であり，人工格子と呼ばれるナノスケールで制御された複合構造において，電気伝導を磁化配置によって制御できることが実証された。また，後になって，それとは逆に，電流によって磁化配置を制御できることも実証された(スピン注入磁化反転)。このように，ナノスケールで制御された物質・材料を用い，磁気特性と他の物理特性(電気伝導や光学特性など)との相関，言い換えれば相互に制御できることを利用して創成される新しいエレクトロニクス，それがスピントロニクスである。

　スピントロニクスがカバーする領域は，スピン依存伝導やスピン注入といった基礎的な物理現象から，再生ヘッドや磁気メモリ，スピントランジスタなどへのデバイス応用まで幅広い。また，対象となる物質・材料も，金属，半導体，絶縁体と多岐に渡る。この膨大なスピントロニクスを一冊に凝縮し，読めば研究・開発の基礎と現状を総合的に俯瞰できる，というような本があればきわめて有用であり，本書の趣旨はまさにそこにある。

　本書の前身は，2004年に猪俣浩一郎博士(当時東北大学教授，現在物質・材料研究機構)の監修のもとで刊行された「スピンエレクトロニクスの基礎と最前線」である。この本は，日本におけるスピントロニクスの最初の総合的成書として，大きな役割を果たした。しかし，スピントロニクスの研究・開発は日進月歩で変化しており，刊行から5年を経過した今，古くなってしまった内容も少なくない。そこで改訂版の話が持ち上がり，刊行されたのが本書である。本書では，基本的には旧版における各章の執筆者を可能な限り残し，各章の執筆者がその内容を改訂するという方針を取ったが，この5年間に新しく発展した研究(例えばスピンホール効果や分子スピントロニクスなど)も大幅に取り入れ，新しい執筆者に依頼して章を増やした。それに合わせて，全体構成も多少の変更を行った。さいわい2007年度から文部科学省科学研究費特定領域「スピン流の創出と制御」が設定され，執筆者の多くが特定領域に関係しているので，相互に連携を取りながら，非常にスムーズに執筆・編集活動が進められたと思う。本書が，旧版同様，スピントロニクス分野で大きな役割を果たすことを願っている。

　最後に，本書をまとめるに当たってご協力くださった執筆者の方々，そしてシーエムシー出版の関係者の方々に深く感謝いたします。

2009年6月吉日

東北大学　金属材料研究所
高梨弘毅

普及版の刊行にあたって

　本書は2009年に『スピントロニクスの基礎と材料・応用技術の最前線』として刊行されました。普及版の刊行にあたり，内容は当時のままであり加筆・訂正などの手は加えておりませんので，ご了承ください。

2015年8月

シーエムシー出版　編集部

執筆者一覧（執筆順）

高梨 弘毅	東北大学	金属材料研究所　教授
大兼 幹彦	東北大学	大学院工学研究科　応用物理学専攻　助教
宮崎 照宣	東北大学	原子分子材料科学高等研究機構　教授
高橋 三郎	東北大学	金属材料研究所　助教
前川 禎通	東北大学	金属材料研究所　教授
鈴木 義茂	大阪大学	大学院基礎工学研究科　物質創成専攻　教授
久保田 均	㈱産業技術総合研究所	エレクトロニクス研究部門スピントロニクスグループ　主任研究員
安藤 康夫	東北大学	大学院工学研究科　応用物理学専攻　教授
小野 輝男	京都大学	化学研究所　教授
三谷 誠司	㈱物質・材料研究機構	磁性材料センター　グループリーダー
松倉 文礼	東北大学	電気通信研究所　ナノ・スピン実験施設　半導体スピントロニクス研究部　准教授
井上 順一郎	名古屋大学	工学研究科　教授
大成 誠一郎	名古屋大学	工学研究科　助教
宗片 比呂夫	東京工業大学	理工学研究科　附属像情報工学研究施設　教授
塚本 新	日本大学	理工学部　電子情報工学科　専任講師
大野 裕三	東北大学	電気通信研究所　ナノ・スピン実験施設　半導体スピントロニクス研究部　准教授
村上 修一	東京工業大学	大学院理工学研究科　准教授
大谷 義近	東京大学	物性研究所　教授
木村 崇	東京大学	物性研究所　助教　（現：九州大学　稲盛フロンティア研究センター　特任教授）
白井 正文	東北大学	電気通信研究所　教授
猪俣 浩一郎	㈱物質・材料研究機構	磁性材料センター　フェロー
介川 裕章	㈱物質・材料研究機構	磁性材料センター　研究員
湯浅 新治	㈱産業技術総合研究所	エレクトロニクス研究部門　研究グループ長
長浜 太郎	㈱産業技術総合研究所	エレクトロニクス研究部門　主任研究員

柳原 英人	筑波大学	大学院数理物質科学研究科　電子・物理工学専攻　准教授
関　剛斎	大阪大学	大学院基礎工学研究科　日本学術振興会特別研究員
佐橋 政司	東北大学	大学院工学研究科　電子工学専攻　教授
土井 正晶	東北大学	大学院工学研究科　電子工学専攻　准教授
三宅 耕作	東北大学	大学院工学研究科　電子工学専攻　助教
田中 雅明	東京大学	大学院工学系研究科　電気系工学専攻　教授
安藤 功兒	㈱産業技術総合研究所　エレクトロニクス研究部門　副研究部門長	
白石 誠司	大阪大学	大学院基礎工学研究科　准教授
高橋 有紀子	㈱物質・材料研究機構　磁性材料センター　主任研究員	
宝野 和博	㈱物質・材料研究機構　磁性材料センター　フェロー	
藤森　淳	東京大学	大学院理学系研究科　物理学専攻　教授
秋永 広幸	㈱産業技術総合研究所　ナノ電子デバイス研究センター　副研究センター長	
山本 修一郎	東京工業大学　大学院総合理工学研究科　物理情報システム専攻　助教；㈱科学技術振興機構　CREST	
周藤 悠介	東京工業大学　大学院理工学研究科　附属像情報工学研究施設　特任助教；㈱科学技術振興機構　CREST	
菅原　聡	東京工業大学　大学院理工学研究科　附属像情報工学研究施設，総合理工学研究科　物理電子システム創造専攻　准教授；㈱科学技術振興機構　CREST	
新田 淳作	東北大学	大学院工学研究科　知能デバイス材料学専攻　教授
上原 裕二	富士通㈱	ストレージプロダクト事業本部　ヘッド事業部
小林 和雄	富士通㈱	ストレージプロダクト事業本部　ヘッド事業部
與田 博明	㈱東芝　研究開発センター　LSI基盤技術ラボラトリー　研究主幹	
林　将光	㈱物質・材料研究機構　材料ラボ　主任研究員	
Stuart S. P. Parkin	IBM Almaden Research Center	
齋藤 好昭	㈱東芝　研究開発センター　研究主幹	
清水 大雅	東京農工大学　工学府　電気電子工学専攻　特任准教授	
伊藤 公平	慶應義塾大学　理工学部　物理情報工学科　教授	

執筆者の所属表記は，2009年当時のものを使用しております。

目　次

＜基礎・物性編＞

第1章　巨大磁気抵抗効果　　　高梨弘毅

1　はじめに……………………………3
2　強磁性体の一般的な磁気抵抗効果………4
3　巨大磁気抵抗効果（GMR）という現象
　………………………………………6
4　GMRのメカニズム ………………8
5　層間交換結合とGMRの振動現象 ………10
6　GMRの応用とスピンバルブ ……………11
7　CIP-GMRとCPP-GMR ………………12
8　グラニュラー系のGMR …………………13

第2章　トンネル磁気抵抗効果　　　大兼幹彦，宮崎照宣

1　はじめに……………………………15
2　Al-O障壁を用いたトンネル接合 ………17
　2.1　TMR比の障壁高さ依存性……………17
　2.2　TMR, AMR, PHEの比較……………18
3　MgO障壁を用いたトンネル接合 ………20
4　ハーフメタルを用いたトンネル接合……22
5　その他のトンネル接合……………………26
5.1　磁性半導体のトンネル磁気抵抗効果
　………………………………………26
5.2　グラニュラー構造物質の巨大磁気
　　抵抗効果 …………………………27
5.3　有機分子─強磁性体ハイブリッド
　　トンネル接合 ……………………27

第3章　スピン注入・蓄積効果　　　高橋三郎，前川禎通

1　はじめに……………………………31
2　スピン注入・検出素子……………31
3　スピン伝導…………………………33
4　スピン蓄積…………………………34
5　スピン流……………………………37
6　スピンホール効果…………………38
7　おわりに……………………………39

I

第4章　スピン注入磁化反転と自励発振　　鈴木義茂, 久保田均

1　スピントルク……………………………42
　1.1　スピントルクの理論 ………………42
　1.2　スピントルクの観測 ………………45
2　注入磁化反転の機構…………………46
　2.1　スピン注入磁化反転の機構 ………46
　2.2　微細素子の作製 ……………………50
　2.3　測定方法 ……………………………52
　2.4　実験結果 ……………………………52
3　自励発振………………………………54
　3.1　自励発振の機構 ……………………54
　3.2　自励発振の実際 ……………………55
4　おわりに………………………………57

第5章　スピンポンピングと磁化ダイナミクス　　安藤康夫

1　はじめに………………………………60
2　スピンポンピングとは………………61
　2.1　スピンポンピング現象の観測に至るまで ………………………………61
　2.2　スピンポンピング現象の理論 ………61
3　スピンポンピングと Gilbert damping 定数………………………………………63
　3.1　FM/NM 接合における Gilbert damping 定数 …………………………………63
　3.2　FM/NM 1/NM 2 接合における Gilbert damping 定数 ………………………65
　3.3　FM/NM 1/NM 2 接合のスピンポンピングを用いたスピン拡散長測定 …66
　3.4　FM 1/NM/FM 2 接合構造における dynamic exchange と Gilbert damping ………………………………………67
4　スピントロニクスデバイスとスピンポンピング…………………………………67
　4.1　GMR 積層構造における Gilbert damping の影響 ……………………………67
　4.2　ノイズとスピンポンピング …………68
　4.3　強磁性金属の横スピン侵入長 ………69
5　スピン流源としてのスピンポンピングの新たな展開…………………………70
　5.1　スピンポンピングを用いた DC スピン流の生成とスピンバイアス ……70
　5.2　FM/I/NM トンネル接合を用いたスピンバイアスの検出 ………………71
　5.3　純スピン流を用いたスピンホール効果 ……………………………………71
6　おわりに………………………………72

第6章　磁壁制御とスピントロニクス　　小野輝男

1　磁壁とは………………………………75
2　磁場駆動から電流駆動へ……………76
3　スピントランスファー効果による磁壁の電流駆動とは……………………76

4 強磁性細線における磁壁の電流駆動……77
5 スピントロニクスデバイスへの応用……80

第7章　スピン依存単一電子トンネル現象　　三谷誠司, 高梨弘毅

1 はじめに……83
2 ナノ粒子を含む多重トンネル接合の作製……85
3 強磁性ナノ粒子におけるスピン依存単一電子トンネル効果……87
4 非磁性ナノ粒子におけるスピン蓄積と単一電子トンネル効果……91
5 今後の課題と展望……92

第8章　強磁性半導体におけるスピン依存伝導現象　　松倉文礼

1 はじめに……94
2 分子線エピタキシ……94
3 磁気的性質……95
4 伝導現象……96
  4.1 磁気抵抗効果……96
  4.2 ホール効果……97
  4.3 異方性磁気抵抗効果……98
5 磁壁と伝導……99
6 磁性の電界制御……101
7 おわりに……102

第9章　2次元半導体のスピン軌道相互作用と量子伝導　　井上順一郎, 大成誠一郎

1 はじめに……105
2 スピン軌道相互作用……106
  2.1 原子内スピン軌道相互作用……106
  2.2 半導体中のスピン軌道相互作用……107
  2.3 グラフェンにおけるスピン軌道相互作用……109
3 2次元系における量子物性……110
  3.1 2次元電子ガスにおける電気伝導……110
  3.2 2次元電子ガスにおけるスピン蓄積……112
  3.3 グラフェンにおけるスピンホール効果……113
4 おわりに……114

第10章　磁性半導体における光誘起磁化　　宗片比呂夫

1 はじめに……116
2 時間分解磁気光学測定法……117
3 光励起による磁化の才差運動……118
4 2つの励起光パルスによる磁化才差運

動のコヒーレント制御 …………………121
　5　強励起光による超高速消磁 ……………123
　6　おわりに ………………………………125

第11章　磁性金属における高速磁化応答と光誘起磁化反転　　塚本　新

　1　はじめに …………………………………127
　2　フェリ磁性 GdFeCo の高速磁化応答計
　　　測 …………………………………………128
　　2.1　フェリ磁性体における共鳴モード
　　　　と角運動量補償点 ……………………128
　　2.2　超高速磁化応答計測法………………129
　　2.3　フェリ磁性 GdFeCo の動特性計測
　　　　 ……………………………………………130
　　2.4　角運動量補償点近傍での磁化ダイ
　　　　ナミクス…………………………………131
　3　光誘起高速磁化反転 …………………133
　　3.1　非熱的光磁気効果……………………133
　　3.2　GdFeCo 薄膜の非熱的光磁気作用
　　　　の計測……………………………………134
　　3.3　全光型磁化反転………………………136
　4　まとめと今後の展望 …………………138

第12章　半導体中の核スピン制御と光検出　　大野裕三

　1　はじめに …………………………………141
　2　半導体量子井戸における光学遷移の選
　　　択則と電子・核スピン間相互作用 ……142
　3　核スピンコヒーレンスの光検出 ………142
　4　核スピン位相制御と量子ゲート操作の
　　　光検出 ……………………………………145
　5　おわりに …………………………………147

第13章　スピンホール効果の理論　　村上修一

　1　はじめに …………………………………149
　2　内因性スピンホール効果 ……………150
　3　スピンホール効果の計算 ……………151
　　3.1　波数空間のベリー位相による計算…151
　　3.2　線形応答理論による計算……………152
　　3.3　有限系での計算………………………153
　　3.4　補遺………………………………………153
　4　内因性と外因性との区別 ……………154
　5　量子スピンホール効果 ………………155
　6　おわりに …………………………………156

第14章　スピンホール効果—金属ナノ構造を中心に—
大谷義近, 木村　崇

1　はじめに ……………………………… 159
2　スピン蓄積の電気的検出とスピン吸収
　……………………………………………… 161
3　スピン吸収によるスピンホール効果の
　電気的検出 …………………………… 164
4　おわりに ……………………………… 168

＜物質・材料編＞

第15章　高効率スピン源の理論設計
白井正文

1　はじめに ……………………………… 173
2　ハーフメタル磁気トンネル接合 …… 173
　2.1　現状と問題点 …………………… 173
　2.2　スピン軌道相互作用の影響 …… 174
　2.3　原子配列不規則化の影響 ……… 175
　2.4　スピンの熱ゆらぎと電子相関の影
　　響 ………………………………………… 176
3　高効率スピン源の理論設計 ………… 177
　3.1　ハーフメタル／酸化物接合 …… 177
　3.2　ハーフメタル／半導体接合 …… 178
4　今後の展望 …………………………… 181

第16章　ハーフメタル薄膜とトンネル磁気抵抗効果
猪俣浩一郎, 介川裕章

1　はじめに ……………………………… 183
2　フルホイスラー合金の物理的性質と初
　期の研究 ………………………………… 185
3　Co_2MnSi膜の構造とトンネル磁気抵抗
　……………………………………………… 187
4　$Co_2Fe(Al, Si)$膜の構造とトンネル磁
　気抵抗 …………………………………… 189
　4.1　Crバッファー …………………… 190
　4.2　MgOバッファー ………………… 190
5　その他のCo基ホイスラー合金 …… 193
6　おわりに ……………………………… 194

第17章　結晶MgOトンネル障壁の巨大なトンネル磁気抵抗効果
湯浅新治

1　TMR効果の歴史と背景 …………… 196
2　結晶MgO(001)トンネル障壁のTMR
効果の理論 ……………………………… 200
3　結晶MgO(001)障壁の作製と巨大TMR

効果の実現 ………………………202
　4　デバイス応用に適したCoFeB/MgO/
　　　CoFeB構造のMTJ素子の開発 ………204
　5　MgO-MTJ素子のデバイス応用 ………206

第18章　磁性絶縁体とスピンフィルター接合　　長浜太郎，柳原英人

1　はじめに ……………………………209
2　原理 …………………………………210
　2.1　材料：ユーロピウムカルコゲナイト ……………………………………212
　2.2　遷移金属酸化物 ………………213
3　今後のスピントロニクスデバイスへの発展 …………………………………215

第19章　$L1_0$型規則合金垂直磁化膜とスピントロニクス　　関　剛斎，高梨弘毅

1　はじめに ……………………………218
2　$L1_0$型FePt規則合金薄膜 …………219
3　FePt垂直スピン注入源を用いたスピン注入磁化反転 ……………………220
4　FePt垂直スピン注入源を用いたスピンホール効果 ………………………223
5　今後の課題 …………………………226

第20章　ナノ狭窄構造スピンバルブ薄膜素子におけるスピン依存伝導とスピンダイナミクス　　佐橋政司，土井正晶，三宅耕作

1　はじめに ……………………………229
　1.1　面内通電型(Current-In-Plane：CIP)巨大磁気抵抗（GMR）膜における電子の鏡面反射層 ………………229
　1.2　NOLを電流狭窄(CCP)層に用いた垂直通電型（Current-Perpendicular-to-Plane：CPP）-GMR ………230
　1.3　NOL中に強磁性ナノ接点（Nano Contact(NC)）を形成したナノ接点磁壁型MR(DWMR) ……………230
　1.4　DWMR素子を用いたコヒーレント位相スピントランスファーナノオシレータ（STNO）………………230
　1.5　電気磁気効果を有する反強磁性体NOLによる交換結合バイアスを利用した磁化の操作 ………………231
2　電流狭窄型CPP-GMR ………………231
3　ナノ接点磁壁型MR（DWMR）………235
4　DWMR素子を用いたスピントルクナノオシレータ（STNO）……………240
5　おわりに ……………………………245

第21章 強磁性半導体ヘテロ構造—スピン依存トンネル現象を中心に—

田中雅明

1　はじめに ……………………………248
2　GaMnAs 強磁性半導体ヘテロ構造 ……249
　2.1　GaMnAs 量子井戸二重障壁ヘテロ構造の作製 ………………………249
　2.2　スピン依存トンネル伝導特性 ………250
　2.3　GaMnAs 量子井戸における量子準位の定量的考察 ……………………253
　2.4　まとめ ……………………………256
3　MnAs 微粒子を含むⅢ-Ⅴ族ヘテロ構造
　　…………………………………256
　3.1　GaAs：MnAs を有する強磁性金属／半導体ハイブリッド・エピタキシャル MTJ 素子の作製 …………256
　3.2　MnAs／半導体／$GaAs: MnAs$ MTJ 素子における TMR ………………258
　3.3　TMR の AlAs 障壁膜厚依存性 ………259
　3.4　まとめ ……………………………262

第22章 強磁性半導体

安藤功兒

1　磁性半導体開発の歴史 ………………265
2　磁性半導体の本質はスピン―キャリア相互作用 ………………………266
3　s, p-d 交換相互作用の検出方法 ……267
4　各種"強磁性半導体"におけるスピン―キャリア相互作用 …………………270
5　室温強磁性半導体を求めて …………272

第23章 分子スピントロニクス

白石誠司

1　分子スピントロニクスとは …………276
2　分子スピントロニクスの課題とその解決への道Ⅰ（分子ナノコンポジットの導入）………………………………277
3　グラフェンとは ………………………279
4　分子スピントロニクスの課題とその解決への道Ⅱ（グラフェンスピントロニクス）………………………………280

第24章 スピントロニクス材料と微細構造制御

高橋有紀子，宝野和博

1　はじめに ……………………………286
2　スピントロニクスデバイスの微細構造の解析手法 ………………………286
3　CCP-CPP-GMR 素子の高分解能電子顕微鏡による微細構造解析 …………288
4　Co_2MnSi を用いた強磁性トンネル接合

のHAADFによる微細構造解析 ……290
5　$Co_2Cr_{1-x}Fe_xAl$のTEMと3DAPによる
微細構造解析 ……………………293
6　おわりに ………………………295

第25章　放射光を用いたスピントロニクス材料の電子状態評価

藤森　淳

1　はじめに ……………………………297
2　光電子分光 …………………………297
　2.1　価電子帯の光電子分光 …………298
　2.2　スピン偏極光電子分光 …………300
　2.3　内殻光電子分光 …………………300
3　X線吸収分光・磁気二色性 ………301
　3.1　電子状態の同定 …………………301
　3.2　強磁性成分と常磁性成分の分離 …303

<応用・デバイス編>

第26章　スピントロニクスにおける微細加工技術

秋永広幸

1　はじめに ……………………………307
2　微細加工技術の概要 ………………308
3　リソグラフィ技術 …………………309
4　成膜技術 ……………………………310
5　エッチング技術 ……………………313
　5.1　反応性イオンエッチング ………314
　5.2　選択エッチング …………………316
6　おわりに ……………………………317

第27章　スピン機能CMOSによる不揮発性高機能・高性能ロジック

山本修一郎，周藤悠介，菅原　聡

1　はじめに ……………………………319
2　パワーゲーティングシステムと不揮発性ロジック ……………………………320
3　スピン注入磁化反転MTJを用いた不揮発性SRAM ……………………………321
4　擬似スピンMOSFETを用いた不揮発性ロジック ……………………………326
5　おわりに ……………………………329

第28章　電界スピン回転制御とスピンFET

新田淳作

1　はじめに ……………………………331
2　半導体中のスピン軌道相互作用 ……331
3　スピン軌道相互作用を用いたデバイス応用 ……………………………………333
　3.1　電界効果スピントランジスタ …333
　3.2　スピン干渉デバイス ……………334

3.3 スピンフィルター……………338
4 おわりに……………338

第29章 磁気ヘッドへの応用　　上原裕二, 小林和雄

1 はじめに……………341
2 磁気ヘッド概観……………342
3 磁気ヘッド技術……………346
　3.1 各種の絶縁層材料によるTMRヘッドの磁気抵抗特性……………349
　　3.1.1 低抵抗Al-OバリアMTJの特性……………350
　　3.1.2 Ti-OバリアMTJの特性……………350
　　3.1.3 MgOバリアMTJの特性……………351
　3.2 TMRヘッドの実用化……………353
　3.3 TMRヘッドの信頼性……………355
　　3.3.1 TMR膜のピンホール数密度…355
　　3.3.2 TMR膜の寿命……………357
4 おわりに……………358

第30章 MRAMからスピンRAMへ　　與田博明

1 はじめに……………361
2 動作原理……………362
　2.1 記憶保持原理……………362
　2.2 書き込み原理……………363
　2.3 読み出し原理……………364
3 磁界書き込みMRAM……………365
　3.1 誤書き込み防止技術（Disturb Robust技術）……………366
4 スピン注入MRAM……………368
5 スケーラビリティー……………371
6 おわりに……………371

第31章 Racetrack Memory　　林 将光, Stuart S. P. Parkin

1 序論……………373
2 電流駆動による磁壁の移動……………374
3 Racetrack memoryの動作原理……………375
4 ピン止めした磁壁の移動制御……………378
5 シフトレジスタの動作実証実験……………380
6 今後の展望……………382

第32章 スピントロニクス素子のシステムLSIへの応用とその課題
齋藤好昭

1 はじめに……………384
2 システムLSIの課題と再構成可能ロジックデバイス……………384
3 再構成可能ロジックデバイスの現状と

	将来 ……………………………………386
4	スピン FPGA 回路構成 ………………388
5	MR 比スペックとスピン MOSFET 構造 ……………………………………389
6	半導体を介したスピン依存伝導の現状と課題 ……………………………………391
7	おわりに ………………………………395

第33章　光スピントロニクスデバイス―集積光非相反デバイス―

清水大雅

1　はじめに ……………………………397	ソレータの実証 ……………………401
2　半導体強磁性金属ハイブリッド光アイソレータの動作原理 ……………398	3.1　TE モード導波路光アイソレータ …401
2.1　ファラデー効果を利用したバルク型光アイソレータの動作原理………398	3.2　単一波長半導体レーザとの一体集積化………………………………402
2.2　CdMnTe 導波路光アイソレータ……398	3.3　エピタキシャル強磁性金属 MnAs, MnSb を用いたハイブリッド光アイソレータ……………………………403
2.3　非相反損失変化に基づく半導体導波路光アイソレータ………………399	4　バルク型光アイソレータと半導体導波路光アイソレータの比較，課題，応用可能性 ……………………………405
2.4　非相反位相変化に基づく導波路光アイソレータ ……………………401	5　おわりに ……………………………406
3　半導体強磁性金属ハイブリッド光アイ	

第34章　量子コンピュータとスピントロニクス

伊藤公平

1　量子コンピュータの基礎と性能指標 …408	タ……………………………………415
2　量子コンピュータ開発最前線 …………412	3.2　全シリコン量子コンピュータ………417
3　シリコン量子コンピュータ ……………414	4　まとめ ………………………………418
3.1　ケーン型シリコン量子コンピュー	

基礎・物性編

第1章　巨大磁気抵抗効果

高梨弘毅*

1　はじめに

　巨大磁気抵抗効果（giant magnetoresistance: GMR）は，スピントロニクスにおいて最も基本となる現象である。物質に磁場を印加したとき，一般にその物質の電気抵抗は変化する。この現象は磁気抵抗効果（magnetoresistance: MR）と呼ばれ，MRの中で特にその効果が大きいものがGMRと呼ばれている。しかし，GMRは単に量的な意味だけではなく，質的な意味においても従来までに知られていた一般的なMRとは大きく異なっている。GMRは1988年Fertらのグループにより Fe/Cr 人工格子において最初に報告された[1]。その後GMRは，磁性金属を用いたさまざまなナノ積層構造において膨大な研究が行われ，発見からわずか10年を経てハードディスクドライブ（HDD）の再生ヘッドとして実用化された。GMRヘッドの実用化はHDDの記録密度に飛躍的な向上をもたらし，現在のトンネル磁気抵抗効果（TMR）を利用したTMRヘッドへとつながっている。

　FertらによるGMRの発見に先立つ1986年に，GrünbergらはFe/Cr/Feという3層構造においてCr層を介してFe層の磁化が反強磁性的に結合することを発見した[2]。詳細は後に説明するが，この反強磁性的な層間交換結合はGMRという現象と密接に関係している。実際に，GrünbergらもFe/Cr/Feの3層構造で，巨大ではないがGMRと全く同等の現象を，Fertらとは独立に見出した[3]。このような経緯から，FertとGrünbergの2人はGMRの発見者と位置付けられ，2007年ノーベル物理学賞に輝いた（写真1参照）。GMRは，ノーベル財団の言葉をそのまま使えば，"the first major application of nanotechnology"（ナノテクノロジーの最初の大きな応用）と考えられている。ただし，GMRは単にそのような技術的な側面だけではなく，最初に述べたように従来のMRとは質的な意味でも全く異なり，スピン依存伝導という新しい物理概念をもたらした。GMRの発見こそ現在活況を呈するスピントロニクス分野の起源であり，GMRの発見なくして現在のスピントロニクスはあり得ない[注1]。

　本章では，まずGMRの発見以前から知られていた強磁性体の一般的なMRについて簡単に説明し，それからGMRの現象，メカニズムおよびその応用について解説する。なお，GMRの言葉

＊　Koki Takanashi　東北大学　金属材料研究所　教授

写真1 2007年ノーベル賞受賞講演にて，歓びを分かち合うA. Fert博士（左）とP. Grünberg博士（右）（筆者撮影）

の意味は巨大なMRであり，広義では巨大なTMRも（かつてはトンネル型GMRともよばれた），磁性酸化物で見られるCMR（colossal magnetoresistance）も，あるいは他のメカニズムによるいかなる巨大なMRも含まれるのであるが，通常は強磁性金属と非強磁性金属がナノスケールで複合した「金属系」において見られる巨大なMRを特にGMRと呼んでおり，本章でも「金属系」のみを取り扱うこととする。

2 強磁性体の一般的な磁気抵抗効果

強磁性であろうとなかろうと，導電性を有するすべての物質は磁気抵抗効果（MR）を示す。強磁性・非強磁性にかかわらず常に現れるMRを正常磁気抵抗効果と呼び，磁場とともに抵抗は増大する，すなわち正のMRである。これは，ローレンツ力の作用によって伝導電子の軌道が影響を受けることに起因している。一方，自発磁化を有する強磁性体（フェリ磁性体を含む）の場合，自発磁化に依存する特有のMRが見られ，これを異常磁気抵抗効果と呼んでいる。異常磁気抵抗効果には，磁化が飽和するまでの自発磁化と電流方向の相対角度に依存して電気抵抗が変化する異方性磁気抵抗効果（anisotropic magnetoresistance: AMR）と，磁化が飽和した後の強磁場領域で自発磁化の伸びに対応して電気抵抗が減少する強制効果の2種類がある。強磁性体が示す

注1）厳密に言えば，TMRの発見はGMRよりも古い。しかし，室温での大きな効果は見出されず，単なる一つの物理現象という以上には，注目されることはなかった。GMRの発見がTMRの研究を活性化し，室温で大きなTMRが見出され，注目を集めるようになったとも言える。その意味で，ここではGMRの発見をスピントロニクス分野の起源とした。TMRの歴史的経緯については，第2章を参照されたい。

MRとして,一般的によく知られているのはAMRである。AMRは,通常以下の式で表現される。

$$\rho = \rho_l \cos^2 \theta + \rho_t \sin^2 \theta \qquad (1)$$
$$= \rho_t + (\rho_l - \rho_t) \cos^2 \theta$$

ここで,ρは測定される電気抵抗率であり,θは自発磁化と電流のなす角度を表している。自発磁化が電流と平行な場合($\theta=0$)の電気抵抗率がρ_l,垂直な場合($\theta=90°$)の電気抵抗率がρ_tであり,一般にρ_lとρ_tは異なる($\rho_l \neq \rho_t$)ので,磁気抵抗効果に異方性が表れる。このような異方性が表れるメカニズムについて詳細は省くが,スピン軌道相互作用に起因することが知られている[4]。

AMRの大きさは,抵抗変化の比率(MR比:$\Delta\rho/\rho$)として,

$$\Delta\rho/\rho = (\rho_l - \rho_t)/\rho_{av} \qquad (2)$$

と定義される。ここで,ρ_{av}は平均の電気抵抗率であり,$<\cos^2\theta>_{av}=1/3$,$<\sin^2\theta>_{av}=2/3$から,

$$\rho_{av} = \rho_l/3 + 2\rho_t/3 \qquad (3)$$

と表される。

図1に,強磁性体に見られる典型的なMR曲線(縦軸を電気抵抗,横軸を磁場に取ってプロットしたグラフ)を示す。磁場を正→負→正と変化させヒステリシス曲線を描かせると,電気抵抗は通常保磁力の近辺で極大ないしは極小を示す。図1は$\rho_l > \rho_t$の場合を示しているが,物質によっては$\rho_l < \rho_t$となる場合もある。いずれにせよ,AMRの大きさ$\Delta\rho/\rho$は通常,室温では0.1〜数%程度の小さな値である[4]。

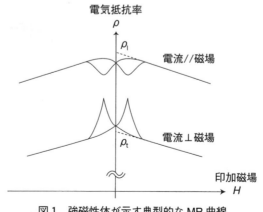

図1 強磁性体が示す典型的なMR曲線

3 巨大磁気抵抗効果（GMR）という現象

巨大磁気抵抗効果（GMR）という現象は，強磁性体の示す AMR とは量的にも質的にも異なった特徴を示す。その特徴とは，第一に GMR は等方的であり，電流と印加磁場方向の相対関係には依存しない。第二は，磁化が飽和する過程で電気抵抗は著しく減少する，すなわち負の MR である，ということである。GMR に典型的な MR 曲線と磁化曲線をそれぞれ図 2（a）および（b）に示す。GMR の大きさは，通常ゼロ磁場時の電気抵抗率（ρ_0）と飽和時の電気抵抗率（ρ_s）の変化を ρ_s で割った MR 比（$\Delta\rho/\rho$）で定義され，

$$\Delta\rho/\rho = (\rho_0 - \rho_s)/\rho_s \tag{4}$$

と表される。場合によっては，ρ_0 で割る場合もあるが，分母が ρ_s か ρ_0 かで MR 比は大きく変わってくるので，注意を要する。また，GMR を示す MR 曲線にも AMR が重畳し ρ_l と ρ_t に差が見られることがあるが，全体の減少分に比べれば小さく，無視される場合が多い。1988 年の Fe/Cr 人工格子における GMR の発見[1]以後，Co/Cu[5]，Co/Ag[6]，Ni/Ag[7] など強磁性金属（以下，FM と略）と非強磁性金属（以下，NM と略）を組み合わせたさまざまな金属人工格子でも GMR は発見された。人工格子とは，分子線エピタクシー（MBE）やスパッタなどの薄膜作製法を利用して，2 種あるいはそれ以上の異なる物質をナノスケールで人工的に交互に積層した物質のこと

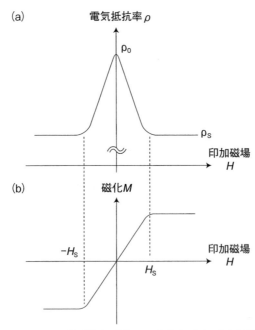

図 2 GMR に典型的な（a）MR 曲線と（b）磁化曲線

である。

　FM と NM を組み合わせた人工格子であればすべて GMR が観測されるというわけではなく，GMR が出現するために重要な条件がある。それは，NM 層を介して FM 層の磁化の間に反強磁性的な交換結合が働き，隣り合う FM 層の磁化がゼロ磁場では反平行に配列することである。そして，反平行に配列した磁化が磁場印加によって平行に揃えられていく過程で，GMR は現れる。表 1 に GMR を示す代表的な人工格子のデータ[1,5~12]をまとめる。室温で 10 % 以上，低温では数十％から 100 % 以上になる場合もある。人工格子の GMR は，後に述べるように主として界面でのスピン依存散乱に起因するため，界面の状態に強く依存し，きわめて構造敏感な量である。したがって，金属の組合せによって固有の値が決められるようなものではない。しかし，一般的な傾向として Fe 系では Fe/Cr が，Co 系では Co/Cu が最大の GMR を示すことがよく知られており，このことは理論計算[13]とも定性的に一致している。また，温度上昇とともに通常 GMR は減少する。

表 1　種々の金属人工格子の GMR

試料名$[A(x\,\text{Å})/B(y\,\text{Å})]_{xN}$	$\Delta\rho/\rho[\%]$ $=(\rho_0-\rho_s)/\rho_s$	温度[K]	作製法	文献
$[\text{Fe}(30)/\text{Cr}(9)]\times 30$	85	4.2	MBE	1)
$[\text{Fe}(4.5)/\text{Cr}(12)]\times 50$	220 42	1.5 300	MBE	8)
$[\text{Fe}(20)/\text{Cr}(12)]\times 20$	33	4.5	スパッタ	9)
$[\text{Co}(15)/\text{Cu}(9)]\times 30$	78 48	4.2 300	スパッタ	5)
$[\text{Co}(8)/\text{Cu}(8.3)]\times 60$	115 65	4.2 295	スパッタ	10)
$[\text{Fe}(10.7)/\text{Cu}(13.7)]\times 15$	26 13	4.2 室温	スパッタ	11)
$[\text{Co}(6)/\text{Ag}(25)]\times 70$	38 16	77 室温	MBE	6)
$[\text{Ni}(8)/\text{Ag}(11)]\times ?$	26	4.2	スパッタ	7)
$[\text{Ni}_{81}\text{Fe}_{19}(15)/\text{Cu}(8)]\times 14$	25 16	4.2 300	スパッタ	12)

4 GMRのメカニズム

GMRのメカニズムは，電子のスピン依存散乱に起因する。スピン依存散乱は，FM層内あるいはFM層/NM層の界面で生じる。今，散乱によってスピンの向きが変化するスピンフリップ散乱の効果を無視し，上向き（↑）および下向き（↓）スピンの伝導電子が独立に伝導を担う2電流モデルでGMRのメカニズムを考えよう。伝導電子の散乱確率は，スピンの向きが磁化の向きと平行か反平行かによって異なる（スピン依存散乱）。磁化の向きに平行なスピンを有する電子の抵抗率をρ_+，反平行なスピンを有する電子の抵抗率をρ_-とする。一般に$\rho_+ \neq \rho_-$であるが，特にここでは$\rho_+ < \rho_-$であると仮定しよう。すなわち，磁化の向きに平行なスピンを有する電子の散乱は小さく，それに比べて磁化の向きに反平行なスピンを有する電子の散乱は大きいと仮定する（逆に$\rho_+ > \rho_-$と仮定しても，以下の議論に影響は与えず，結論は同じである）。図3には，人工格子の薄膜面を縦置きにして，伝導電子の流れを模式的に表した図を示す。人工格子の場合，各層厚がナノスケールと小さいので，電流を薄膜面内に流した場合でも，電子は各層内に留まってはおらず，層間を飛び移って流れていく。磁化が平行に配列している場合には，↑スピンが常に磁化の向きと平行であるので，↑スピンの電子の散乱が小さく，主として↑スピンの電子が伝導に寄与して電気抵抗は小さい。一方，磁化が反平行に配列している場合は，↑スピン，↓スピンともに磁化が反平行の層を通過しなければならず，すべての電子の散乱が大きくなるため，電気抵抗は大きい。以上の議論をもう少し定量的に行うために，↑スピンと↓スピンの電子の並列回路を考える。すなわち，

$$1/\rho = 1/\rho_\uparrow + 1/\rho_\downarrow \tag{5}$$

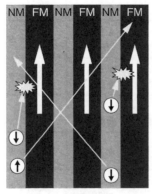 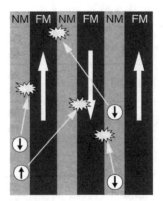

図3　強磁性金属（FM）と非強磁性金属（NM）を積層した人工格子における電子の流れを示す模式図

第1章 巨大磁気抵抗効果

と書ける。ここで，$\rho_\uparrow$，$\rho_\downarrow$はそれぞれ↑スピン電子と↓スピン電子の抵抗率である。したがって，

$$\rho = \rho_\uparrow \rho_\downarrow / (\rho_\uparrow + \rho_\downarrow) \tag{6}$$

と表される。今，磁化が平行な場合，$\rho_\uparrow \sim \rho_+$，$\rho_\downarrow \sim \rho_-$と考えられるので，そのときの全体の抵抗率を$\rho_P$と書くと，

$$\begin{aligned}\rho_P &= \rho_+ \rho_- / (\rho_+ + \rho_-) \\ &\sim \rho_+ \ (\rho_+ \ll \rho_- \text{の場合})\end{aligned} \tag{7}$$

となる。一方，磁化が反平行な場合は，$\rho_\uparrow \sim \rho_\downarrow \sim (\rho_+ + \rho_-)/2$と考えられるので，そのときの抵抗率を$\rho_{AP}$と書くと，

$$\rho_{AP} = (\rho_+ + \rho_-)/4 \tag{8}$$

となる。したがって，式 (7) および (8) から，GMR の大きさは，

$$\begin{aligned}(\rho_{AP} - \rho_P)/\rho_P &= (\rho_+ - \rho_-)^2 / 4\rho_+ \rho_- \\ &= (1-\alpha)^2/4\alpha\end{aligned} \tag{9}$$

と書くことができる。ここで，αは散乱のスピン依存度を表すパラメータであり，

$$\alpha = \rho_- / \rho_+ \tag{10}$$

と定義される。したがって，$\alpha \neq 1$のときにGMRは生じ，$\alpha \gg 1$あるいは$\alpha \ll 1$，すなわち散乱のスピン依存度が大きければ大きいほどGMRは大きいことがわかる。

ここで，GMRが出現する条件をまとめておくと，以下の3つになる。
① NM層を介して隣り合うFM層の磁化が反平行に配列すること。
② 電子の散乱のスピン依存度が大きい（$\alpha \gg 1$あるいは$\alpha \ll 1$である）こと。
③ 人工格子の積層周期が電子の平均自由行程より短いこと。

初めの2つは既に述べたとおりである。3番目も付帯的ではあるが重要な条件である。人工格子の周期が平均自由行程よりも長いと，↑スピン電子にとっても↓スピン電子にとっても各層内での散乱が増え，全体としての抵抗は各層内での散乱によって決まることになり，磁化が反平行な場合と平行な場合の差が顕著に表れてこなくなってしまうのである。

5 層間交換結合とGMRの振動現象

NM層を介してFM層間に反強磁性的な交換結合が働くとき，MR曲線および磁化曲線の飽和する磁場H_sは，単位面積当たりの交換結合エネルギーJに比例する。磁化の反平行配列は$J<0$（反強磁性交換結合）のときに実現し，H_sは磁化が平行に揃うために必要な外部磁場である。H_sとJとの関係は，

$$H_s = -4J/M_s \cdot t_{FM} \tag{11}^{注2}$$

と表される。ここで，M_s, t_{FM}はそれぞれFM層の飽和磁化と層厚である。$J>0$（強磁性的交換結合）の場合は，外部磁場が無くても磁化は平行に配列し，磁化曲線は単純に強磁性的（$H_s \sim 0$）で，GMRは現れない。

Jの符号と大きさはNM層の層厚t_{NM}に依存し，図4に示すようにt_{NM}に対して振動的な振る舞いを示す。GMRは$J<0$のときに現れるので，結果としてGMRも振動的に振る舞う。Jはt_{NM}

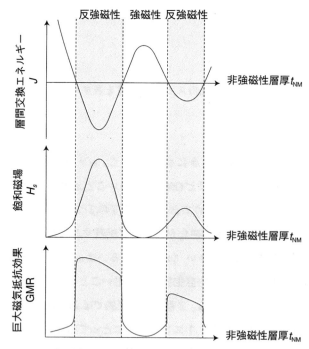

図4 強磁性金属（FM）／非強磁性金属（NM）人工格子における，NM層を介したFM層間の交換結合エネルギーJ，磁化が飽和する磁場H_s，および巨大磁気抵抗効果GMRのNM層厚依存性

注2）厳密には，式(11)は，FM層とNM層の積層が無限に繰り返す人工格子の場合に成り立つものである。FM/NM/FMの3層構造の場合には，係数が4ではなく2になる。

とともに減衰し，通常 nm 以上ではほとんど無視できるくらいに小さくなり，同時に GMR も消失する。J が振動する周期は物質に依存するが，通常 1〜2 nm 程度である[9]。

以上のように，層間交換結合は GMR の出現と密接に関わっているが，本来は GMR とは全く独立の物理現象であることに注意するべきである。GMR の出現にとって重要なことは，磁化の配列が反平行から平行へ，あるいは平行から反平行に，外部磁場によって変化できることであって，GMR と J との間には直接的な関係は存在しない。言い換えれば，J の符号や値がどうであろうと，何か特別な工夫をすることによって，磁化の反平行⇔平行配列の制御が実現できれば，GMR を得ることができる（次節参照）。J が t_{NM} に対して振動するメカニズムは，初めは RKKY 相互作用に基づいて議論され，ある程度の成功を収めた。しかし後に，J は FM 層厚 t_{FM} に対しても振動的に振る舞うなど，RKKY 相互作用だけでは説明できない現象が発見され，量子サイズ効果として電子の多重干渉がもたらす量子井戸状態の形成を考慮することによって理解されることが明らかになった[14]。

6　GMR の応用とスピンバルブ

FM 層間に強い反強磁性相互作用が働いていると磁化を平行に揃えるのに大きな磁場を印加しなければならず，したがって GMR を得るためにも大きな外部磁場が必要となる。このことは，GMR の実用デバイスとしての応用上，重大な障碍である。そこで，強い交換結合が働かない程度に NM 層を厚くして，隣り合う FM 層の保磁力に差を付けて磁化の反平行配列を実現させ，GMR を得る場合もある[15]。これを非結合型人工格子という。また，図 5 に示すように，2 つの FM 層のうち 1 つは弱い印加磁場で磁化を容易に回転できるようにし（フリー層），もう 1 つの FM 層は隣接する反強磁性（AFM）層からの交換磁気異方性によって磁化を一方向にピン止めさせる（固定層）構造で低磁場駆動を実現させることもできる。このような構造は，一般にスピンバルブ（spin valve）と呼ばれている[16]。実際に使用される物質としては，FM 層にはパーマロイなどのソフト磁性体，NM 層には Cu，AFM 層には FeMn, IrMn, PtMn などの Mn 系合金や NiO,

図 5　スピンバルブの基本構造

CoOなどの酸化物が考えられる。スピンバルブは，1998年にHDD用再生ヘッドとして実用化され，本章の「はじめに」で述べたように，記録密度の向上に重要な役割を果たした。

ここで一つ注意しておきたいことは，スピンバルブ構造は基本的にFM/NM/FMの3層構造膜である。人工格子のGMRの大きさ，すなわちMR比は積層数に依存することが知られており，積層数が大きいほどMR比は大きい。したがって，3層構造ではMR比という観点では不利であり，スピンバルブ構造は高い磁場感度を得るためにMR比を犠牲にしているとも言える。この点を改善するために，FM/NM/FM/NM/FMの5層構造とし，両側をAFM層で挟んだデュアルスピンバルブ構造も考案されたが，超高密度記録への対応を考えると，全体膜厚をあまり大きくすることはできないという制約もある。そのような観点から，3層構造でもGMRよりも大きなMR比が得られる技術としてTMRが注目されるようになり，やがてGMRヘッドはTMRヘッドに置き換えられていくのである（第2章および第29章参照）。

7　CIP–GMR と CPP–GMR

通常のMR測定は，膜面内に電流を流してその抵抗変化を測定する。人工格子のGMRはFM層間の磁化配置に依存するので，膜面に垂直に電流を流し，伝導に寄与するすべての電子が各層を横切って通過するようにしてやれば，効果がより顕著に現れることが期待される。膜面内に電流を流したときのGMRをCIP–GMR（current-in-plane GMRの略）とよび，一方膜面垂直に電流を流したときのGMRをCPP–GMR（current-perpendicular-to-plane GMRの略）とよんでいる。しかし，人工格子の膜厚はたかだか数百nm程度であり，しかも伝導は金属的で抵抗は小さいので，CPP–GMRの測定は容易ではない。CPP–GMRの測定のためにさまざまな方法[17]が開発されたが，現在ではリソグラフィー等を用いて人工格子の微細加工を行い，断面積がミクロン程度あるいはそれ以下の柱状人工格子の上下に電極を付与した素子構造を作製するのが一般的である。CPP–GMRは通常CIP–GMRよりも大きいことが実験的にも確認されている[18]。

CIP–GMRでは，第4節で述べたように，平均自由行程が重要な特性長であるが，CPP–GMRではスピン拡散長（スピンが向きを変えずに電子が動ける距離）が重要な特性長となる。CPP–GMRの理論的解析には，2電流モデルに有限のスピン拡散長の効果を取り入れたValet–Fert[19]のモデルがよく用いられる。実験で得られるCPP–GMRの層厚依存性をValet–Fertのモデルを用いて解析すると，各層の内部で生じるバルク散乱と層間で生じる界面散乱のスピン依存度を分離して求めることができる[18]。

CPP–GMRの研究は，初期の頃はもっぱら基礎的な観点で行われた。しかし，最近では，応用上の観点からも注目されている。というのは，素子の微小化に伴い素子抵抗は増大するので，例

えばTMR素子を超高密度のHDD用再生ヘッドとして利用する場合には，素子抵抗が高くなり高速の読み出しが困難になるという問題が生じる。CPP–GMR素子を用いれば，すべてが金属で構成されているので，微小化しても素子抵抗はそれほど高くならない。すなわち，CPP–GMRは素子の低抵抗化に有利である。しかし，実際には，スピンバルブに代表されるFM/NM/FMの3層構造を基調としたCPP–GMR素子を作製すると，寄生抵抗の影響を強く受け，1％程度の小さなMR比しか得られないという問題がある。そのため，MR比の向上を目指して，さまざまな努力が行われている[20]。材料という観点では，FM層に伝導電子のスピン分極率が100％のハーフメタル・ホイスラー合金を用いてMR比を向上させる研究が行われ，現在では30％近いMR比が報告されている[21]。

8　グラニュラー系のGMR

人工格子のような積層構造だけではなく，強磁性金属ナノ粒子が非強磁性の金属マトリックス中に分散したグラニュラー系においても，同様のGMRが現れる。グラニュラー系のGMRは，ゼロ磁場で超常磁性的な熱揺らぎや個々のナノ粒子の磁気異方性などによってランダムな方向を向いた磁気モーメントが，磁場印加により一方向に揃えられていく過程で生じる。

グラニュラー系は，Cu–Co[22,23]，Ag–Co[24]，Ag–Fe[25]などの非固溶系の組合せをスパッタ法などの気相急冷によって強制的に固溶させ，熱処理によって相分離させれば得られる。あるいは，適当な基板温度を設定すればスパッタしたままの状態でもグラニュラー系が得られる。また，Cu–Coのような液相で固溶する系ならば，液体急冷法によってバルク状の試料も得ることができる[26]。グラニュラー系は人工格子に比べて比較的容易に作製できることがメリットであるが，MRの磁場感度が悪いことが実用上の問題である。

文　　献

1） M. N. Baibich, J. M. Broto, A. Fert, F. Nguyen Van Dau, F. Petroff, P. Etienne, G. Creuzet, A. Friedrich and J. Chazelas, *Phys. Rev. Lett*., **61**, 2472（1988）
2） P. Grünberg, R. Schreiber, Y. Pang, M. B. Brodsky and H. Sowers, *Phys. Rev. Lett*., **57**, 2442（1986）
3） G. Binasch, P. Grünberg, F. Saurenbach and W. Zinn, *Phys. Rev*., **B 39**, 4828（1989）
4） T. R. McGuire and R. I. Potter, *IEEE Trans. Magn*. MAG–11, 1018（1975）

5) D. H. Mosca, F. Petroff, A. Fert, P. A. Schroeder, W. P. Pratt Jr. and R. Laloee, *J. Magn. Magn. Mater.*, **94**, L 1 (1991)
6) S. Araki, K. Yasui and Y. Narumiya, *J. Phys. Soc. Jpn.*, **60**, 2827 (1991)
7) C. A. dos Santos, B. Rodmacq, M. Vaezzadeh and B. George, *Appl. Phys. Lett.*, **59**, 126 (1991)
8) R. Shad, C. D. Potter, P. Beliën, G. Verbanck, V. V. Moshchalkov and Y. Bruynseraede, *Appl. Phys. Lett.*, **64**, 3500 (1994)
9) S. S. P. Parkin, N. More and K. P. Roche, *Phys. Rev. Lett.*, **64**, 2304 (1990)
10) S. S. P. Parkin, Z. G. Li and D. J. Smith, *Appl. Phys. Lett.*, **58**, 2710 (1991)
11) 斉藤今朝美，高梨弘毅，三谷誠司，藤森啓安，東北大学金属材料研究所技術部技術研究報告，**17**, 55 (1997)
12) S. S. P. Parkin, *Appl. Phys. Lett.*, **60**, 2152 (1992)
13) 解説として，井上順一郎，前川禎通，日本応用磁気学会誌，**16**, 623 (1992)
14) 解説として，奥野志保，猪俣浩一郎，まてりあ（日本金属学会報），**36**, 153 (1997)
15) T. Shinjo and H. Yamamoto, *J. Phys. Soc. Jpn.*, **59**, 3061 (1990)
16) B. Dieny, V. S. Speriosu, S. S. P. Parkin, B. A. Gurney, D. R. Wilhoit and D. Mauri, *Phys. Rev.* **B 43**, 1297 (1991)
17) 解説として，小野輝男，新庄輝也，固体物理，**32**, 212 (1997)
18) For review, J. Bass and W. P. Pratt Jr., *J. Magn. Magn. Mater.*, **200**, 274 (1999)
19) T. Valet and A. Fert, *Phys. Rev.*, **B 48**, 7099 (1993)
20) 解説として，田中厚志，まぐね（日本磁気学会誌），**2**, 503 (2007)
21) T. Iwase, Y. Sakuraba, S. Bosu, K. Saito, S. Mitani and K. Takanashi, *Appl. Phys.* Express, 2, 063003 (2009)
22) A. E. Berkowitz, J. R. Mitchell, M. J. Carey, A. P. Young, S. Zhang, F. E. Spada, F. T. Parker, A. Hutten and G. Thomas, *Phys. Rev. Lett.*, **68**, 3745 (1992)
23) J. Q. Xiao, J. S. Jiang and C. L. Chien, *Phys. Rev. Lett.*, **68**, 3749 (1992)
24) J. Q. Xiao, J. S. Jiang and C. L. Chien, *Phys. Rev.*, **B 46**, 9266 (1992)
25) A. Tsoukatos, H. Wan, G. C. Hadjipanayis and Z. G. Li, *Appl. Phys. Lett.*, **61**, 3059 (1992)
26) 潟岡教行，深道和明，日本金属学会報，**33**, 165 (1994)

なお，GMR に関する著書として，以下の文献も参照されたい．
- A. Barthélémy, A. Fert and F. Petroff, "Giant Magnetoresistance in Magenetic Multilayers", Handbook of Magnetic Materials, Vol. 12, Ed. K. H. J. Buschow, Elsevier (1999)
- 高梨弘毅，「トピックス―磁性体の巨大磁気抵抗効果」，丸善実験物理学講座 磁気測定 I，第 6 巻，第 9 章，近桂一郎・安岡弘志編，丸善 (2000)
- E. Hirota, H. Sakakima and K. Inomata, "Giant Magneto-Resistance Devices", Springer (2002)
- S. Maekawa and Teruya Shinjo, "Spin Dependent Transport in Magnetic Nanostructures", Taylor & Francis (2002)

第2章 トンネル磁気抵抗効果

大兼幹彦[*1], 宮崎照宣[*2]

1 はじめに

接合の物理，デバイスの研究はおそらくEsaki[1]の半導体接合（p-n接合）に端を発していると思われる（表1参照）。その後，Giaever[2]により超伝導体／絶縁体／超伝導体接合を用いた超伝導体のエネルギーギャップの研究が行われた。これに関するトンネル効果（ジョセフン効果）の計算式がJosephonにより導かれた。Esaki, Giaeverは半導体におけるトンネル効果の実験的発見[2]，JosephonはJosephon効果の理論的予測が評価され，同時にノーベル賞を受賞している。

これらの研究から約10年後にTedrowらは強磁性体／絶縁体／超伝導体の接合のI-V特性を解析することにより，Fe, Co, Niをはじめとする強磁性体の分極率を求めている[3,4]。この実験

表1 接合研究の歴史的経緯

	接合	研究対象
①	p-n	半導体の研究
②	$Ag^{(N)}/Al_2O_3^{(I)}/Al^{(S)}$ $Al^{(S)}/Al_2O_3^{(I)}/Sn^{(S)}$ $Al^{(S)}/Al_2O_3^{(I)}/Pb^{(S)}$	超伝導体の状態密度 ジョセフソン素子
③	$Fe^{(F)}/Al_2O_3^{(I)}/Al^{(S)}$	強磁性体の分極率
④	$Fe^{(F)}/GeO^{(I)}/Co^{(F)}$ $Ni^{(F)}/NiO^{(I)}/Co^{(F)}$	コンダクタンスのバイアス依存性 レジスタンスの磁界依存性
⑤	$Fe^{(F)}/Cr^{(N)}/Fe^{(F)}$ $Fe^{(F)}/Au^{(N)}/Co^{(F)}$	層間相互作用 巨大磁気抵抗効果（含多層）

⑥	$80\,Ni\text{-}Fe^{(F)}/Al\text{-}Al_2O_3^{(I)}/Co^{(F)}$
	$Fe^{(F)}/Al_2O_3^{(I)}//Fe^{(F)}$
	$CoFe^{(F)}/Al_2O_3^{(I)}//Co^{(F)}$
	$Fe^{(F)}/MgO^{(I)}//Fe^{(F)}$
	$FeCo^{(F)}/MgO^{(I)}//FeCo^{(F)}$
		（トンネル）磁気抵抗効果

(N)：常磁性体，(I)：絶縁体，(S)：超伝導体，(F)：強磁性体

[*1] Mikihiko Oogane　東北大学　大学院工学研究科　応用物理学専攻　助教
[*2] Terunobu Miyazaki　東北大学　原子分子材料科学高等研究機構　教授

は見事であり，後のトンネル接合の磁気抵抗効果の研究に大いに役立っている．しかしながら，この時期に於いては磁気抵抗効果の研究と接合の研究とは結び付いていなかった．トンネル磁気抵抗効果の研究は一般にはJulliere[5]の論文報告が最初であるとされている．しかし彼の論文にはmagnetoresistanceという言葉は全く使われていない．ちなみにタイトルは「Tunneling between ferromagnetic films」である．その後，Maekawaら[6]，Slonczewski[7]により強磁性トンネル接合の実験および理論的考察がそれぞれ報告されているが，いずれの論文にもmagnetoresistanceの言葉は現れていない．おもしろいことにSlonzewskiは論文中ではmagnetic valveという表現を使っている．このように1990年以前のトンネル接合の研究ではmagnetoresistanceという言葉は使われなかった．

一方，磁気抵抗効果（magnetoresistance）に関する研究は1875年のKelvin[8]の研究にはじまり，物質単体についての研究が長い間続き，接合の研究でmagnetoresistanceなる言葉が使われたのはGrünberg[9]，Fert[10]らのGMRの報告が最初ということになる．この報告の後で，トンネルと磁気抵抗効果という両方の言葉が同一論文[11~13]に用いられ，歴史的経緯は図1に示すようになると言える．

その後，トンネル磁気抵抗効果の研究は物理と応用の両面から顕しく発展してきたわけであるが，トンネル接合という点からは最初のAl_2O_3障壁からMgOトンネル障壁，ついで電極材料を3dの遷移金属合金からホイスラー合金に変えた接合として研究が進められてきた．

個々の接合については後の章で詳しく記述されると思うので，本章では以下Al_2O_3障壁を用いたトンネル接合に関しての基礎的なデータを先ず紹介し，ついでMgO障壁トンネル接合，ホイスラー電極トンネル接合の結果を紹介する．最後はその他のトンネル接合として，磁性半導体電

図1　接合の研究がトンネル磁気抵抗効果に結びつくまでの概念図

極トンネル接合,グラニュラーの磁気抵抗効果,有機分子障壁トンネル接合の研究側を簡単に紹介する。

2 Al–O 障壁を用いたトンネル接合

2.1 TMR 比の障壁高さ依存性

図2には一例として Fe/Al$_2$O$_3$/Fe 接合[12]の抵抗の磁界による変化(一般に磁気抵抗曲線と呼ばれている)を示す。図に見るように抵抗は±20 Oe の磁界で急峻に増加し,±50 Oe で急激に減少している。この抵抗の変化は図2(b)の磁化曲線とよく対応しており,上下の Fe 層の磁化が平行の時,抵抗が小さく,反平行の状態で抵抗が大きいことが分かる。この場合上下の Fe 層を作製する際の基板の温度を変えることにより保磁力に差を付けている。なお,この Fe/Al$_2$O$_3$/Fe のデータがトリガとなり,今日のトンネル磁気抵抗効果の研究およびそれを用いた MRAM および HDD 用再生磁気ヘッドの開発研究がすすんでいる。

ところで,障壁の高さが異なる Fe/Al$_2$O$_3$/Fe 接合ができると,磁気抵抗比の障壁の高さ依存性を前に述べた Slonczewski のモデル[7]に従って議論することができる。図3には 4.2 K での MR 比を障壁の高さに対して整理した結果を示す[14]。図の△印は他のグループにより報告されている一方の電極として Fe を用いている接合の MR 比の結果から,Fe の有効分極率を評価し,Fe/絶縁層/Fe の MR 比を見積もったものである。図中の実線は Slonczewski による理論式を用いて計算した結果である。彼の論文中の A_{12} と A_{32} 及び Fermi 波数 $k_{1\sigma}$ と $k_{3\sigma}$ ($\sigma = \uparrow, \downarrow$) はいずれも等しく,$k_{1\uparrow}$,$k_{1\downarrow}$ の一方が分かれば,Φ 及び $P_{1(3)}$ を用いて磁気抵抗比を計算できる。ここでは $k_{1\uparrow}$ として 0.9Å^{-1},1.1Å^{-1},1.3Å^{-1} の三つのケースについて計算している。実験,計算結果とも Φ が 0.5–0.8 eV で MR 比がほぼゼロとなり,その両側で大きくなり,両者の Φ 依存性は大まかには一致している。

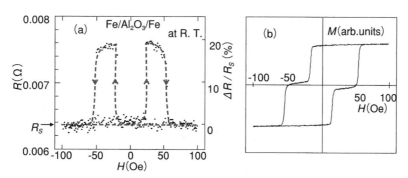

図2 Fe/Al$_2$O$_3$/Fe 接合の磁気抵抗曲線(a)と対応する磁化曲線(b)(RT)

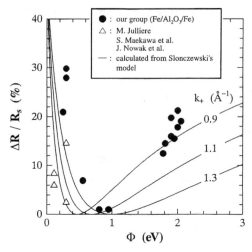

図3　TMR比の障壁高さ依存性（4.2 K）

2.2　TMR, AMR, PHE の比較

　磁気抵抗効果は電流磁気効果の一種であるとされ，電流および磁界の大きさとそれらのなす角度に依存して，電流と磁界のそれぞれのベクトルのつくる面内に電界が発生する現象として捉えられている。このように考えると，電流に垂直に磁束密度を加えると両者に垂直に電界を生じるホール効果と併せて議論することができる。

　一般に電流磁気効果は

$$\boldsymbol{E} = \rho_\perp \boldsymbol{J} + (\rho_{//} - \rho_\perp)(\alpha \cdot \boldsymbol{J})\alpha + \rho_H \alpha \times \boldsymbol{J} \tag{1}$$

と表せる。ここで$\rho_{//}$, $\rho_\perp$, ρ_H は図4でそれぞれ x, y, z 方向の比抵抗であり，α は磁界方向の単位ベクトルである。今，図4のように $\boldsymbol{J}=(J_x,0,0)$，$\alpha=(\cos\phi, \sin\phi,0)$ とすると，

$$E_x = \rho_\perp J_x + (\rho_{//} - \rho_\perp)\cos^2\Phi \cdot j_x \tag{2-a}$$
$$E_y = (\rho_{//} - \rho_\perp)\sin^2\Phi \cdot j_x /2 \tag{2-b}$$
$$E_z = -\rho_H \sin\Phi \cdot j_x \tag{2-c}$$

と表せる。ここでΦは$\boldsymbol{J}$と$\boldsymbol{H}$のなす角度である。(2-a)式がいわゆる異方性磁気抵抗（Anisotoropic magnetoresistance effect 略して AMR 効果）を表わし，(2-b)がプレーナーホール効果（Planner Hall effect 略して PHE）である。これらの式からも分かるように，AMR, PHE はいずれも電流と磁界のなす角度 Φ に対して π の周期で変化する。これに対して，トンネルコンダクタンスは

第2章　トンネル磁気抵抗効果

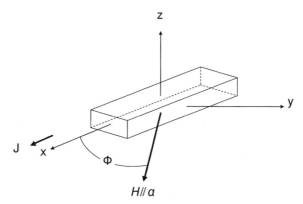

図4　電流・磁気効果における電流（J）と磁界（H）の関係

$$G = G_0 (1 + \varepsilon \cos\theta) \tag{3}$$

と表現される[7]。ここでG_0, εは定数で，θはトンネル接合の両磁性層の磁化のなす角度である。AMR[15]，PHE[15]，TMR[16]の角度依存性の実験結果を図5の(a)，(b)，(c)に示す。いずれの場合も上記の関係を満足していることが分かる。

標準的な接合は三層タイプのもので，トンネル磁気抵抗効果研究の初期にはこのタイプのものが作製された。電極でもある両磁性層の材料としてはFe，Co，NiおよびFe-Ni，Fe-Coの合金が用いられた。最も一般的な組合せは$Ni_{80}Fe_{20}$（Permalloy）とCoである。これはPermalloyが磁気的にソフト（保磁力が小さい）であり，Coがセミハード（保磁力がやや大きい）であるため，両保磁力の違いを利用して磁化の反平行状態を容易に実現できるからである。絶縁層としてNiO，Al_2O_3，AlN，MgOおよびHfO_2等について検討されてきたが，Al_2O_3が当時としては最も良かった。

トンネル接合をHDD用磁気ヘッドに利用するにしろ，MRAMに応用しようとするにしろ，磁気抵抗変化率，トンネル抵抗に加えて，スイッチング磁界の大きさおよび磁気抵抗曲線の形状が重要である。GMRの研究の発展と同様に，TMRの研究に於いても，反強磁性層と強磁性層の界面での一方向性異方性を利用して片方の磁性層をピンする，いわゆるスピンバルブタイプのトンネル接合へ研究が進展した。このタイプの接合の研究は佐藤ら[17,18]，Luら[19]およびGallagher[20]らの報告が最初である。磁性層としてはPyとCoの組合せが用いられた。この接合の特性で特徴的なのは単純な三層接合に比べてTMR比が大きく，スイッチング磁界が良くコントロールされていることである。反強磁性層としてはFeMn，MnRhおよびIrMnが用いられているが，耐熱性からするとIrMnが最も良さそうである。図6には我々がかつて研究していた接合の断面の模式図を示す[21]。多くの積層構造になっているが，図の説明にあるようにそれぞれの層はTMR

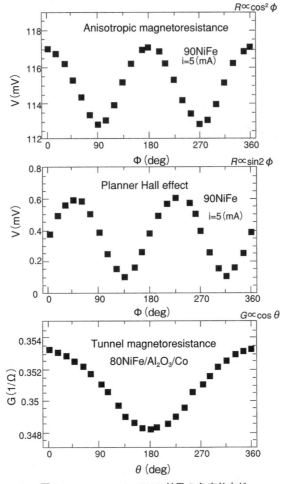

図5 TMR, AMR, PHE 効果の角度依存性

比を大きくし，接合の抵抗値をコントロールするのに重要な役割を果たしている。その後の研究においても基本的にはこのような多層構造が用いられている。図7は種々の磁性層を有する接合のTMR比の理論値（横軸）と実験値（縦軸）の関係を示したものである[21]。図中の 75 CoFe/Al$_2$O$_3$/75 CoFe 接合の MR 比は室温と 4.2 K でそれぞれ 50, 69 ％で当時の MR 比としては大きな値であった[22]。実験結果は Juliere モデルの $MR=2P_1P_2/(1-P_1P_2)$ の関係を良く満足することが分かる。

3 MgO 障壁を用いたトンネル接合

前節までは，アモルファス構造の酸化アルミニウム（Al-oxide）をトンネル障壁層とした接合

第2章 トンネル磁気抵抗効果

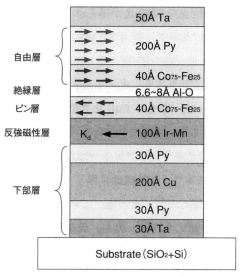

図6 スピンバルブタイプ接合の断面模式図

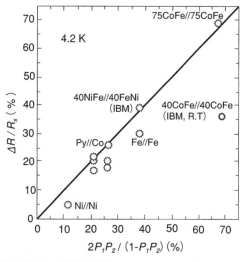

図7 TMR比と分極率の関係（実線はJulliereのモデルから期待される値）

のTMR効果についておもに述べた。しかし，最近では，結晶質の酸化マグネシウム（MgO）を障壁層とした接合が主流となっている。詳細は第17章にて述べられるので，ここでは，その概要の説明にとどめる。

Al-oxide障壁層はアモルファス構造であるため，電子がトンネルする際に散乱を受けて波数ベクトルの情報が失われる（インコヒーレントトンネル）。一方，Fe(001)/MgO(001)/Fe(001)接合のような，すべての層をエピタキシャル成長させたトンネル接合においては，電子がコヒーレントにトンネルすることができる。ButlerとMathonらは，2001年にFe/MgO/Feのトンネル

接合において，1000 %を超える巨大なTMR比が得られることを理論計算により示した[23,24]。MgO障壁を用いたトンネル接合において，巨大なTMR比を実験的に観測したのは2004年の湯浅らの報告になる[25]。湯浅らは，Fe/MgO/Fe接合をMBE法により作製し，室温で88 %のTMR比を観測した。このTMR比は理論計算結果に比べると小さいが，当時Al-oxide障壁層を用いたトンネル接合において最高であった，70 %のTMR比を超えたことに大きな意義があった。その後，2004年には，湯浅とParkinらが，室温で約200 %の巨大なTMR効果を観測することに成功している[26,27]。さらに，産総研とキヤノンアネルバは共同で，生産プロセスに適したスパッタ法においても，CoFeBというアモルファス強磁性材料とMgO障壁層を組みあわせることで，巨大TMR効果が実現できることを示した[28]。その後，この技術は発展をつづけ，現在では室温で600 %を超えるTMR比が観測されており[29]，現在，最新のハードディスク用再生ヘッドにはMgO障壁トンネル接合が用いられている。代表的なMgO障壁トンネル接合のTMR比を表2にまとめた。

表2 代表的なMgO障壁トンネル接合のTMR比

試料構成	成膜方法	TMR比（室温）	文献
Fe/MgO/Fe	MBE	88 %	25)
Fe/MgO/Fe	MBE	180 %	26)
CoFe/MgO/CoFe	スパッタ	220 %	27)
CoFeB/MgO/CoFeB	スパッタ	230 %	28)
CoFeB/MgO/CoFeB	スパッタ	604 %	29)

4　ハーフメタルを用いたトンネル接合

MgO障壁層トンネル接合とは別なアプローチとして，スピン分極率の大きな強磁性電極材料を用いてTMR比を向上させる試みがなされている。TMR効果を向上させるための理想的な強磁性体材料は，ハーフメタルと呼ばれる材料である。ハーフメタルとは，フェルミ面において完全にスピン分極した（一方の電子スピンのみが存在する）材料であり，スピン分極率が理想的には100 %である（図8）。前述したJullireのモデルによれば，ハーフメタルを電極に用いたトンネル接合においては，TMR比が理論的には無限大となることが期待される。

ハーフメタル材料は主に酸化物系と金属系に大別される。まず，表3にこれまでに報告されている代表的な酸化物系ハーフメタルのキュリー温度，エネルギーギャップ，単位分子当たりの磁気モーメント（理論値），結晶構造，および，それらを電極としたトンネル接合のTMR比をまとめて示す。酸化物系ハーフメタルの特徴は，ハーフメタルギャップが1 eV以上と大きいこと

第 2 章　トンネル磁気抵抗効果

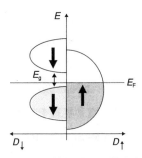

図 8　ハーフメタル材料の電子状態密度（模式図）

表 3　酸化物ハーフメタルの諸特性と TMR 比

材料	キュリー温度（℃）	バンドギャップ（eV）	磁気モーメント（μ_B/f.u.）	結晶構造	TMR 比	文献
LaCaMnO$_3$（LCMO）		0.8–1.5		Perovskite	LCMO/NdGaO$_3$/LCMO：86 %（77 K），40 %（100 K）	44, 45)
LaSrMnO$_3$（LSMO）	370	1.4		Perovskite	LSMO/STO/LSMO：1850 %（4.2 K） LSMO/STO/Co：−32 %（40 K）	46, 47, 48)
CrO$_2$	398	1.5	2.0	Rutile	CrO$_2$/自然酸化/Co：−8 %（5 K）	49, 50)
Fe$_3$O$_4$	850	1.3	4.0	Spinel	Fe$_3$O$_4$/Al-oxide/Co：43 %（4.2 K）	51, 52)

であり，大きな TMR 比を高いバイアス電圧領域で得るためのアドバンテージとなる。一方，デメリットとして挙げられるのが，キュリー温度が低いことである。LSMO，LCMO，CrO$_2$ のキュリー温度は室温程度であり，室温で大きな TMR 比を観測することは困難である。表 3 から分かるように，従来の報告においても，酸化物系ハーフメタルを用いたトンネル接合では，低温では巨大な TMR 比が観測されているものの，室温では 10 %程度の TMR 比にとどまっている。また，酸化物系のもう一つの特徴は，Inverse-TMR 効果が観測されることである。Inverse-TMR 効果とは，通常の TMR 効果と異なり，磁化平行状態で抵抗が大きく，反平行状態で抵抗が小さくなる現象である。現在のところ，巨大な Inverse-TMR 効果は観測されていないが，物理的には非常に興味深い現象である。

　金属系のハーフメタル材料であるホイスラー合金について説明するにあたり，歴史的な経緯を簡単に紹介する。ホイスラー合金（Heusler alloy）は 1903 年，F. Heusler によって最初に発見された合金であり，発見者にちなんで名づけられた合金である[30]。F. Heusler が発見したものは，

Cu_2MnAl という合金であり,非磁性金属のみで構成されるにも関わらず強磁性を示すことから,その強磁性発現メカニズムに興味が持たれた。その後,約80年間は,ホイスラー合金の物性評価に関する基礎研究が行なわれていたが,ハーフメタル材料として注目を集めるようになったのは,1983年以降である。1983年にGrootらはNiMnSbという組成のホイスラー合金についてバンド計算を行い,この物質がハーフメタル電子状態を有することを示した[31]。その後,1995年に鹿児島大学の石田らの計算によってCo_2MnSi,Co_2MnGeにおいても同様にハーフメタルになることが明らかとなった[32]。また,ホイスラー合金はキュリー温度が高いという,応用に非常に有利なアドバンテージがあることから,この頃からスピントロニクス分野において注目されるようになった。代表的なホイスラー合金のキュリー温度,磁気モーメント,エネルギーギャップを表4にまとめた。

ホイスラー合金は,NiMnSbなどのハーフホイスラー合金とCo_2MnSiなどのフルホイスラー合金に分けられる。ここでは,最近,大きなTMR比が得られているフルホイスラー合金を単にホイスラー合金と記述し,詳しく説明することにする。ホイスラー合金は基本的にX_2YZ組成を有し,図9のように原子配列の規則状態に応じて3つの単位格子構造をとる。各サイトに入る元素は以下のような元素である。

X:Fe, Co, Ni, Ru, Rh, Pd, Ir, Pt, Cu, Zn, Ag, Cd, Au／主にVIII, IB, IIB族

Y:Ti, V, Cr, Mn, Y, Zr, Nb, Hf, Ta, Gd, Tb, Dy, Ho, Er, Tm, Yb／主にIII, IV, V, VI, VII族, RE

表4 代表的なホイスラー合金の諸特性

組成	キュリー温度 (℃)	バンドギャップ (eV)	磁気モーメント (μ_B/f.u.)	文献
NiMnSb	730	1.55	4.0	53)
Co_2MnSi	985	0.7	5.0	54)
Co_2MnGe	905	1.04	5.0	55)
Co_2MnAl	693	0.4	4.0	32)

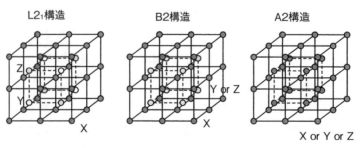

図9 ホイスラー合金の結晶構造

Z：Al, Si, Ga, Ge, As, In, Sn, Sb, Tl, Pb, Bi／主にⅢB, ⅣB族

完全に規則的に原子が配列した構造がL2$_1$構造，Y-Z原子が不規則に配列したものがB2構造，X-Y-Z原子の全てがランダムに配列した構造がA2構造である。ホイスラー合金のハーフメタル性，電気伝導特性，磁気特性等はこの原子規則度によって影響をうける。三浦らはCo$_2$CrAlホイスラー合金において，スピン分極率及び磁気モーメントの不規則度依存性について計算を行っている[33]。その結果，完全規則状態（L2$_1$構造）では理想的なハーフメタル状態が実現されるが，Co-Cr間の不規則化（A2構造）が生じた場合は，急激にスピン分極率が低減することを示している。従って，ホイスラー合金の開発を行う上で原子規則度の評価は重要である。最もポピュラーな原子規則度の評価手法はX線回折実験によるもので，詳細な解析方法については省略するが，規則度は基本格子線と規則格子線の強度比から求めることができる。

表5にホイスラー合金電極とアモルファスAl-oxide障壁層を組み合わせたトンネル接合のTMR比をまとめて示す。先駆的な研究は，ハーフホイスラー合金であるNiMnSbを電極としたものであるが，TMR比は低温で10％程度であり，ホイスラー合金のハーフメタル性を実証するには至らなかった[34]。その後，ハーフホイスラー合金よりも構造が安定なフルホイスラー合金を用いた研究が2003年頃から始まり，室温でも数十％のTMR比が観測されるようになった[35,36]。ホイスラー合金を用いたトンネル接合における，ブレイクスルーの発端は，ホイスラー合金をエピタキシャル成長させることで，ホイスラー合金／絶縁体界面を平滑かつ清浄に作製可能になったことである。桜庭らは，Co$_2$MnSiホイスラー合金をMgO単結晶基板上にエピタキシャル成長させたCo$_2$MnSi/Al-oxide/CoFeトンネル接合において，低温で159％のTMR比を得ることに成功した[37]。このTMR比からJullireモデルを用いてCo$_2$MnSiのスピン分極率を見積もると89％であり（CoFeのスピン分極率を50％と仮定[38]），Co$_2$MnSiが非常に高いスピン分極率を有することが世界で初めて示された。その後，両電極をCo$_2$MnSiとした，Co$_2$MnSi/Al-oxide/Co$_2$MnSi接合において，570％のTMR比が観測されている[39]。しかし，Al-oxide障壁層を用いた接合で

表5 ホイスラー合金／Al-oxideトンネル接合のTMR比

材料	試料構造	TMR比	文献
NiMnSb	NiMnSb/Al-oxide/NiFe	9 %（RT），19.5 %（4.2 K）	56)
	NiMnSb/Al-oxide/NiFe	2.4 %（RT），8.1 %（77 K）	34)
Co$_2$MnSi	Co$_2$MnSi/Al-oxide/CoFe	33 %（RT），86 %（10 K）	35)
	Co$_2$MnSi/Al-oxide/CoFe	70 %（RT），159 %（2 K）	37)
	Co$_2$MnSi/Al-oxide/Co$_2$MnSi	67 %（RT），570 %（2 K）	39)
Co$_2$CrFeAl	Co$_2$CrFeAl/Al-oxide/Co	6 %（RT），10.8 %（10 K）	57)
	Co$_2$CrFeAl/Al-oxide/CoFe	19 %（RT），26.5 %（5 K）	36)
Co$_2$MnAl	Co$_2$MnAl/Al-oxide/CoFe	40 %（RT），60 %（10 K）	58)

表6 ホイスラー合金／MgO トンネル接合の TMR 比

材料	試料構造	TMR 比	文献
Co_2MnSi	$Co_2MnSi/MgO/CoFe$	217%（RT），753%（2 K）	41)
	$Co_2MnSi/MgO/Co_2MnSi$	179%（RT），683%（4.2 K）	42)
Co_2MnGe	$Co_2MnGe/MgO/CoFe$	83%（RT），185%（4.2 K）	59)
$Co_2CrFeAl$	$Co_2CrFeAl/MgO/CoFe$	109%（RT），317%（4.2 K）	60)
$Co_2FeAlSi$	$Co_2FeAlSi/MgO/Co_2FeAlSi$	220%（RT），390%（5 K）	43)

は，室温においては TMR 比が 100 % 弱と小さいことが応用上問題であった。

最近，ホイスラー合金と MgO 障壁層を組み合わせたトンネル接合の開発が急速に進んでいる。表6に代表的な結果を示す。ホイスラー合金と MgO は格子整合性がよく，上部強磁性電極までをフルエピタキシャル成長可能なアドバンテージがある。さらに，物理的には，MgO 障壁層を介するコヒーレントトンネリング現象とホイスラー合金のハーフメタル性の相乗効果により，巨大な TMR 比を発生させる可能性が理論的に示されている[40]。実験的にも，ホイスラー合金と MgO を組み合わせたトンネル接合において，室温においても 200 % 以上の大きな TMR 比が観測されており[41~43]，今後の更なる研究開発の進展に大きな期待が集まっている。

5 その他のトンネル接合

5.1 磁性半導体のトンネル磁気抵抗効果

3d の遷移金属・合金の磁気抵抗効果（Anisotopic magnetoresistance effect）の研究が古い歴史があり，それを電極としたトンネル接合の研究が最近行われているように，磁性半導体の磁気抵抗効果の研究も同じような歴史的経緯がある。即ち，1960年代に磁性半導体の単層膜での巨大な磁気抵抗効果が報告された。巨大磁気抵抗効果というと金属人工格子のそれが最初だと思われがちであるが，磁性半導体の研究で初めて GMR が用いられた。この現象は室温以下であったため大きく発展しなかった。一方最近，非磁性半導体の強磁性体化あるいは室温強磁性の実現といった研究に興味がもたれ，強磁性半導体のトンネル接合の磁気抵抗効果の研究が増えつつある。

この分野の先端的研究は Tanaka ら[61,62]によるものであり，(Ga, Mn)/AlAs/(Ga, Mn)As で 8 K で 72 % の TMR 比が報告されている。また，障壁の AlAs を GaAs で置き換えた場合では 4.7 K で 300 % 近い TMR 比が報告されている[63]。このほか，強磁性体（MnAs）と半導体（GaAs）のヘテロ構造での磁気抵抗効果も報告されている[64]。これらの接合の電極に用いられた（Ga, Mn) As 等のキャリアは大きいスピン分極率を有するため，分極率と TMR 比の関係の観点からも興味

がある。

5.2 グラニュラー構造物質の巨大磁気抵抗効果

金属人工格子のGMR効果は両磁性層の磁化が反平行の状態にあるものに外部から磁界を印加することで磁化を平行にすることに伴って変化する抵抗を見ている。この場合，両層の磁化の間に相互作用がある無しに関係なく，GMR効果が生じる。とするならば，人工格子または多層膜でなくてもGMR効果を実現できることが期待される。この点に着目して，Berkowitz[65]およびChienら[66]は1992年にCu中にCo粒子をナノスケールで分散させた系で比較的大きなGMR効果を観測している。外部磁界がゼロの状態では微粒子の磁化はランダムな方向を向いているが，磁界の増加とともに平行に配列する。この場合，微粒子は単磁区構造かそれに近い状態にあるため，磁化は回転により進み，一般に1 kOeから10 kOe以上の磁界を印加しないと変化は飽和しない。また，抵抗の変化率と磁化の変化の対応は$\Delta\rho/\rho \propto 1-(M/M_s)^2$で良く記述できる。このようにCo-Cu系のグラニュラー薄膜は金属−金属系のグラニュラーと呼ばれ，Co-Ag，Fe-Ag等についても研究された。

いずれにしても上記のグラニュラー物質は金属であり，GMR効果は伝導電子のスピン依存散乱により生じている。これに対して金属のマトリックスを絶縁体で置き換えたらどうなるであろうか？　藤森ら[67]はAlの酸化物の絶縁体マトリックス中にCo微粒子を分散させたCo-Al-Oグラニュラー薄膜について室温で8％のGMR効果を得た。この系は金属−非金属系グラニュラーと呼ばれている。このGMR効果の原理は上述のトンネル磁気抵抗効果と全く同じであるが，接合の場合と異なるのは微小粒子ゆえに帯電効果が関与していることである。また，微粒子の磁化を磁界の印加により揃えるため，磁気抵抗曲線は金属−金属系のグラニュラーのそれと全く同じであり，磁界に対してなかなか飽和しない。また，金属−金属系のグラニュラーと較べると電気抵抗率は$10^5\mu\Omega\cdot m$と極めて大きい。なお，この金属−非金属系のグラニュラーの磁気抵抗効果は1970年代に既にNi-SiO$_2$[68]，Co-SiO$_2$[69]系で観測されていたが，変化率が約1％と大きくなく，あまり注目されなかった。

5.3 有機分子−強磁性体ハイブリッドトンネル接合

最近カーボンナノチューブ，C$_{60}$，グラフェンおよびtrigs-(8-hydroxyquinolinato)-Aluminum（Alq$_3$）等の有機分子と強磁性体の接合[70]またはグラニュラー構造の物質[71,72]の磁気抵抗効果の研究が進められている。これ等を対象とした研究は分子エレクトロニクスとして本物質・材料編でも取り扱われているし，有機エレクトロニクスの解説[73]もあるのでそれ等を参照していただきたい。

本章では磁気抵抗効果の原理的なことおよび理論については触れることができなかったので必要な方はこれに関する著書 74, 75) を参考にしていただきたい。

文　献

1) L. Esaki, *Phys. Rev.*, **109**, 603 (1958)
2) I. Giaever and K. Megerle, *Phys. Rev.*, **122**, 1101 (1961)
3) P. M. Tedrow and R. Meservey, *Phys. Rev. Lett.*, **26**, 192 (1971)
4) P. M. Tedrow and R. Meservey, *Phys. Rev. B*, **7**, 318 (1971)
5) M. Julliere, *Phys. Lett.*, **54 A**, 225 (1975)
6) S. Maekawa and U. Gafvert, *IEEE Trans. Magn.*, **MAG-18**, 707 (1989)
7) J.C. Slonczewski, *Phys. Rev. B*, **39**, 6995 (1989)
   J. C. Slonczewski, Proceedings of the 5th Annual Symposium on Magnetism and Magnetic Materials, wds. H.L. Huang, P.C. Kuo (World Scientific, Singapore, 285 (1990)
8) W. Thomson (Lord Kelvin), *Proc. R. London*, **A 8**, 546 (1857)
9) G. Binasch, P. Grunberg, F. Saurenbach and W. Zinn, *Phys. Rev. B*, **39**, 4828 (1989)
10) M. N. Baibich, J. M. Broto, A. Fert, F. Ngugen Van Dau, F. Petroff, P. Eitenne, G. Creuzet, A. Friederich and J. Chazelas, *Phys. Rev. Lett.*, **61**, 2472 (1988)
11) T. Miyazaki, T. Yaoi and S. Ishio, *J. Magn. Magn. Mater.*, **98**, L 7 (1991)
12) T. Miyazaki and N. Tezuka, *J. Magn. Magn. Mater.*, **139**, L 231 (1995)
13) J. S. Moodera, L. R. Kinder, T. M. Wong and R. Meservey, *Phys. Rev. Lett.*, **74**, 3273 (1995)
14) 手束展規, 安藤康夫, 宮崎照宣, H.G. Tompkins, S. Tehrani and H. Goronkin, 日本応用磁気学会誌, **21**, 493 (1997)
15) K. Kakuno, *Jpn J. Appl. Phys.*, **30**, 2761 (1991)
16) 矢追俊彦, 石尾俊二, 宮崎照宣, 日本応用磁気学会誌, **16**, 303 (1992)
17) M. Sato and K. Kobayashi, *J. Appl. Phys.*, **36**, L 200 (1997)
18) 佐藤雅重, 小林和雄, 日本応用磁気学会誌, **21**, 489 (1997)
19) Yu Lu, R. A. Altman, A. Marley, S. A. Rishton, P. L. Trouilloud, G. Xiao, W. J. Gallagher and S. S. P. Parkin, *Appl. Phys. Lett.*, **70**, 2610 (1997)
20) W. J. Gallagher, S. S. P. Parkin: Yu Lu, X. Y. Bian, A. Marley, K. P. Roche, R. A. Altman, S. A. Rishton, C. Jahnes, T. M. Shaw and Gang Xiao, *J. Appl. Phys.*, **81**, 3741 (1997)
21) 宮崎照宣, 日本応用磁気学会誌, **25**, 471 (2001)
22) X. F. Han, T. Daibou, M. Kamijo, K. Yaoita, H. Kubota, Y. Ando and T. Miyazaki, *Jpn. J. Appl. Phys.*, **39**, L 439 (2000)
23) W. H. Butler, X.-G. Zhang, T. C. Schulthess, and J. M. MacLaren, *Phys. Rev. B*, **63**, 054416 (2001)
24) J. Mathon and A. Umerski, *Phys. Rev. B*, **63**, 220403(R), (2004)

25) S. Yuasa, A. Fukushima, T. Nagahama, K. Ando, Y. Suzuki, *Jpn. J. Appl. Phys. Part 2*, **43**, L 588 (2004)
26) S. Yuasa, T. Nagahama, A. Fukushima, Y. Suzuki and K. Ando, *Nat. Mater.*, **3**, 868 (2004)
27) S. S. P. Parkin, C. Kaiser, A. Panchula, P. M. Rice, B. Hughes, M. Samant, S. Yang, *Nat. Mater.*, **3**, 862 (2004)
28) D. D. Djayaprawira, K. Tsunekawa, M. Nagai, H. Maehara, S. Yamagata, N. Watanabe, S. Yuasa, Y. Suzuki, K. Ando, *Appl. Phys. Lett.*, **86**, 092502 (2005)
29) S. Ikeda, J. Hayakawa, Y. Ashizawa, Y. M. Lee, K. Miura, H. Hasegawa, M. Tsunoda, F. Matsukura, and H. Ohno, *Appl. Phys. Lett.*, **93**, 082508 (2008)
30) F. Heusler, *Verh. Dtsch. Phys. Ges.*, **5**, 219 (1903)
31) R.A. de Groot, F. M. Mueller, P. G. van Engen, and K.H.J. Buschow, *Phys. Rev. Lett.*, **50**, 002024 (1983)
32) S. Ishida, S. Fujii, S. Kashiwagi, and S. Asano, *J. Phys. Soc. Jpn.*, **64**, 2152 (1995)
33) Y. Miura, K. Nagao, and M. Shirai, *Phys. Rev. B*, **69**, 144413 (2004)
34) C. T. Tanaka, J. Nowak, and J. S. Moodera, *J. Appl. Phys.*, **81**, 5515 (1997)
35) K. Inomata, S. Okamura, R. Goto, N. Tezuka, *Jpn. J. Appl. Phys.*, **42**, L 419 (2003)
36) S. Kämmerer, A. Thomas, A. Hütten, and G. Reiss, *Appl. Phys. Lett.*, **85**, 79 (2004)
37) Y. Sakuraba, J. Nakata, M. Oogane, H. Kubota, Y. Ando, A. Sakuma, T. Miyzaki, *Jpn. J. Appl. Phys.*, **44**, L 1100 (2005)
38) D. J. Monsma, S. S. P. Parkin, *Appl. Phys. Lett.*, **77**, 720 (2000)
39) Y. Sakuraba, M. Hattori, M. Oogane, Y. Ando, H. Kato, A. Sakuma, T. Miyazaki, *Appl. Phys. Lett.*, **88**, 192508 (2006)
40) Y. Miura, H. Uchida, Y. Oba, K. Abe, M. Shirai, *Phys. Rev. B*, **78**, 064416 (2008)
41) S. Tsunegi, Y. Sakuraba, M. Oogane, K. Takanashi, Y. Ando, *Appl. Phys. Lett.*, **93**, 112506 (2008)
42) T. Ishikawa, S. Hakamata, K. Matsuda, T. Uemura, M. Yamamoto, *J. Appl. Phys.*, **103**, 07 A 919 (2008)
43) N. Tezuka, N. Ikeda, S. Sugimoto, K. Inomata, *Jpn. J. Appl. Phys. Part 2*, **46**, L 454 (2007)
44) W. E. Pickett and D. J. Singh, *Phys. Rev. B*, **53**, 1146 (1996)
45) M. H. Jo, N. D. Mathur, N. K. Todd, M. G. Blamire, *Phys. Rev. B*, **61**, R 14905 (2000)
46) T. Geng and N. Zhang, *Phys. Lett. A*, **351**, 314 (2005)
47) M. Bowen, M. Bibes, A. Barthelemy, J. Contour, A. Anane, Y. Lematire, A. Fert, *Appl. Phys. Lett.*, **82**, 233 (2003)
48) J. M. De Teresa, A. Barthelemy, A. Fert, J. Contour, F. Montaigne, P. Seneor, *Science*, **286**, 507 (1999)
49) K. Schwart, *J. Phys. F: Met. Phys.*, **16**, L 211–L 215 (1986)
50) H. Tanaka, J. Zhang, T. Kawai, *Phys. Rev. Lett.*, **88**, 027204 (2002)
51) Z. Zhang, S. Satpathy, *Phys. Rev. B*, **44**, 13319 (1991)
52) P. Seneor, A. Fert, J. L. Maurice, F. Montaigne, F. Petroff, A. Vaures, *Appl. Phys. Lett.*, **74**, 4017 (1999)
53) R.A. de Groot, A.M. van der Kraan, and K.H.J. Buschow, *J.Magn. Magn. Mater.*, **61**, 330

(1986)

54) I. Galanakis, P. H. Dederichs, N. Papanikolaou, *Phys. Rev B*, **66**, 174429 (2002)
55) I. Galanakis, P. H. Dederichs, N. Papanikolaou, *Phys. Rev. B*, **66**, 134428 (2002)
56) C. T. Tanaka, J. Nowak, and J. S. Moodera, *J. Appl. Phys.*, **86**, 6239 (1999)
57) A. Conca, S. Falk, G. Jakob, M. Jourdan, H. Adrian, *J. Magn. Magn. Mater.*, **290**, 1127 (2005)
58) H. Kubota, J. Nakata, M. Oogane, Y. Ando, A. Sakuma, T. Miyazaki, *Jpn. J. Appl. Phys.*, **43**, L984 (2004)
59) S. Hakamata, T. Ishikawa, T. Marukame, K. Matsuda, T, Uemura, M. Arita, M. Yamamoto, *J. Appl. Phys.*, **101**, 09 J 513 (2007)
60) T. Marukame, M. Yamamoto, *J. Appl. Phys.*, **101**, 083906 (2007)
61) M. Tanaka and Y. Higo, *Phys. Rev. Lett.*, **87**, 026602-1 (2001)
62) Y. Higo, H. Shimizu and M. Tanaka, *Physica E*, **10**, 292 (2001)
63) D. Chiba, F. Matsukura, H. Ohno, *Physica E*, **21**, 1032 (2004)
64) K. Takahashi and M. Tanaka, *J. Appl. Phys.*, **87**, 6695 (2000)
65) A. E. Berkowitz, J.R. Mitchell, M.J. Carey, A.P. Young, S. Zang, F.E. Spada, F. T. Parker, A. Hutten and G. Thomas, *Phys. Rev. Lett.*, **22**, 3745 (1992)
66) J. Q. Xiao, J. S. Jiang and C. L. Chien, *Phys. Rev. Lett.*, **22**, 3749 (1992)
67) H. Fujimori, S. Mitani and S. Ohnuma, *Mat. Sci. Eng.*, **B 31**, 219 (1995)
68) J. L. Gittleman, Y. Goldstein and S. Bozowski, *Phys. Rev.*, **B 5**, 3609 (1972)
69) S. Barzilai, Y. Goldstein, I. Balberg and J. S. Helman, *Phys. Rev.*, **B 23**, 1809 (1981)
70) K. Tsukagoshi, B.W.Alphenaar and H.Ago, *Nature*, **401**, 572 (1999)
71) S. Miwa, M. Shiraishi, S. Tanabe, M. Mizuguchi, T. Shinjo and Y. Suzuki, *Phys. Rev. B*, **76**, 214414-1 (2007)
72) S. Sakai, I. Sugai, S. Mitani, K. Takanashi, Y. Masumoto, H. Naramoto, P.V. Avramov, S. Okayasu and Y. Maeda, *Appl. Phys. Lett.*, **91**, 242104 (2007)
73) 仕幸英治, *J. Vac. Soc. Jpn.*, **51**, 589 (2008)
74) S. Maekawa and T. Shinjo, Spin Dependent Transport in Magnetic Nanostructures, Taylor and Francis (2002)
75) 宮崎照宣, スピトロニクス, 日刊工業新聞社 (2004)

第3章 スピン注入・蓄積効果

高橋三郎[*1], 前川禎通[*2]

1 はじめに

　半導体エレクトロニクスは半導体中の電子の電荷の部分を利用している。一方，スピントロニクスでは，電子の持つ電荷とスピンの双方を対象としており，その中心となる材料は磁性体である。磁性体における伝導現象の研究の歴史は長いが，近年，この分野は微細加工技術の進歩によって飛躍的に発展を遂げている。その突破口になったのは1988年の磁性多層膜における巨大磁気抵抗効果（GMR）発見である[1]。GMRの発見により，すでに見出されていた強磁性トンネル接合におけるトンネル磁気抵抗効果（TMR）[2,3]の重要性が再認識され，室温で大きなTMRが得られるようになった[4~7]。TMRやGMRを利用した磁気ヘッドが実用化されており，さらに次世代の磁気ランダムアクセスメモリ（MRAM）や新たなスピントロニクスデバイスの開発も活発化している[8,9]。

　強磁性体と非磁性体（非磁性金属や半導体など）を組み合わせた接合では，電流を流すことにより強磁性体から非磁性体へスピンが注入される。注入されたスピン偏極はスピン拡散長（$\lambda_s \sim 1\,\mu m$）の距離にわたって保たれるため，その範囲にわたって非磁性体中に非平衡スピン分極（スピン蓄積）やスピンの流れ（スピン流）が生じる。最近の微細加工技術の進歩によりスピン拡散長と同程度のナノスケールの大きさの素子構造が作成され，スピン流を生成し制御することが可能になってきた。ここでは，強磁性金属から非磁性金属へのスピン注入の効果，特に，非局所スピン注入素子におけるスピン流，スピン蓄積，スピンホール効果についての基礎的側面について議論する[10~14]。

2 スピン注入・検出素子

　1985年にJohnsonとSilsbee[15]は，Al薄膜へ注入されたスピンの拡散長が$1\,\mu m$程度に達することを見出した。また，1993年には図1(a)に示すような3端子のスピン注入・検出素子を提案

[*1] Saburo Takahashi　東北大学　金属材料研究所　助教
[*2] Sadamichi Maekawa　東北大学　金属材料研究所　教授

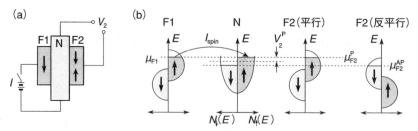

図1 (a)Johnsonによって提案された3端子素子[15]，F1，F2内の矢印は磁化の方向を示す，(b)F1，N，F2（平行，反平行）における上向きスピン，下向きスピン電子の状態密度

している[16]。非磁性金属（N）に2つの強磁性金属（F1，F2）を付けた3層構造において，F1電極からNへ電流を流す。議論の簡単化のために強磁性金属はハーフメタル（100％スピン分極した強磁性体）としよう。図1(b)に示したようにF1から上向きスピンの電子が注入されると，N中の上向きスピン電子は増加し，逆に下向きスピン電子は減少するので，フェルミ準位にスピン分裂が生じてスピンが蓄積する。このとき，F2電極の電位を測定すると，F2の磁化がF1と平行であればNにおける上向きスピン電子のフェルミ準位（μ_{F2}^{P}）が検出され，反平行であれば下向きスピンのフェルミ準位（μ_{F2}^{AP}）が検出される。

最近，van WeesらのグループやOtaniらのグループが微細加工技術を駆使してCuやAlのスピン拡散長と同程度の大きさの非局所スピン注入検出素子を作製し，室温でスピン蓄積の検出に成功した[17～19]。図2の(a)と(b)は素子の平面図と側面図を示す。ここで，F1とF2の電極は強磁性金属，N電極は非磁性金属である。電流IをF1からNの左側（xの負の方向）に流すことによりスピンを注入し，N中に生成されたスピン蓄積はF2とNの電位差（V_2）として検出する。F1より右側の領域（$x>0$）にはバイアス電圧がかかっていないため，この領域には電流は流れない。これに対して，注入されたスピンはN電極中を左右に拡散して行くため，右側の領域で

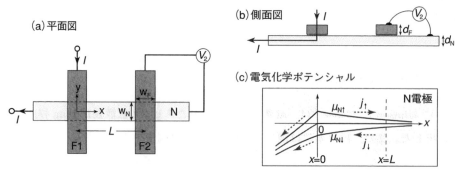

図2 スピン注入・検出素子
(a)平面図，(b)側面図，(c)N電極における上向きスピン，下向きスピン電子の電気化学ポテンシャルとスピンの流れ。

は純粋なスピン流が生じることになる。このように電流とスピン流の流れを分離し、スピンの自由度のみを取り出すことができるのが非局所測定法である。図2(c)は、上向きスピン電子と下向きスピン電子の電気化学ポテンシャルの空間変化として示したものであり、両者の差がスピン蓄積に対応する。F1とF2間の距離（L）がスピン拡散長と同程度かそれより短くなると、F2によって検出される電圧 V_2 は、F1とF2の磁化が平行か反平行かに依存してくる。平行、反平行の V_2 をそれぞれ V_2^P, V_2^{AP} と記すと、その差（$V_2^P - V_2^{AP}$）がスピン蓄積量のシグナルとして観測される。

3　スピン伝導

図2に示したスピン注入検出素子におけるスピン伝導を記述する基礎方程式を導出してみよう。強磁性電極F1とF2は幅 w_F, 厚さ d_F を持つ同じ強磁性体とし、それらの間隔を L とする。非磁性電極Nは幅 w_N, 厚さ d_N をもつ通常金属とする。F1とF2の磁化の向きは、平行または反平行のいずれかを取るものとする。

はじめに各電極内のスピン伝導を記述する基礎方程式を導出する。スピン（上向きスピン $\sigma=\uparrow$, 下向きスピン $\sigma=\downarrow$）に依存した電流 $\mathbf{j}_\sigma$ は、電場 $\mathbf{E}$ とキャリア密度 n_σ の勾配により、$\mathbf{j}_\sigma = \sigma_\sigma \mathbf{E} - eD_\sigma \nabla n_\sigma$（$e$ は電子の電荷）の式に従って流れる。ここに、σ_σ は電気伝導度、D_σ は拡散定数である。σ_σ と D_σ の間のEinsteinの関係 $\sigma_\sigma = e^2 N_\sigma D_\sigma$（$N_\sigma$ は状態密度）を使うと、電流は $\mathbf{j}_\sigma = -(\sigma_\sigma/e)\nabla \mu_\sigma$ となり、電気化学ポテンシャル μ_σ（化学ポテンシャルと電位の和）の勾配にしたがって流れることになる。定常状態における電荷とスピンに対する連続の方程式 $\nabla \cdot (\mathbf{j}_\uparrow + \mathbf{j}_\downarrow) = 0$ と $\nabla \cdot (\mathbf{j}_\uparrow - \mathbf{j}_\downarrow) = -e\delta n_\uparrow/\tau_{\uparrow\downarrow} + e\delta n_\downarrow/\tau_{\downarrow\uparrow}$（$\delta n_\sigma$ は n_σ の平衡値からのずれ、$\tau_{\uparrow\downarrow}$ は↑から↓へのスピン反転時間）と詳細釣り合い（$N_\uparrow/\tau_{\uparrow\downarrow} = N_\downarrow/\tau_{\downarrow\uparrow}$）を使うと、電気化学ポテンシャルに対する方程式[15,20～23]

$$\nabla^2(\sigma_\uparrow \mu_\uparrow + \sigma_\downarrow \mu_\downarrow) = 0, \qquad \nabla^2(\mu_\uparrow - \mu_\downarrow) = \frac{1}{\lambda^2}(\mu_\uparrow - \mu_\downarrow) \tag{1}$$

が得られる。ここに、$\lambda = \sqrt{D\tau_{sf}}$ はスピン拡散長であり、D と τ_{sf} はそれぞれ $D^{-1} = (N_\uparrow D_\downarrow^{-1} + N_\downarrow D_\uparrow^{-1})/(N_\uparrow + N_\downarrow)$, $\tau_{sf}^{-1} = \frac{1}{2}(\tau_{\uparrow\downarrow}^{-1} + \tau_{\downarrow\uparrow}^{-1})$ である。以下では、N, F電極の物質パラメーターにはそれぞれ"N", "F"の添字を付けることにする。Nでは物質パラメーターにスピン依存がない（$\sigma_N^\uparrow = \sigma_N^\downarrow = \frac{1}{2}\sigma_N$, $D_N^\uparrow = D_N^\downarrow = D_N$）のに対して、Fでは $\sigma_F^\uparrow \neq \sigma_F^\downarrow$（$\sigma_F = \sigma_F^\uparrow + \sigma_F^\downarrow$）, $D_F^\uparrow \neq D_F^\downarrow$ のようにスピン依存となる。各電極を流れる電荷電流とスピン流はそれぞれ $\mathbf{j} = \mathbf{j}_\uparrow + \mathbf{j}_\downarrow$, $\mathbf{j}_s = \mathbf{j}_\uparrow - \mathbf{j}_\downarrow$ である。非局所測定法から求められた非磁性金属のスピン拡散長は、CuやAlでは1 μm のオーダーである[17,18]。これに対して、BassらのCPP-GMRの研究から求められた強磁性体のスピン

拡散長は，パーマロイ（Py）では5 nm，CoFeでは12 nm，Coでは50 nmである[24]。このようなスピン拡散長の大きな違いはナノ構造素子におけるスピン伝導に大きな影響を及ぼす（4節参照）。

次に，接合界面を流れる電流に対する方程式が必要になる。ここでは，Valet-FertがCPP-GMRの記述に用いた方法[20]を採用する。FとNのように異なった金属の接合にはスピンに依存した界面抵抗 R_i^σ ($i=1,2$) が存在し，電流を流すとスピンに依存した界面電流

$$j_i^\sigma = \frac{1}{eR_i^\sigma A_J}(\mu_F^\sigma - \mu_N^\sigma) \tag{2}$$

が流れる。ここで，$(\mu_F^\sigma - \mu_N^\sigma)$ は界面での電気化学ポテンシャルのとび，$A_J = w_N w_F$ は接合面積である。この表式は界面抵抗が小さい金属接触接合から界面抵抗が大きいトンネル接合まで適用可能である[20〜22]。界面抵抗が小さい極限では μ_σ は界面で連続的に変化し，トンネル接合では大きな跳びを生じる。接合界面を横切る電流とスピン流はそれぞれ $j_i = j_i^\uparrow + j_i^\downarrow$，$j_i^s = j_i^\uparrow - j_i^\downarrow$ である。

(1)，(2)式が複合ナノ構造のスピン伝導を記述する基礎方程式である。図2の素子構造の場合，各電極の解の形は(1)式から以下のようになる。N電極では，$\mu_N^\sigma(x) = \bar{\mu}_N + \sigma(a_1 e^{-|x|/\lambda_N} - a_2 e^{-|x-L|/\lambda_N})$ である。ここで，$\bar{\mu}_N$ は平均値であり，電流が流れている領域（$x<0$）では $\bar{\mu}_N = -(eI/\sigma_N)x$，電流が流れていない領域（$x>0$）では $\bar{\mu}_N = 0$（電位の基準）となる。また，第2項はF1からスピンが注入されることにより生じるスピン蓄積を，第3項はF2へスピンが流出することによるスピン蓄積の減少を表す。他方，Pyのように $\lambda_F \ll d_F$ を満たすF電極では，界面付近のスピン流は z 方向（膜面に垂直）に流れると考えられるので，F1，F2電極の解として $\mu_{Fi}^\sigma(z) = \bar{\mu}_{Fi} + \sigma b_i^\sigma e^{-z/\lambda_F}$ ($i=1,2$) を採用する。ここに，電流 I が流れるF1では $\bar{\mu}_{F1} = -(eI/\sigma_F A_J)z + eV_1$，スピン流のみが流れるF2では $\bar{\mu}_{F2} = eV_2$ の一定値をとる。V_2 はF2電極の電位であり，磁化の向きに依存した値をとる。未知定数 a_i，b_i^σ，V_i は，接合界面でスピン流が保存される条件を課すことにより決められる。このようにして得られた平行，反平行の磁化配置におけるF2の電位 V_2^P，V_2^{AP} から，F2によって検出されるスピン蓄積のシグナル電圧 $V_s = (V_2^P - V_2^{AP})$，およびシグナル抵抗 $R_s = V_s/I$ が求められる。

4　スピン蓄積

F2で検出されるスピン蓄積のシグナル抵抗 $R_s = V_s/I$ の表式は

第3章　スピン注入・蓄積効果

$$R_s = \frac{4R_N \left(\frac{P_J}{1-P_J^2}\frac{R_1}{R_N} + \frac{p_F}{1-p_F^2}\frac{R_F}{R_N}\right)\left(\frac{P_J}{1-P_J^2}\frac{R_2}{R_N} + \frac{p_F}{1-p_F^2}\frac{R_F}{R_N}\right)e^{-\frac{L}{\lambda_N}}}{\left(1 + \frac{2}{1-P_J^2}\frac{R_1}{R_N} + \frac{2}{1-p_F^2}\frac{R_F}{R_N}\right)\left(1 + \frac{2}{1-P_J^2}\frac{R_2}{R_N} + \frac{2}{1-p_F^2}\frac{R_F}{R_N}\right) - e^{-\frac{2L}{\lambda_N}}} \quad (3)$$

のように求められる[23]。ここに，$R_N = \rho_N \lambda_N / A_N$ と $R_F = \rho_F \lambda_F / A_J$ はそれぞれ N 電極と F 電極のスピン抵抗，ρ_N と ρ_F は電気抵抗率，$A_N = w_N d_N$ は N の断面積，$R_i = R_i^\uparrow + R_i^\downarrow$ は i 番目の接合抵抗，$P_J = |R_i^\uparrow - R_i^\downarrow|/R_i$ は界面電流のスピン分極率，$p_F = |\sigma_F^\uparrow - \sigma_F^\downarrow|/\sigma_F$ は F 電極のスピン分極率である。

スピン蓄積シグナル抵抗 R_s は，N 電極と F 電極のスピン抵抗が大きく異なるため，各々の接合が金属接触か，トンネル接合かに強く依存する。例えば，Cu と Py の組合せ（$\sigma_F/\sigma_N \sim 0.1$, $\lambda_F/\lambda_N \sim 0.01$, $A_N/A_J \sim 0.1$-1）[17]では，スピン抵抗比は $R_F/R_N \sim 0.01$-0.1 と小さくなる。従って，各電極の抵抗 R_N, R_F と接合抵抗 R_1, R_2 の大小関係により，次のような場合分けが考えられる。2つの接合がトンネル接合（R_1, $R_2 \gg R_N$）の場合[15,18]

$$\frac{R_s}{R_N} = P_J^2 e^{-L/\lambda_N} \quad (4)$$

となる。一方は金属接触接合，他方はトンネル接合（$R_1 \ll R_F \ll R_N \ll R_2$, または $R_2 \ll R_F \ll R_N \ll R_1$）の場合[23]

$$\frac{R_s}{R_N} = \frac{2p_F P_J}{(1-p_F^2)}\left(\frac{R_F}{R_N}\right)e^{-L/\lambda_N} \quad (5)$$

2つの接合が接合抵抗が無視できる金属接触（R_1, $R_2 \ll R_F$）の場合[17,21,22]

$$\frac{R_s}{R_N} = \frac{2p_F^2}{(1-p_F^2)^2}\left(\frac{R_F}{R_N}\right)^2 \frac{1}{\sinh(L/\lambda_N)} \quad (6)$$

となる。これらの表式はいずれも接合抵抗 R_i に依存しないことに注意しよう。

図3(a)はスピン蓄積シグナル抵抗 R_s を強磁性電極間の距離（L）の関数として計算したものである。電極のパラメーターとして Py と Cu のものを使っている。図からわかるように，2つの接合がトンネル接合の F1/I/N/I/F2 素子において R_s は最大となる。トンネル接合を金属接触接合に置き換えた F1/I/N/F2 素子や F1/N/F2 素子ではスピン拡散長が大きく異なる（$\lambda_F \ll \lambda_N$）ため，電極間のスピン抵抗に大きなミスマッチ（$R_F \ll R_N$）が生じて R_s は大きく減少する。

図3(b)は Co/Al$_2$O$_3$/Al/Al$_2$O$_3$/Co トンネル素子[18]，および Py/Cu/Py 金属接触素子[25,26]の実験結果である。(4)式を使って前者の実験結果のフィッティングを行うと，Cu のスピン拡散長として $\lambda_N = 650$ nm（4.2 K），$\lambda_N = 350$ nm（293 K），および $P_J = 0.1$，$R_N = 3\,\Omega$ が得られる。これらの値をスピン分裂の表式 $\delta\mu_N(x) = \frac{1}{2}P_J e R_N I \exp(-x/\lambda_N)$ に用いると，Al におけるスピン蓄積の空間分布とその大きさが求められる。例えば，$I = 100\,\mu$A の注入電流に対して $\delta\mu_N(0) \sim 15\,\mu$eV と

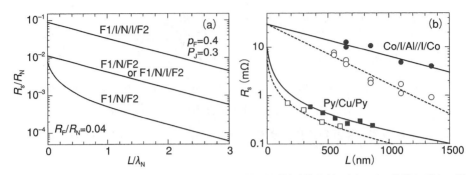

図3 (a)スピン蓄積シグナル抵抗 R_s の F1, F2 間の距離(L)依存性, (b)スピン蓄積シグナル抵抗 R_s の実験結果

(●, ○) 印は Co/I/Al/I/Co トンネル接合素子[18]の実験結果, (□, ■) 印は Py/Cu/Py 金属接触素子[25,26]の実験結果。ここで, (●, ■) は 4.2 K, (○, □) は室温でのデータである。実線と点線は理論曲線である。

見積もられる。一方, (6)式を使って後者の実験結果のフィッティングを行うと, Cu のスピン拡散長として, $\lambda_N=920$ nm (4.2 K), $\lambda_N=700$ nm (293 K) が得られる。

Co/I/Al/I/Co トンネル素子では, 温度を Al の超伝導転移温度以下に下げると Al は超伝導状態になる。超伝導ギャップがシグナル抵抗 R_s にどのような影響を与えるのかたいへん興味深い。超伝導ギャップが開くと, スピンの緩和時間が長くなるがスピン拡散長は温度変化しないことが示されている[27,28]。このことを考慮すると超伝導状態におけるスピン蓄積シグナル抵抗は[23]

$$R_s = \frac{P_J^2 R_N}{2f(\Delta)} e^{-L/\lambda_N} \tag{7}$$

となる。ここに, $f(\Delta)=1/(e^{\Delta/k_B T}+1)$ はエネルギー Δ での準粒子の分布である。この結果は, 常伝導状態のスピン抵抗を R_N を超伝導体のスピン抵抗 $R_N/[2f(\Delta)]$ に置き換えたことに対応している。これは, ギャップが開くことによりギャップの上に分布する準粒子の数が減少し, 超伝導体がスピン伝導に対しては少数キャリア系として振舞うことを示している。このことを反映して, 低温 ($k_B T \ll \Delta$) では, R_s は $\exp(\Delta/k_B T)$ の因子に比例して増大を示す。このようなシグナル抵抗の異常な増大を示す実験が報告されている[29]。また, Al の常伝導状態のスピン分裂は 15 μV 程度と小さいが, 超伝導状態では上記の増大効果と同様にスピン分裂は増大し, Al の超伝導ギャップ Δ (〜200 μeV) と同程度になると超伝導は抑制されるであろう[30]。

5 スピン流

ここでは,注入されたスピン流が第2の接合界面 (N/F2) を横切ってF2へ流出するスピン流について考察する(図4参照)。図4(b)はF1/I/N/F2素子におけるスピン蓄積とスピン流の空間分布を示したものであり,N中のスピン流がF2により強く吸収されていることがわかる。吸収されるスピン流が十分大きければ非局所スピン流による磁化反転が可能になる。

N/F2界面を横切るスピン流は[11~14]

$$I_{N/F2}^s = \frac{2I\left(\frac{P_J}{1-P_J^2}\frac{R_1}{R_N} + \frac{p_F}{1-p_F^2}\frac{R_F}{R_N}\right)e^{-L/\lambda_N}}{\left(1+\frac{2}{1-P_J^2}\frac{R_1}{R_N}+\frac{2}{1-p_F^2}\frac{R_F}{R_N}\right)\left(1+\frac{2}{1-P_J^2}\frac{R_2}{R_N}+\frac{2}{1-p_F^2}\frac{R_F}{R_N}\right)-e^{-\frac{2L}{\lambda_N}}} \quad (8)$$

で与えられる。非局所スピン流注入を最適化するには,接合1はトンネル接合 ($R_1/R_N \gg 1$),接合2は金属接触 ($R_2/R_N \ll 1$) にすればよい。このときF2に注入されるスピン流密度は

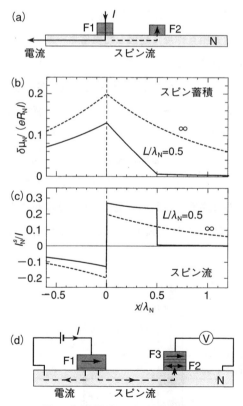

図4 (a)非局所スピン流注入素子
N電極におけるスピン蓄積(b)とスピン流(c)の空間依存性, (d)純粋スピン流による非局所磁気メモリー[31]

$$j_{N/F2}^s = \frac{I_{N/F2}^s}{A_N} = \frac{P_1 e^{-L/\lambda_N}}{\frac{A_J}{A_N} + \frac{2}{1-p_F^2}\left(\frac{\rho_F \lambda_F}{\rho_N \lambda_N}\right)} \frac{I}{A_N} \tag{9}$$

で与えられる。N電極としてCu,F2電極としてPyを用いると,分母の($\rho_F\lambda_F/\rho_N\lambda_N$)の値は小さくなる(~0.03)ので,F2電極を微細化すれば,磁化反転に必要なスピン流密度の注入が可能となる。図4(c)は,我々が提案している純粋スピン流による非局所磁気メモリーの概念図である[31]。最近,Py/Cu/Py素子において,非局所スピン流による磁化反転が観測された[32,33]。

6　スピンホール効果

強磁性体で見られる異常ホール効果は,伝導電子と金属中の不純物や局在スピンとのスピン軌道相互作用により引き起こされる現象である。この相互作用により,伝導電子の散乱のされ方にスピンの非対称性が現われる。すなわち,上向きスピンの電子がある方向に偏って散乱されると,下向きスピンの電子は反対の方向に偏って散乱される。このような散乱は,Mott散乱と呼ばれる。このようなスピン軌道相互作用に起因した異常ホール効果が,ナノ構造素子を用いることにより,非磁性の半導体や金属において観測されるようになった(スピンホール効果)。図5のようにスピン注入によりN中にスピン流が生じると,同じ量で反対方向に流れている上向きスピン電子と下向きスピン電子は同じ方向に曲げられるので,横方向に電流が生じて電子は試料の両脇に電荷が蓄積されることになる。この電荷によって横方向(y方向)に電場を誘起してホール効果を引き起こす。逆に,非磁性金属に電流を流すと,同じ量で同じ方向に流れている上向きスピン電子と下向きスピン電子は互いに反対方向に曲げられて,横方向に電流の伴わないスピン流(純粋スピン流)が生成され,試料の両脇にスピンが蓄積する。このように,スピンホール効果は,電流からスピン流へ,スピン流から電流への相互変換を引き起こす[34~37]。また,磁

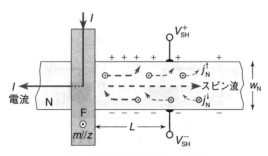

図5　非局所スピンホール素子
Fの磁化は膜面に垂直に向いている。スピン注入により横方向(y方向)にホール電圧V_{SH}を生じる[10~14]

性体を用いないでスピンを生成することも可能となる。最近,強磁性金属と非磁性金属からなる非局所スピンホール素子,CoFe/Al[38],Py/Cu/Pt[39,40],Fe/Au[41],においてスピンホール効果が実験的に観測された。

ここでは,スピン流が誘起するスピンホール効果について議論しよう。図5に示した非局所スピンホール素子の長所は,ホール効果を測定する位置には電荷の電流が流れないので,スピンホール効果のみを測定できる点にある。非磁性不純物によるスピン軌道散乱の効果を取り入れたボルツマンの輸送方程式を解くことにより,N中を流れる電流は

$$\mathbf{j} = \sigma_N \mathbf{E} + \alpha_{SH} [\hat{\mathbf{z}} \times \mathbf{j}_s] \tag{10}$$

ここに,右辺第1項は電場 $\mathbf{E}$ を伴う通常のオーミック電流,第2項は $\hat{\mathbf{z}}$ 方向にスピン偏極したスピン流 $\mathbf{j}_s$ によって誘起されるホール電流,$\alpha_{SH} = \sigma_{SH}/\sigma_N$ はホール角である。(10)式の電流の横成分がゼロになる条件 $(j_y=0)$ からホール電圧 $V_{SH} = \alpha_{SH}\rho_N w_N j_s$ が求まり,スピン流に比例することがわかる。非局所スピンホール抵抗 $R_{SH} = V_{SH}/I$ は

$$R_{SH} = \frac{1}{2} P_{eff} \alpha_{SH} \frac{\rho_N}{d_N} e^{-L/\lambda_N} \tag{11}$$

で与えられる[10〜14]。ここに,トンネル接合の場合,$P_{eff}=P_J$,金属接触接合の場合,$P_{eff}=2[p_F/(1-p_F^2)](R_F/R_N)$ である。なお,数値シミュレーションを用いたスピン流と電流の3次元空間分布の計算により,素子構造や形状に即した解析が可能になっている[42]。また,図5のN電極を超伝導体に置き換えた素子では,超伝導ギャップや準粒子のスピン電荷分離がスピンホール効果に及ぼす影響が興味深いがその詳細は文献30)に譲る。

7 おわりに

磁性体を用いた複合ナノ構造におけるスピン注入・蓄積効果について,その一端を紹介した。これらのスピン伝導を支配するトンネル現象や界面効果,スピン緩和,スピン流と磁気構造の相互作用,電流・スピン流の相互変換などの基礎的側面の理解は,スピン流やスピン蓄積を効率よく生成,制御,検出する方法の確立や,それを利用したナノデバイスの設計や開発に対してきわめて重要であると考えられる。ナノ領域におけるスピン蓄積,スピン流,電流を自在に操作し,磁気構造との絡み合いを巧みに利用した革新的なナノデバイスや技術が生まれることを期待したい。

文　献

1) M.N. Baibich et al., *Phys. Rev. Lett.*, **61**, 2472 (1988); G. Binasch, P. Grunberg, F. Saurenbach, W. Zinn, *Phys. Rev. B*, **39**, 4282 (1989)
2) M. Julliere, *Phys. Lett.*, **54 A**, 22 (1975)
3) S. Maekawa and U. Gäfvert, *IEEE Trans. Magn.*, **18**, 707 (1982)
4) T. Miyazaki and N. Tezuka, *J. Magn. Magn. Mater.*, **139**, L 231 (1995)
5) J. S. Moodera et al., *Phys. Rev. Lett.*, **74**, 3273 (1995)
6) S. S. P. Parkin, C. Kaiser, A. Panchula, P. M. Rice, B. Hughes, M. Samant, and S.-H. Yang, *Nature Materials*, **3**, 862 (2004)
7) S. Yuasa, T. Nagahama, A. Fukushima, Y. Suzuki, and K. Ando, *Nature Materials*, **3**, 868 (2004)
8) "Spin Dependent Transport in Magnetic Nanostructures", edited by S. Maekawa and T. Shinjo (Taylor and Francis, 2002)
9) *Concepts in Spin Electronics*, edited by S. Maekawa (Oxford Univ Press, 2006)
10) 高橋三郎, 前川禎通, スピンエレクトロニクスの基礎と最前線, 猪俣浩一郎監修, シーエムシー出版, 東京, pp.28 (2004)
11) S. Takahashi and S. Maekawa, *Physica C*, **437-438**, 309 (2006)
12) S. Takahashi, H. Imamura, and S. Maekawa, Chapter 8 in Concept in Spin Electronics, edited by S. Maekawa (Oxford Univ Press, 2006)
13) S. Takahashi and S. Maekawa, *J. Phys. Soc. Jpn.*, **77**, 031009 (2008)
14) S. Takahashi and S. Maekawa, *Sci. Technol. Adv. Mater.*, **9** (2008) 014105.
15) M. Johnson and R. H. Silsbee, *Phys. Rev. Lett.*, **55**, 1790 (1985); *ibid*. **60**, 377 (1988)
16) M. Johnson, *Phys. Rev. Lett.*, **70**, 2142 (1993)
17) F. J. Jedema, A. T. Filip, and B. J. van Wees, *Nature*, **410**, 345 (2001)
18) F. J. Jedema, H. B. Heersche, A. T. Filip, J. J. A. Baselmans, and B. J. van Wees, *Nature*, **416**, 713 (2002)
19) T. Kimura, J. Hamrle, Y. Otani, K. Tsukagoshi, and Y. Aoyagi, *Appl. Phys. Lett.*, **85**, 3501 (2004); *ibid*. 3795 (2004)
20) T. Valet and A. Fert, *Phys. Rev. B*, **48**, 7099 (1993)
21) A. Fert and S.F. Lee, *Phys. Rev. B*, **53**, 6554 (1996)
22) S. Hershfield and H.L. Zhao, *Phys. Rev. B*, **56**, 3296 (1997)
23) S. Takahashi and S. Maekawa, *Phys. Rev. B*, **67**, 052409 (2003)
24) J. Bass and W.P. Pratt Jr., *J. Magn. Magn. Mater.*, **200**, 274 (1999)
25) T. Kimura, J. Hamrle, and Y. Otani, *J. Magn. Soc. Jpn.*, **29**, 192 (2005)
26) S. Garzon, Ph. D. Thesis (Univ. Maryland, 2005)
27) T. Yamashita, S. Takahashi, H. Imamura, and S. Maekawa, *Phys. Rev. B*, **65**, 172509 (2002)
28) S. Takahashi, T. Yamashita, H. Imamura, and S. Maekawa, *J. Magn. Magn. Mater.*, **240**, 100 (2002)
29) M. Urech, J. Johansson, N. Poli, V. Korenivski, and D. B. Haviland, *J. Appl. Phys.*, **99**, 08 M

513 (2006)
30) S. Takahashi, H. Imamura, and S. Maekawa, *Phys. Rev. Lett.*, **82**, 3911 (1999)
31) S. Maekawa, K. Inomata, and S. Takahashi, Japan Patent No. 3818276 (23 June, 2006)
32) T. Kimura, Y. Otani, and J. Hamrle, *Phys. Rev. Lett.*, **96**, 037201 (2006)
33) T. Yang, T. Kimura, and Y. Otani, *Nature Physics*, **4**, 851 (2008)
34) M. I. Dyakonov and V. I. Perel, *Physics Letters A*, **35**, 459 (1971)
35) J. E. Hirsch, *Phys. Rev. Lett.*, **83**, 1834 (1999)
36) S. Zhang, *Phys. Rev. Lett.*, **85**, 393 (2001)
37) S. Takahashi and S. Maekawa, *Phys. Rev. Lett.*, **88**, 116601 (2002)
38) S. O. Valenzuela and M. Tinkham, *Nature*, **442**, 176 (2006)
39) T. Kimura, Y. Otani, T. Sato, S. Takahashi, and S. Maekawa, *Phys. Rev. Lett.*, **98**, 156601 (2007)
40) L. Vila, T. Kimura, and Y. Otani, *Phys. Rev. Lett.*, **99**, 226604 (2007)
41) T. Seki, Y. Hasegawa, S. Mitani, S. Takahashi, H. Imamura, S.Maekawa, J. Nitta, and K.Takanashi, *Nature Materials*, **7**, 125 (2008)
42) R. Sugano, M. Ichimura, S. Takahashi, and S. Maekawa, *J. Appl. Phys.*, **103**, 07A715 (2008)

第4章　スピン注入磁化反転と自励発振

鈴木義茂[*1]，久保田均[*2]

1　スピントルク

　スピン偏極した電流を注入することにより磁性体の磁化を制御する研究は，その応用の多様性からスピントロニクス分野における最も重要なテーマの一つである。特に，現在注目されている磁気ランダムアクセスメモリ（MRAM）の大容量化を考えるとき，メモリセルの微細化に伴う反転磁界の増大のために従来の外部電流磁界による磁化反転方式では書き込み（磁化反転）が困難となりつつあり，スピン注入による磁化反転の利用が必要不可欠であろう。

　スピン偏極した電流の注入により注入された磁性層の磁化に働くトルクには，「スピントランスファートルク」と「フィールドライクトルク」と呼ばれる2種類のトルクがあり，これらをあわせて「スピントルク」と呼ぶ。この概念は最初，電流により磁壁を運動させる可能性として1986年に米国のBergerにより提案された[1]。この当時は素子を小さく作ることが出来なかったので電流磁界の効果およびローレンツ力の効果などとスピントルクの効果を区別することが困難であった。1996年にGMR（巨大磁気抵抗効果）膜と同じ三層構造の多層膜におけるスピン注入による磁化反転が理論的に予測され[2,3]，1998年から1999年にかけて3層膜においてスピン波の励起と考えられる現象[4]および磁化反転[5]が低温で観測され，スピントルクの存在が明らかになった。次いで，GMR膜を用いて[6~11,15]，さらに，MTJ（トンネル磁気抵抗素子）を用いてスピン注入による磁化反転が室温で[12~14]実現した。現在では，スピントルクによる高周波の発振など研究はさらに拡がっている。

1.1　スピントルクの理論

　スピン注入磁化反転を実現するための代表的な素子は図1のようなCPP-GMR（面直電流GMR）素子やMTJである。この場合，素子は2層の強磁性層（F1とF2，例えばCo）とそれを隔てる非磁性層（例えばCu，MgO）からなる。この素子において膜面に垂直に電流を流すと，

[*1]　Yoshishige Suzuki　大阪大学　大学院基礎工学研究科　物質創成専攻　教授
[*2]　Hitoshi Kubota　㈱産業技術総合研究所　エレクトロニクス研究部門スピントロニクスグループ　主任研究員

第4章　スピン注入磁化反転と自励発振

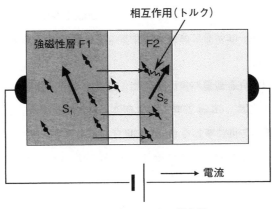

図1　スピントルクの概念図

スピン偏極した伝導電子が強磁性層F1から非磁性層を通して強磁性層F2に流れ込み，F2の電子と相互作用した結果，これらの電子の間にはトルクが発生する．発生するトルクが十分に大きいとF2の磁気モーメントは反転する．これがスピン注入磁化反転である．

　問題を単純化するために，電子系を伝導電子（s電子）と局在磁気モーメントを担う電子（d電子）に分けて考えよう．伝導電子と局在電子の間の相互作用（s-d相互作用）は全スピン角運動量を保存するので，局在電子の角運動量の変化は，伝導電子の角運動量の変化の符号を変えたものに等しい．即ち，多層膜中をs電子が運動する際にスピン角運動量がs-d相互作用により変化すると，それは，そのままd電子のスピン角運動量の変化となる[注1]．このようにして発生するトルクをスピントランスファートルクと呼ぶ．では，多層膜中で伝導電子はどのようにして角運動量を変化させるのだろうか．このことを理解するためにまずスピンの記述の仕方を思い出そう．極座標で(θ,φ)方向を向いたスピンは，

$$|(\theta,\varphi)\rangle = \cos\frac{\theta}{2}|\uparrow\rangle + e^{i\varphi}\sin\frac{\theta}{2}|\downarrow\rangle \quad \text{あるいは} \quad \begin{pmatrix} \cos\frac{\theta}{2} \\ e^{i\varphi}\sin\frac{\theta}{2} \end{pmatrix} \tag{1}$$

と表現される．ここで$|\uparrow>$と$|\downarrow>$はz軸上向きおよび下向きのスピン状態であり，右端の括弧内はスピンの成分表示である．この状態が(θ,φ)方向を向いたスピンであることは，スピン演算子$(\sigma_x,\sigma_y,\sigma_z)$の期待値を実際に計算してみれば$(\cos\varphi\sin\theta,\sin\varphi\sin\theta,\cos\theta)$となることから理解できる．さて，伝導電子は$s$-$d$相互作用のために，強磁性層の中では，↑および↓スピンについて異なる有効ポテンシャルを感じている．その結果，非磁性層と強磁性層の界面では電子

注1）ここでは，スピン軌道相互作用および軌道磁気モーメントを無視する．

の透過率と反射率がスピンの向きに依存する。また，強磁性層中の波数ベクトルkはスピンに依存する。すると，伝導電子は界面における反射および強磁性層の透過において角運動量を強磁性層のd電子系に与える。

強磁性層の透過における角運動量の変化を例として考えよう。強磁性層F1およびF2のスピン角運動量の方向をそれぞれ，(θ, φ)方向，および，z軸方向とする。入射電子のスピンの方向はF1のスピン角運動量の方向に等しく(θ, φ)方向であるとする。厚さdのF2を透過する際の位相変化は，↑，↓のスピンに対してそれぞれ$k_\uparrow d$および$k_\downarrow d$であるので，透過電子のスピン関数は，

$$\begin{pmatrix} e^{ik_\uparrow d} & 0 \\ 0 & e^{ik_\downarrow d} \end{pmatrix} \frac{1}{\sqrt{2}} \begin{pmatrix} \cos\frac{\theta}{2} \\ e^{i\varphi}\sin\frac{\theta}{2} \end{pmatrix} = \frac{e^{ik_\uparrow d}}{\sqrt{2}} \begin{pmatrix} \cos\frac{\theta}{2} \\ e^{i(k_\downarrow - k_\uparrow)d + i\varphi}\sin\frac{\theta}{2} \end{pmatrix} \qquad (2)$$

となる。即ち，透過電子のスピンは$(k_\downarrow - k_\uparrow)d$ [rad]だけz軸の周りで歳差運動する。例えば，入射電子のスピンがx方向（$\theta = \pi/2, \varphi = 0$）を向き，$(k_\downarrow - k_\uparrow)d = \pi$ならば透過電子のスピンは反転することになり，電子1個あたり$\hbar$の角運動量をF2に与える。

しかし，実際の膜は多結晶であり電子は結晶中をいろいろな方向に運動している。その結果，歳差運動の位相は電子ごとにまちまちで全体として打ち消しあうだろう。この場合，透過電子のスピン角運動量のx-y成分は平均として失われる。このとき角運動量の変化は，

$$\frac{\hbar}{2}\begin{pmatrix} 0 \\ 0 \\ \cos\theta \end{pmatrix} - \frac{\hbar}{2}\begin{pmatrix} \cos\varphi\sin\theta \\ \sin\varphi\sin\theta \\ \cos\theta \end{pmatrix} = \frac{\hbar}{2}\vec{e}_2 \times (\vec{e}_2 \times \vec{e}_1) \qquad (3)$$

となる。ここで，$\vec{e}_1 = (\cos\varphi\sin\theta, \sin\varphi\sin\theta, \cos\theta)$および$\vec{e}_2 = (0, 0, 1)$はF1およびF2の角運動量の方向を示す単位ベクトルである。磁性層F2の全スピン角運動量$\vec{S}_2$の単位時間当たりの変化は，単位時間当たりの注入電子の数I_e/e（I_eは電流の大きさ，eは電気素量）とスピントランスファーの効率gを式(3)にかけることにより求まる。これが，Slonczewskiの示したスピントランスファートルクである[2]。Slonczewskiは効率gの式として，

$$\begin{cases} g(\theta) = \left[-4 + \left(P^{\frac{1}{2}} + P^{-\frac{1}{2}}\right)^3 \frac{(3+\cos\theta)}{4} \right]^{-1} ; \text{GMR} \\ g(\theta) = \dfrac{P}{1+P^2\cos\theta} ; \text{MTJ} \end{cases} \qquad (4)$$

を示した[2,16,17]。ここでPは磁性層のスピン偏極度，θはF1とF2の磁化の成す角（$= \vec{e}_1$と$\vec{e}_2$の成す角）である。

スピントランスファーによるトルクの画期的なところは，電流の向きによって磁化を平行にも

反平行にもそろえることができる点にある．この他にも，フィールドライクトルクと呼ばれる磁界と同じ対称性を示す（$(\vec{e}_2 \times \vec{e}_1)$に比例する）トルクが存在する．このトルクの起源についてはいろいろな説があり議論となっている[18〜25]．

1.2 スピントルクの観測

スピン注入磁化反転，マイクロ波の発振現象など，スピントルクが誘起する現象が観測され，スピントルクの存在は確かである．しかし，これらの観測では，臨界電流以下の電流ではスピントルクを観測することはできない．磁化反転，自励発振に至る過程で，スピントルクがどのように変化するかを理解することは，これらの現象を応用したデバイスの開発を進めるにあたって重要である．本節では，スピントルクの定量的評価手法であるスピントルクダイオード効果[20,26]の測定方法を紹介し，それを用いて調べたスピントルクのバイアス依存性について述べる．

図2(a)にスピントルクダイオード効果の測定系の模式図を示す．試料はMTJ，またはCPP-GMR素子とする．試料の磁化容易軸方向から若干傾けた方向に磁界を印加する．この状態で試料にバイアスTを通して角振動数ωの高周波電流$I_e = I_\omega \sin \omega t$を流す．この電流により生じる高周波トルクにより試料のフリー層のスピンの方向θが同じ振動数で微小に振動する．

$$\theta = \theta_0 + \Delta\theta \sin(\omega t + \delta) \tag{5}$$

ここで，δは磁化の振動の位相を表している．振動振幅$\Delta\theta$は与えたRF電流の角振動数に依存し，微小な振動に対しては，与えたRF電流の振幅に比例すると考えられる．磁界を固定して，高周波電流の周波数を数十MHzから10数GHzまでスイープする．この間に強磁性共鳴の条件

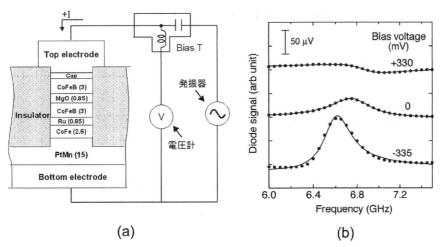

図2 (a)スピントルクダイオード効果の測定系と(b)スペクトルの例

が成り立つと，試料のフリー層に含まれるスピンの振動が大きくなる。磁化の振動の結果，素子の電気抵抗も同じ周波数で振動する。

$$R \cong R(\theta_0) + \frac{dR}{d\theta} \Delta\theta \sin(\omega t + \delta) \quad (6)$$

素子両端に現れる電圧は電流×抵抗である。すなわち，

$$V = RI_e \cong R(\theta_0)I_\omega \sin\omega t + \frac{dR}{d\theta} \Delta\theta \sin(\omega t + \delta)I_\omega \sin\omega t \quad (7)$$

となる。ここで，$2\sin(\omega t + \delta)\sin\omega t = \cos\delta - \cos(2\omega t + \delta)$ であることに注意すると，抵抗と電流の双方が ω で振動するために，素子両端には角振動数 ω の成分以外に $\omega \pm \omega$，即ち，角振動数 2ω および dc 成分（$V_{dc} = \Delta\theta \frac{dR}{d\theta} \frac{I_\omega}{2} \cos\delta$）が現れることが分かる。この整流信号を以下ではダイオードシグナルと呼ぶ。現れる直流電圧が $\Delta\theta$ に比例することから，直流電圧を測定することによりスピントルクによって誘起された歳差運動の振幅を測定することが出来る。また，直流電圧の項は $\cos\delta$ を係数として含んでおり位相敏感検波となっている。この位相はトルクの方向と関係しており，位相の測定によりスピントランスファートルクとフィールドライクトルクを分離して測定することができる。

強磁性共鳴条件でスピンの歳差運動が増幅すると，dc 電圧も大きくなる。図2(b)にスピントルクダイオードスペクトルの測定結果の例を示す。図中にはバイアス電圧が 0 および約±330 mV の場合のスペクトルを示してある。0 バイアスのスペクトルを見ると，6.7 GHz 付近にピークがある。つまり，その周波数付近で強磁性共鳴の条件が成り立ち，ダイオードシグナルがピークを示している。0 バイアスに較べて，+バイアスではピークが減少し，−バイアスではピークが増大している。これは，バイアスに依存して，スピントルクの大きさが変化していることを示している。バイアスを連続的に変化させた実験も報告されており，スピントルクがバイアスに依存性して多彩な振る舞いを示すことがわかった[19,20]。今後，理論的なアプローチと組み合わせてより深い理解が得られると期待する。

2 注入磁化反転の機構

2.1 スピン注入磁化反転の機構

スピン注入によるトルクが磁化のダイナミクスにどのような影響を与えるか LLG（ランダウ・リフシッツ・ギルバート）方程式を使って考える。LLG 方程式に式(3)のスピントルクを考慮すると，

$$\frac{d\mathbf{S}_2}{dt} = \gamma \mathbf{S}_2 \times \mathbf{H}_{eff} - \alpha \hat{\mathbf{s}}_2 \times \frac{d\mathbf{S}_2}{dt} - g \frac{I_e}{e} \frac{\hbar}{2} \hat{\mathbf{s}}_2 \times (\hat{\mathbf{s}}_2 \times \hat{\mathbf{s}}_1) \tag{8}$$

を得る[2])。ここで、$\mathbf{S}_2$ はF2の全角運動量、γ はF2の磁気ジャイロ定数($\gamma < 0$)[注2]、α は歳差運動に対する制動の強さを表す係数(ギルバートのダンピング係数)で0.01程度である。$\mathbf{H}_{eff}$ はF2における有効磁界(異方性磁界と外部磁界の和)、g は前述したようにスピントランスファーの効率を示す係数で、スピン分極率などの関数である[2,16,17]。右辺第1項は有効磁場からのトルク、第2項はダンピング、第3項はスピントルクである。

$-\mathbf{H}_{eff}$ と $\hat{\mathbf{s}}_1$ が z 軸の正の方向を向いているときのこれらのトルクの方向を図3に示した。第1項は歳差運動の軌道方向を向き、歳差運動を持続させる。第2項は $d\mathbf{S}_2/dt$ に右辺全体を繰り返し代入することにより、$\hat{\mathbf{s}}_2 \times (\mathbf{S}_2 \times \alpha\gamma \mathbf{H}_{eff})$ と書ける(但し、$\alpha \ll 1$ を用いた)。この項は歳差運動を減衰させてその軌道を閉じさせようとする。第3項のスピントルクの項は、電流の方向により歳差運動を増幅あるいは減衰させる。歳差運動が増幅していくと最終的には磁化反転に至る。磁化反転が生じる条件は、スピン注入トルクが制動トルク(ギルバートのダンピング)を上回ることである。即ち、

$$\left| g \frac{I_e}{e} \frac{\hbar}{2} \right| = |S_2 \alpha \gamma H_{eff}| \tag{9}$$

が臨界電流を与える。ここで、S_2 は、磁性層F2中の全スピン角運動量であり(ここでは軌道

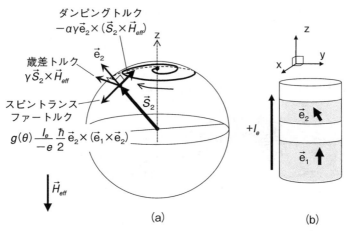

図3 (a)スピントルクの方向,(b)円柱対称性をもつ素子の概念図

注2) 磁気ジャイロ定数(γ)は角運動量(S)と磁気モーメント(μ)との比($\gamma = \mu/S$)。電子の電荷は負であり、角運動量と磁気モーメントが反平行となるため γ は負となる。教科書によっては $\nu = -\gamma$ とおき $\nu > 0$ を使うこともあるので符号に注意。

角運動量を無視している), $S_2 = (M_S V/\mu_B)\cdot(\hbar/2)$と表される ($M_s$:F2の飽和磁化,$V$:F2の体積,$\mu_B$:ボーア磁子)。$\tau_{relax} = (\alpha\gamma H_{eff})^{-1}$は,$d$電子のスピン歳差運動の緩和時間である。従って,式(9)は,d電子のスピンが緩和するまでに伝導電子から注入されたスピンの量がS_2に等しくなると磁化反転が起こることを表している。磁化を平行(P)から反平行(AP)に変化させるときの臨界電流$I_{C0}{}^{P\to AP}$と,磁化を反平行(AP)から平行(P)に変化させるときの臨界電流$I_{C0}{}^{AP\to P}$は,

$$I_{C0}{}^{P\to AP} = -e(VM_s/\mu_B)\alpha\gamma[H_{ext} + (H_{a,//}(0)+H_{a,\perp}(0))/2]/g(0) \tag{10}$$

$$I_{C0}{}^{AP\to P} = -e(VM_s/\mu_B)\alpha\gamma[H_{ext} - (H_{a,//}(\pi)+H_{a,\perp}(\pi))/2]/g(\pi) \tag{11}$$

ここで,H_{ext}は外部印加磁界,$H_{a,//}$,$H_{a,\perp}$はF2層の異方性磁界である。面内磁化膜においては$H_{a,//}$はH_cに,$H_{a,\perp}$は膜厚方向の反磁界に相当しM_sにほぼ等しい。膜厚方向の反磁界による歳差運動の周期はCoの場合3 psec程度なのでτ_{relax}は500 psec程度となる。従って,$g=1$ならば,500 psecの間にF2層中の全てのCo原子($1.7\mu_B$/atom)それぞれに約1.7個の電子を注入すれば磁化反転が可能である。これは,F2の膜厚が10原子層であれば,約10^7A/cm^{2}に対応する。

図4に,磁界による磁化反転とスピン注入による磁化反転における磁気モーメントの歳差運動の仕方の違いを模式的に示した。一軸異方性の場合,ポテンシャルは磁化の方向が0度と180度の二箇所に極小を持つ。磁界による磁化反転の場合(同図(a)),まず外部磁界によりポテンシャル障壁がなくなり磁化が反転する。反転後,歳差運動を繰り返しながら安定位置に収束する。一

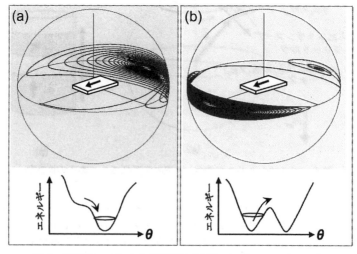

図4 磁気モーメントの歳差運動の軌跡(シミュレーション)

第4章 スピン注入磁化反転と自励発振

方,スピン注入磁化反転の場合(同図(b)),まず歳差運動が増幅され,歳差運動の振幅が十分に大きくなると磁化は反転し急速に安定点に収束する。

スピン注入磁化反転の反転時間 τ_{sw} は歳差運動を増幅してその開き角が $\pi/2$ に達するまでの時間で決まる。簡単な計算から,

$$\tau_{sw} \cong \tau_{relax} \frac{I_{C0}}{I - I_{C0}} \ln\left(\frac{2}{\theta_0}\right) \tag{12}$$

と表される[27]。ここで,θ_0 は,磁化の初期角で,熱揺らぎなどによって決まるが,この項は対数的な弱い影響しか持たない。I_{C0} の2倍の電流を流したときの反転時間は歳差運動の緩和時間 τ_{relax} 程度,すなわち Co 薄膜の場合 1 nsec 程度となると予想される。

電流値が I_{C0} と同程度あるいは I_{C0} 以下の場合,磁化反転は熱振動の助けによって生じる。この場合の反転確率密度は指数関数的に分布する。

$$\begin{cases} p_{sw}(t) = \tau_{sw}^{-1} e^{-\frac{t}{\tau_{sw}}} \\ \tau_{sw}^{-1} \cong \tau_0^{-1} e^{-\Delta\left(1 - \frac{I_e}{I_{C0}} - \frac{H_{ext}}{H_c}\right)^2} \end{cases} \tag{13}$$

ここで,τ_{sw} は平均のスイッチング時間,Δ は熱安定化係数である。τ_0^{-1} はアテンプト周波数と呼ばれ,1 GHz から 10 GHz 程度である。また,H_C は保持力,H_{ext} は外部磁場である。磁気異方性の対象性によっては $\left(1 - \frac{I_e}{I_{C0}} - \frac{H_{ext}}{H_c}\right)^2$ を $\left(1 - \frac{I_e}{I_{C0}}\right)\left(1 - \frac{H_{ext}}{H_c}\right)^\beta$ で置き換えた式もよく用いられる[28]。熱アシスト過程では電流パルス(長さ=τ_{pulse},大きさ=I_e)を加えたときの磁化反転確率は以下のように分布する。

$$p_{sw}(I_e) = \frac{2\Delta}{I_{C0}} \frac{\tau_{pulse}}{\tau_{sw}(I_e)} e^{-\frac{\tau_{pulse}}{\tau_{sw}(I_e)}} \tag{14}$$

反転電流のパルス幅依存性から絶対零度の臨界電流 I_{C0} を,反転確率の電流依存性から熱安定化定数 Δ を求めることが出来る。

図5に磁化反転過程における磁気抵抗素子の電気抵抗の時間変化の(a)マクロスピンモデルによるシミュレーション結果の模式図と(b)CoFeB/MgO/CoFeB トンネル磁気抵抗素子における実験結果[29]を示す。(a)は,磁気抵抗素子のフリー層の磁化が一体となりマクロなひとつのスピンとしてコヒーレント運動する場合である。歳差運動の振幅の増幅により磁化反転が生じている。これに対して,室温において実際の素子の磁化反転の様子を電気抵抗の変化として高速で測定すると,磁化のコヒーレントな運動はあまり見られず,熱的な揺らぎが大きくなった瞬間に磁化反転が生じる熱アシスト磁化反転が生じることが分かる。磁化反転が始まるまでの時間(待ち時間)

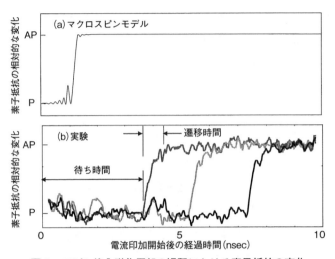

図5　スピン注入磁化反転の過程における素子抵抗の変化
(a)マクロスピンモデルによる計算結果の模式図，(b)FeCoB/MgO トンネル接合における実験結果[30]

は測定のつど大きく揺らぐ。磁化反転自身（遷移時間）は 1 nsec 以下の非常に短い時間で終了する。実験結果を精密に解析すると待ち時間は(13)式に示した指数関数則に一致せず，電流印加直後に 1 nsec 程度の磁化反転が生じない時間（不感時間）があることが分かる[29]。これは，有限電流下での熱的な準安定状態に遷移するまでの時間であり，マイクロマグネティック計算でも再現される[29,30]。

2.2 微細素子の作製

前節で述べたようにスピン注入磁化反転の電流密度はフリー層に用いる強磁性体の特性により決まり，これまでの多くの実験では $10^6-10^7 A/cm^2$ の電流密度である。磁化反転に必要な電流密度が決まってしまえば，素子面積が小さいほど電流値は小さくなるためデバイス化の観点から有利に働く。もう一つの微細化のメリットはフリー層の単磁区化である。素子面積が大きい場合，磁区が形成されやすくなり，スイッチングの過程が複雑になる。スピントルクの基礎的な研究の観点からも，また，デバイス応用の観点からも微細化による単磁区化は非常に重要である。本節では筆者らの研究グループで用いられている素子作製工程を中心に素子作製方法について述べる。

図6はスピン注入磁化反転素子の基本的な薄膜構造を示す。下部電極層はリファレンス層に含まれる反強磁性層の成長を制御する役割，および，デバイス中のリード線の役割をはたす。リファレンス層は反強磁性層／強磁性層（Ⅰ）／Ru／強磁性層（Ⅱ）からなる。これらの多層膜の目的は強磁性層（Ⅱ）の磁化方向を常に一定方向に固定することである。簡単にその仕組みを説明す

第4章　スピン注入磁化反転と自励発振

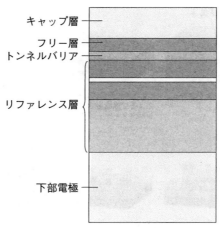

図6　スピン注入磁化反転素子の典型的な薄膜構造の模式図

る。強磁性層（Ⅰ）の磁化は反強磁性層との磁気的結合により固着されている。Ru を介した RKKY 的な間接的相互作用を利用して，強磁性層（Ⅰ）と強磁性層（Ⅱ）の磁化は反平行に配置している。反平行結合が最も強くなるように Ru の膜厚を精密に制御している。結果的に強磁性層（Ⅱ）の磁化が強固に固定される。トンネルバリアには現在主に MgO(100)薄膜が用いられている。フリー層は磁界および電流を印加した場合にその磁化が反転する。自励発振の場合は高周波で磁化が振動する。キャップ層は主にフリー層の酸化保護のために設ける。以上述べた下部電極層からキャップ層までを通常はスパッタ法により真空を破らずに連続的に成膜する。単結晶基板上を用いて，単結晶薄膜を作製する場合には分子線エピタキシー法を用いる場合もある。

　上述の多層薄膜を作製後，微細加工プロセスを用いて微小トンネル接合を形成する。メモリを作製する場合，素子選択用のトランジスタを先に作製し，平坦化処理を行ったウエハー上に多層薄膜を形成したのち，微細加工を行う。図7に微細加工プロセスの模式図を示す。(1)〜(5)の工程は下部電極の作製工程である。光リソグラフィーとイオンエッチングを用いて下部電極を形成する。(5)の工程で筆者らはリフトオフ法を用いるが，量産の場合 CMP を用いた平坦化プロセスを行いほぼ同様な形状に仕上げる。(6)〜(10)の工程は微小なトンネル接合の作製工程である。我々は実験室で比較的簡便に 100 nm 以下のレジストパターンが形成できる電子ビームリソグラフィーを用いているが，メモリなどの作製では紫外線を用いた光リソグラフィーを用いるのが一般的である。筆者らの実験では 70 nm×150 nm 程度の微小トンネル接合部を形成している。(11)〜(15)の工程は上部電極の作製工程である。下部電極と直交した形状に上部電極を形成すると同時に，下部電極の電極表面にも同時に接触抵抗の小さい金属を形成する。以上の工程を経て最終的な(15)に示すような形状の微小トンネル接合が得られる。

図7 微細加工プロセス模式図

2.3 測定方法

図8(a)にスピン注入磁化反転の測定系の模式図を示す。本測定系では素子のR–H特性およびR–I特性が測定できる。素子は磁界を印加するためのコイルまたは小型電磁石の中に置く。素子の上部および下部電極には探針を押し当てて固定する。探針を通して1μA程度の微小交流電流を流し，交流2端子法により素子抵抗を測定する。磁界を変化させながら素子抵抗を測定したグラフがR–Hカーブである。微小交流電流に図8(b)に示すようなシーケンスのパルス電流を重畳させて，素子抵抗の変化を測定したグラフをR–Iカーブと呼ぶ。

2.4 実験結果

図9に(a)R–Hカーブおよび(b)R–Iカーブの測定結果の例を示す。図中にはフリー層とリファレンス層の磁化方向の模式図を併せて示している。R–Hカーブではゼロ磁界付近でフリー層の磁化がリファレンス層最表面の磁化に対して平行（P）↔反平行（AP）の間でスイッチングすることに対応して素子抵抗が急激に変化している。ヒステリシスの中央付近に磁界をセットしR–Iカーブを測定したものを(b)に示してある。パルス電流の大きさが±0.4 mA付近で同様な素子抵

第4章 スピン注入磁化反転と自励発振

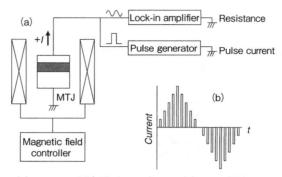

図8 (a)R-H, R-I 測定系ダイアグラム, (b)パルス電流シーケンス

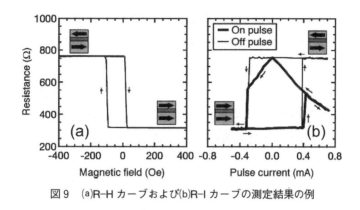

図9 (a)R-H カーブおよび(b)R-I カーブの測定結果の例

抗の急峻な変化が見られる。電流が誘起したスピントルクにより磁化反転が生じた結果である。パルス電流の長さは 100 ms で，パルス電流が流れている間に測定した素子抵抗をプロットしたものが On pulse であり，パルス電流がオフになってから測定した素子抵抗をプロットしたものが Off pulse である。Off pulse の場合，抵抗は磁化配置だけに依存するが，On pulse の場合は反平行状態では素子抵抗の電圧依存性も含んでいる。反平行状態に対応する高抵抗状態では電圧と共に素子抵抗が大きく減少している。素子のスイッチング電流のみを議論する場合は Off pulse のデータのみで十分であるが，メモリなどのデバイス応用を検討する場合は On pulse のデータも重要である。

R-I カーブから求まるスイッチング電流 I_c は分布を持つことがわかっている。これは，反転時にランダムな熱エネルギーの影響を受けるためである。つまり，フリー層の磁化がスピントルクを受けて反転する時に，熱エネルギーが反転を助ける場合には I_c が小さく，逆に反転を妨げる場合には I_c が大きくなる。図10 に R-I カーブを100回繰り返し測定し，得られた I_c の分布を示す。平行（P）→反平行（AP）のスイッチングは 0.5 mA 付近にピークを示し，逆の場合には－0.3 mA 付近にピークを示している。I_c が非対称な原因は，測定時の磁界の影響とスピントルク

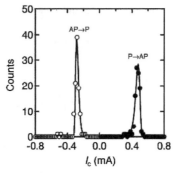

図10　繰り返し測定による I_c の分布

の効率がP→APとAP→Pの2つの反転で異なるためである。いずれの反転も I_c の値はある有限の範囲で分布を示している。実線は熱揺らぎの影響を考慮した理論計算であり，実験結果にフィッティングすることで熱揺らぎの影響を取り除いた本質的なスイッチング電流 I_{c0} と磁化の熱安定性 Δ が求まる。メモリに応用する場合 I_c が小さく Δ が大きいことが望ましい。しかし，熱揺らぎを考慮すると I_c の低減と Δ の増大は相反関係にある。両立をはかるためにいくつかの手法が提案されており，現在，研究が進められている。

3　自励発振

3.1　自励発振の機構

歳差運動一周期あたりの磁気的なエネルギー E_{mag} の変化をLLG方程式にスピン注入トルクの項を加えた式から計算すると以下のようになる[31]。

$$\Delta E_{mag}(E) = \mu_0 M_2 \oint_{E_{mag}=E} \left\{ -\alpha(-\gamma)\left|\vec{H}_{eff} \times \vec{e}_2\right|^2 + g(\theta)\frac{I_e}{-eS_2}\frac{\hbar}{2}(\vec{e}_1 \times \vec{e}_2)\cdot(\vec{H}_{eff} \times \vec{e}_2) \right\} dt \tag{15}$$

式から明らかなようにギルバートダンピングにより磁気的なエネルギーは常に減少するが，電流の寄与により磁気的なエネルギーを増大することが可能である。歳差運動の軌道が安定である条件は，

$$\begin{cases} \Delta E_{mag}(E) = 0 \\ \dfrac{d\Delta E_{mag}(E)}{dE} < 0 \end{cases} \tag{16}$$

となる。第一の条件はダンピングとスピントルクがつりあい軌道を周回する間に磁気的なエネルギーが変化しないことを意味し，第二の条件は軌道が安定である（よりエネルギーの高い軌道は

第4章　スピン注入磁化反転と自励発振

よりエネルギーを消費する）ことを意味している。第二の条件により電流による歳差運動の増幅が止まりスイッチングが抑えられるために安定な歳差運動の軌道が現れる。このようにして電流の注入により定常的な歳差運動を得ることをスピン注入自励発振（STO：spin-transfer oscillation）と呼ぶ[32]。

通常の面内磁化の磁気抵抗素子に外部磁場を加えるとフリー層の磁化には固定層（膜厚の厚い層）の磁化と平行になるようにトルクが働く。一方，フリー層から固定層に向かって電子を流すとフリー層には固定層と反平行になるようにトルクが働く。この二つのトルクが拮抗する状況下では上記の条件が満たされ高周波の発振が観測される。

3.2　自励発振の実際

図11には，面内磁化を持つCPP-GMRナノピラーの電流―磁界相図（I-H相図）を模式的に示した[32,33]。外部磁界の正の方向はフリー層の磁化がピン層の磁化と平行になる方向，電流の正の方向は電子がフリー層からピン層に流れ込む方向にとってある。磁化は膜面内方向を向いており，形状により面内の一軸異方性を持つ。電流がゼロの場合，面内の正方向に外部磁界を加えると磁化は平行配置となる（図11①の線）。一方，磁界を加えずに電流を負から正に変えた場合，磁化状態は平行→平行／反平行の2値状態→反平行とスイッチングする（図11②）。この変化は，直流で測定した抵抗―電流曲線（R-I曲線）にもヒステリシスとして現れる。しかし，1 kOe強の磁界のもとで電流を流すとR-I曲線にはヒステリシスや明確なスイッチングが現れなくな

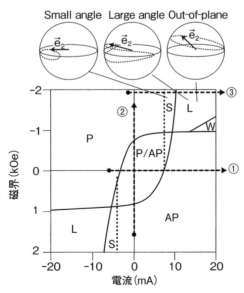

図11　面内磁化GMRナノピラーの相図の概念図

る。この状態では，電流の変化に伴い磁化は平行状態から，発振状態へと遷移する（図11③）。発振状態は発振周波数の電流依存性によって，S状態とL状態に分けられている。S状態では電流の増大に伴い発振周波数が減少するが，L状態では増大する。以上の相図はマクロスピンモデルによる計算とよく一致する。また，モデルとの比較から，S状態では磁化ベクトルは外部磁界ベクトルの周りで歳差運動をするが，L状態では磁化は膜面にほぼ垂直な軸の周りで歳差運動をすると考えられている（図11上部挿絵）。さらに磁化ベクトルの終点の軌道の形に従って，L状態を小角発振と大角発振に分けることがある。小角発振の発振周波数は通常の強磁性共鳴の周波数と同じで，Kittelの式によりよく記述される。さらに電流を増大すると図中のWの領域に入り，スペクトル幅が非常に広くなる。この状態はセル内部の磁化がカオティックに運動する状態と考えられている[30]。

ここでは，膜面内に磁化を持つCPP-GMRナノピラーのI-H相図を紹介した。一般に，I-H相図は結晶および形状異方性の詳細とスピントランスファー効率の角度依存性（$g(\theta)$）に依存する。特に垂直磁化膜では磁気異方性の高次項が影響する可能性がある。

電流により磁化の歳差運動が発生すると電気抵抗が振動するために素子端子には高周波電圧が発生する。すなわち，素子は高周波電力を出力する。CPP-GMRの場合，例えば，MR＝1 [%]，R＝1 [Ω]，Z_0＝50 [Ω] とすれば，10 [mA] の入力電流に対して可能な最大出力は，

$$\text{高周波出力} \cong \eta \times (MR)^2 \times \text{入力電力} \div 8 \approx 0.08 \times 10^{-4} \times 10^{-4} [W] \div 8 \approx 100 [pW] \tag{17}$$

となる。一方，MR＝100 [%]，R＝50 [Ω] のトンネル磁気抵抗素子の場合の最大出力は，

$$\text{高周波出力} \approx 1 \times 0.67 \times 50 \times 10^{-4} [W] \div 8 \approx 400 [\mu W] \tag{18}$$

となり，GMRの場合の10^6倍もの高出力が期待できる。実際，筆者等のグループではCoFeB/MgO/CoFeBトンネル磁気抵抗素子を用いて0.16 [μW] と，これまでの1000倍以上の高出力を得ている[34]。図12にはMTJからの発振スペクトルを示した。印加電流が小さい場合は，3.5 GHz付近の基本波のみが観測されるが，電流が大きくなるに従い，高調波強度が7 GHz付近の高調波強度が急減に大きくなりさらにピーク位置が低周波数側にシフトする。これは，発振が前述のS状態にあることを示している。

米国標準研究所（NIST）のRippard等は，CoFe/Cu/NiFe GMR膜に約40 [nm] の直径のポイントコンタクトをとり発振の実験をした。その結果，外部磁場を面直方向に適度に傾けて加えるとQ＝18000という非常に高い発振のQ値（Q＝発振周波数÷線幅）が得られることを示し注目を集めた[35]。発振の線幅の起源についてはその後も実験的[36]・理論的[37]な研究が進んでいる。

また，NIST[38]とFreescale社[39]は，二つのGMRポイントコンタクト発振素子を数100 [nm]

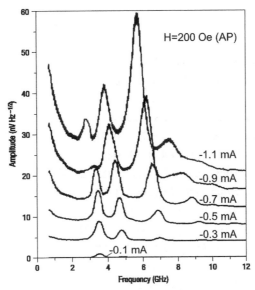

図12　面内磁化トンネル磁気抵抗ナノピラーからの発振出力のスペクトル[34]

の距離に近接して作製した。そして，これらの素子に，適当な電流を印加すると，ある電流の範囲で二つの素子の発振周波数と位相が一致し，出力電力が4倍になることを示した。またそのとき線幅も著しく減少することを見いだした。このことは，素子のアレイを作ることにより実用的な大きさの出力を得る方法として興味が持たれている。

4　おわりに

スピントルクによる効果には，この他にも負性微分抵抗の発生などがあり，今後，いろいろな側面においてスピントルクが利用されたり，スピントルクに関連したさらに新しい効果が発見されることが期待される。

謝辞

本稿をまとめるにあたり産業技術総合研究所スピントロニクス研究グループの皆様，キヤノンアネルバの皆様，阪大基礎工学研究科の皆様にご指導いただいた。本内容の一部はNEDO「スピントロニクス不揮発性機能」，総務省SCOPE「スピン注入トルクを用いた超高速非線形素子の開発」プロジェクトによって得られた。以上の皆さんに感謝いたします。

文　　献

1) L. Berger, *J. Appl. Phys.*, **55**, 1954 (1984)
2) J. Slonczewski, *J. Magn. Magn. Mat.*, **159**, L 1–L 7 (1996)
3) L. Berger, *Phys. Rev.*, **B 54**, 9353–9358 (1996)
4) M. Tsoi *et al.*, *Phys. Rev. Lett.*, **80**, 4281 (1998)
5) E.B. Myers *et al.*, *SCIENCE*, **285**, 867–870 (1999)
6) J.A. Katine *et al.*, *Phys. Rev. Lett.*, **84**, 3149–3152 (2000)
7) F.J. Albert *et al.*, *Appl. Phys. Lett.*, **77**, 3809–3811 (2000)
8) J. Grollier *et al.*, *Appl. Phys. Lett.*, **78**, 3663–3665 (2001)
9) J.Z. Sun *et al.*, *Appl. Phys. Lett.*, **81**, 2202–2204 (2002)
10) E.B. Myers *et al.*, *Phys. Rev. Lett.*, **89**, 196801 (2002)
11) F.J. Albert *et al.*, *Phys. Rev. Lett.*, **89**, 226802 (2002)
12) Y. Huai *et al.*, *Appl. Phys. Lett.*, **84**, 3118–3120 (2004)
13) H. Kubota *et al.*, *Jpn. J. Appl. Phys.*, **44**, L 1237–L 1240 (2005)
14) Z. Diao *et al.*, *Appl. Phys. Lett.*, **87**, 232502 (2005)
15) S. Mangin *et al.*, *Nature Mat.*, **5**, 210 (2006)
16) J.C. Slonczewski, *Phys. Rev.*, **B 39**, 6995–7002 (1989)
17) J.C. Slonczewski, *Phys. Rev.*, **B 71**, 024411 (1–10) (2005)
18) I. Theodonis *et al.*, *Phys. Rev. Lett.*, **97**, 237205 (2006)
19) J.C. Sankey *et al.*, *Nature Physics*, **4**, 67–71 (2008)
20) H. Kubota *et al.*, *Nature Physics*, **4**, 37–41 (2008)
21) D. M. Edwards *et al.*, *Phys. Rev.*, **B 71**, 054407 (2005)
22) S. Zhang *et al.*, *Phys. Rev. Lett.*, **93**, 127204 (2004)
23) A. Thiaville *et al.*, *Europhys. Lett.*, **69**, 990 (2005)
24) S.E. Barnes *et al.*, *Phys. Rev. Lett.* **95**, 107204 (2005)
25) G. Tatara *et al.*, *Phys. Rev. Lett.*, **92**, 086601 (2004)
26) A.A. Tulapurkar *et al.*, *Nature* **438**, 339 (2005)
27) R.H. Koch *et al.*, *Phys. Rev. Lett.*, **92**, 088302 (2004); J.Z. Sun, *Phys. Rev.*, **B 62**, 570 (2000)
28) Z. Li *et al.*, *Phys. Rev.*, **B 69**, 134416 (2004)
29) H. Tomita *et al.*, *Applied Physics Express*, **1**, 061303 (2008)
30) K.-J. Lee *et al.*, *Nature Materials*, **3**, 877 (2004)
31) M. D. Stiles, J. Miltat, "Spin dynamics in confined magnetic structures" III, B. Hillebrands, A. Thiaville Eds. *Topics in Applied Physics* 101, pp. 225–308 (Springer, 2006)
32) S.I. Kiselev *et al.*, *Nature*, **425**, 380 (2003)
33) A. Deac *et al.*, *J. Phys.: Condens. Matter*, **19**, 165208 (2007)
34) A.M. Deac *et al.*, *Nature Physics*, **4**, 803 (2008)
35) W.H. Rippard *et al.*, *Phys. Rev.*, **B 70**, 100406 (R) (2004)
36) J.C. Sankey *et al.*, *Phys. Rev.*, **B 72**, 224427 (1–5) (2005)
37) J.-V. Kim, *Phys. Rev.*, **B 73**, 174412 (2006)

38) S. Kaka *et al., Nature*, **437**, 389 (2005)
39) F.B. Mancoff *et al., Nature*, **437**, 393 (2005)

第5章　スピンポンピングと磁化ダイナミクス

安藤康夫[*]

1　はじめに

　ここ数年のスピントロニクス分野においては，トンネル磁気抵抗（TMR）比の巨大化，スピン注入磁化反転の電流密度の低減化，さらにはスピン注入による高周波発振素子の創出など話題がつきない状況が続いている。これらの現象は全て「スピン流」をキーワードとし，これをもとにして新しい物理現象を創出するなど研究領域はますます拡大してきている。この関係の詳細については本誌の他の章あるいはレビュー文献1)により詳しい記事があるので参照していただきたい。

　本章ではスピンポンピング現象を話題として取り上げる。この現象が表に出てきたのは2001年に我々が行った実験[2~5]およびこれをサポートする理論[6~9]が構築されたのがきっかけであるが，その物理現象の基になる考え方自身はそれ以前から議論されてきていたものである[10~14]。それではなぜこのように近年になってスピンポンピングが注目されてきているのであろうか。それは金属薄膜積層膜構造を用いた微小スピントロニクス素子における様々な物理現象がこれと密接に関わっていることが明らかになり，その重要性が認められつつあるからであろう。また最近ではスピンポンピング現象を用いると，伝導電流を伴わない，いわゆる純スピン流を創出できることを利用した，理想的なスピン源の手段としても着目されてきている。

　本稿は，はじめにスピンポンピング現象とは何かについて，Tserkovnyakら[6]の提唱した理論をもとに概説する。本稿では必要最小限の式を用いたが，式を用いない直観的な解説は文献15)に記述してあるので併せて参照していただきたい。次にスピンポンピング現象が具体的に形となって現れる，Gilbert damping定数に関するこれまでの実験結果を外観する。そしてスピンポンピング現象が現在のスピントロニクス素子と如何に密接に関わってきているかについての実験および理論の現状，およびスピンポンピングを純スピン流源として用いた新しい物理現象への展開に関して述べる。

---

[*]　Yasuo Ando　東北大学　大学院工学研究科　応用物理学専攻　教授

第5章 スピンポンピングと磁化ダイナミクス

2 スピンポンピングとは

2.1 スピンポンピング現象の観測に至るまで

スピンポンピングに関わる現象としては，1979年にSilsbeeら[10]の伝導電子スピン共鳴を用いた実験報告が初めてであり，彼らはこの時，現象論的なs–dモデルを同時に提案している。しかしながら，その後のこの現象に関する研究は少なく，現象の理解は十分ではなかった。1996年にBerger[11]は強磁性体1/非磁性体/強磁性体2/非磁性体（FM 1/NM/FM 2/NM）の構造においてFM 2のGilbert damping定数が増大することを理論的に示した。一方，我々はNM/FM/NM[2,3]およびNM/FM/NM 1/NM 2積層膜[4,5]において，NMの材料およびFMの膜厚に依存した強磁性共鳴線幅の増大現象を観測した（2001年）。Bergerの理論ではFM 1とFM 2を必要としているのに対して，これらの現象はFM単層のみでも同様の現象を観測したという点で異なる。我々は当初これをSilsbeeらが提唱したs–dモデルに基づいて，局在電子の才差運動によりs電子とd電子のスピンの向きがずれ，このs電子のスピンが非磁性中に拡散することにより非磁性体中にスピン蓄積が生じることで説明した[5]。時期をほぼ同じくして，Tserkovnyakらは才差運動している強磁性体と非磁性体の界面における電子の散乱問題を解くことによりスピンポンピングが生じることを提案し[6,7]，我々の実験結果を説明できることを示した。最近ではこのモデルを更に一般化することで様々な系における実験結果を説明しようとする議論が展開されてきている。

2.2 スピンポンピング現象の理論

前節に記述したTserkovnyakらのモデル[6,7]を用いて，スピンポンピング現象を分かりやすく説明することとする。図1に示すように，強磁性体FM（膜厚：d）と非磁性体NMの接合でFMのスピン$\boldsymbol{m}$（従ってFMの磁化$\boldsymbol{M}=M_s\boldsymbol{m}$，ここで$M_s$は飽和磁化）を高速で強制的に才差運動させた場合を考える（強制的な才差運動は，例えば直流のスピン流をある条件下で素子に流すことにより引き起こすことができる。また電流を伴わなくても外部からマイクロ波などによる共鳴発振，すなわち強磁性共鳴（FMR）させることによっても容易に得ることができる）。スピン$\boldsymbol{m}$は磁気緩和トルクにより外部磁場方向へと徐々に緩和していく（Gilbert damping）。このとき緩和トルクと反対方向のトルクが伝導電子スピンの偏極としてFM内に蓄積され，FM/NM構造においては，その界面を通じてNMへ流れ込む。これがスピンポンピングによるスピン流J_s^{pump}の発生である。J_s^{pump}は実部，虚部のミキシングコンダクタンス$g_r^{\uparrow\downarrow}$，$g_i^{\uparrow\downarrow}$とよばれるものを用いて，以下のように記述できる。

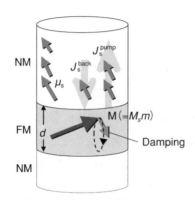

図1　NM/FM/NM 構造の模式図
強磁性層 FM の磁化が才差運動するとスピン流 J_s^{pump} が非磁性層 NM に流れ，スピン蓄積 μ_s が生じる。これによりバックフロースピン流 J_s^{back} が発生する。

$$J_s^{\text{pump}} = \frac{\hbar}{4\pi}\left(g_r^{\uparrow\downarrow} \bm{m} \times \frac{d\bm{m}}{dt} + g_i^{\uparrow\downarrow}\frac{d\bm{m}}{dt}\right) \quad (1)$$

ただし，ここでは強磁性体の膜厚 d がスピンの横成分コヒーレンス長よりも十分厚いと仮定して式を簡略化してある。また，スピン流の流出は図中の上部の NM のみであるとしている。典型的な強磁性体／非磁性体界面における $g_r^{\uparrow\downarrow}$，$g_i^{\uparrow\downarrow}$ は表1のように報告されている。(1)式の第1項は Slonczewski によって導かれたトルク項と同様のかたちをしているものであるのに対して，第2項はスピン蓄積と同方向への有効磁場として働く。実際には表1に見るように，実部成分の値は虚部成分の値より遙かに大きいため，第2項はほとんど無視できる。

NM へのスピン流の流入によって NM 中に生じるスピン蓄積 μ_s は様々な緩和過程により，FM/NM 界面から離れるに従って減少するが，一部は FM/NM 界面へバックフローと呼ばれる逆向きのスピン流 J_s^{back} を生む。Tserkovnyak らのモデルによるとこのときの FM/NM におけるスピン蓄積とこれによるバックフローを考慮した正味のポンプされるスピン流はそれぞれ

$$\mu_s = \frac{4\pi}{g_N}\frac{J_s}{\tanh(L/\lambda_{\text{sd}})} \quad (x=0) \quad (2)$$

表1　典型的な強磁性体／非磁性体界面における $g_r^{\uparrow\downarrow}$，$g_i^{\uparrow\downarrow}$ ($10^{15}\Omega^{-1}\text{m}^{-2}$) [8]

System	Interface	$g_r^{\uparrow\downarrow}$	$g_i^{\uparrow\downarrow}$
Au/Fe	clean	0.466	0.005
(001)	alloy	0.462	0.003
Cu/Co	clean	0.546	0.015
(111)	alloy	0.564	−0.042

第 5 章 スピンポンピングと磁化ダイナミクス

$$J_s = J_s^{pump} - J_s^{back}$$
$$= J_s^{pump} - \frac{1}{g_N \tanh(L/\lambda_{sd})} \left[g_r^{\uparrow\downarrow} \boldsymbol{m} \times (\boldsymbol{J}_s \times \boldsymbol{m}) - g_i^{\uparrow\downarrow} \boldsymbol{J}_s \times \boldsymbol{m} \right] \qquad (3)$$

である。g_N, L, λ_{sd} はそれぞれ非磁性体 NM の無次元のコンダクタンス，膜厚，スピン拡散長である。また，式の導出にあたり，$x=L$ でスピン流はゼロであるとしている。ここで虚部成分は十分小さいとして省略するとスピン蓄積によるバックフローを考慮したスピンポンピングによる全スピン流が以下のように求まる。

$$\boldsymbol{J}_s = \frac{\hbar}{4\pi} g^{\uparrow\downarrow} \left(1 + \frac{1}{g_N \tanh(L/\lambda_{sd})} g^{\uparrow\downarrow} \right)^{-1} \boldsymbol{m} \times \frac{d\boldsymbol{m}}{dt} \qquad (4)$$

3 スピンポンピングと Gilbert damping 定数

3.1 FM/NM 接合における Gilbert damping 定数

磁気モーメントの運動方程式は下記の Landau–Lifshits–Gilbert（LLG）の式で記述することができる。

$$\frac{d\boldsymbol{m}}{dt} = -|\gamma_e|(\boldsymbol{m} \times \boldsymbol{H}) + \alpha \boldsymbol{m} \times \frac{d\boldsymbol{m}}{dt} \qquad (5)$$

ここで，γ_e は磁気回転比である。右辺の第 1 項が通常のスピンの運動に関するトルク項であり，第 2 項が磁気緩和項になる。この係数 α（あるいは $G=\gamma_e M_s \alpha$ を用いることもある）が Gilbert の damping 定数である。2001 年に我々は NM/FM/NM 構造の接合を用いて G の FM 層厚依存性及び，NM の材料依存性を調べた[2,3]。G の測定には FMR を使用した。G の具体的な算出方法に関しては，他の文献を参照されたい[2~5]。図 2 に NM/Py(d_{Py})/NM（NM=Cu,Ta,Pd,Pt）の G の d_{Py} 依存性を示す（ここで Py はパーマロイ）。NM=Cu, Ta の場合，G はバルクの Py の値とほぼ一致しており d_{Py} に対して一定である。他方，NM=Pd, Pt の試料の G は d_{Py} の減少とともに増大している。

この実験結果は上記のスピンポンピングにより定性的に説明できる。すなわち FM/NM 系の α（G）は，FM 自身がもつ固有の α_0（G_0）に対して，(4)式で示したバックフローを考慮したスピン流が FM から NM にポンプされるときに系全体の角運動量の保存に相当する緩和項 α'（G'）が(5)式に新たに加わる。この FM/NM 系における実効的な追加緩和項は以下のように記述することができる。

$$\alpha' = \frac{G'}{\gamma M_s} = \frac{g_L \mu_B}{4\pi M_s\, Sd} g^{\uparrow\downarrow} \left(1 + \frac{1}{g_N \tanh(L/\lambda_{sd})} g^{\uparrow\downarrow} \right)^{-1} \qquad (6)$$

ここで S は素子の断面積である。たとえば NM が Cu の場合，そのスピン拡散長 λ_{sdd} は室温にお

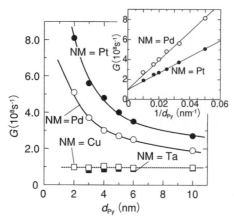

図2 Gilbert damping G の NM/Py/NM（NM=Cu, Ta, Pd, Pt）膜における d_{Py} 依存性[2,3]
破線はバルク Py の G。内挿図は G vs $1/d_{Py}$ プロット。

いても 350 nm 程度[16,17]と L に比べて十分に長いため，$G' = 0$ となる。一方，NM が Pt の場合 λ_{sd} は十分に短いと見なせ[17]，(6)式の第2項は1となるため，

$$G' = \frac{(g_L \mu_B)^2}{2hSd} g^{\uparrow\downarrow} \tag{7}$$

となり，FM の膜厚 d に対して G' は反比例する。図2の挿入図に実験データを $1/d$ に対して整理した図を示す。図に見るように実験結果はこの理論式の関係を満たしていることがわかる。同様な結果は他のグループによっても報告されている[18~21]。すなわち，積層膜中における Gilbert damping 定数はもはや物質定数ではなく，その物質の両側を挟む物質に大きく依存するということになる。NM におけるスピン緩和はスピン軌道相互作用によるスピン反転散乱に起因すると考えられる。従って，重金属やフェルミレベルに d 電子状態を有する遷移金属のスピン緩和は激しいことが予想される。実際に実験結果は，NM 内のスピン緩和が Cu, Ta, Pd, Pt の順に強くなっており，図2の NM 依存性はスピンポンピングの効果として定性的に説明できる。

FM/NM 接合における Gilbert damping 定数の増大効果は FMR 以外の方法においても観測できる。筆者らはコプレーナウェーブガイド上に作製した NM/Py/NM（NM=Cu, Pt）膜において，フォトスイッチと高速パルスレーザーを用いたパルス電流発生器により磁界パルスを発生させ，pump-probe 法により磁化の揺動を観測した[22]。この結果，NM=Cu の場合と比較して NM=Pt の場合に才差運動の減衰が早いことを示した。この結果から Gilbert damping 定数を種々の Py 膜厚の素子に対して算出した値は，FMR による結果と一致した。さらに最近我々は同装置を，全光学的手法[23~25]を用いることにより磁化の才差運動の直接観察がより一般的にできるようなシステムに改造した。これによる測定結果の一例を図3に示す[26]。図に見るように，才差運動の減衰の様子は他の手法と同様であり，算出した Gilbert damping 定数もほぼ一致した。同様の結

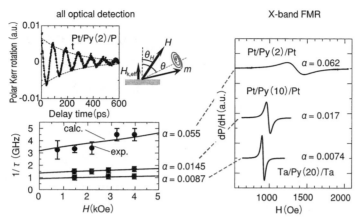

図3 光学的手法と強磁性共鳴によるGilbert dampingの比較[26]

果は他のグループからも報告されている[27]。

3.2 FM/NM1/NM2接合におけるGilbert damping定数

図4(a)にCu/Py(3 nm)/Cu(d_{Cu})/Pt(2 nm)，及びCu/Py(3 nm)/Cu(d_{Cu})におけるGのd_{Cu}依存性を示す[4,5,28,29]。図中の実線は，(6)式をFM/NM1/NM2系に拡張した計算によるフィッティング結果を示している。Cu/Py/Cu/PtにおけるGは，d_{Cu}が小さい場合にはバルクの約2倍に増大しているものの，d_{Cu}が大きくなるにつれてゆるやかに減少し，d_{Cu}～300 nm以上ではCu/Py/CuのGとほぼ一致している。Cu/Py/Cu/PtとCu/Py/CuのGの一致するd_{Cu}が，Cu内の電子がスピン状態を保存しながら拡散する距離（スピン拡散長）に相当する。Cu/Py/Cu/Ptではd_{Cu}がスピン拡散長よりも小さい場合，スピンはCu内を拡散していきCu/Pt界面やPt層内で緩

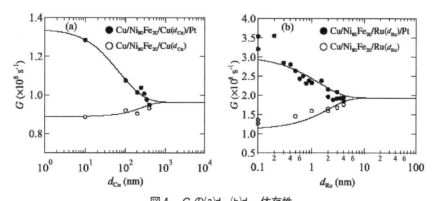

図4 Gの(a)d_{Cu}(b)d_{Ru}依存性
黒丸はCu/Ni$_{80}$Fe$_{20}$/NM，白丸はCu/Ni$_{80}$Fe$_{20}$/NM/Pt[28]。実線はスピンポンプのモデルにより計算されたフィッティング曲線。

和する。d_{Cu}がスピン拡散長よりも大きくなると，Py層から流出したスピンは，Pt層に到達する以前に緩和してしまう。従って，実効的にPt層はないものとみなすことができ，Cu/Py/Cu/PtとCu/Py/CuのGは一致する。この結果は積層膜中におけるGilbert damping定数は，その物質の両側を挟む物質のみならず，非磁性体を介した先の物質の影響もうける，すなわちノンローカル効果があるということを示している。

3.3　FM/NM1/NM2接合のスピンポンピングを用いたスピン拡散長測定

FM/NM1/NM2接合とFM/NM1接合において，NM1の膜厚の増大と共に両者の間のGilbert damping定数が一致するNM1の膜厚からNM1のスピン拡散長を推測する手法を利用すると，任意の物質および測定温度におけるスピン拡散長を見積もることができる。図5は前節で用いた試料において，測定温度を変化させて同様の実験を行い，Cuのスピン拡散長を求めた結果を示している。低温になるに従い，誤差が大きくなるものの，傾向としてはスピン拡散長が長くなり，4.5Kにおいては1μm以上の値を持つことがわかる。図中にはこれまでノンローカルの磁気抵抗効果等の手法により求められたCuのスピン拡散長を併せてプロットしてある[16,17]。これらの結果と比較して，若干の差異があるものの，傾向としては良く一致していることがわかる。すなわち，スピンポンピングで求めたスピン拡散長はこれまでの手法によるものと定量的に比較できるものであることを示している。

図4(b)はNM1としてRuを用いたときの，前節と同様の実験結果を示す[28]。Ruは巨大磁気抵抗（GMR）およびTMR素子中で交換結合用として，あるいはバッファおよびキャッピング材料として良く用いられているが，そのスピン拡散長に関しての直接的な実験結果はなかった。本実験結果から見積もったRuのスピン拡散長は2nmである。この値はRuとの界面近傍においてほとんどのスピンがその角運動量を失う，すなわちRuはPtなどと同様にspin sinkとして振る舞うことを示している。同様の手法を用いて（測定手段はそれぞれのグループで特徴的である）

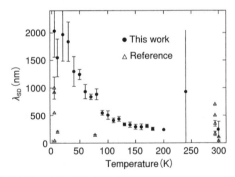

図5　強磁性共鳴とスピンポンプモデルにより計算されたスピン拡散長[28]
他のグループの結果を併せて示してある[16,17]。

第5章　スピンポンピングと磁化ダイナミクス

表2　スピンポンピングを用いて測定したスピン拡散長

Group	Material	λ_{sd} (RT) (nm)	λ_{sd} (4.2 K) (nm)	ref.
Tohoku	Cu	240	2000±500	28)
NIST	Cu	250		30)
Tohoku	Ru	2		28)
Simon Fraser	Ag	170±20		31)
Simon Fraser	Au	34		31)

他のグループも種々の物質のスピン拡散長を求めている[30,31]。主なものを表2にまとめてある。

3.4　FM1/NM/FM2接合構造における dynamic exchange と Gilbert damping

強磁性層FM1からスピンポンピングによって発生したスピン流が非磁性層NMを介して再び別の強磁性層FM2に達したとき何がおこるだろうか。Heinrichら[32〜35]はGaAs上に形成した単結晶のFe/Au/Fe接合において，両Fe層を同時に共鳴させたときに，FMR線幅，すなわちGilbert dampingが減少する現象を報告した。これは，それぞれの強磁性からスピンポンピングにより流出したスピン流がお互いのスピン流の放出による角運動量の減少を補い合うことにより生じる現象で，dynamic exchange couplingとよばれている。この実験結果の発表の後，様々な実験が行われてきており，理論面でもdynamic RKKYへと発展してきている[36]。これらに関しての詳細は別のリファレンス 9, 32) を参照されたい。

4　スピントロニクスデバイスとスピンポンピング

4.1　GMR積層構造における Gilbert damping の影響

強磁性層をスピントロニクスデバイスとして用いるときに，強磁性層単膜のみで用いることは非常に希であり，必ず何らかの機能をもった多層膜構造を用いる。前章までの議論でわかってきたことは，①強磁性層のスピンが動くと，スピンポンピング現象によってその隣接する層との間にスピン流のやりとりが発生する，②強磁性層から流出するスピン流の量は隣接する層におけるスピン蓄積量に依存するため，スピンポンピング現象はローカルな効果とノンローカルの効果の両方を含む，ということである。近年，微細構造のGMRおよびTMR素子におけるダイナミクス研究が盛んになるにつれて，スピンポンピングを考慮しないと説明できない現象が現れ始めている。これらについていくつか事例を挙げて紹介しておきたい。

Krivorotovら[37]はCurrent-Perpendicular-to-Plane(CPP)-GMR素子において，スピントルクによる磁化反転および発振に伴う信号の時間分解測定を報告している。測定の詳細の記述は省く

が，信号の解析により微細化した磁性層がもつ本質的な Gilbert damping 定数は 0.025 と見積もられ，微細加工前の単層薄膜で報告[5]されている値 0.007 よりも大きな値となった。これは素子を微細化したことによるエッジ効果なども考えられるが，スピンポンピングにより有効的な Gilbert damping 定数が変化したと考えるほうが妥当であろう。

Chen ら[38,39]は Co/Cu/Co 系の GMR 素子において外部磁場下でのスピン注入磁化反転の反転電流を測定した。従来からのスピン注入磁化反転のモデル[13]からはフリー層の膜厚を減少させると反転電流もゼロに向けて小さくなることが予想される。しかしながら，彼らの実験の解析によるとフリー層の膜厚がゼロの極限においても有限の反転電流を持つことが示唆され，従来の考え方からは説明がつかない[40]。これについて彼らは，スピンポンピングの効果と有限の横スピン侵入長の効果[41]について触れている。後者については，我々の最近の実験があるのでそのときに詳細を記述することとする。前者の考えに関して，最近理論解析が行われた。計算結果を図 6 に示す[42,43]。反転電流 I_c には二つの寄与があり，一つは通常の反転電流の項 I_c^0，もう一つはスピンポンピング効果による反転電流 I_c^P である。図に見るようにフリー層の厚みがゼロの極限で反転電流の値は I_c^P，すなわちスピンポンピングの効果によって決まっていることがわかる。この結論は，フリー層に隣接する非磁性層および更にその外側に接している非磁性層の選択により反転電流値が変わることを示しており，デバイス設計の上で重要な知見である。

4.2 ノイズとスピンポンピング

スピントロニクスデバイスにおいて時間に対する磁化の揺動はノイズ信号として検出される。例えば，有限の温度における磁化の熱擾乱（熱ノイズ），素子の微細化による一種の磁気共鳴現象（マグノイズ），トンネル接合における量子効果による不規則的なトンネル電流（ショットノイズ）など，さまざまなノイズ源がこれまで研究されている。磁化の揺動があればその磁性層に隣接する非磁性層にスピン流を放出するのがスピンポンピング現象であるため，磁化の揺動はそ

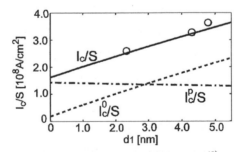

図 6　反転電流のフリー層膜厚依存性[42]
白丸は実験値[38]。実線は I_c/S，破線は I_c^0/S と I_c^P/S。

の磁性層自身の有効 Gilbert damping 定数を変化させる。たとえばスピン注入磁化反転あるいは自励発振現象においては磁化の揺動に起因するノイズの発生により磁性層に有効的にはたらくスピントルクが変化することになる。Foros ら[44,45]はこの現象を散乱理論により詳細に扱い，CPP-GMR 構造においては磁性層が反平行配置状態におけるノイズの方が平行配置におけるそれよりも大きくなることを示した。この結果は実験結果とも一致しているが[46]，系統的な実験はこれまで充分行われてきているとは必ずしもいえない。ノイズは様々な要因によって発生する，物理と工学の狭間にある研究領域であり，今後スピントロニクスデバイスの商品化に近くなればなるほど，きちんと理解していかないといけない重要な課題であるといえる。

4.3 強磁性金属の横スピン侵入長

強磁性金属の横スピン侵入長は，スピン注入磁化反転においてスピン流から強磁性金属の磁化へのスピン角運動量の受け渡しが行われる領域を特徴付ける非常に重要な物理量である。しかしながら，その長さが数オングストロームのオーダーである[13]のか数ナノメートルのオーダーである[41]のかは，理論的にも実験的にも明らかになっていなかった。この問題を実験的に実証する方法として FMR を用いたスピンポンピングが有効的であることを最近我々のグループで示した。この実験においては FM1/NM/FM2 の構造の膜を用いて，FMR により FM1 からスピン流を生成し，隣接する NM を介してもう一方の FM2 にスピンを侵入させるという手法を用いた。FMR においてはその才差運動の開き角度は1度以下であるため，生成されるスピン流は横成分を多く含んでいると見なせる。

実験は CoFe(NiFe)/Cu/FM/Cu(FM= NiFe, CoFe, CoFeB) の構造の積層膜を作製し，FMR を測定した。Cu および FM の膜厚を種々に変化させることで，Cu および FM 内のスピン拡散長を見積もることが可能となる。図7は，FM が(a) NiFe, (b) CoFe, (c) CoFeB の場合において FM の膜厚を変化させたときの強磁性共鳴の線幅を示す[47]。いずれにおいても FM の膜厚を増加するに従い線幅が増大する傾向を示す。これは，FM 内のスピンの拡散に依存した変化であることが予想される。これらの実験結果を説明するために，Tserkovnyak らのモデルに対して，二つの磁性体が noncolinear な状態に対しても計算できるように式を拡張し，かつ，横スピンの侵入長に有限な値を持たせることを考慮したモデルを構築した[47,48]。この計算の詳細は文献を参照されたい。これらの仮定のもとにフィッティングを行った結果を図中に併せて示す。比較的よい一致を示すことから，FM 内の横スピン侵入長が数 nm 程度の有限の値を持ち，かつ，FM の種類により異なることが実験により世界で初めて実証された。ただし，その定量的な議論は更なる系統的な実験が必要である。強磁性内におけるスピンの拡散および角運動量伝搬のメカニズムはこれまであまり明らかになっているとはいえない。効率的なスピン角運動量の伝搬はスピン注入による

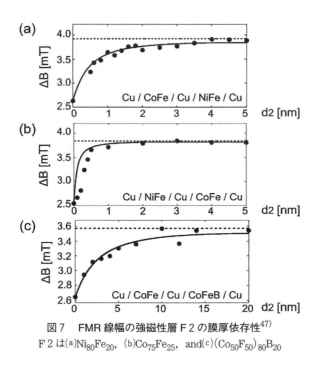

図7 FMR 線幅の強磁性層 F2 の膜厚依存性[47]
F2 は(a)$Ni_{80}Fe_{20}$, (b)$Co_{75}Fe_{25}$, and(c)$(Co_{50}F_{50})_{80}B_{20}$

磁化反転の効率化,すなわち反転電流密度の低減化にとって必須の技術である。この点からもスピンポンピング現象を用いた横スピン侵入長の測定の今後の研究の進展が望まれる。

5 スピン流源としてのスピンポンピングの新たな展開

5.1 スピンポンピングを用いた DC スピン流の生成とスピンバイアス

スピンポンピングの現象を用いると電流を伴わない純スピン流を生成することができ,NM 中にスピン蓄積を生じる。そもそもスピン流が AC 成分をもつことは容易に想像できる。FMR の X バンドを用いてスピンポンピングを行うとき,その周波数 $f \cong 10\,\mathrm{GHz}$ であるため,その角周波数の逆数は $\omega^{-1} \approx 10^{-11}$ s 程度であろう。一方,Cu などの典型的な非磁性金属のスピン緩和時間 $\tau_s \approx 10^{-12}$ 程度であり,ω^{-1} よりも短い。すなわち,スピンの才差運動が1周するよりも早くスピンが緩和するため,時間平均を取った時に静磁場と垂直方向のスピン成分が残る。一方,NM として半導体を想定すると,その τ_s は非常に長く,例えば GaAs では $\tau_s \approx 10^{-7}$ 程度,Si においてもスピン軌道相互作用が小さいため,τ_s は非常に長いと考えられている。このことから,スピンポンピングは半導体へのスピン注入に対して効果的であることが近年注目されている。

τ_s が長い場合,時間平均により静磁場の垂直成分はキャンセルされ,静磁場方向のスピン成分のみが残る。すなわち DC のスピン流あるいはスピンバイアスが生成されると考えて良い。例

えば，Tserkovnyak ら[49]の界面散乱による理論でこのスピンバイアスを見積もると，共鳴時における スピンの静磁場に対する傾斜角が 0.6°である場合，生成されるスピンバイアスは $\Delta\mu = 1\,\mu\text{V}$ 程度である。もちろん，大きなマイクロ波電力を入力し，傾斜角を大きくとれば生成される電圧も大きくなる。後に Watts ら[50]はバルクのスピン蓄積の効果を取り入れた計算を行っており，同様の結論を得ている。これらを実証するための実験がいくつか報告されている[51~53]。Wang ら[51]はこの DC 電圧を検出するために，平面構造の NM 1/FM/NM 2 とこれに rf 磁場を印加するためのコプレーナ線路からなる具体的実験手法を提案した。Costache ら[52]は実際に Pt/$Ni_{80}Fe_{20}$/Al デバイスを作製して 14.5 GHz の周波数のマイクロ波を印加したときに 250 nV の DC 検出に成功している。これは Berger が提案した検出用の強磁性体を必要としないことが特徴であり，ナノ構造の強磁性にスピンを注入しそのダイナミクスを電気シグナルで観測した画期的な結果であるといえる。

5.2　FM/I/NM トンネル接合を用いたスピンバイアスの検出

スピンポンピングは局在スピンの才差運動と伝導電子スピンとの s-d 相互作用により，局在電子から受け取った角運動量が伝導電子を通じて強磁性体に隣接する非磁性体に流れ込む，すなわちスピン流を生成することによる現象である。従って，強磁性と非磁性体の間に絶縁層を挟んだ，いわゆるトンネル接合においてはスピン流の流出および DC 電圧の検出はほとんど期待できない。ところが，Moriyama ら[54]はコプレーナ伝送路上に作製した Al/AlO/$Ni_{80}Fe_{20}$/Cu トンネル接合（Cu は単にキャップ層）において $Ni_{80}Fe_{20}$ 層の才差運動に伴いトンネル接合の電極間に DC 電圧が発生することを報告した。才差運動の周波数が 2 GHz のときの信号出力が $1\,\mu\text{V}$ と，前述の Pt/$Ni_{80}Fe_{20}$/Al と比較して非常に大きくなることを報告した。障壁層を強制的に破壊するとこの電圧は激減したため，この巨大 DC 電圧はトンネル接合に対して本質的なものであることが示唆された。この現象を説明するために，強磁性体内部にスピン蓄積が起こることにより DC 電圧が発生する可能性が理論的に提案[55~57]されているが，定量的な点で説明が不十分である。これに関しては今後の実験および理論の展開に注目したい。

5.3　純スピン流を用いたスピンホール効果

スピンポンピングによって生成した DC のスピン流を逆スピンホール効果を用いて直接検出する実験が斎藤ら[58~61]によって報告されている。ここでは，$Ni_{81}Fe_{19}$/Pt 積層膜の強磁性共鳴を測定し，Pt 層に注入されたスピン流を検出している。強磁性共鳴の共鳴磁場付近で逆スピンホール効果による起電力が観測され，その印加磁場の強度および角度依存性が逆スピンホール効果から予想される振る舞いと一致していた[58,59]。さらに，この現象の逆過程も起こることが予想され

る。すなわち，Pt層に電流を流し，スピンホール効果によって$Ni_{81}Fe_{19}$層にスピン流を注入することができる。斎藤らはこの実験により，Pt層に流す電流の方向および大きさに依存して強磁性共鳴スペクトルの変化を観測した[60]。これはすなわちスピン流が強磁性層に注入されることにより実効的な磁気緩和定数が変調されて，スペクトルの変化となって検出されたと結論している。スピンポンピングを純スピン流源として利用した具体的な試みであり，今後の展開が注目される。

6 おわりに

これまでスピンポンピングに伴う物理現象およびスピントロニクスデバイスへの影響について，思いつくままに述べてきた。しかしながら近年のこの分野の研究の進展はめまぐるしく早く，日々新しい現象，デバイスが創製されているといっても過言ではない。限られた解説記事の頁数で全てを網羅することはできなかったが，ミキシングコンダクタンスに関する議論[62]，スピントルクのβ項との関連[63]など，まだまだ話題は尽きない。また，本記事に記載した内容に関しても，本が出版されるころには当然ながら，さらに議論が進展していると思われる。

本文中でも何度か繰り返し述べてきたが，スピントロニクスデバイスにおいて微小磁性素子内のスピンのダイナミクス現象があれば必ずスピン流の流出があり，デバイスの特性に何らかの影響を及ぼす。しかもこれはノンローカルな現象である。従ってこの分野の研究はスピントロニクスデバイス設計の本質に関わることであり，今後ますます重要度が増し，注目されると思われる。

本解説で紹介した我々の実験結果の一部は，筆者らが関わってきた文部科学省ITプログラムRR 2002および科学研究費補助金，NEDO国際共同研究プログラム，科学技術振興機構CREST，COEプログラム，NEDOスピントロニクス不揮発性機能技術プロジェクトなどの援助のもとに行われた。また，本章で述べた研究結果は，水上成美，家形諭，谷口知大，今村裕志，大兼幹彦，宮﨑照宣の各氏との共同研究により得られた成果である。

文　献

1) T. Miyazaki, *Magnetics Jpn.*, **3**, 212 (2008)

2) S. Mizukami, Y. Ando, and T. Miyazaki, *J. Magn. Magn. Mater.*, **226–230**, 1640 (2001)
3) S. Mizukami, Y. Ando, and T. Miyazaki, *Jpn. J. Appl. Phys.*, **40**, 580 (2001)
4) S. Mizukami, Y. Ando, and T. Miyazaki, *J. Magn. Magn. Mater.*, **239**, 42 (2002)
5) S. Mizukami, Y. Ando, and T. Miyazaki, *Phys. Rev. B*, **66**, 104413 (2002)
6) Y. Tserkovnyak, A. Brataas, and G. E. W. Bauer, *Phys. Rev. Lett.*, **88**, 117601 (2002)
7) Y. Tserkovnyak, A. Brataas, and G. E. W. Bauer, *Phys. Rev. B*, **66**, 224403 (2002)
8) M. Zwierzycki, Y. Tserkovnyak, P. J. Kelly, A. Brataas, and G. E. W. Bauer, *Phys. Rev. B*, **71**, 064420 (2005)
9) Y. Tserkovnyak, A. Brataas, G. E. W. Bauer, and B. I. Halperin, *Rev. Mod. Phys.*, **77**, 1375 (2005)
10) R. H. Silsbee, A. Janossy, and P. Monod, *Phys. Rev. B*, **19**, 4382 (1979)
11) L. Berger, *Phys. Rev. B*, **54**, 9353 (1996)
12) L. Berger, *Phys. Rev. B*, **59**, 11465 (1999)
13) J.C. Slonczewski, *J. Magn. Magn. Mater.*, **159**, L 1 (1996)
14) J.C. Slonczewski, *J. Magn. Magn. Mater.*, **195**, L 261 (1999)
15) S. Mizukami, Y. Ando, and T. Miyazaki, *J. Magn. Soc. Jpn.*, **27**, 934 (2003)
16) F. J. Jedema, A. T. Filip, and B. J. van Wees, *Nature*, **410**, 345 (2001)
17) J. Bass and W. P. Pratt Jr., *J Phys.: Condens. Matter.*, **19**, 1 (2007)
18) R. Urban, G. Woltersdorf, and B. Heinrich, *Phys. Rev. Lett.*, **87**, 217204 (2001)
19) S. Ingvarsson, L. Ritchie, X. Y. Liu, G. Xiao, J. C. Slonczewski, P. L. Trouilloud, and R. H. Koch, *Phys. Rev. B*, **66**, 214416 (2002)
20) J–M. L. Beaujour, J. H. Lee, A. D. Kent, K. Krycka and C–C. Kao, *Phys. Rev. B*, **74**, 214405 (2006)
21) J.–M. L. Beaujour, W. Chen, A. D. Kent, and J. Z. Sun, *J. Appl. Phys.*, **99**, 08 N 503 (2006)
22) H. Nakamura, Y. Ando, S. Mizukami, H. Kubota, and T. Miyazaki, *Jpn. J. Appl. Phys.*, **43**, L 787 (2004)
23) Y. Liu, L. R. Shelford, V. V. Kruglyak, R. J. Hicken, Y. Sakuraba, M. Oogane, Y. Ando, and T. Miyazaki, *J. Appl. Phys.*, **101**, 09 C 106 (2007)
24) J. Walowski, M. Djordjevic, B. Lenk, C. Hamann, J. McCord, and M. Münzenberg, *J. Phys.D*, **41**, 164016 (2008)
25) T. W. Clinton, N. Benatmane, J. Hohlfeld, and E. Girt, *J. Appl. Phys.*, **103**, 07 F 546 (2008)
26) S. Mizukami, H. Abe, D. Watanabe, M. Oogane, Y. Ando, and T. Miyazaki, *Appl. Phys. Exp.*, **1**, 121301 (2008)
27) G. Woltersdorf, M. Buess, B. Heinrich, and C. H. Back, *Phys. Rev. Lett.*, **95**, 037401 (2005)
28) S. Yakata, Y. Ando, T. Miyazaki, and S. Mizukami, *Jpn. J. Appl. Phys.*, **45**, 3892 (2006)
29) S. Yakata, Y. Ando, S. Mizukami, and T. Miyazaki, *J. Magn. Soc. Jpn.*, **29**, 450 (2005)
30) Th. Gerrits, M. L. Schneider, and T. J. Silva, *J. Appl. Phys.*, **99**, 023901 (2006)
31) B. Kardasz, O. Mosendz, B. Heinrich, Z. Liu, and M. Freeman, *J. Appl. Phys.*, **103**, 07C509 (2008)
32) B. Heinrich, Y. Tserkovnyak, G. Woltersdorf, A. Brataas, R. Urban, and G. E. W. Bauer, *Phys. Rev. Lett.*, **90**, 187601 (2003)

33) B. Heinrich, G. Woltersdorf, R. Urban, and E. Simanek, *J. Appl. Phys.*, **93**, 7545 (2003)
34) O. Mosendz, B. Kardasz, and B. Heinrich, *J. Appl. Phys.*, **99**, 08 F 303 (2006)
35) O. Mosendz, B. Kardasz, and B. Heinrich, *J. Appl. Phys.*, **103**, 07 B 505 (2008)
36) E. Simanek and B.Heinrich, *Phys. Rev. B*, **67**, 144418 (2003)
37) I. S. Krivorotov, N. C. Emley, J. C. Sankey, S. I. Kiselev, D. C. Ralph, and R. A. Buhrman, *Science*, **307**, 228 (2005)
38) W. Chen, M. J. Rooks, N. Ruiz, J. Z. Sun, and A. D. Kent, *Phys. Rev. B*, **74**, 144408 (2006)
39) J. Z. Sun, B. Özyilmaz, W. Chen, M. Tsoi, A. D. Kent, *J. Appl. Phys.*, **97**, 10 C 714 (2005)
40) J. Xiao, A. Zangwill, and M. D. Stiles, *Phys. Rev. B*, **72**, 014446 (2005)
41) S. Zhang, P. M. Levy, and A. Fert, *Phys. Rev. Lett.*, **88**, 236601 (2002)
42) H. Imamura and T. Taniguchi, Digest of the 32nd annual conference on magnetics in Japan 2008, 361 (208)
43) T. Taniguchi and H. Imamura, cond.mat., 0806. 1822 (2008)
44) J. Foros, A. Brataas, Y. Tserkovnyak, and G. E. W. Bauer, *Phys. Rev. Lett.*, **95**, 016601 (2005)
45) J. Foros, A. Brataas, G. E.W. Bauer, and Y. Tserkovnyak, *Phys. Rev. B*, **75**, 092405 (2007)
46) M. Covington, M. AlHajDarwish, Y. Ding, N. J. Gokemeijer, and M. A. Seigler, *Phys. Rev. B*, **69**, 184406 (2007)
47) T. Taniguchi, S. Yakata, H. Imamura, and Y. Ando, *Appl. Phys. Exp.*, **1**, 031301 (2008).
48) T. Taniguchi and H. Imamura, *Phys. Rev. B*, **76**, 092402 (2007)
49) A. Brataas, Y. Tserkovnyak, G. E. W. Bauer, and B. I. Halperin, *Phys. Rev. B*, **66**, 060404 (2002)
50) S. M. Watts, J. Grollier, C. H. van der Wal, and B. J. van Wees, *Phys. Rev. Lett.*, **96**, 077201 (2006)
51) X. Wang, G. E. W. Bauer, B. J. van Wees, A. Brataas, and Y. Tserkovnyak, *Phys. Rev. Lett.*, **97**, 216602 (2006)
52) M. V. Costache, M. Sladkov, S. M. Watts, C. H. van der Wal, and B. J. van Wees, *Phys. Rev. Lett.*, **97**, 216603 (2006)
53) A. Azevedo, L. H. Vilela Leão, R. L. Rodriguez-Suarez, A. B. Oliveira, and S. M. Rezende, *J. Appl. Phys.*, **97**, 10 C 715 (2005)
54) T. Moriyama, R. Cao, X. Fan, G. Xuan, B. K. Nikolic, Y. Tserkovnyak, J. Kolodzey, and J. Q. Xiao, *Phys. Rev. Lett.*, **100**, 067602 (2008)
55) Y. Tserkovnyak, T. Moriyama, and J. Q. Xiao, *Phys. Rev. B*, **78**, 020401 (2008)
56) S. T. Chui and Z. F. Lin, *Phys. Rev. B*, **77**, 094432 (2008)
57) J. Xiao, G. E. W. Bauer, and A. Brataas, *Phys. Rev. B*, **77**, 180407 (2008)
58) E. Saitoh, M. Ueda, H. Miyajima, and G. Tatara, *Appl. Phys. Lett.*, **88**, 182509 (2006)
59) H. Y. Inoue, K. Harii, K. Ando, K. Sasage, and E. Saitoh, *J. Appl. Phys.*, **102**, 083915 (2007)
60) K. Harii, K. Ando, H. Y. Inoue, K. Sasage, and E. Saitoh, *J. Appl. Phys.*, **103**, 07 F 311 (2008)
61) K. Ando and E. Saitoh, *OYOBUTSURI*, **77**, 836 (2008)
62) J. Foros, G. Woltersdorf, B. Heinrich, and A. Brataas, *J. Appl. Phys.*, **97**, 10 A 714 (2005)
63) R. A. Duine, *Phys. Rev. B*, **77**, 014409 (2008)

第6章　磁壁制御とスピントロニクス

小野輝男*

1　磁壁とは

　強磁性体は外部磁場がない状態では，一般に，静磁エネルギーを下げるために磁区構造を形成している。磁区内の磁気モーメントの方向は交換相互作用のために一方向に揃っているが，隣接する磁区間では磁気モーメントの方向が異なり，磁区間に磁気モーメントの方向が変化している領域（磁壁）が形成されている。例えば，図1(a)の強磁性体でできた細線の場合，細線の左半分の磁化は右を，右半分の磁化は左を向き，その間に磁壁が存在している。磁壁の移動速度を初めて測定したのは，Sixtus と Tonks である[1]。彼らは，結晶磁気異方性が小さく正の磁歪定数を示す Fe-Ni 合金の線に張力をかけ，2カ所に検出コイルを設置し，磁化反転の際の大バルクハウゼン雑音を測定した。検出コイル間の距離と検出信号の時間差から，検出コイル間における磁壁の平均移動速度を求めた。基礎研究のみならず応用の観点からも強磁性ナノ細線中の磁壁の挙動を調べることは大変興味あることであるが，強磁性ナノ細線に Sixtus と Tonks の方法を適用す

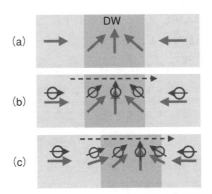

図1　スピントランスファー効果による磁壁の電流駆動の説明図
(a) 磁壁の概念図。矢印が磁気モーメントを表し，磁気モーメントが連続的に方向を変えている部分が磁壁である。
(d) 電流を流すことで伝導電子が磁壁を通過する。小さな矢印で示される伝導電子のスピンは，磁気モーメントに沿って回転し，スピン方向が変化する。
(c) 伝導電子のスピン角運動量の変化分は磁気モーメントへ移動し，磁壁中の磁気モーメントは回転する。

＊　Teruo Ono　京都大学　化学研究所　教授

るのはかなり難しい。2つの検出コイルを強磁性細線の傍に作製することは可能であるが，検出信号が非常に小さいので測定は事実上不可能である。これに代わる方法として，巨大磁気抵抗効果（第1章参照）を利用することが提案された[2,3]。数百m/sの高速な磁壁移動速度が得られることが明らかとなり，磁壁移動を利用した論理回路等のデバイスが提案されるようになった[4]。

2 磁場駆動から電流駆動へ

　強磁性体の磁化方向を制御する伝統的な方法は磁場を印加することである。コンピューターや最近のビデオに備わっているハードディスクドライブは磁化方向で情報を蓄えているが，情報の書込みは磁場で磁化方向を変えることで行われている。現在開発が急がれているMagnetoresistive Random Access Memory（MRAM）でも，書込線に流す電流により誘起される磁場によって磁化を反転させることで情報の書込みを行っている。磁化状態を制御するためには，磁場を発生させる部分が必要であった。これに対し，磁場ではなく素子を流れる電流で磁化状態を制御しようという研究が最近盛んとなってきた。Slonczewski（IBM）は，伝導電子から磁気モーメントへのスピントランスファーという概念による新しい磁化反転方法（スピン注入磁化反転）を提案した[5]。スピン注入磁化反転は磁性体の体積が小さくなるほど磁化反転に必要な電流量が小さくなる特徴を持ち，超高密度MRAM実現へのキーテクノロジーと考えられている。スピン注入磁化反転については，第4章，MRAMについては第30章を参照して欲しい。

　Slonczewskiによるスピン注入磁化反転の提案の十年以上前に，Bergerは強磁性体を流れるスピン偏極電流で磁壁を動かす可能性を指摘している[6~8]。さらに彼は実験グループとともに，パーマロイ薄膜を用いた先駆的な実験も行っている[9,10]。彼らの実験では，薄膜を用いていたために磁壁を動かすために数十アンペアもの大電流が必要であった。このため，電流誘導磁場の影響を無視できない，デバイス応用の可能性が低いなどの理由で暫くの間大きな展開は見られなかった。しかし，近年のスピントロニクス実現へ向けた機運の高まりとともに彼らの実験は見直され，微細加工技術を駆使して作製した試料を用いた研究が盛んに行われている。ここでは，磁壁の電流駆動現象に関連する最近の実験を概説し，そのスピントロニクスへの応用の可能性を考える。

3 スピントランスファー効果による磁壁の電流駆動とは

　図1(a)に示すような，強磁性体でできた細線中の磁壁を考えよう。図中の矢印は磁気モーメントの方向を示している。この磁壁を横切るように細線の右から左に電流を流すと何が起こるだろ

第6章 磁壁制御とスピントロニクス

うか？ 電流を担う電子（伝導電子）は，図1(b)に示すように，電流の向きと逆方向の左から右へ移動する。図中の小さな矢印は伝導電子のスピン方向を示している。強磁性体中では，伝導電子のスピンはs-d相互作用のために磁化と平行あるいは反平行を向いていて，一般的には，磁化と平行なスピンを持つ伝導電子と反平行なスピンを持つ伝導電子の数が異なる（つまりスピン偏極している）。図1(b)では，簡単のために，すべての伝導電子のスピンが磁化と平行であると仮定している。図に示されるように，伝導電子が磁壁を横切る際に，伝導電子のスピン方向はs-d相互作用によって磁気モーメントに沿って回転する。つまり，磁壁を通過する前後で伝導電子のスピン方向は変化してしまう。この伝導電子のスピン角運動量の変化は，角運動量保存により，相互作用の相手である磁気モーメントに与えられることになる（スピントランスファー）。この結果，図1(c)に示すように，磁壁中の磁気モーメントの方向が変化することになる。図1(b)と図1(c)を見比べればわかるように，電流を流した結果，磁壁の位置が変化することになる。図1は磁場の代わりに電流で磁壁を動かし磁化状態を変えることが可能であることを示している。

4 強磁性細線における磁壁の電流駆動

Yamaguchiらは，サブミクロン幅の磁性細線中の単一磁壁の電流駆動を磁気力顕微鏡（MFM）で直接観察する実験を行った[11]。試料は電子線リソグラフィとリフトオフ法を用いて作製されたパーマロイ（$Ni_{81}Fe_{19}$）磁性細線である。試料の磁性細線の厚みは10 nmであり，幅は240 nmである。

磁壁を細線内に導入した後のMFM観察像が図2(a)である。磁性細線の湾曲部の明るいコントラストはN極からの漏れ磁場を示し，このコントラストが磁性細線に導入された単一磁壁を示している。したがって，図2(a)の状態の磁区構造は図2(d)に示されるように，N極とN極がぶつかった構造（head-to-head）である。図2(a)の観察後，パルス電流（7×10^{11} A/m^2，5 μs）を図の左から右へ流した後のMFM観察像が図2(b)である。磁壁は電流と逆方向の右から左へと移動した。次に，電流方向を逆にすると磁壁も逆方向に動き，図2(c)に示される位置に磁壁が移動した。

上述した磁壁の電流駆動がパルス電流の作り出す磁場による効果ではないことを示すために，磁壁の極性を変えた実験が行われた。磁壁の極性は，磁場掃引過程を磁場方向だけ逆にすれば変えることができる。誘導磁場が磁壁を動かしているならば，極性の異なる磁壁の移動方向は逆になるはずである。しかし，図3(a)-(c)に示されるように，暗コントラスト（S極からの漏れ磁場に対応）の移動方向は明コントラストの場合と同じ振る舞いをすることがわかった。このことから，誘導磁場による磁壁の電流駆動は否定された。そして磁壁は極性にかかわらず必ず電流の向

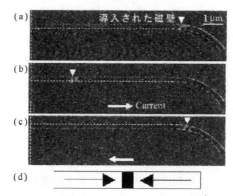

図2　磁気力顕微鏡による観察結果[11]
(a) 白破線で囲まれた領域が磁性細線。明るく見える部分が磁壁。
(b) パルス電流を流した後に磁壁は電流と逆方向（電子の移動方向）に動いた。
(c) 電流の方向を逆転すると磁壁も逆方向へ動いた。
(d) 磁区構造の概念図。N極とN極がぶつかった磁壁ができている。

きと反対に（つまり電子の移動する方向に）移動することがわかった。このことは，図1に示したスピントランスファーによる磁壁移動モデルを支持するものである。図4はパルス電流（7×10^{11}A/m^2, 0.5 μs）ごとのMFM観察結果である。磁壁は1パルスごとにほぼ同じ距離移動し，パルス電流によって磁壁の位置を任意に変えることが可能であることを示している。この際の移動速度は3 m/s程度であった。

Yamanouchiらは，強磁性半導体である（Ga, Mn）As中の磁壁の電流駆動に成功した[12]。キュリー温度が100 K程度の厚さ25 nmの（Ga, Mn）As薄膜から幅20 μmの細線をフォトリソグラフィとウェットエッチングで作製した。この実験で使われた（Ga, Mn）As薄膜は歪みのため

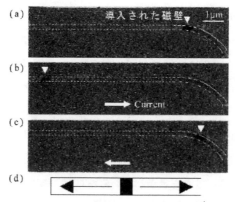

図3　磁気力顕微鏡による観察結果[11]
(a) 暗く見える部分がS極とS極がぶつかった磁壁。
(b),(c) S極とS極がぶつかった磁壁でも電流と逆方向に動いた。これは電流によって誘起された磁場が磁壁を動かしたのではないことを示している。

第6章　磁壁制御とスピントロニクス

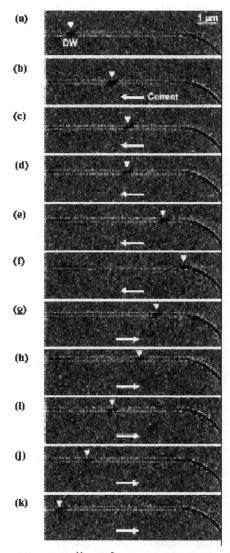

図4　パルス電流（7×10^{11} A/m^2，0.5 μs）ごとのMFM観察結果[11]
磁壁は1パルスごとにほぼ同じ距離移動している。

に垂直磁化膜となっている。磁化状態は異常ホール効果とカー顕微鏡で調べられた。磁壁を動かすために必要な電流密度のしきい値は8×10^8 A/m^{2}であり，金属強磁性体での報告値より2桁から3桁低い。磁壁の移動方向は電流方向と逆であり，(Ga, Mn) Asのキャリアはホールであることを考慮すると，磁壁はキャリアと逆方向へ移動したことになる。これは(Ga, Mn) Asのp-d交換相互作用の符合が負であるためであり，(Ga, Mn) Asにおける磁壁の電流駆動もホールと局在Mnスピン間のp-d交換相互作用によるスピントランスファー効果で理解されると考えられる。

ここで，磁壁の移動速度と電流密度の関係を考えてみよう。通常の金属では磁壁幅は伝導電子のフェルミ波長より遙かに大きいので，伝導電子のスピンは完全に磁壁中の磁気モーメントの方向に追随すると考えられる。結果として，伝導電子一つが磁壁を通過すると磁壁にはこの電子のスピン角運動量が完全に移動する。このスピントランスファーによる磁気モーメントの変化は$2\mu_B$であり（μ_B：ボーア磁子），電流密度jでパルス幅Δtのパルス電流によって磁壁を横切る電子数は$jS\Delta t/e$であるから，パルス電流によってもたらされる磁気モーメントの変化量は$2p\mu_B jS\Delta t/e$となる。ここで，pは伝導電子のスピン分極率，eは素電荷である。一方，磁壁の移動距離をΔlとすると磁壁移動による磁性細線の磁気モーメントの変化量は，$2M_S\Delta lS$となる。したがって，伝導電子から磁気モーメントにトランスファーされたスピン角運動量が実際の磁壁移動にすべて使われた場合の磁壁の移動速度νは，

$$\nu = \frac{\Delta l}{\Delta t} = \frac{\mu_B}{eM_S}pj \tag{1}$$

となることが期待される。したがって，Yamaguchiらの実験ではパーマロイを流れる電流のスピン分極率を0.7と仮定すると[13]，7×10^{11} A/m^{2}の電流密度で50 m/sの磁壁速度が期待される。これは実験で得られた速度の10倍以上である。最近，IBMのグループから1.5×10^{12} A/m^{2}の電流密度で110 m/sの磁壁移動速度が得られたとの報告があった[14]。この値はほぼ式(1)の予言するところである。二つの報告の大きな違いは磁性細線における磁壁のピニング磁場であり，細線の欠陥制御が重要であると考えられる。強磁性半導体である（Ga, Mn）As中の磁壁の電流駆動においても式(1)で磁壁移動速度がよく説明されることが報告されている[15]。（Ga, Mn）Asでは，1.2×10^{10} A/m^{2}の電流密度で20 m/sの磁壁移動速度が報告されており，電流−磁壁速度の効率がパーマロイに対して100倍程度となるが，これは（Ga, Mn）Asの磁化がパーマロイの1/100程度であるためであり，式(1)の予言するところである。電流効率の良い磁壁移動速度を得るには磁化の小さな物質の開拓が重要といえる。

5 スピントロニクスデバイスへの応用

Allwoodらは，特殊な形状の磁性細線中の磁壁移動を利用した論理素子を考案し基本動作確認を行った[4]。彼らの実験では，時間的に方向が変化する外部磁場を印加しているが，磁壁の電流駆動を用いれば，素子に電流を流すだけで磁気論理素子を動作させることが可能である。Versluijsらは，磁壁による電気抵抗が磁壁幅に依存することを利用した磁気スイッチを提案している[16]。この素子も電流だけで動作させることが原理的に可能である。NECは電流駆動磁壁移動を書き込みに利用した高速MRAMを提案している[17]。磁壁の電流駆動を利用したデバイスで最

第6章 磁壁制御とスピントロニクス

も注目を浴びているのが，IBM が提案した Race Track Memory と名付けられた一種の3次元メモリーである。このデバイスについては，第31章を参照いただきたい。

このようなデバイスを実現するための必要条件は，①低電流密度での磁壁駆動，②高速磁壁移動，③磁壁位置の安定化であろう。①に関して，多々良と河野は，欠陥等による外的要因による磁壁のピニング以外に，磁壁の電流駆動には磁気異方性由来の本質的なしきい電流密度 j_c が存在することを指摘し，

$$j_c = \frac{2eK\delta}{\pi \hbar p} \tag{2}$$

を導出した[18]。ここで K は二つの磁気異方性困難軸間のエネルギー差であり，δ は磁壁幅である。パーマロイや（Ga, Mn）As のように材料の結晶磁気異方性が小さい場合は，K は静磁エネルギー由来の形状磁気異方性が支配的となる。（Ga, Mn）As では式(2)が成り立つことが報告されており，（Ga, Mn）As の小さなしきい電流密度は（Ga, Mn）As の磁化がパーマロイに比べて 1/100 程度であるからであると理解される[15]。形状磁気異方性は試料形状によって制御できるので，細線の幅や厚みを変えることでしきい電流密度を下げようとする努力もなされている[19]。②高速磁壁移動に関しては，先に述べたように磁化を小さくすることが有効であるが，一般に磁性を希釈するとキュリー温度も下がってしまい応用の観点からは問題がある。フェリ磁性体や究極的には反強磁性体の利用の可能性もあるかも知れない。③の磁壁位置の安定化は，磁性細線にノッチ等の構造を付加するのが容易な方法である[2]。しかし，パーマロイ細線にノッチを付加して磁壁を固定した場合，電流駆動が困難になってしまう。これに対し，最近，垂直磁気異方性を持つノッチ付き細線を利用すると，磁場に対しては磁壁位置が安定であるのに，電流に対しては容易に移動するとの指摘がなされ[20]，これを支持する実験結果も報告された[21]。また，紙面の都合で詳述は出来ないが，理論的には non-adiabatic トルクと呼ばれるものが提案されており，しきい電流密度や磁壁移動速度に大きな影響を与える可能性が指摘されている[22,23]。

文　　献

1）K. J. Sixtus and L. Tonks, *Phys. Rev.*, **37**, 930 (1931)
2）T. Ono *et al.*, *Appl. Phys. Lett.* **72**, 1116 (1998)
3）T. Ono *et al.*, *Science*, **284**, 468 (1999)
4）D. A. Allwood *et al.*, *Science*, **296**, 2003 (2002)
5）J. Slonczewski, *J. Magn. Magn. Mater.*, **159**, L 1 (1996)

6) L. Berger, *J. Appl. Phys.*, **49**, 2156 (1978)
7) L. Berger, *J. Appl. Phys.*, **55**, 1954 (1984)
8) L. Berger, *J. Appl. Phys.*, **71**, 2721 (1992)
9) P. P. Freitas and L. Berger, *J. Appl. Phys.*, **57**, 1266 (1985)
10) C. -Y. Hung and L. Berger, *J. Appl. Phys.*, **63**, 4276 (1988)
11) A. Yamaguchi *et al.*, *Phys. Rev. Lett.*, **92**, 077205 (2004)
12) M. Yamanouchi, D. Chiba, F. Matsukura, H. Ohno, *Nature,* **428**, 539 (2004)
13) J. Bass and W.P. Pratt Jr., *J. Magn. Magn. Mater.*, **200**, 274 (1999)
14) M. Hayashi, *Phys. Rev. Lett.*, **98**, 037204 (2007)
15) M. Yamanouchi, *Phys. Rev. Lett.*, **96**, 096601 (2006)
16) J. J. Versluijs, M. A. Bari, J. M. D. Coey, *Phys. Rev. Lett.*, **87**, 026601 (2001)
17) H. Numata *et al.*: in 2007 Symposium on VLSI Technology, Kyoto, Technical Digest (IEEE, New York, 2007), p. 232
18) G. Tatara and H. Kohno, *Phys. Rev. Lett.*, **92**, 086601 (2004)
19) A. Yamaguchi *et al.*, *Jpn. J. Appl. Phys.*, **45**, 3850 (2006)
20) S. Fukami *et al.*, *J. Appl. Phys.*, **103**, 07 E 718 (2008)
21) T. Koyama *et al.*, *Appl. Phys. Express*, **1**, 101303 (2008)
22) S. Zhang and Z. Li, *Phys. Rev. Lett.*, **93**, 127204 (2004)
23) A. Thiaville, Y. Nakatani. J. Miltat, Y. Suzuki, *Europhys. Lett.*, **69**, 990 (2005)

第7章　スピン依存単一電子トンネル現象

三谷誠司[*1], 高梨弘毅[*2]

1　はじめに

　強磁性金属／薄い絶縁体層（トンネル障壁）／強磁性金属というサンドウィッチ構造は，強磁性トンネル接合と呼ばれており，トンネル確率のスピン依存性による大きなトンネル磁気抵抗効果（Tunnel Magnetoresistance；TMR）を示す。この強磁性トンネル接合は，現在スピントロニクスの中心的素子となっており，種々のデバイス応用に向けた研究開発が活発に行われている。本章の話題は，トンネル接合をナノスケールまで微小化したときに，どのような現象が起こるか？ということである。微小化による帯電効果のTMRへの重畳現象を中心に説明するとともに，それと密接に関連する微小電極中のスピン蓄積について最近の研究結果を紹介する。

　トンネル接合の大きさがサブミクロンからナノメートルのスケールまで小さくなると，接合の持つキャパシタンスが小さくなり，電子一個のトンネルにともなう静電エネルギーの増大が熱揺らぎより大きいという状況が実現される。このとき，以下に説明するように，電子1個1個のトンネル過程が接合全体のコンダクタンスを支配する単一電子トンネル現象が発現する。図1に，単一電子トンネル効果の基本構造である，2つの電極間に微小な島電極（ドット）を配した2重トンネル接合の模式図を示す。電極とドットの間はそれぞれトンネル抵抗 R_1, R_2, キャパシタンス C_1, C_2 のトンネル障壁で隔てられている。もし，電子1個が電極から中性のドットにトンネルし，ドット上の電荷が電子1個分だけ過剰な状態になると，静電エネルギーが $e^2/2C$（$C=$

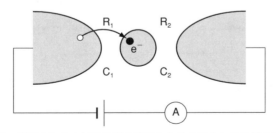

図1　単一電子トンネル効果の基本構造となる2重トンネル接合の模式図

[*1]　Seiji Mitani　㈱物質・材料研究機構　磁性材料センター　グループリーダー
[*2]　Koki Takanashi　東北大学　金属材料研究所　教授

C_1+C_2）だけ増大することになる。したがって，$e^2/2C$ が熱エネルギー k_BT よりも十分大きければ，電子はトンネルすることができない。これをクーロンブロッケイドと呼ぶ。電極間にバイアス電圧Vを印加し，Vがしきい値 $V_{th}=e/2C$ を越えると，クーロンブロッケイドは破れ，電子はトンネルできるようになる（図2）。ここで，C_1, C_2 の大きさは，ともにドットの大きさによるため極端に異なることは考えにくいが，R_1, R_2 は障壁の厚さに対して指数関数的に変化するため著しく異なることが多い。そのような場合には，ドット内に電子が入るトンネル過程と出て行くトンネル過程でトンネルレート（tunneling rate）が大きく異なり，ドット内に蓄積された余剰電子数（の長時間平均）が電子の粒子性を反映してほぼ整数値となる。そのような場合には，図2(b)のように階段状の電流電圧（I–V）特性が現れる。これをクーロン階段という。クーロンブロッケイドおよびクーロン階段は，単一電子トンネル効果における代表的な現象である。これらは以前より良く調べられている現象であり，詳細について知りたい場合には，文献1，2を参照されたい。

　単一電子トンネル効果の発現には，ドットの帯電エネルギーが熱エネルギーより十分大きいことが必要であることを述べたが，以下に定量的な見積もりを行ってみよう。ドットの大きさが障壁厚さと同程度かそれ以下の場合には，ドットの静電容量に対して孤立金属球の静電容量 $2\pi\varepsilon d$（ε：球の外の誘電率，d：球の直径）が良い近似を与える。したがって，ドットの帯電エネルギーは，$Ec=e^2/4\pi\varepsilon d$ となり，Ec は概ねドットサイズに反比例すると考えてよい。今，ドットの周りの絶縁体として，Al_2O_3 や MgO を想定すると真空に対する比誘電率は10程度であり，$Ec \gg k_BT$ を満たして単一電子トンネル効果が観測される温度は，サブミクロンサイズのドットでは高々1K程度となる。しかし，ドットサイズが1nmまで小さくなると，室温でもほぼ $Ec \gg k_BT$ の条件を満たすようになる。すなわち，極低温技術を用いずに単一電子トンネル効果を観測するには，ナノスケールの構造体が有用であることが分かる。なお，本稿では詳しく述べない

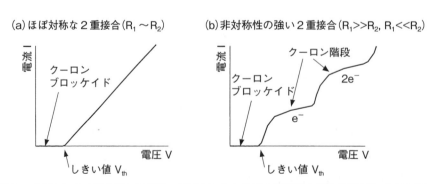

図2　2重トンネル接合における単一電子トンネル効果の典型的な電流電圧特性（I–V特性）
(a)ほぼ対称な2重接合の場合，(b)非対称性が大きい2重接合の場合

第7章　スピン依存単一電子トンネル現象

が，単一電子トンネル効果の発現には，いわゆる weak tunneling という条件も課せられる。これは，不確定性原理に関係するものであり，トンネル抵抗 R_1, R_2 が，量子抵抗 $R_K = h/e^2$ より十分大きくなければいけないという条件である。この条件が満たされている場合には，ドット内の電子状態と左右の電極の電子状態の間の結合が小さくなり，電子の粒子性が現れる（ドット内の電子数を1個，2個と数えることができる）。

単一電子トンネル効果については，従来は主に非磁性系，すなわちドットも電極も非磁性体からなる系において多くの研究が行われてきた。しかし，Ono ら[3]によって強磁性体が用いられ，電子輸送にスピンの自由度が加わった場合についての先駆的な研究がなされて以来，スピンに依存した単一電子トンネル効果の研究成果が報告されるようになってきた。近年の微細加工技術の進歩により，トップダウン的な加工によって微小ドットを作製することもできるが[3~5]，最近の研究ではナノ粒子を活用したものが少なくない。上述のとおり，ナノ粒子はそのサイズが小さいことにより帯電エネルギーが大きく，極低温技術を用いなくても単一電子トンネル現象を観測できるためである。次節以降，筆者らのナノ粒子を用いた研究結果を中心に，最近の顕著な研究成果を概説する。

2　ナノ粒子を含む多重トンネル接合の作製

ナノ粒子を用いた単一電子トンネル効果の観測には，2つの電極間に微小ドットを配置した構造を作製する必要があり，大別すると図3に示すように(a)膜面内構造素子と(b)膜面垂直構造素子に分類される。前者は，微細加工によって作製した微小ギャップを利用するものであり，電流は素子面内を流れる。後者は，電極層とドット層を膜面垂直方向に積み重ねた後，ピラー形状に微細加工するものであり，電流は膜面垂直方向となる。ナノ粒子としては，図4(a)に示すように，

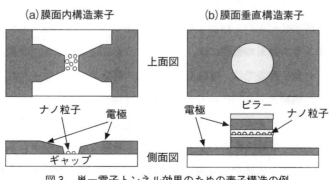

図3　単一電子トンネル効果のための素子構造の例
(a)膜面内構造素子，(b)膜面垂直構造素子

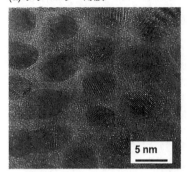 

図4 ナノ粒子の例
(a)Co-AlO$_x$系グラニュラー薄膜の透過電子顕微鏡像，(b)島状成長によるAuナノ粒子配列のSTM像

金属ナノ粒子が絶縁体マトリックスに埋め込まれた構造を有するグラニュラー薄膜が有用である。グラニュラー薄膜はスパッタ法等により，比較的簡単に作製することができ，Co-AlO$_x$系では磁性金属のCoナノ粒子とAlO$_x$マトリックスの間の界面の急峻性に優れていることも分かっている[6,7]。このことを反映して，Coナノ粒子間の薄いAlO$_x$相はトンネル磁気抵抗効果のよい障壁となり，ゼロ磁場中でCoナノ粒子の磁化がバラバラの方向に向いているときに比較して，磁場を印加して磁化を揃えた場合のトンネル確率が大きくなり，顕著な磁気抵抗効果が現れる。そのメカニズムは基本的に強磁性トンネル接合のそれと同じであり，室温で約10％の磁気抵抗比が得られている。

絶縁体層上の金属の島状成長を利用したナノ粒子も単一電子トンネル効果の研究に用いられている。図3(b)の膜面垂直構造素子において，電極間に直列に複数個のナノ粒子が並ぶことを避け，電流方向に確実に1個だけのナノ粒子を配置したい場合や，走査トンネル顕微鏡（STM）を用いた単一電子トンネル伝導の研究を行う場合に有効である。1例として，図4(b)にMgOトンネル障壁層上に成長させたAuナノ粒子のSTM像を示した[8]。さらに，均一粒径および規則配列を得るために，化学的手法を用いて作製したコロイド粒子の配列も利用されている[9]。

明瞭な単一電子トンネル効果の観測には，粒径分布による現象の平均化を避けることが望ましい。そのため，図3の素子構造では，電極を微小化し，電極間のナノ粒子の数を少なくする工夫がなされる。ただし，電極間に並列にいくつもの電流経路が存在し，その中のナノ粒子サイズが分布していても，最もコンダクタンスの大きな経路の電流が素子全体の特性を支配的に決定するため，数百から数千個のナノ粒子を含む素子においても明瞭な単一電子トンネル効果が観測されることが少なくない。また，電極間に直列にナノ粒子が並んで3重接合やそれ以上の多重接合になった場合にも，コンダクタンスの小さなトンネル障壁でのクーロンブロッケイドが支配的にな

第 7 章 スピン依存単一電子トンネル現象

るため,現象に本質的に違いはないことが示されている[10]。なお,本稿ではトンネル抵抗が十分大きく,逐次トンネル過程が支配的となる素子構造での結果を主に示すが,トンネル抵抗が比較的小さいときにはクーロンブロッケイドのしきい値電圧以下でも高次のトンネル過程による電流が流れ,その高次過程に起因する TMR の増大が観測されている[4,11,12]。

3　強磁性ナノ粒子におけるスピン依存単一電子トンネル効果

　強磁性体を用いた単一電子トンネル素子では,電子輸送にスピンの自由度が加わり,単一電子トンネル効果に顕著なスピン依存性が現れることが特徴である。Co–AlO$_x$ 系グラニュラー薄膜と非磁性アモルファス合金の微小電極を組み合わせたグラニュラーナノブリッジと呼ばれる素子構造において,Yakushiji ら[13]によって逐次トンネル過程での TMR の増大が初めて観測された。この素子の基本構造は,図 3(a)の面内型であるが,集束イオンビーム加工により,幅約 60 nm,長さ約 30 nm という極微小ギャップを形成したことに加えて,ギャップ部分側壁に深い溝を切り込むことによって電極先端部以外の電流経路を潰すという工夫を施している。4.2 K において,約 1.5 V 以下の領域で明瞭なクーロンブロッケイドが観測されるとともに,クーロンブロッケイドのしきい値電圧直上のバイアス電圧領域（1.5–2.0 V）では TMR 比が増大し,約 50 % という大きな値を示している。グラニュラー薄膜では磁化の反平行状態が得られず,通常の強磁性トンネル接合に比べて TMR 比が約半分になるため,Fe や Co を用いたグラニュラー系の 4.2 K での TMR 比は大きくても 20 数 % 程度である。このことを考慮すると,ナノブリッジ構造での測定結果は,顕著な TMR の増大効果を示していると言うことができる。この増大は,後に詳しく説明するスピン依存単一電子トンネル効果のオーソドックス理論によって説明されている。

　上述の膜面内素子構造ではクーロン階段の観測が容易でないことから,膜面垂直構造素子における実験も種々試みられてきた。その中で,平坦な MgO 単結晶障壁層上の島状成長による Fe ナノ粒子を用いた実験において,クーロン階段とそれに伴う TMR の振動現象が見いだされた[14]。試料構造は,図 3(b)のとおりであり,Fe 下部電極／MgO トンネルバリア（1 nm）／Fe ナノ粒子層（平均層厚 0.5 nm）／MgO トンネルバリア（3 nm）／Co 上部電極という構成になっている。図 5 に,4.2 K におけるこの素子試料の I–V 特性と TMR の V 依存性を示した。明瞭なクーロン階段が観測されており,階段周期から見積もられる帯電エネルギー Ec は 10 meV（～100 K）のオーダーである。Fe ナノ粒子径は約 3 nm と見積もられており,もし,粒子電極間距離を 1 nm 程度に保ったまま,粒径を 1 nm 程度まで小さくすることができれば,帯電エネルギーは 1000 K オーダーとなる。そのときには,室温において単一電子トンネル効果が観測されると期待される。図 5(b)の TMR の V 依存性には,ややデータ点のバラツキが見られるが,クーロン

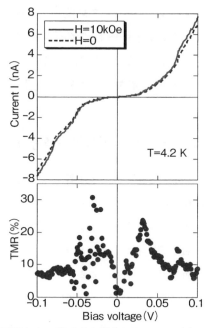

図5 Feナノ粒子を中間電極とする膜面垂直構造素子における(a)I-V特性と(b)TMRのV依存性

階段に対応してTMRが振動している様子が分かる。この現象は，まさに単一電子トンネル効果とスピン依存トンネル効果の複合効果であり，両者の絡み合いを示す重要な結果である。ただし，この試料構造では，3種類の磁性体（上下強磁性電極および強磁性ナノ粒子）が存在するために磁化配置の制御が容易でなく，同時に解析が困難である。そこで，磁化配置を簡単にするために，下部電極を非磁性体とした膜面垂直構造素子の研究も行われ，その結果，更に興味深い結果が観測されている[15]。そのI-V特性とTMRのV依存性を図6示す。この実験では，下部電極にAlを用いており，その表面をプラズマ酸化することによって下部障壁層を形成しているが，その酸化膜が適度な膜厚分布を持っていると予想される。また，この酸化物の上に成膜したCo-AlO$_x$系グラニュラー薄膜（15 nm）も膜厚分布を有しており，最も薄い部分はナノ粒子1個分程度の厚さになっていると見積もられている。すなわち，Al酸化物層とCo-AlO$_x$系グラニュラー薄膜の両方が薄い部分が電流パスとなり，電子がAl下部電極から1個のCoナノ粒子を経て上部電極（Co）に至るという理想的な構造が形成されていると理解されている。クーロン階段に対応したTMRの振動的な振舞と増大現象は，先に述べたグラニュラーナノブリッジやFe／Feナノ粒子／Co膜面垂直構造素子の結果と同様であるが，ここではTMRの符号反転も見られる。以下に，この現象が典型的なスピン依存単一電子トンネル現象として理解されることを示すために，そのオーソドックス理論による計算結果を次に示そう。

第7章 スピン依存単一電子トンネル現象

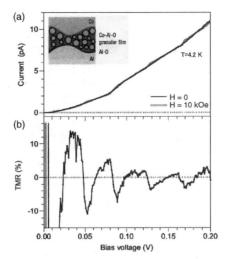

図6 非磁性電極と強磁性電極の間に極薄 Co–Al$_2$O$_3$ 系グラニュラー薄膜を配置した膜面垂直構造素子における(a)I–V 特性と(b)TMR の V 依存性
挿入図は試料構造の模式図

　単一電子トンネル効果のオーソドックス理論は，トンネル抵抗やキャパシタンスから構成される等価回路において電流を計算する半古典的な理論である．重要なポイントは，電流が電荷-e を持つ粒子（電子）の流れで記述されていることであり，電子の粒子性が顕著に現れる．この理論では，まず系の自由エネルギーをキャパシタンスに溜まった電荷と系に印加したバイアス電圧によって記述し，電子1個が電極からドットへ，もしくはドットから電極へトンネルする過程におけるエネルギー変化を計算する．つづいて，黄金律を用いてトンネルレートを求めるが，このとき有限温度の効果をフェルミ分布関数によって取り入れる．系内の電子輸送に関して電荷保存則が一様に成り立つように詳細釣合の条件を課すと，マスター方程式が得られ，これを解くことによって定常状態での各電荷状態の出現確率が得られ，同時に系を流れる電流をバイアス電圧と温度の関数として得ることができる．電極やドットに磁性体を用いた場合には，基本的に2電流モデル，すなわち，全電流が上向きスピンの電子による電流と下向きスピン電子によるそれの和であるとして計算する．スピン依存性は，上向きスピン電子と下向きスピン電子によってトンネル抵抗が異なるとすることによって導入され，それらの値は測定可能な物理量である障壁の抵抗値と TMR 比から焼き直したものになっている．ドット内でのスピン緩和を考慮する場合には，現象論的なスピン緩和時間 τ_{sf} を導入し，その時間スケールでスピン状態が変化するとして計算を行う．スピン緩和過程は，電流を流すことによって生じた，上向きスピン電子と下向きスピン電子の数の平衡状態からのズレを緩和する方向に作用する．具体的な計算方法については，文献2，15等に詳しく記述されているので，それらを参照されたい．

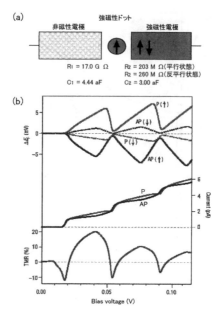

図7 スピン依存単一電子トンネル効果のオーソドックス理論による計算結果
(a)計算に用いた2重トンネル接合の構造とパラメータ，(b)磁化平行時（P）と反平行時（AP）における上向きスピンと下向きスピンの電子の化学ポテンシャルとI-V特性，およびTMR比のV依存性

　図7にスピン依存単一電子トンネル効果のオーソドックス理論による計算結果の例を示した。計算に用いた系は，図7(a)に示す非磁性電極／トンネル障壁／強磁性ドット／トンネル障壁／強磁性電極という構造の2重トンネル接合であり，各接合のトンネル抵抗およびキャパシタンスは図中に示したとおりである。これらの値は，図6の実験結果を再現するように選んである。TMRの振動現象と符号反転が良く再現されていることが分かる。また，パラメータを系統的に変化させた計算により，2倍程度までのTMRの増大も確認されており，増大や符号反転はドット内のスピン蓄積に起因することが明らかになっている。また，図7の結果はスピン緩和無しの条件で計算したものであるが，より精度良く実験結果を再現するように，文献15では有限のスピン緩和時間を仮定した計算も行われている。その結果によると，Coナノ粒子中のスピン緩和時間 τ_{sf} は約150 nsecと見積もられ，バルクのCo（～10 psec）に比べて著しく増大していることが明らかにされている。ナノ粒子，超薄膜等，ナノスケールの構造体のスピントロニクスにおける有用性を示唆する結果であり，注目に値すると考えられる。なお，スピン緩和時間が増大するメカニズムは明らかになっていないが，半導体人工原子内におけるスピン緩和時間の増大[16]と類似の現象である可能性が指摘されている。

4 非磁性ナノ粒子におけるスピン蓄積と単一電子トンネル効果

非磁性体におけるトンネル効果にはスピン依存性がないため，強磁性電極／トンネル障壁／非磁性ドット／トンネル障壁／強磁性電極という2重接合では，本来，左右いずれの接合においてもTMR効果が存在せず，2重接合全体においてもTMRは発現しないと考えられる．しかし，中間電極である非磁性ドットにスピン蓄積が生じた場合には，それがトンネルレートのスピン依存性の起源となり，新奇なTMR効果が観測される．トンネルレートは障壁両側の電極におけるスピン分極率，バイアス電圧等によって与えられるが，スピン蓄積は上向きスピン電子と下向きスピン電子の間に化学ポテンシャルの差をもたらし，それぞれの実効的なバイアス電圧を変化させるため，スピン分極率がゼロの非磁性体においてもTMRが発現するという仕組みである．強調すべきポイントは，有限のスピン分極率によって生じる通常のTMRとはメカニズムが全く異なっており，スピン蓄積によって微小な磁化やスピン分極率が誘導されることはTMRにはほとんど寄与しないことである．

非磁性ドットのスピン蓄積によるTMRに関しては，実験より先に理論的研究が報告されている．そのBrataasら[17]の単一電子トンネル効果に関する計算によれば，クーロンブロッケイドが解けて電流値が大きくなるにつれてスピン蓄積量が大きくなり，TMR比も同様に増加していく

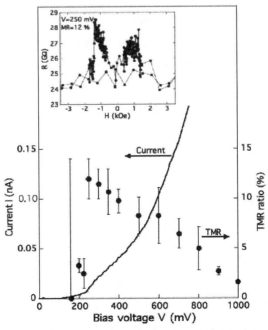

図8　Auナノ粒子を中間電極とする膜面垂直構造素子における電流IとTMR比のV依存性
挿入図はV=250 mVにおける磁気抵抗曲線

様子が示されている。図8にこれに対応する実験結果を示す[18]。Fe下部電極／MgOトンネル障壁／Auナノ粒子（粒径：1—2 nm）／MgOトンネル障壁／Fe上部電極という積層構造を用いて，図3(b)のような膜面垂直構造素子を作製し，4.2 Kで測定した結果である。クーロンブロッケイドのしきい値電圧は約100 mVであり，その直上において，電流値の増加に対応してTMR比が増大する様子が観測されている。

前節のCoナノ粒子に対しては，数値計算によってスピン緩和時間を求めたが，より簡単な見積りも可能である。スピン蓄積によってもたらされる現象が発現する電流値をIcとすると，そのときの電極からドット内へ電子がトンネルする時間間隔e/Icはスピン緩和時間と同程度か短いことが必要である。ドット内のスピンが緩和して，スピン蓄積が消失する前に次の電子が流入し，スピン蓄積を保持しなければならないためである。このことから，$\tau_{sf} \sim e/Ic$という単純な関係式が得られ，図8の結果に適用した場合に得られるAuナノ粒子のスピン緩和時間は約10 nsecである。Coの場合と同様に，Auにおいてもスピン緩和時間の増大が生じていることを示す結果である。なお，単一のAuナノ粒子を用いた実験ではTMRの符号反転が観測されており，非磁性ナノ粒子においても，素子構造や測定条件によってバラエティに富んだ現象が現れることが示唆されている[19]。

応用面においては，強磁性ナノ粒子よりも非磁性ナノ粒子の方が適していると考えられる。室温において単一電子トンネル効果を観測するためには，ドットサイズは1 nm程度でなければならないことは先に述べたとおりであるが，1 nmという微小サイズでは磁化の熱揺ぎの問題を回避することができない。粒径1 nmでは，巨大な結晶磁気異方性を有し，超高密度磁気記録媒体材料として期待されているL1$_0$型FePt合金をもってしても，熱揺ぎのエネルギーが磁気異方性エネルギーを上回ることが知られている。これに対し，非磁性ナノ粒子を用いた素子では，TMRはスピン蓄積に起因しており，ナノ粒子よりずっと大きな両側の強磁性電極において磁化の熱揺ぎを抑制すればよい。

5　今後の課題と展望

スピン依存単一電子トンネル効果の実用化には，動作速度その他いくつかの問題点が指摘されており，開発は必ずしも順調に進んでいない。しかし，もし微細加工技術が現在よりも格段に進展すれば，高集積化に適するというメリットを発揮して，大規模ストレージメモリといった応用につながるのではないかと思われる。逆に言えば，将来の超微細素子においては，その小ささのために，意図しなくても単一電子トンネル効果が現れる可能性があり，スピン依存単一電子トンネル効果を理解し，使いこなすことが必須になるかもしれない。

第7章　スピン依存単一電子トンネル現象

　当面の課題に関することとしては，室温動作のための1 nm級ナノ粒子を精度良く作製する技術が重要であり，また，スピン蓄積を活用した素子開発のためには，スピン緩和時間の増大メカニズムを明らかにする必要がある。さらに，最近の計算結果によれば，クーロンブロッケイドがスピン蓄積を増大させる効果を持つことが示唆されており[20]，スピン蓄積の増強手法としての単一電子トンネル効果にも興味が持たれる。

文　　献

1) 総説として，勝本信吾，メゾスコピック伝導，田沼静一・家泰弘編，共立出版 1. 5 節（1999）
2) S. Maekawa *et al*., "Spin Dependent Transport in Magnetic Nanostructures", Taylor &Francis, Section 4.3（2002）
3) K. Ono *et al*., *J. Phys. Soc. Jpn*., **65**, 3449（1996）
4) H. Brückl *et al*., *Phys. Rev*., **B 58**, R 8893（1998）
5) T. Niizeki *et al*., *J. Appl. Phys*., **97**, 10 C 909（2005）
6) H. Fujimori *et al*., *Mater. Sci. Eng*., **A 267**, 184（1999）
7) M. Ohnuma *et al*., *J. Appl. Phys*., **82**, 5646（1997）
8) F. Ernult *et al*., *Phase Trans*., **79**, 717（2006）
9) C. T. Black *et al*., *Science*, **290**, 1131（2000）
10) H. Imamura *et al*., *Phys. Rev*., **B 61**, 46（2000）
11) S. Mitani *et al*., *Phys. Rev. Lett*., **81**, 2799（1998）
12) H. Sukegawa *et al*., *Phys. Rev. Lett*., **94**, 068304（2005）
13) K. Yakushiji *et al*., *Appl. Phys. Lett*., **78**, 515（2001）
14) F. Ernult *et al*., *Appl. Phys. Lett*., **84**, 3106（2004）
15) K. Yakushiji *et al*., *Nature Mater*., **4**, 57（2005）
16) T. Fujisawa *et al*., *Nature*, **419**, 278（2002）
17) A. Brataas *et al*., *Phys. Rev*., **B 59**, 93（1999）
18) S. Mitani *et al*., *Appl. Phys. Lett*., **92**, 152509（2008）
19) A. Bernand-Mantel *et al*., *Appl. Phys. Lett*., **89**, 062502（2006）
20) H. Wang *et al*., *phys. stat. sol*., **244**, 4443（2007）; S. Mitani *et al*., unpublished.

第8章 強磁性半導体におけるスピン依存伝導現象

松倉文礼[*]

1 はじめに

磁性半導体は，磁性体と半導体の性質を同時に有し，他の材料においては見ることができなかった様々な物理現象の観測の場を提供してきた。キャリアと磁性スピンとの相互作用（sp-d, sp-f 交換相互作用）が，大きな磁気光学効果とスピン依存伝導効果をもたらすためである。EuS や $CdCr_2Se_4$ のような強磁性を示す化合物半導体の発見が磁性半導体研究の発端であるが[1]，今日では結晶の構成原子を部分的に磁性元素で置換した希薄磁性半導体（Diluted Magnetic Semi-conductor; DMS）の研究が主流となってきている[2]。多くの希薄磁性半導体とそのヘテロ構造は分子線エピタキシ法による作製が可能である。母体となる半導体は II-VI 族，III-V 族，IV-VI 族，II-VI-V_2 族化合物半導体，IV 族半導体と様々である。磁性元素としても各種の遷移金属元素，希土類元素が用いられている。

強磁性を示す半導体（強磁性半導体）の中でも，スピン依存伝導現象を通して，その性質が最も系統的に調べられている材料は III-V 族化合物半導体 GaAs を母体とする (Ga, Mn) As である[3]。III-V 族化合物半導体中で Mn は局在磁性スピンを供給するのと同時にアクセプタとして正孔を供給する。そのためキャリアをドーピングすることなく p 型伝導を示し，正孔が Mn スピン間の強磁性秩序を媒介する。強磁性半導体中の新しい物理現象は (Ga, Mn) As の輸送現象を通して見出されたものが多く，本章では (Ga, Mn) As とそれを用いた素子を中心に強磁性半導体におけるスピン依存伝導現象を概観する。

2 分子線エピタキシ

パーセント・オーダの Mn 組成 x を持つ (Ga, Mn) As は，GaAs 基板上に低温分子線エピタキシ（LT-MBE）法によって成長される。ここでの低温とは通常の GaAs 層の成長条件（600℃程度）と比較して低温という意味で使われ，300℃以下である[4]。この極度に非平衡な結晶成長条

---

[*] Fumihiro Matsukura 東北大学 電気通信研究所 ナノ・スピン実験施設 半導体スピントロニクス研究部 准教授

件が固溶限界を大きく上回る磁性 Mn 元素の導入を可能にし，同時に MnAs などの第二相の析出を抑制する。LT-MBE 成長は，1989 年に (In, Mn) As[5]，1996 年に (Ga, Mn) As の結晶成長を可能にし，両方の材料で強磁性が確認された[4,6]。現在迄に報告されている x の最高値は 20 ％程度である[7~9]。x が数パーセント迄は大部分の Mn が III 族格子位置を置換するので[10]，(Ga, Mn) As もしくは $Ga_{1-x}Mn_xAs$ と表記されることが多い。Mn 組成の増加につれて自己補償効果により，ドナーとして働く格子間 Mn の数が増えることも知られている[11]。格子間 Mn は成長後の熱処理によりある程度除去することが可能である[11]。低温成長に由来して，ドナーとして働く As アンチサイトも導入されるため，(Ga, Mn) As の輸送特性及び磁気特性は結晶成長温度や As 分子線圧力等の結晶成長条件の僅かの差に大きく依存する[12,13]。

3 磁気的性質

強磁性を示す (Ga, Mn) As は 1996 年に報告され，そのキュリー温度 T_C は 60 K であった[4]。これまでに報告されている T_C の最高値は 185 K である[14]。これは熱処理を行われた試料において観測され，最近では 100 K を越える T_C を持つ (Ga, Mn) As の作製は，それ程困難とはされていない。

GaAs 基板上に成長された (Ga, Mn) As は通常試料面内に磁化容易軸を持つ[4]。これは (Ga, Mn) As の格子定数が GaAs よりも大きいために，(Ga, Mn) As に導入される圧縮歪みによる歪み誘起の磁気異方性による。実際，格子定数の大きい (In, Ga) As 層上に引っ張り歪みを持つ (Ga, Mn) As を成長した場合は面に垂直方向に磁化容易軸を持つ[15]。面内磁化容易軸を持つ (Ga, Mn) As には，<100>方向の二軸異方性と，[110] 方向の一軸異方性が共存する（その大きさは小さいものの [100] 方向の一軸異方性が存在する場合もある）[16]。(Ga, Mn) As の結晶磁気異方性は価電子帯のスピン分裂の大きさ（磁化の大きさに比例），結晶歪み，正孔濃度の関数である[17~19]。磁化の大きさは温度の関数であるため，磁気異方性の大きさは（時にはその方向も），温度とともに変化する。正孔濃度が低い試料に対しては，圧縮歪みを持つ試料においても，面に垂直な磁化容易軸が観測される場合がある[20,21]。

(Ga, Mn) As の強磁性は p-d Zener モデルを用いて記述可能である[17,18]。価電子帯と磁性スピン間の交換相互作用（p-d 交換相互作用）による価電子帯スピン分裂が正孔エネルギの利得をもたらし強磁性状態を安定にするというモデルである。このエネルギ利得は大雑把には価電子帯のフェルミ準位における状態密度に比例するため，高正孔濃度を持つ試料で高い T_C が観測される。このモデルにおいて価電子帯の状態密度は 6×6 k・p 行列を用いて，正孔濃度，二軸格子歪みの方向・大きさ，磁化の方向・大きさをパラメータとして計算され，実験によって得られる T_C

のみならず，面に垂直方向の磁気異方性の符号・大きさを定性的ないしは半定量的に説明する。

4 伝導現象

4.1 磁気抵抗効果

図1は，異なる x を持つ 200 nm 厚（Ga, Mn）As のゼロ磁界での抵抗率 ρ の温度依存性である。熱処理は施されていない。金属－絶縁体転移（MIT）の観点から，これらは金属的な試料と絶縁体的な試料に分類される。$x<0.03$ と $x>0.06$ を持つ試料は絶縁体であり，その間の x を持つ試料は金属的伝導を示す。挿入図は $x=0.053$ の試料の同結果の拡大図で磁界強度依存性も併せて示す。T_C 近傍で ρ は最大値をとり，同時に負の磁気抵抗効果も最大となる。T_C 近傍での ρ の増加はスピン依存伝導（臨界散乱）によるものと理解される。T_C 付近から発生する短距離磁気秩序の大きさがフェルミ波長に匹敵した際に散乱が大きくなる現象である。T_C 近傍での負の磁気抵抗効果は，外部磁界により磁性スピンが揃えられるためスピン無秩序散乱が減少するためと考えられる。

スピン無秩序散乱が ρ に寄与する部分は，

$$\rho_\mathrm{S} = 2\pi^2 \frac{k_F}{pe^2}\frac{m^2\beta^2}{h^3}\frac{k_B T}{g^2\mu_B^2}[2\chi_\perp(T,H) + \chi_\parallel(T,H)] \tag{1}$$

により与えられる[2]。k_F はフェルミ波数，p は正孔濃度，m は正孔の有効質量，β は正孔と Mn

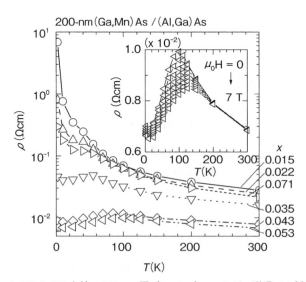

図1　Mn 組成 $x=0.015$–0.071 を持つ 200 nm 厚（Ga, Mn）As のゼロ磁場での抵抗率の温度依存性
x が低いものと高いものは絶縁体的伝導を示し，中間の x で金属的伝導を示す。挿入図は金属的伝導を示す $x=0.053$ に対する結果の拡大図で，7 T までの磁場依存性も 1 T 刻みで示したもの[22]。

第8章 強磁性半導体におけるスピン依存伝導現象

スピン間の交換積分の値，e は素電荷，h はプランク定数，k_B はボルツマン因子，T は温度，g はランデの g 因子，μ_B はボーア磁子数である．横磁化率と縦磁化率はそれぞれ $\chi_\perp = \partial M/\partial H$，$\chi_\parallel = M/H$ で，M は試料の磁化，H は印加磁界強度である．(1)式は，T_C より十分高い温度において（200 K 以上で），図1に示した金属的伝導を持つ試料の抵抗の温度依存性と磁場依存性を良く再現する．その時得られるフィッティング・パラメータ $N_0\beta$（N_0：正イオン格子密度）の絶対値は，$|N_0\beta|=1.5\pm0.2$ eV であり[23]，内殻光電子分光測定から決められた値 $N_0\beta\sim -1.2$ eV と良く一致する[24]．

一方で，長距離強磁性秩序が存在する T_C より十分低温においても，負の磁気抵抗効果は尚存在する．これはスピン依存伝導によるものではなく，弱局在効果のためであると考えられる．弱局在による磁気抵抗効果は，

$$\Delta\rho/\rho \sim \Delta\sigma/\sigma = - n_V e^2 C_0 \rho(2pe\mu_0 H/h)^{1/2}/\pi h \tag{2}$$

で与えられる[25]．ここで $C_0\sim 0.605$，μ_0 は真空の透磁率，σ は伝導率，n_V はスピン分裂した価電子帯のサブバンドのいくつが伝導に寄与するかにその大きさが依存する量で $1/2 \leq n_V \leq 2$ である．(2)式を用いて金属的伝導を持つ (Ga, Mn) As の低温・高磁界での磁気抵抗効果を説明できることが示されている[26]．

4.2 ホール効果

ホール効果は電流ベクトルと磁束ベクトルが作る平面の法線方向に電界が発生する現象である．正常ホール効果は伝導電子もしくは正孔が磁界中を運動することによりローレンツ力が働くことで生じ，ホール抵抗の大きさは磁界強度に比例する．その比例係数を測定することでキャリア型の同定とその濃度の決定が可能である．磁性体薄膜においては正常ホール効果に加え，異常ホール効果が存在する．異常ホール効果は磁化の大きさに比例するホール効果であり，スピンを持つキャリアがスピン方向に依存して，スピン−軌道相互作用により非対称に散乱されることによって生じるホール効果である．磁性体のホール効果は正常ホール効果と異常ホール効果の和，

$$R_\text{Hall} = R_0 \mu_0 H/d + R_S M_\perp/d \tag{3}$$

により与えられる．ここで R_0 は正常ホール係数，R_S は異常ホール係数，$M_\perp$ は薄膜に垂直方向の磁化成分，d は試料の膜厚である．R_S は抵抗率の冪関数（$R_S \propto \rho^\gamma$）であり，異常ホール効果の発現機構に依存して $\gamma=1$ もしくは $\gamma=2$ となる[27,28]．(Ga, Mn) As のような希薄磁性薄膜では，試料全体の磁気モーメントが小さいので，磁化を感度良く測定するために異常ホール効果の測定が利用されることが多い．

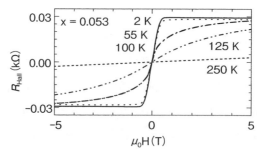

図2　金属的伝導を示す200 nm厚 (Ga, Mn) As (x=0.053) のいくつかの温度におけるホール抵抗　キュリー温度は110 K[22]。

　図2にx=0.053を持つ200 nm厚の (Ga, Mn) As層のいくつかの温度でのホール抵抗を示す[22]。面内磁化容易軸を持つ試料に特徴的な磁化曲線が得られていることから，異常ホール効果の寄与が大きいことが分かる。ホール抵抗が磁化に比例するとしてアロット・プロットを行うと，実際の磁化測定から得られるものとほぼ同じT_Cを得ることができる[29]。異常ホール効果が広い温度範囲と磁界範囲でホール抵抗において支配的であるため，ホール効果から正孔濃度を決定するためには異常ホール効果が飽和する低温・強磁界での測定を必要とする[23]。

　(Ga, Mn) As試料面内に温度勾配を作ると磁化と熱流に垂直な方向に熱流磁気効果により電位差が発生する異常ネルンスト効果が観測される[30]。垂直磁化容易軸を持つ (Ga, Mn) Asにおける異常ホール効果と異常ネルンスト効果の観測から，双方の磁場依存性が相似なヒステリシスを持つことが示された。ゼロ磁場における抵抗率とゼーベック係数の温度依存性に着目すると，異常ホール係数の冪指数$\gamma=2$の時にモットの関係式が成立する[30]。(Ga, Mn) Asにおける電流磁気効果と熱流磁気効果は同機構で生じていることを示す結果である。

4.3　異方性磁気抵抗効果

　電流方向と磁化方向の相対角度に依存して抵抗が変化する異方性磁気抵抗効果が (Ga, Mn) Asにおいて観測されている[31]。図3に示すように，電流方向と磁化方向が平行な場合に抵抗値は小さくなる。高い抵抗値は電流方向と磁化方向が垂直の場合に得られるが，圧縮歪みを持つ (Ga, Mn) Asと引っ張り歪みを持つものでその方向が異なることが理論的に予言され[32]，実験的に確認されている[26]。圧縮歪みを持つものは面に垂直な磁化を，引っ張り歪みの場合は面内に磁化を持つ場合に抵抗値が高い。

　面内に磁界を印加した際の磁気抵抗効果の電流と垂直な成分はプレーナ・ホール効果として観測される[33]。異方性磁気抵抗効果もしくはプレーナ・ホール効果の磁界強度依存性もしくは磁界角度依存性を解析することで面内の結晶磁気異方性磁界の値を決定することが可能であり，強磁

第8章　強磁性半導体におけるスピン依存伝導現象

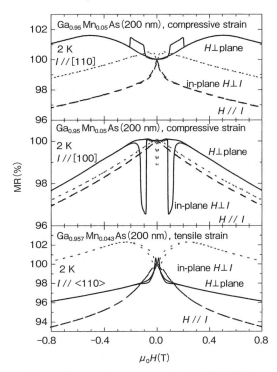

図3　(Ga, Mn) As の2Kにおける磁気抵抗比

磁場を面に垂直（実線），面内で電流に垂直（点線），面内で電流に平行（破線）に印加したものを比較。(a)と(b)は面内に磁化容易軸を持つ試料でそれぞれ電流を［110］方向と［100］方向に流したもの。(c)は面に垂直方向に磁化容易軸を持つ試料[26]。

性共鳴測定から得られる値と良く一致する[34]。

5　磁壁と伝導

希薄磁性体にも関わらず (Ga, Mn) As においても通常の強磁性体と同様に明確な磁区構造が存在することが，走査型ホール・プローブ顕微鏡，走査型超伝導量子干渉素子 (SQUID) 顕微鏡，磁気光学効果カー効果 (MOKE) 顕微鏡，ローレンツ顕微鏡により確認されている[35~38]。磁区と磁区の境界である磁壁が電気抵抗を生じること[39]，また電流により磁壁位置を移動させることが可能であることが知られており[40]，(Ga, Mn) As においても磁壁と伝導の関係について調べられている[39~43]。

ここで紹介する (Ga, Mn) As 中の磁壁の挙動に対する研究は垂直磁化膜の (Ga, Mn) As に対して行われたものである。(Ga, Mn) As 薄膜の表面を部分的にエッチングすると，エッチングされた領域の保磁力の値が変化する[40]。エッチングの有無による保磁力差を利用して外部磁界を適

当なシークエンスで印加することで，段差位置に磁壁を配置することができる。ホール・バー形状の（Ga, Mn）Asのチャネルの中央部分にエッチングにより膜厚の最も薄い部分を用意すると，磁壁は電流を印加することで膜厚の薄い領域の端から端に移動することが示された。磁壁は電流と反対方向に移動するので，電流の印加方向を変えることで磁壁位置はどちらの端に配置することも可能である[40]。磁壁移動に必要な電流密度は$10^5 A/cm^2$のオーダで金属磁性体におけるものより，2桁以上小さい。これは主として（Ga, Mn）As中の磁化の大きさが小さいことによる。金属磁性体と異なり，大電流印加に付随する素子の発熱や磁界の生成の影響を排除して電流と磁壁の間の相互作用に関する知見を得ることが可能となる。（Ga, Mn）Asの磁壁移動速度の電流密度依存性及び温度依存性の測定から，磁壁移動機構について検討されている。磁壁移動速度の測定に用いられた素子は面直方向に磁化容易軸方向を有する30 nm厚の（Ga, Mn）Asを5 μm幅のチャネルに加工したものである[41]。表面を部分的に10 nmエッチングすることで面内に保磁力の異なる二つの領域を用意し，外部磁界により段差境界に磁壁を配置した後に，電流パルス（電流密度 j，パルス幅 w_p）を印加して磁壁を膜厚の薄い領域で移動させる。電流パルス印加前後の磁区構造の差分像をMOKE顕微鏡により観測し，磁化反転した領域（磁壁掃印領域）をチャネル幅で割った値を有効磁壁移動距離 d_{eff} として定義する。d_{eff} は w_p に対して線形に変化し，その傾きを有効磁壁移動速度 v_{eff} と定義する。図4は，いくつかの温度における v_{eff} の j 依存性を示し，二つの領域が存在することが分かる。高電流密度領域（$j>3\times10^5 A/cm^2$）においては，v_{eff} は j にほぼ線形に変化し，最高で22 m/sの磁壁移動速度が得られる。理論モデルとの比較から[44,45]，この領域の電流誘起磁壁移動機構はキャリアスピンから局在磁気スピンへのスピントランスファによって説明できることが示される[41]。低電流密度領域においても挿入図に示す

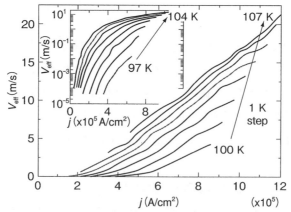

図4　（Ga, Mn）As中の電流誘起磁壁移動速度の電流密度依存性
　　　挿入図はその片対数プロット。キュリー温度は112 K[40]。

ようにゆっくりとした磁壁移動が観測される。これは，電流を駆動力とした熱活性運動であるクリープ運動によって説明できる。この領域でv_{eff}は電流と温度の冪関数であるスケーリング関数で表現でき，冪指数の値が磁界誘起のクリープ運動のものと異なることから，電流誘起と磁界誘起のクリープ運動の物理機構が異なることが明らかになった[43]。

6　磁性の電界制御

（Ga, Mn）Asの強磁性は正孔とMnスピンの相互作用（p–d相互作用）により生じるものなので，正孔濃度pの制御により磁気的性質の制御が可能である。半導体においてキャリア濃度を制御する最も一般的な手法はキャパシタ構造を用いた電界制御であり，強磁性半導体に対しても適用可能である。電界によるキャリア濃度変調に伴うキュリー温度の変化は，（In, Mn）Asにおいて初めて観測された[46,47]。その後，原子層堆積（ALD）法を用いて堆積された高耐電圧を持つ高誘電率絶縁膜をゲート絶縁膜として用いることで数MV/cmの電界印加が可能となり，（Ga, Mn）Asに対しても，図5に示すようにキュリー温度の電界変調が観測された[48]。現在ではキュリー温度の変調量は±5 MV/cmの電界印加で15 Kに至っている[49]。

従来の磁性体素子において，磁化方向は素子への外部磁界印加もしくは電流注入で制御される。半導体素子技術と相性の良い磁性体素子の創生には，電界印加による磁化方向制御が望まれる。（Ga, Mn）Asの電界効果素子において，電界印加により面内一軸異方性の大きさと符号が変化し，それに伴い磁化回転（10°程度）が生じることが示された[50]。磁性体膜に貼り合わせた圧電素子への電界印加による機械的ストレスで磁化方向制御は可能であることは既知であったが[51]，これは電界を用いた純粋に電気的な変化で磁化方向を制御した初めての例である。

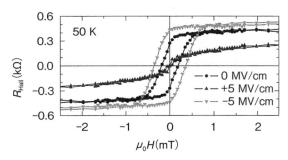

図5　電界効果による（Ga, Mn）Asの磁気特性変調の一例
正孔濃度を増やすとヒステリシスが大きくなる。一方で，正孔濃度を減らすとヒステリシスは消失し常磁性的振る舞いを示す[48]。

7 おわりに

代表的なIII-V族磁性半導体である（Ga, Mn）Asは正孔誘起の強磁性体であるため，その磁性と伝導が強く関連している。ここでは（Ga, Mn）Asにおいて実験的に観測される基礎物性を中心に紹介することで，伝導を制御することで磁気的性質が制御できること，また伝導を測定することにより磁気的性質が検出できることを示した。理論を中心にした解説もあるので，興味を持たれた方はそちらを参照されたい[52]。III-V族磁性半導体は分子線エピタキシ法で作製される単結晶薄膜であるため，非磁性半導体との多層膜構造及び量子構造と組み合わせが容易で，より巨大な磁気伝導現象の観測及び従来の素子にない機能を持つ素子の作製が可能であることが示されている[53]。本稿で紹介したものも含めて，（Ga, Mn）As/GaAs/（Ga, Mn）Asトンネル磁気抵抗素子で示されている290％の磁気抵抗比[54]とスピン偏極電流注入によるその（Ga, Mn）As電極の電気的磁化反転[55]，（Ga, Mn）Asをスピン偏極電流注入源とした円偏光発光素子[55〜57]，電流誘起磁壁移動素子[40〜43]，電界効果トランジスタの電界による強磁性転移温度[46,48]と保磁力の変調及びこれを利用した電界アシスト磁化反転[47]，電界誘起磁化回転の実証[50]などが，その代表的な例である。応用に供される磁性半導体スピンエレクトロニクス素子の実現のためには，そのキュリー温度を室温より十分高い温度にすることをはじめ，検討すべき課題が多く残されている。新機能スピントロニクス半導体素子の動作原理を示しつつ，課題を克服していくことで，磁性半導体スピントロニクス素子の応用の場が見出されていくものと期待される。

文　献

1) S. Methfessel and D. C. Mattis, Magnetic semiconductors. In "Encyclopedia of Physics, vol. XVIII/1, Magnetism" (H. P. J. Wijn, ed.), pp. 389–562, 1968, Springer-Verlag, Berlin.

2) T. Dietl, (Diluted) magnetic semiconductors, In "Handbook of Semiconductors" (S. Mahajan ed.), Completely revised and enlarged edition, Vol. 3 B, pp. 1251–1342, 1994, North-Holland, Amsterdam.

3) F. Matsukura, H. Ohno, and T. Dietl, III-V ferromagnetic semiconductors. In "Handbook of Magnetic Materials" (K. H. Buschow, ed.), vol. 14, pp. 1–87, North-Holland Amsterdam.

4) H. Ohno, A. Shen, F. Matsukura, A. Oiwa, A. Endo, S. Katsumoto, and Y. Iye, *Appl. Phys. Lett.*, **69**, 363 (1996)

5) H. Munekata, H. Ohno, S. von Molnár, A. Segmüller, and L. L. Chang, *Phys. Rev. Lett.*, **56**, 777 (1989)

第 8 章　強磁性半導体におけるスピン依存伝導現象

6) H. Ohno, H. Munekata, T. Penny, S. von Molnár, and L. L. Chang, *Phys. Rev. Lett.*, **68**, 2664 (1992)
7) S. Ohya, K. Ohno, and M. Tanaka, *Appl. Phys. Lett.*, **90**, 112503 (2007)
8) D. Chiba, Y. Nishitani, F. Matsukura, and H. Ohno, *Appl. Phys. Lett.*, **90**, 122503 (2007)
9) S. Mack, R. C. Myers, J. T. Heron, A. C. Gossard, and D. D. Awshalom, *Appl. Phys. Lett.*, **92**, 192502 (2008)
10) R. Shioda, K. Ando, T. Hayashi, and M. Tanaka, *Phys. Rev. B*, **58**, 1100 (1998)
11) K. M. Yu, W. Walukiewicz, T. Wojtowicz, I. Kuryliszyn, X. Liu, Y. Sasaki, and J. K. Furdyna, *Phys. Rev. B*, **65**, 201303(R) (2002)
12) F. Matsukura, A. Shen, Y. Sugawara, T. Omiya, Y. Ohno and H. Ohno, presented at the 25 th Int. Symp. Compound Semiconductors, 12–16 October 1998, Nara, Japan; Proc. 25 th Int. Symp. Compound Semiconductors, Institute of Physics Conference Series, No. 162 (IOP Publishing Ltd, Bistrol, 1999) p. 547
13) H. Shimizu, T. Hayashi, T. Nishinaga, and M. Tanaka, *Appl. Phys. Lett.*, **74**, 398 (1999)
14) V. Novák. K. Olejník, J. Wunderlich, M. Cukr, K. Výborný, A. W. Rushforth, K. W. Edomnds, R. P. Campion, B. L. Gallagher, J. Sinova, and T. Jungwirth, *Phys. Rev. Lett.*, **101**, 077201 (2008)
15) A. Shen, H. Ohno, F. Matsukura, Y. Sugawara, N. Akiba, T. Kuroiwa, A. Oiwa, A. Endo, S. Katsumoto, and Y. Iye, *J. Cryst. Growth*, **175/176**, 1069 (1997)
16) K. Pappert, S. Hümpfner, J. Wenisch, K. Brunner, C. Gould, G. Schmidt, and L. W. Molenkamp, *Appl. Phys. Lett.*, **90**, 062109 (2007)
17) T. Dietl, H. Ohno, F. Matsukura, J. Cibert, and D. Ferrand, *Science*, **287**, 1019 (2000)
18) T. Dietl, H. Ohno, and F. Matsukura, *Phys. Rev. B*, **63**, 195205 (2001)
19) M. Abolfath, T. Jungwirth, J. Brum, and A. H. MacDonald, *Phys. Rev. B*, **63**, 054418 (2001)
20) K. Takamura, F. Matsukura, D. Chiba, and H. Ohno, *Appl. Phys. Lett.*, **81**, 2590 (2002)
21) M. Sawicki, F. Matsukura, A. Idziaszek, T. Dietl, G. M. Schott, C. Ruester, C. Gould, G. Karczewski, G. Schimidt, and L. W. Molenkamp, *Phys. Rev. B*, **70**, 245325 (2004)
22) F. Matsukura, H. Ohno, A. Shen, and Y. Sugawara, *Phys. Rev. B*, **57**, R 2037 (1998)
23) T. Omiya, F. Matsukura, T. Dietl, Y. Ohno, T. Sakon, M. Motokawa, and H. Ohno, *Phyisca E*, **7**, 976 (2000)
24) J. Okabayashi, A. Kimura, O. Rader, T. Mizokawa, A. Fujimori, T. Hayashi, and M. Tanaka, *Phys. Rev. B*, **58**, R 4211 (1998)
25) A. Kawabata, *Solid State Commun.*, **34**, 432 (1980)
26) F. Matsukura, M. Sawicki, T. Dietl, D. Chiba, and H. Ohno, *Physica E*, **21**, 1032 (2004)
27) C. M. Hurd, In "The Hall Effect and Its Applications" edited by C. L. Chien and C. Eestgate, pp. 43–51, 1980, Plenum, New York.
28) T. Jungwirth, Q. Niu, and A. H. MacDonald, *Phys. Rev. Lett.*, **88**, 207208 (2002)
29) H. Ohno and F. Matsukura, *Solid State Commun.*, **117**, 179 (2001)
30) Y. Pu, D. Chiba, F. Matsukura, H. Ohno, J. Shi, *Phys. Rev. Lett.*, **101**, 107208 (2008)
31) D. V. Baxter, D. Ruzmetov, J. Scherschligt, Y. Sasaki, X. Liu, J. K. Furdyna, C. H. Mielke, *Phys. Rev. B*, **65**, 212407 (2002)
32) T. Jungwirth, A. Abolfath, J. Sinova, J. Kucera, and A. H. MacDonald, *Appl. Phys. Lett.*, **81**,

4029 (2002)

33) H. X. Tang, R. K. Kawakami, D. D. Awschalom. and M. L. Roukes, *Phys. Rev. Lett*., **90**, 7657 (2003)
34) T. Yamada, D. Chiba, F. Matsukura, S. Yakata, and H. Ohno, *Phys stat. sol (C)*, **3**, 4086 (2006)
35) T. Shono, T. Hasegawa, T. Fukumura, F. Matsukura, and H. Ohno, *Appl. Phys. Lett*., **77**, 1363 (2000)
36) T. Fukumura, T. Shono, K. Inaba, T. Hasegawa, H. Koinuma, F. Matsukura, and H. Ohno, *Physica E*, **10**, 135 (2001)
37) U. Welp, V. K. Vlasko-Vlasov, X. Liu, J. K. Furdyna, and T. Wojtowicz, *Phys. Rev. Lett*., **90**, 167206 (2003)
38) A. Sugawara, H. Kasai, A. Tonomura, P. D. Brown, R. P. Campion, K. W. Edmonds, B. L. Gallagher, J. Zemen, and T. Jungwirth, *Phys. Rev. Lett*., **100**, 047202 (2008)
39) D. Chiba, M. Yamanouchi, F. Matsukura, T. Dietl, and H. Ohno, *Phys. Rev. Lett*., **96**, 096602 (2006)
40) M. Yamanouchi, D. Chiba, F. Matsukura, and H. Ohno, *Nature*, **428**, 539 (2004)
41) M. Yamanouchi, D. Chiba, F. Matsukura, T. Dietl, and H. Ohno, *Phys. Rev. Lett*., **96**, 096601 (2006)
42) M. Yamanouchi, D. Chiba, F. Matsukura, and H. Ohno, *Jpn. J. Appl. Phys*., **45**, 3854 (2006)
43) M. Yamanouchi, J. Ieda, F. Matsukura, S. E. Barnes, S. Maekawa, and H. Ohno, *Science*, **317**, 1726 (2007)
44) G. Tatara and H. Kohno, *Phys. Rev. Lett*., **92**, 086601 (2004)
45) S. E. Barnes and S. Maekawa, *Phys. Rev. Lett*., **95**, 107204 (2005)
46) H. Ohno, D. Chiba, F. Matsukura, T. Omiya, E. Abe, T. Dietl, Y. Ohno, and K. Ohtani, *Nature*, **408**, 944 (2000)
47) D. Chiba, M. Yamanouchi, F. Matsukura, and H. Ohno, *Science*, **301**, 943 (2003)
48) D. Chiba, F. Matsukura, and H. Ohno, *Appl. Phys. Lett*., **89**, 162505 (2006)
49) M. Endo, D. Chiba, Y. Nishitani, F. Matsukura, and H. Ohno, *J. Supercond. Nov. Mag*., **20**, 409 (2007)
50) D. Chiba, M. Sawicki, Y. Nishitani, Y. Nakatani, F. Matsukura, and H. Ohno, *Nature*, **455**, 515 (2008)
51) K. Schröder, *IEEE Trans. Magn*. **10**, 567 (1974)
52) T. Jungwirth, J. Sinova, J. Mašek, J. Kučera, and A. H. MacDonald, *Rev. Mod. Phys*., **78**, 809 (2006)
53) T. Dietl, H. Ohno, and F. Matsukura, *IEEE Trans. Electron. Dev*., **54**, 945 (2007)
53) D. Chiba, F. Matsukua, and H. Ohno, *Physica E*, **21**, 1032 (2004)
54) D. Chiba, Y. Sato, T. Kita, F. Matsukura, and H. Ohno, *Phys. Rev. Lett*., **93**, 216602 (2004)
55) Y. Ohno, D. K. Young, B. Beschoten, F. Matsukura, H. Ohno, and D. D. Awschalom, *Nature*, **402**, 790 (1999)
56) M. Kohda, Y. Ohno, K. Takamura, F. Matsukura, and H. Ohno, *Jpn. J. Appl. Phys*., **40**, L 1274 (2001)
57) M. Kohda, T. Kita, Y. Ohno, F. Matsukura, and H. Ohno, *Appl. Phys. Lett*., **89**, 012103 (2006)

第9章 2次元半導体のスピン軌道相互作用と量子伝導

井上順一郎[*1], 大成誠一郎[*2]

1 はじめに

　エレクトロニクスは，その名の通り電子を利用する技術であり，半導体エレクトロニクスに代表される。エレクトロニクスは，電子に内在される2つの自由度，電荷とスピンのうち，前者を利用する。これに対し，スピントロニクスは，これら2つの自由度を互いに制御する有効な仕組みを構築しようというものである。例えば，電場による磁性の制御や磁場による電流の制御である。実際，巨大磁気抵抗効果（GMR）やトンネル磁気抵抗効果（TMR）は後者に属する現象であり，スピントルク磁化反転や電流駆動磁壁移動は前者に属する現象である。最近では，これらの現象に加えて，スピン軌道相互作用がもたらす現象が注目を浴びている。この相互作用は，電子のスピンと軌道運動を結合させるものである。このため，スピンの制御が軌道運動の制御に，また逆に軌道運動の制御がスピン状態の制御に繋がることになる。

　スピン軌道相互作用を利用するスピントロニクスデバイスの典型例として，強磁性体と2次元電子ガス（2DEG）接合を用いた Datta–Das のスピン FET（field effect transistor）がある[1]。これは，2DEG 中において電子に働くスピン軌道相互作用をゲート電圧で制御することにより，電子伝導の制御を目指すものである。デバイス応用以外にも，スピン軌道相互作用は基礎物性においても重要な役割を果たす。ホール効果がその最も良い例である。ホール効果は，正常ホール効果として1879年にはじめて発見された。続いて，強磁性体における異常ホール効果が発見されている。20世紀後半になって，量子ホール効果が発見され，ごく最近ではスピンホール効果が話題となっている。これらのホール効果のうち，異常ホール効果とスピンホール効果の発現機構については，完全には決着はついたというわけではない。

　スピンホール効果は，印加された電場と垂直方向にスピンの流れが生じる現象である。すなわち，上向きスピン（$\sigma_z=1$，↑spin）の電子と下向きスピン（$\sigma_z=-1$，↓spin）の電子が逆方向に移動する。これらの2つの流れは大きさが同じであるため，電荷の流れは存在せず，ホール電圧は生じない。有限系における測定では，スピンの流れは，試料端にスピン蓄積を生じさせる。ス

[*1] Jun-ichiro Inoue　名古屋大学　工学研究科　教授
[*2] Seiichiro Onari　名古屋大学　工学研究科　助教

ピン流は $\sigma_z=\pm 1$ の流れであるため，面に垂直方向の磁化が試料端に現われるからである。試料端に蓄積したスピンは，スピン軌道相互作用により緩和し，定常状態に落ちつく。スピンホール効果によるスピン蓄積に加えて，2DEG では，外部電場により面内磁化も誘起される。これもスピン軌道相互作用の結果である。

スピン軌道相互作用は，相対論効果によって出現するものであり，すべての物質に存在する。スピントロニクスに用いられる物質は，様々なものがあるが，本章では，n 型半導体，特に2次元電子ガス（2DEG）とグラフェンを取り扱う。後者は，ギャップレス半導体という範疇に入るものであり，最近特に注目されている。具体的物性としては，2DEG における量子伝導とスピン蓄積，およびグラフェンにおけるスピンホール効果について言及する。

2 スピン軌道相互作用

2.1 原子内スピン軌道相互作用

スピン軌道相互作用は，相対論効果であり，Dirac によりスピン角運動量そのものと同時に導出されている。球対称ポテンシャル $V(r)$ 中では，スピン軌道相互作用は次のようになる。

$$H_{SO} = -\frac{1}{2m^2c^2}\frac{1}{r}\frac{dV(r)}{dr}\boldsymbol{L}\cdot\boldsymbol{S}$$

ここで，m と c はそれぞれ電子質量と光速度であり，$\boldsymbol{L}$ は軌道角運動量，$\boldsymbol{S}$ はスピン角運動量である。この結果は，現象論的に次のように導かれる[2]。

電子として原子内の電子，球対称ポテンシャルとして，原子核が作るものを考えよう。電子の感じるポテンシャル $V(r)$ は，原子核と核内電子の作るポテンシャルであり，静電ポテンシャル $\phi(r)$ と

$$V(r) = -e\phi(r) \tag{1}$$

の関係にある（電子の電荷を $-e, e>0$ とする）。電場は静電ポテンシャルの勾配であるので，

$$\boldsymbol{E} = -\nabla\phi(r) = \nabla V(r)/e \tag{2}$$

となる。電場中を速度 $\boldsymbol{v}$ で運動する電荷は，実効的に

$$\boldsymbol{B} = -\boldsymbol{v}\times\boldsymbol{E}/c \tag{3}$$

の磁場を感じる。スピン角運動量 $\boldsymbol{S}$ は，磁気モーメントと $\boldsymbol{m} = -g\mu_B \boldsymbol{S} = -(e\hbar/mc)\boldsymbol{S}$ の関係にあり，磁場中の磁気モーメントのエネルギーは

第9章 2次元半導体のスピン軌道相互作用と量子伝導

$$E = -\boldsymbol{m}\cdot\boldsymbol{B} = \frac{e\hbar}{mc^2}\boldsymbol{S}\cdot(\boldsymbol{v}\times\boldsymbol{E}) = \frac{1}{m^2c^2}\boldsymbol{S}\cdot(\boldsymbol{p}\times\nabla V(r))$$

$$= \frac{1}{m^2c^2}\boldsymbol{S}\cdot\left(\boldsymbol{p}\times\frac{\boldsymbol{r}}{r}\frac{dV(r)}{dr}\right) = -\frac{1}{m^2c^2}\frac{1}{r}\frac{dV(r)}{dr}\boldsymbol{L}\cdot\boldsymbol{S} \tag{4}$$

となる。これがスピン軌道相互作用のエネルギーである。正確な値と因子2が異なるが，これはスピンの才差運動を無視したためと考えられている。このスピン軌道相互作用は分母に電子の静止エネルギー $mc^2 \sim 10^6$ eV を含むために，重元素をのぞいては非常に小さくなる。各元素におけるスピン軌道相互作用の大きさは，原子内波動関数を用いて推定されている。

結晶内電子の電子状態は，しばしば原子内波動関数の線形結合を用いる強結合近似（tight-binding 近似）を用いて表される。この近似を用いて，H_{SO} の行列要素を求めることができる。H_{SO} をパウリのスピン行列 $\boldsymbol{\sigma} = (\sigma_x, \sigma_y, \sigma_z)$ を用いて，

$$H_{SO} = \xi\boldsymbol{\sigma}\cdot\boldsymbol{L} = \xi\left[\frac{1}{2}(\sigma_+L_- + \sigma_-L_+) + \sigma_z L_z\right] \tag{5}$$

と表わそう。ここで，ξ は定数とした。

原子内のポテンシャルを球対称とすると，電子の波動関数は，主量子数 n，軌道量子数 ℓ，および磁気量子数 m で指定される。軌道角運動量 $\boldsymbol{L}^2$ の固有値が，$\ell(\ell+1)\hbar$ であり，その z 成分 L_z の固有値が $m\hbar$ である。また，$m = -\ell \sim \ell$ の $2\ell+1$ 個の値を取る。例えば，p 軌道の場合には，$\ell = 1, m = -1, 0, 1$ となる。軌道状態を (ℓ, m) で指定し，スピン状態を $\sigma_z = 1, -1$ で指定すると，p 軌道の場合，

$$H_{SO} = \xi\begin{bmatrix} L_z & L_- \\ L_+ & -L_z \end{bmatrix} \tag{6}$$

$$L_z = \hbar\begin{bmatrix} 0 & -i & 0 \\ i & 0 & 0 \\ 0 & 0 & 0 \end{bmatrix}, L_- = \hbar\begin{bmatrix} 0 & 0 & 1 \\ 0 & 0 & -i \\ -1 & i & 0 \end{bmatrix} \tag{7}$$

となる。また，$L_+ = L_-^\dagger$ である。

2.2 半導体中のスピン軌道相互作用

半導体中におけるスピン軌道相互作用は，バンドギャップ構造を反映して，真空中の値と比較して非常に大きなものとなる。真空中の粒子のエネルギーギャップ（粒子―反粒子のエネルギー差）に相当するエネルギー $2mc^2$ が半導体のバンドギャップエネルギー ~ 1 eV に変化したと考えれば良い。ハミルトニアンの形は同じであり，

$$H_{SO} = \lambda \boldsymbol{\sigma} \cdot (\mathbf{p} \times \nabla V) \tag{8}$$

と表わされる。λ はバンドギャップ近傍の電子状態から定まる定数である[3]。また，∇V は原子内ポテンシャルの空間変化ではなく，半導体の結晶内のポテンシャルの空間変化である。このような空間変化は，構造の空間反転対称性が失われる場合，および結晶の空間反転対称性が失われる場合に生じる。前者の機構によるスピン軌道相互作用を，Rashba型スピン軌道相互作用[4,5]，後者を Dresselhaus 型スピン軌道相互作用[6]と呼ぶ。

・Rashba 型スピン軌道相互作用：半導体ヘテロ構造や，金属／酸化物／半導体接合では，界面近傍におけるバンド曲がりにより 2DEG が形成される。層に垂直な方向には反転対称性がなく，ポテンシャルの空間変化が生じる。これが，実効的に系を垂直方向の電場を生み出す。2次元層の面内に x, y 軸を取ると，$\boldsymbol{p} \times \nabla V \propto \boldsymbol{p} \times \hat{\boldsymbol{z}}$ となり，スピン軌道相互作用は，

$$H_R = \frac{\alpha}{\hbar}(p_x \sigma_y - p_y \sigma_x) \tag{9}$$

と表わされる。ここで α は定数であり，$10^{-11}\,\mathrm{eV \cdot m}$ 程度の大きさである。

・Dresselhaus 型スピン軌道相互作用：GaAs などの III-V 属元素からなる半導体では，結晶の反転対称性が破れている。結晶の空間軸をそれぞれ (100)，(010)，(001) 方向に取ると，スピン軌道相互作用は，

$$H_D = \frac{\beta}{\hbar}(p_y \sigma_y - p_x \sigma_x) \tag{10}$$

と与えられる。一般には3次の項が付け加わるが，その値は小さいため無視される場合が多い。

Rashba 型スピン軌道相互作用は，その発現機構からも理解されるように 2DEG にゲート電圧を印加することにより制御可能である。このため，応用上からも非常に重要である。そこで，Rashba 型スピン相互作用のある 2DEG の電子状態について，簡単に述べておこう。

この系のハミルトニアンは

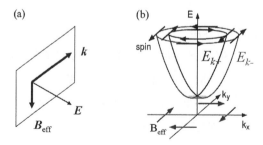

図1　Rashba スピン相互作用における(a)有効磁場の方向と(b)電子状態

第9章 2次元半導体のスピン軌道相互作用と量子伝導

$$H_0 = \begin{pmatrix} \frac{\hbar^2}{2m}k^2 & i\alpha k_- \\ -i\alpha k_+ & \frac{\hbar^2}{2m}k^2 \end{pmatrix} \tag{11}$$

となる。ここで2次元平面を (x,y) 面にとり，$k_\pm = k_x \pm ik_y$ である。エネルギー固有値は，

$$E_{k\pm} = \frac{\hbar^2 k^2}{2m} \pm \alpha k \tag{12}$$

となる。この結果を図1(b)に示した。固有状態の特徴は，図に示したようにスピン状態が波数 k に依存している点である。スピンの向きが k に垂直となっている理由は，スピン軌道相互作用を

$$H_R \propto \boldsymbol{\sigma} \cdot (\boldsymbol{p} \times \boldsymbol{E}) \equiv \sigma \cdot \boldsymbol{B}_{eff} \tag{13}$$

のように表わし，$\boldsymbol{B}_{eff}$ を有効磁場と見なすと，その方向が運動方向と電場 $\boldsymbol{E}$ と直交する方向となることからもわかる（図1(a)参照）。

2.3 グラフェンにおけるスピン軌道相互作用

　半導体2次元系では，2次元とはいえ，その厚さは少なくともフェルミ波長（40 nm，電子密度 n〜3×10^{11}cm^{-2}）程度である。ところがグラフェンは，その厚さは炭素原子1層分である。グラフェンを異なる物質で挟めば，空間反転対称性は失われようが，ポテンシャルの空間変化がどのようになるかは単純ではない。また，炭素は軽い元素であり，原子内スピン軌道相互作用も小さくなる。しかしながら，グラフェンはギャップレス半導体と呼ばれる特異な電子状態を持つため，基礎物性の観点からも注目されている。そこで，グラフェンにおけるスピン軌道相互作用をどのように考えれば良いか，D. H-Hernando ら[7]の考え方を紹介する。これはカーボンナノチューブにも適用できる。

　グラフェンは単位格子辺りに炭素が2原子存在するため，その2原子のサイトをA，Bの副格子で区別する。また，バンドは炭素の s, p 軌道により構成されており，特にディラック点（K，K'点）と呼ばれるフェルミエネルギー近傍では p_z 軌道からの寄与が他の軌道に比べると著しく大きく，分散関係が線形になっている。そのため，p_z 軌道のみを含むハミルトニアンでモデル化する。スピン軌道相互作用が無い場合のハミルトニアンは，A副格子を第1成分，B副格子を第2成分として

$$H_0 = v_F \begin{pmatrix} 0 & k_x - i\tau_z k_y \\ k_x + i\tau_z k_y & 0 \end{pmatrix} \quad (14)$$

と表せる。ここで，v_F はフェルミ速度，$\tau_z = 1, -1$ は二つのディラック点K, K'点に対応する。Tight-binding近似においては前述の通り，スピン軌道相互作用は p 軌道に関して $H_{SO} = \xi \boldsymbol{\sigma} \cdot \boldsymbol{L}$ で与えられるが，この表示は p_x, p_y, p_z を含んでいる。p_z 軌道に関する対角成分が存在しないため，ξ に関する2次の摂動エネルギー $\Delta_{int} \sim \xi^2/t$ （t はホッピングエネルギー）を用いて，p_z 軌道に関するスピン軌道相互作用は

$$H_{SO} = \Delta_{int} \begin{pmatrix} \tau_z \sigma_z & 0 \\ 0 & -\tau_z \sigma_z \end{pmatrix} \quad (15)$$

となる。

一方で，グラフェンのシートが曲率を持つ場合（ナノチューブの場合にも対応）ホッピングにより p_z 軌道が p_x, p_y 軌道と混ざることが出来るため，ξ と曲率起源のホッピングに関する2次の摂動エネルギー $\Delta_{curv} \sim \xi a/R$ （a, R は格子定数，曲率半径）をもちいて

$$H_{SO} = \frac{\Delta_{curv}}{2} \begin{pmatrix} 0 & \sigma_y - i\tau_z \sigma_x \\ \sigma_y + i\tau_z \sigma_x & 0 \end{pmatrix} \quad (16)$$

と表せる。具体的にはグラフェンにおいて $\Delta_{int} \sim 0.01$K, $\Delta_{curv} \sim 0.2$K，ナノチューブにおいて $\Delta_{int} \sim 0.01$K, $\Delta_{curv} \sim 2$K と見積もられる[8]。

3 2次元系における量子物性

スピン軌道相互作用に関わる量子物性には様々なものがある。最近では，スピンホール効果，異常ホール効果，量子スピンホール効果などが注目を浴びている。これらの現象については第13, 14章を参照されたい。また，スピン軌道相互作用はスピン緩和機構とも密接に関係している。光と電子との相互作用にも関わっている。これについては次章を参照して頂きたい。本章では，スピン軌道相互作用による異方的電気伝導と弱局在への効果，2DEGにおけるスピン蓄積，およびグラフェンにおけるスピン軌道相互作用について触れる。

3.1 2次元電子ガスにおける電気伝導

SchliemannとLoss[9]は，Rashba型とDresselhaus型スピン軌道相互作用が共存する場合に，

第9章 2次元半導体のスピン軌道相互作用と量子伝導

電気伝導度が異方的となることを示している。これは，電子状態が異方的となるからである。ただし，$\alpha = \beta$ の場合は特殊であり，電気伝導度は等方的となる。また，この場合にはスピンの向きが波数に依存しなくなり，不純物散乱が存在しても，スピン軌道相互作用によるスピン緩和がなくなることが示されている[10]。以上のことは，ハミルトニアン

$$H = \frac{\hbar^2}{2m}(k_x + k_y)^2 - \alpha(k_x + k_y)(\sigma_x + \sigma_y) \tag{17}$$

を，$k\pm = (k_x + k_y)/\sqrt{2}, \sigma_z = (\sigma_x + \sigma_y)/\sqrt{2}$ と取り直すと，

$$H = \frac{\hbar^2}{2m}(k_+ + k_-)^2 - 2\alpha k_+ \sigma_z \tag{18}$$

となることからも理解される。この場合のフェルミ円は，k_+ 方向にそれぞれ $2\alpha k_+$ だけずれた2つの円から構成される。

電子のコヒーレンス長が系の長さより短くなると，2次元系では弱局在が生じる。このことは，実際の数値計算で確かめることができる[11~13]。Rashba型スピン軌道相互作用を含む2次元電子ガスのハミルトニアンを正方格子系に変換し，幅100格子点，長さ2000から30000格子点の有限系に対し，コンダクタンスを計算する[13]。また，不純物散乱を取り入れるために，格子点の10％程度にδ関数型ポテンシャルを導入する。

スピン軌道相互作用の変化と共に，ユニバーサリティクラスのクロスオーバーが数値的に得られる。例えば，スピン軌道相互作用がゼロの場合には，コンダクタンス揺らぎが orthogonal class の $0.73\,e^2/h$ であるが，有限の場合には，symplectic class の $0.37\,e^2/h$ に変わる。また，局在長が2800格子点から10600格子点に変化する。この変化は，用いたパラメーター値から理論的に推定される値と一致している。これらの結果を図2に示した。

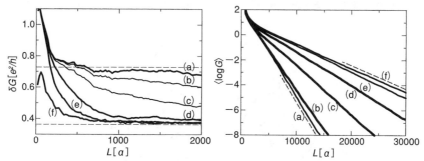

図2 Rashba型スピン軌道相互作用を含む2DEGにおける(a)コンダクタンス揺らぎ δG の計算結果と(b)局在長の見積もり
横軸は格子定数を単位とした系の長さ。図中(a)はスピン軌道相互作用 $\alpha=0$ に対する結果であり，(f)は $\alpha/\hbar=0.4\,t$（t は最隣接格子点間の飛び移り積分）に対する結果。

スピン軌道相互作用に起因する伝導現象に強磁性体における異方的磁気抵抗効果がある。これは，電気伝導度が電流と磁化の相対角度に依存する現象であり，どのような金属に対しても現われる。2DEGを仮想的に磁化させ，磁化方向を面内または面直にとり，ボルン近似の範囲内で，いわゆるバーティックス補正を自己無撞着に取り入れて，電気伝導度を計算すると電流と磁化の相対方向の変化により電気伝導度が変化することが理論的に示される[14]。すなわち，磁気抵抗効果（外部磁場により生じる電気抵抗の変化）が生じる。この結果は，数値的シミュレーションによっても確かめられている[14]。

3.2 2次元電子ガスにおけるスピン蓄積

Rashba型スピン軌道相互作用の存在する2DEGに対して，電場Eの存在する非平衡状態において，次式で与えられるスピン蓄積が存在することが古くからロシアのグループにより調べられてきた[15~17]。

$$\langle S_y \rangle = 4\pi e D_0 (\alpha/\hbar) \tau E \tag{19}$$

ここで，D_0とτはそれぞれ2DEGの状態密度と緩和時間である。このスピン蓄積は，試料空間において一様に生じ，しかも面内の磁化である点が，スピンホール効果によるスピン蓄積と異なっている。後者は面直方向の磁化の蓄積である。面内磁化の蓄積は，グリーン関数表示の久保公式を用いた計算によっても確かめられている[18]。

この機構は次のように説明される。平衡状態では，フェルミ円上のスピンは全体として打ち消しあっている。電場が印加され，フェルミ円が図3のようにシフトするとy方向を向くスピンの数が多くなる。このため非平衡状態で面内磁化が生じるわけである。

このようなスピン蓄積は，高感度のKerr効果測定により確かめられている[19]。また，光照査により，面内磁化を生じさせると，電流が誘起されることも実験的に確認されている[20]。

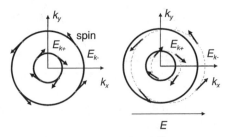

図3　一様スピン蓄積の説明図
左は平衡状態，右は非平衡状態

3.3 グラフェンにおけるスピンホール効果

炭素（カーボン，C）が作る物質としては，以前はダイアモンドとグラファイトが知られていたが，最近ではフラーレンやカーボンナノチューブの研究が盛んである。ごく最近，グラファイトから，炭素一層分をスコッチテープをつかって剥ぎ取る，という素朴な方法が可能であることが示され[21]，この炭素一層（グラフェン）の研究が活発になった。その理由は，グラフェンの特異な電子状態（ギャップレス半導体）が原理的に新しい物性，特に伝導性を生じさせるのではないかという期待と，1次元系より2次元系のほうがデバイスに用いやすいという点にある。

グラフェンの構造は，図4(a)の内挿図に示したような，2次元ハニカム格子である。一般にカーボンからなる物質の電子状態は，s, p_x, p_y, p_z 軌道からなる tight-binding 模型を用いて大よそ記述できる。グラフェン層が xy 面上にあるとしよう。軌道の対称性から，s, p_x, p_y 軌道は，$p\sigma$ バンドを構成し，バンドギャップが生じる。p_z 軌道はこれらの軌道に直交しており，$p\pi$ バンドを構成する。カーボン元素の外殻軌道には4個の電子が存在するので，これらの電子をバンド内に収容すると，フェルミ準位は，ちょうど $p\pi$ バンドの真中（$E_F = 0$）にくることになる。この電子状態を図4(a)に示した。

図4(a)からわかるように，フェルミ準位（$E_F = 0$）でのエネルギー E が波数 k に線形になっていることがわかる。状態密度はフェルミ準位ではゼロであるが，バンドギャップは存在しない（ギャップレス半導体）。フェルミ準位でのバンド分散が線形となる状態のみから構成されている点は非常に特異なものである。このようなバンド点がDirac点と呼ばれているものである。

このような特異な電子状態から新しい物性が生じるのではないかという期待から様々な研究がなされているわけである。この系にスピン軌道相互作用を導入すると，フェルミ準位に，スピン軌道相互作用に比例するバンドギャップが開き，スピンホール効果が量子化されることが理論的に示されている[22]。スピンホール効果の量子化は系のエッジ状態を介したエッジ電流によるもの

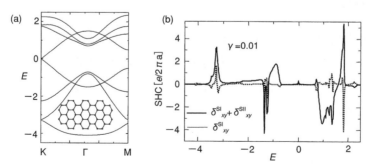

図4　グラフェンの(a)エネルギー分散関係と(b)スピンホール伝導度の計算結果
スピン軌道相互作用の大きさは，$pp\sigma$ を単位として $\zeta=0.1$ としている。図(b)における実線が全ホール伝導度であり，破線はその一部。

である。これらの計算は，Dirac点特有のハミルトニアンを用いている。

他方，グラフェンの電子状態は，炭素原子のs,p軌道の線形結合により，良く表現されるわけであるから，第2節で導入した，原子内スピン軌道相互作用を用いて，スピンホール効果が議論できるはずである。そこで我々は，原子内スピン軌道相互作用と，最隣接格子点間の飛び移り積分を含む，s-p tight-binding模型を採用し，久保公式によりスピンホール伝導度の計算を行った[23]。電子散乱の効果は，電子の自己エネルギーの虚部（$i\gamma$）として取り入れるのみとした。

エネルギーの関数として（フェルミ準位を仮想的に変化させた）計算したスピンホール伝導度を図4(b)に示す。フェルミ準位が，エネルギーバンドの縮退しかかった領域に位置する場合，すなわち荷電子帯の上端や伝導帯の下端近傍に位置する場合に，ホール伝導度が大きくなる。これは，スピンホール効果の機構がバンド間遷移であることによる。バンドが縮退している近傍ではバンド間遷移が大きくなるのである。

実際のグラフェンのフェルミ準位は$E=0$に位置している。このエネルギーにおけるスピンホール伝導度は，散乱のない極限模型の結果，$e/2\pi a$と比較して非常に小さい。ここでaはグラフェンの格子定数である。散乱のない極限では，スピン軌道相互作用のためフェルミ準位にバンドギャップが現われ，フェルミ準位は，その間に位置することになる。この場合には，ホール伝導度が量子化され$e/2\pi a$という大きな値を取る。しかし，電子散乱の効果によるバンドの広がり（自己エネルギーの虚部）により，バンドギャップが消失し，このためスピンホール伝導度が小さくなると考えられる。実際，電子散乱ゼロの極限をとって計算すると，伝導度は$\sim 1.25 \times e/2\pi a$となる。因子が1.0からずれていることについては，多重バンドを用いた結果と思われる。Tight-binding模型によるスピンホール効果出現の機構については，原論文[23,24]を参照して頂きたい。

4　おわりに

スピン軌道相互作用は，1電子近似で取り扱うことができる。それにも関わらず，多彩な現象が出現し，興味ある基礎物性をもたらすと同時に，応用にも重要な役割を果たす。その例を2次元半導体系を取り上げて言及した。多くの事柄はページの関係で割愛せざるをえなかった。原論文を見て頂きたい。

第9章 2次元半導体のスピン軌道相互作用と量子伝導

文　　献

1) S. Datta and B. Das, *Appl. Phys. Lett.*, **56**, 665 (1990)
2) J. J. Sakurai, Modern Quantum Mechanics, Addison-Wesley Publishing Company, New York (1985)
3) 最近の解説として次のものがある。江藤幹雄, 固体物理, **43**, 145, 197, 397 (2008)
4) E. I. Rashba, *Fiz. Tverd. Tela*, **2**, 1224 (1960) [*Sov. Phys. Solid State*, **2**, 1109 (1960)]
5) Yu. A. Bychkov and E. I. Rashba, *Pis' ma Zh. Eksp. Teor. Fiz.*, **39**, 66 (1984) [*JETP Lett.*, **39**, 78 (1984)]
6) G. Dresselhaus, *Phys. Rev.*, **100**, 580 (1955)
7) D. H-Hernando, F. Guinea, and A. Brataas, *Phys. Rev. B*, **74**, 155426 (2006)
8) F. Kuemmeth, S. Ilani, D. C. Ralph and P. L. McEuen, *Nature*, **452**, 448 (2008)
9) J. Schliemann and D. Loss, *Phys. Rev. B*, **68**, 165311 (2003)
10) M. Ohno and K. Yoh, *Phys. Rev. B*, **75**, 241308 (R) (2007)
11) T. Ando and H. Tamura, *Phys. Rev. B*, **46**, 2332 (1992)
12) J. Ohe, M. Yamamoto, and T. Ohtsuki, *Phys. Rev. B*, **68**, 0165344 (2003)
13) H. Itoh, K. Yamamoto, J. Inoue, and G. E. W. Bauer, *Physca E*, **30**, 120 (2005)
14) T. Kato, Y. Ishikawa, H. Itoh, and J. Inoue, *Phys. Rev. B*, **77**, 233404 (2008)
15) F. T. Vas'ko and N. A. Prime, *Sov. Phys. Solid State*, **21**, 994 (1979)
16) L. S. Levitov *et al.*, *Zh. Eksp. Teor. Fiz.*, **88**, 229 (1985)
17) V. M. E. Edelstein, *Sol. State. Communi.*, **73**, 233 (1990)
18) J. Inoue, G. E. W. Bauer, and L. W. Molenkamp, *Phys. Rev. B*, **67**, 33104 (2003)
19) Y. K. Kato, R. C. Myers, A. C. Gossard, and D. D. Awschalom, *Phys. Rev. Lett.*, **93**, 176601 (2004)
20) S. D. Ganichev *et al.*, *Nature*, **417**, 153 (2002)
21) K. S. Novoselov, A. K. Geim, S. V. Morosov, D. Jiang, Y. Zhang, S. V. Dubonos, I. V. Grigorieva, and A. A. Firsov, *Science*, **306**, 666 (2004)
22) C. L. Kane and E. J. Mele, *Phys. Rev. Lett.*, **95**, 146802 (2005)
23) S. Onari, Y. Ishikawa, H. Kontani, and J. Inoue, *Phys. Rev. B*, **78**, 121403 (R) (2008)
24) H. Kontani, T. Tanaka, D. S. Hirashima, K. Yamada, and J. Inoue, *Phys. Rev. Lett.*, **100**, 096601 (2008)

第10章　磁性半導体における光誘起磁化

宗片比呂夫*

1　はじめに

　本稿は，2004年出版の「スピンエレクトロニクスの基礎と最前線」（監修：猪俣浩一郎）第7章「磁性半導体の光磁化と光操作」の続編である。半導体であって，強磁性体でもある強磁性III-Mn-V族半導体結晶薄膜（以下強磁性半導体）の強磁性は，価電子帯に属するキャリアスピンとMnイオンに属する局在スピンとの間のスピン交換に起源を有する現象である。この素材の誕生とキャリア介在型強磁性に関する研究の経緯の大筋は，前出の猪俣版（和文）あるいは前川版Spintronics（英文）[1]に記したので，それらを読んでいただきたい。

　強磁性半導体を光励起すると，光強度と偏光に依存して，多様な磁化の変化が現れる。これらの現象は，電子系の励起に伴うスピン系の多様な応答であり，①スピン―軌道相互作用，②スピンフリップ散乱，③光とスピン系の間の角運動量交換，などが混じっている。紙面の関係で，本稿では，①弱い光励起による磁化の才差運動，および，②強い光励起による超高速消磁，について記す。

　光によるスピン自由度へのアクセスの研究の歴史をざっと眺めてみると，古くはサファイアAl_2O_3：$Cr^{2,3)}$で，次いで，常磁性のII-VI族希薄磁性半導体$HgMnTe^{4,5)}$や$CdMnTe^{6)}$で光誘起磁化の創出が試みられてきた。これらは基本的に絶縁体で，光励起状態の軌道はどちらかといえば局在性が強く，それゆえ，その励起寿命は比較的長い（1ナノから1マイクロ秒）。一方で，最近のフェムト秒超短パルス光による光励起実験では，円偏光パルスによる強磁性金属合金薄膜への光磁気書き込み実験[7]に代表されるように，励起寿命が短い非局在準位（1ps以下）を経由した光誘起現象が扱えるようになってきている。本稿で扱う磁性半導体の光励起現象の場合，興味深い時間領域は，数10フェムトから数ナノ秒で，その時間領域では，光励起状態が緩和する過程で誘発されるスピン・磁化の挙動を見ていることになる。もう少し詳しく触れると，この時間領域には，電子―格子―スピン系をまたぐ非平衡な2つ過程，すなわち，光励起に伴う速い熱的効果（Th効果）と速い非熱的効果（Non-Th効果）が競合する。位相を含めた磁化の超高速制御とは，両者の寄与を明確化し，それらの間のバランスを精密に制御することである。本稿は，

---

*　Hiro Munekata　東京工業大学　理工学研究科　附属像情報工学研究施設　教授

第 10 章　磁性半導体における光誘起磁化

Non-Th，Th 効果と，それによってもたらされる光励起スピンダイナミクスとの関連にできるだけ注意を払いながら書き進める。

2　時間分解磁気光学測定法

　実験データを論じる前に実験手法に触れておく。実験は全て光によって行うので，試料励起用光源と磁化計測用光源の2種類の光源を用意する。例えば，チタン—サファイアレーザーで発生させた近赤外光パルス（パルス幅150フェムト秒，くり返し周期13ナノ秒）をビームスプリッターで励起（Pump）と計測（Probe）ビームの2系統に分ける。各々のビームのパワー，偏光，平行度に注意を払いつつ，試料面上で2つのビームが空間的に重なるように光路を精密に調整することが最も重要なポイントである。励起と計測ビームの光路長に差をつけると，図1(a)に示すように試料での到着時間に差が生じる。励起ビームが引き起こした試料中の状態変化は，試料を透過あるいは反射した計測ビームに含まれる光情報（強度，偏光，位相など）によって得られる。例えば，磁化の変化の様子は，磁化軸と光軸で決まる幾つかの磁気光学効果を通して偏光度（楕円偏光の楕円率，偏光面の回転角度など）の変化として計測される。したがって，計測ビームの偏光変化を光路長差の関数として得るようにすると，光励起で生じる磁化の過渡的変化に関する情報が得られる。本稿で主に取り上げる光情報は偏光面の回転角度であって，そこには磁化の面直ならびに面内方向に投影された磁化成分変化に関する情報が含まれる。

　この測定法にはもう一つ重要な技法がある。それは，光路長差を固定して行うタイムスライス

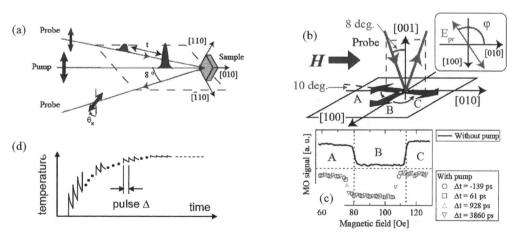

図1　(a)実験の概略図，(b)試料面における実験の概略図と90度磁化スイッチ，(c)磁気光学信号の磁場依存性，(d)励起光パルスによる試料の温度変化の概念図
　(c)励起と検出パルスのパワーはそれぞれ 3.4 と 0.3 μJ/cm^2/pulse。波長は 790 nm ($h\nu$＝1.569 eV)
　　　　　　　　　　　　　　　　　　　　　　　　　　　　　　((b)と(c)の出典：PRL 100, 067202 (2008))

法である。例えば，光路長差 d を固定し，試料に外部磁場 H を印加しながら実験を行うと，励起後の特定の遅延時間 $t=d/c$ における磁気光学信号の磁場依存性データを得ることができる。そのようにして得られるデータから，光信号変化の原因を特定することができる。好例を図1(b)と(c)に示す。図1(c)上段のデータは，計測ビームのみで得られる実験データで，$H=80$ および 110 Oe 近傍で信号が急峻に変化し，全体としてはダブルステップとなっている。これは，A から B，B から C と，面内で90度ずつ回転する磁化スイッチ過程（図1(b)）を磁気線二色性で観測した場合に現れる特徴である[8]。励起光パルスを照射して同様の実験を行った結果（図1(c)下段）も，上段と同様ダブルステップを示すが，ステップの現われる磁場が3 Oe 低磁場側にシフトしている。このシフトは，励起ビーム照射によって試料温度が約1K上昇したことを反映している（図1(d)）。更に，細かいことだが重要なこととして，磁気光学信号の磁場依存性に関する4本のタイムスライス曲線が重なっていることである。この事実は，各励起パルス間の過渡的な温度変化が極めて小さいことを示している。磁場の制御精度が 0.3 Oe なので，温度に換算すると 0.1 K 以下の変動と推定される。ところで，強磁性半導体薄膜のキュリー温度は室温よりも低い。したがって，上述のポンプープローブ実験は，低温クライオスタット中に設置した試料に対して光学窓を介して行った。

3　光励起による磁化の才差運動

キャリア誘起強磁性の磁気異方性は，価電子帯にかかったフェルミ面の異方性と強い相関があることが理論[9]と実験[10]の両面で確立されつつある。しかし，これらは平衡状態におけるものであるため，価電子帯を超短光パルスで励起した場合のスピン系の過渡応答に関する知見は，まだ充分に得られていない。

図2に，第2節で説明した時間分解磁気光学測定法によって，光パルスで (Ga, Mn) As を励起した時に得られる磁化の才差運動を捉えたデータを示す[11]。測定時のクライオスタット温度は 10 K であった。試料は分子線エピタキシー法で GaAs (001) 基板上に作製され，その Mn 組成，ホール濃度，キュリー温度はそれぞれ $x\sim0.02$, $p\sim1.8\times10^{20}\mathrm{cm}^{-3}$, $T_\mathrm{c}\sim45\,\mathrm{K}$ である。低温（200 ℃）アニールは行わなかった。光励起実験を開始する前に，磁化容易軸方向に外部磁場 2000 Oe を印加して試料を着磁した。実験中は，外部磁場を印加していない。磁化振動に関する情報は，第2節で説明したように，励起光パルスより時間 t だけ遅れて入射・反射する直線偏光検出光パルスの偏光面の回転角度として検出される（図1(a)）。光パルスの光子エネルギーは 1.569 eV，励起パルスと検出パルスの強度はそれぞれ 3.4 および 0.3 $\mu\mathrm{J/cm}^2$/pulse に設定した。

第10章　磁性半導体における光誘起磁化

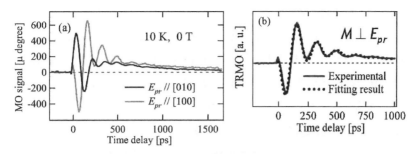

図2　(a)2つの異なる偏光面で計測した10Kにおける時間分解磁気光学プロフィール，(b)時間分解磁気光学プロフィールの実験データ（実線，E_{pr}//[100]）とモデル計算によるシミュレーション（点線）
(a)磁化の初期状態は図1(b)の状態Aである。計測パルスの偏光面は，E_{pr}//[010]では磁化とほぼ平行，E_{pr}//[100]では磁化とほぼ垂直であることを意味している。外部磁場は印加していない。

(出典：PRL 100，067202（2008））

　励起後200psまでの振動の振幅は大きく，その後比較的小さな振幅が約1nsまで継続する。また，指数関数的に単調減少する（数100psの時定数）成分も背景に認められる。特徴的なこととして，磁気光学シグナルの位相がプローブ光偏光面に依存して変化することが挙げられる。これは，磁気光学シグナルが極カー効果だけでなく，図1(b)と(c)で説明したように面内磁化の方向に鋭敏な磁気線二色性の寄与が極めて大きいためである。外部磁場を印加すると，振動周波数が磁場の増大に伴って増大していくことがわかる[12]。この振動をFourier変換して調べると，外部磁場に線形に変化する単一の周波数成分から成り立っていること，しかも，強磁性共鳴実験で得られる共鳴周波数[13]に極めて近いことがわかる。これらの事実は，磁気光学シグナルの振動が，強磁性にカップルしたMnスピンの集団，すなわち磁化の才差運動に起因するものであることを示している。このような光誘起才差運動が様々なMn濃度の(Ga,Mn)As試料で見られることが，ごく最近になって報告されている[14]。

　ところで，励起波長を変化させて磁気光学シグナルの過渡応答曲線を系統的に調べてみると，励起波長が短くなるにつれて振動の振幅が徐々に大きくなっていく。逆に，励起波長を長くしていくとGaAsバンドギャップ以下の820nmよりも長い励起波長であっても磁気光学の振動は完全に消えない。(Ga,Mn)Asのバンド端が混晶効果と高濃度キャリアでぼけてしまい，低エネルギー側に吸収のすそを持つために，このような波長依存性を示すのである。すなわち，観測された光励起才差運動が，GaAs基板に吸収された光で発生した熱に起因した現象でないことがわかる。さらに，図1(c)で論じたように，(Ga,Mn)As薄膜自体を光励起したことによる過渡的温度変化は極めて小さい。

　これらの事実を組み合わせると，光励起によって生じた非平衡過剰キャリアが，p-d交換相互作用を通じて強磁性的に結合した局在Mnスピンに働く異方性磁場の向きを変えた結果，磁化

はトルクを受けて才差運動を開始するという推論が成立する．このことを，磁気ジャイロ理論に基づくモデルによって検証してみることにした．具体的には，Landau–Lifshitz–Gilbert 方程式（式(1)）に磁化の振動運動を引き起こすトルク源である有効磁場パルス $H(t)$ を試行関数として組み込み，数値計算で得られた磁化の才差運動 $(M_x(t), M_y(t), M_z(t))$ を検出光の回転角に換算して（式(2)），実験データをうまく再現する $H(t)$ を突き止めるシミュレーション作業を行った．その結果，式(3a)(3b)に示す磁場パルス関数を用いると，実験結果をうまく再現することがわかった．図2(b)の点プロットは，モデル計算でみごとに再現された磁気光学シグナル軌跡である．さらに，図3に，実験データを再現できた試行関数の形状と磁化の才差運動 $(M_x(t), M_y(t), M_z(t))$ を示す．

$$\frac{d\vec{M}}{dt} = -\gamma[\vec{M}(t) \times \vec{H_0}(t)] + \frac{\alpha}{M_s}[\vec{M}(t) \times \frac{d\vec{M}(t)}{dt}] \tag{1}$$

$$\theta_{fit}(t) = I_x \frac{M_x(t) - M_s}{M_s} + I_y \frac{M_y(t)}{M_s} + I_z \frac{M_z(t)}{M_s} \tag{2}$$

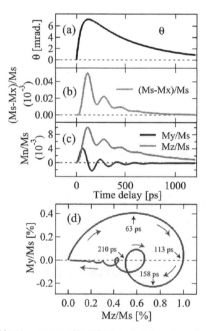

図3 磁気ジャイロモデルで得られたシミュレーション結果
(a)光励起で生じた異方性磁場の傾きの過渡応答プロフィール，(b)x 方向（平衡状態の磁化と平行）に投影された磁化変化量の過渡応答プロフィール，(c)y 方向（平衡状態の磁化と面内で垂直方向）および z 方向（平衡状態の磁化と面直方向）に投影された磁化変化量の過渡応答プロフィール，(d)磁化の才差運動の M_y–M_z 空間における軌跡
（出典：PRL 100, 067202 (2008)）

$$\theta(t) = \theta_0(1 - \exp(-t/50\mathrm{ps}))\exp(-t/500\mathrm{ps}) \tag{3a}$$

$$H_{eff}(t) = (H_0\cos\theta(t), 0, H_0\sin\theta(t)) \simeq (H_0, 0, H_0\theta(t)) \tag{3b}$$

ところで，式(2)の I_z は磁気極カー効果（面直磁化成分）に関わる実験的な磁気光学定数，I_x，I_y は磁気線二色性（面内磁化成分）に関わる実験的な磁気光学定数である。このデータ解析で得られるトルクに等価な磁場の大きさは $H_0 \sim 0.2$ Tesla であった。また，振動の減衰の程度を表す Gilbert ダンピング因子 α の値は，$\alpha \sim 0.16$ であった。いずれの数値も，強磁性共鳴実験で得られている異方性磁場の値[15〜17]に近い。有効磁場パルス $H(t)$ の向きが面内でなく，面直方向となることにも注意を払っていただきたい。光軸が試料面に面直であることと関係がある。

大変興味深いことに，有効磁場パルス $H(t)$（図3(a)）は，励起光パルスの幅（150フェムト秒）に比べ，桁違いに遅い時間領域（数十ピコ秒）で立ち上がり，いっそう遅い時間領域（ナノ秒）で緩和していく。ここで，$H(t)$ の起源が格子の光加熱を経由した効果でないことを思い出していただきたい。すなわち，$H(t)$ の起源は光励起された電子状態に直接関与した過程であるとの認識に至る。しかし，$H(t)$ の形は光励起パルス幅の時間範囲で生成するホットキャリアのそれとはかけ離れているので，ホットな光正孔キャリアが冷める過程で生じている可能性が高いと結論せざるを得ない。すなわち，ホットな正孔のバンド内エネルギー緩和過程そのものが有効磁場を生み出しているか，あるいは，エネルギー緩和した光生成正孔によってわずかに変化するフェルミ面の変化に伴う異方性磁場の変化であるか，2つのシナリオが考えられる。前者は電子系とスピン系の間の非平衡で生じるスピン—軌道相互作用による効果であり，後者は，電子系とスピン系の間の平衡を前提するスピン—軌道相互作用（p-d 交換相互作用に現われる異方性）に基づく効果と捉えることができる。この原稿を作成している時点では，筆者らは後者の効果と推定している。ところで，エネルギー緩和した後の冷めた過剰正孔は，バンドギャップ内のトラップ準位に捕捉されて局在化した過剰電子と再結合して徐々に消滅していく[18]。$H(t)$ パルスの緩和はこの過程に相当すると考えられる。

4　2つの励起光パルスによる磁化才差運動のコヒーレント制御

光照射で発現する磁化の才差運動が，価電子帯の励起（過剰正孔の生成）と緩和によって引き起こされたものであることを前節で記した。そうだとすると，電子状態を高速に制御する光技術を応用すると，磁化の才差運動を自由に制御できる道が拓けると期待される。そこで，我々は図4(a)に示すように，磁化の才差運動の位相に合わせて試料に照射できる第二励起パルスを時間分

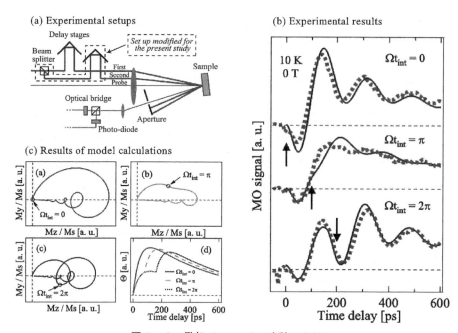

図4　2つ励起パルスによる実験のまとめ
(a)実験システムの概略図，(b)実験結果　励起パルスの間隔は，上から順に $t=0$, 100, および200 ps, (c) 2つの光励起異方性磁場の傾き関数を組み込んだ磁気ジャイロモデルによるシミュレーション結果の組図
（出典：APL 93, 202506 (2008)）

解磁気光学測定システムに増設して実験を行った[19]。

図4(b)に，位相間隔 $\Omega \cdot t_{int}=0, \pi$, および 2π で第2励起パルスを照射した場合の磁気光学信号プロフィール（点プロット）をそれぞれ上から順番に示す。第二励起パルスの照射タイミング（図中の矢印）に応じて，才差振動の振幅の幅が大きく変化していくことがよくわかる。$\Omega \cdot t_{int}=0$ では，一つの励起パルスだけの場合のほぼ2倍の振幅を示す。しかし，$\Omega \cdot t_{int}=\pi$ ($t_{int}=100$ ps) では，第二励起パルス直後から振幅が著しく抑制されている様子がよくわかる。丘状の信号プロフィールは，第二パルスであまり変化していない。これは一見見落とされがちであるが，このなだらかなプロフィールが，光生成キャリア自身に起因した磁気光学信号によるものでなくて（もしもそうであれば，急峻に立ち上がってから指数関数的に減衰するはずである！），再結合によって過剰正孔が減少していくにつれて磁化が徐々に平衡状態に戻る様子を反映しているのである。$\Omega \cdot t_{int}=2\pi$ ($t_{int}=200$ ps) で第二励起パルスを照射した場合には，第二励起パルス後，特に350 ps 近傍で，才差運動の振幅が増大されることがよくわかる。図4(c)は，第二励起パルスを加えて拡張したジャイロ磁気モデルによる計算で得られた磁化の才差運動の軌跡を示したものであるが，それを磁気光学シグナルに変換して図4(b)にプロット（実線）してみると，実験とモデル計算結果が互いに良く一致していることがわかる。

第10章　磁性半導体における光誘起磁化

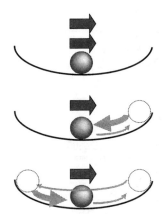

図5　2つの励起パルスによる才差運動制御の原理に関する説明図
(作画：橋本佑介博士)

　このように，この実験によって，我々は，トルクを生ずる2つの光励起パルスの照射間隔を制御することによって，磁化の才差運動の振幅を変調できることを示すことに成功した。異なる励起タイミングで，才差運動の振幅が増大したり減少したりする現象は，図5に示すように，ちょうど，単振動しているボールの運動の向きと同じ，あるいは，逆向きに力を加えたことに相当する（ただし磁化はボールとちがって質量はない）。電子系の励起を経由したスピン系のコヒーレント操作は，超高速スピントロニクスや量子情報処理にとって大変意義深い研究課題である。そもそも，レーザ誘起才差運動や磁化スイッチングは，磁気記録技術の更なる発展にとっても極めて重要な研究課題である。

5　強励起光による超高速消磁

　強い光励起は多量の熱を生成する。磁気光学ディスクのキュリー点書き込みもこの現象を利用している。(Ga, Mn) As についても，光励起エネルギーが格子系（熱）を経て，徐々に局在スピン系に流れる場合があることが報告されてきた[20]。しかし，その後，強励起によってピコ秒を切る超高速の消磁が起こることが (In, Mn) As[21] ならびに (Ga, Mn) As[22] であいついで見出されている。これらの実験結果は，電子スピン系と局在スピン系との間で超高速のスピンフリップ散乱とスピン緩和過程によって説明されている。ここでは，(In, Mn) As に関する実験結果を概観する。

　実験は，直線偏光のポンプ光（波長 $\lambda=2\,\mu$m，$h\nu=0.62$ eV），直線偏光のプローブ光（波長 $\lambda=775$ nm，$h\nu=1.6$ eV）によるポンプ−プローブ法によって，時間分解極カー回転角 $\Delta\theta_\mathrm{K}$ を測定して行われた。図6(a)と(b)にそれぞれ，最初の3ピコ秒という時間スケールの極めて早い領域と，1ナノ秒までの全測定領域を含む範囲までの $\Delta\theta_\mathrm{K}$ の過渡応答データを示す。同じ測定システ

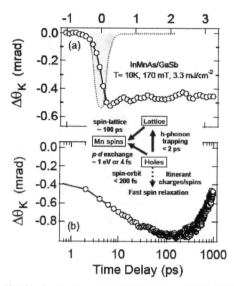

図6　強磁性 (In, Mn) As 薄膜で観測された超高速光消磁現象
(a)光励起直後の最初の3ピコ秒の磁気光学シグナルの過渡応答データ，(b)1ナノ秒までの磁気光学シグナルの過渡応答データ
挿入図は，電子系・格子系・スピン系の間のエネルギーと運動量の移動に関する模式図
（出典：PRL 95, 167401 (2005)）

ムを用いた定常状態での極カー回転角のヒステリシスループのデータによって，$\Delta\theta_k$ の負の変化は磁化の減少に対応することを確かめた。得られたデータは以下の4点を明らかにするものであった。第一に，1ピコ秒以下という超高速の消磁過程が存在すること。第二点として，100ピコ秒くらいまで，ゆっくりとした磁化の減少が引き続き起こること。第三に，およそ500ピコ秒あたりでこの現象が飽和すること。最後に，500ピコ秒以降に磁化の復元が始まっていること。このうち，2番目から4番目の現象は熱誘起の消磁として理解できる。すなわち，ホットキャリアの余剰エネルギーが高速（2ピコ秒以下）で格子系を暖め，格子系に蓄積した熱が，格子-スピン相互作用を通してゆっくりとスピン系に移っていくのである。一方で，1番目の非常に速い過程は，ニッケル[23]の消磁において以前報告があったように，電子系とスピン系との間の直接的な相互作用，例えば，スピンフリップ散乱を介した局在スピンの無秩序化と正孔スピンのダイナミックな秩序化，の可能性を暗示している。

　光生成した正孔は，p（正孔）$-d$（Mn 軌道）交換相互作用における非対角項によってスピンフリップすると考えられるが，この過程がキャリアとスピンの間のエネルギーと角運動量のやり取りを可能にすると思われる。このやり取りによって，光生成した無偏極のキャリアは，Mnスピン系の強磁性秩序を奪って，過渡的にスピン分極すると考えられる。これに続いて，スピン分極したキャリアのスピン緩和がスピン-軌道相互作用によって進行する。III-V族強磁性半導

第10章 磁性半導体における光誘起磁化

体でスピンフリップを伴うキャリアの散乱時間が10フェムト秒程度[24]とすると，このメカニズムによる消磁過程は100–200フェムト秒と見積もることができる。このような過程では，スピン―軌道相互作用が強ければ強いほど，キャリアの運動量緩和とスピン緩和との間の結びつきが強くなると推定されるので，正孔の過渡的スピン分極の裏返しとして，超高速の消磁があってもよさそうである。

6　おわりに

　以上，本稿では，III-V族強磁性半導体の光励起によって起こる磁化の変化に関する最新の実験データと考察を述べた。ナノ秒以上持続する磁化の才差運動は光生成正孔による異方性磁場の方向変化で生じるトルクに起因することを述べた。非局在電子系において，光励起の非熱的寄与によってスピン系が変調され得ることを示した初めての実験例である。加えて，2つの励起パルスによる磁化の高速コヒーレント制御についても示した。また，強励起によって，100フェムト秒程度で起こる超高速の消磁現象を紹介し，電子系とスピン系の間で超高速の相互作用が存在することを指摘した。

　共同研究者の放送技研・橋本祐介博士，Rice大学・河野淳一郎博士，ならびに宗片研究室のメンバー諸君に深く感謝します。

文　　献

1) H. Munekata, Chap.1, "Optical Phenomena in Magnetic Semiconductors" in Concept of Spintronics Magnetic Nanostructures (Oxford, 2006)
2) G. F. Hull, J.T. Smith, and A. F. Quesada, *Appl. Opt.*, **4**, 1117 (1965)
3) T. Tamaki and K. Tsushima, *J. Phys. Soc. Jpn*. **45**., 122 (1978)
4) H. Krenn, W. Zawadzki, and G. Bauer, *Phys. Rev. Lett*., **55**, 1510 (1985)
5) H. Krenn, K. Kaltenegger, T. Dietl, J. Spalek, and G. Bauer, *Phys. Rev. B*, **39**, 10918 (1989)
6) D. D. Awschalom, J. Warnock, and S. von Molnár, *Phys. Rev. Lett*., **58**, 812 (1987)
7) C. D. Stanciu, F. Hasteen, A.V. Kimel, A. Kirilyuk, A. Tsukamoto, A. Itoh, and Th. Rasing, *Phys. Rev. Lett*., **99**, 047601 (2007)
8) G. P. Moore, J. Ferre, and A. Mougin., *J. Appl. Phys*. **94**, 4530 (2003)
9) T. Dietl, H. Ohno, and F. Matsukura, *Phys. Rev. B*, **63**, 195205 (2001)

10) M. Sawicki K.-Y. Wang, K. W. Edmonds, R. P. Campion, C. R. Staddon, N. R. S. Farley, C. T. Foxon, E. Papis, E. Kaminska, A. Piotrowska, T. Dietl, and B. L. Gallager, *Phys. Rev. B*, **71**, 121302(R) (2005)
11) Y. Hashimoto, S. Kobayashi, and H. Munekata, *Phys. Rev. Lett.*, **100**, 067202 (2008)
12) 宗片比呂夫, 大岩顕, まぐね, **1**, 100 (2006)
13) Y. H. Matsuda, A. Oiwa, K. Tanaka and H. Munekata, *Physica B (Amsterdam)*, **376/377**, 668 (2006)
14) S. Kobayashi, Y. Hashimoto, and H. Munekata, *J. Appl. Phys.* (2009), in press.
15) U. Welp, V. K. Vlasko-Vlasov, X. Liu, J. K. Frudyna, and T. Wojtowicz, *Phys. Rev. Lett.*, **90**, 167206 (2002)
16) X. Liu, Y. Sasaki, and J.K. Frudya, *Phys. Rev. B*, **67**, 205204 (2003)
17) J. Sinova, T. Jungwirth, X. Liu, Y. Sasaki, J. K. Furdyna, W. A. Atkinson, A. H. MacDonald, *Phys. Rev. B*, **69**, 085209 (2004)
18) 東北大・三森康義博士との私信 (2008年2月18日)
19) Y. Hashimoto and H. Munekata, *Appl. Phys. Lett.*, **93**, 202506 (2008)
20) E. Kojima, R. Shimano, Y. Hashimoto, S. Katsumoto, Y. Iye, and M. Kuwata-Gonokami, *Phys. Rev. B*, **68**, 193203 (2003)
21) J. Wang, C. Sun, J. Kono, A. Oiwa, H. Munekata, L. Cywinski, and L. J. Sham, *Phys. Rev. Lett.*, **95**, 167401 (2005)
22) J. Wang, L. Cywinski, C. Sun, J. Kono, H. Munekata, and L.J. Sham, *Phys. Rev. B*, **77**, 235308 (2008)
23) E. Beaurepaire, J.-C. Merle, A. Daunois, and J.-Y. Bigot, *Phys. Rev. Lett.*, **76**, 4250 (1996)
24) T. Jungwirth, M. Abolfath, J. Sinova, and A.H. MacDonald, *Appl. Phys. Lett.*, **81**, 4029 (2002)

第11章 磁性金属における高速磁化応答と光誘起磁化反転

塚本　新[*]

1　はじめに

　現在ポスト半導体デバイスとして，電子のスピン情報を利用したスピントロニクスデバイスの研究が活発に行われ，その高集積化のみならず，高速化が極めて重要な課題となっている。磁性の超高速制御・計測法を得ることは，ハードディスクドライブ，磁気ランダムアクセスメモリ（MRAM）に代表される情報記録の高速化，さらなる新規高速スピントロニクスデバイスへの道を開くものと期待される。一方，従来型磁化制御法の主流である磁性体への高速交番磁界印加においては，磁化反転速度の増加に伴い磁性材料の磁気損失が増大し，磁化反転が不能となる問題がある。これは，強磁性共鳴（FMR：Ferro Magnetic Resonance）限界として知られる不可避な問題である。磁性体の共鳴現象に係る磁化の歳差運動，ダンピング特性は磁化反転速度を決定する重要な指標となるが，いまだ研究は十分ではなく，高速応答材料の探索を含め，サブナノ秒時間領域での動的磁化特性の理解・進展が急務である。

　このような背景の下，光を用いた磁性制御は，超高速磁化応答計測・制御に向け有望なアプローチの一つとして挙げられ，超短パルス・レーザを用いた実計測により，psオーダーもしくはそれ以下での減磁効果[1~5]やスピン再配列現象[6,7]が報告されている。さらに，これらの現象が熱的効果を介したものであるのに対し，近年，非熱的効果による，より直接的な光誘起磁化現象が報告されるに至っている。フォトンの有する角運動量による磁化制御である。

　光による非熱的磁化制御の可能性については，既に40年以上前Pitaevskiiにより理論的に示され[8]，透明材料において円偏光が実効的な磁場として作用する事が述べられている。この効果は，逆ファラデー効果と呼ばれ，直に常磁性体[9,10]やプラズマにおいて実験的検証がなされた。超短パルス・レーザの進歩と共に強い逆ファラデー効果が期待されたが，長きに渡り磁気秩序を有する磁性体での観察は実現しなかった。後述するように近年磁性誘電体や磁性半導体において超短パルス・レーザ光による磁化誘起現象が示されたが，磁化反転制御に至る大きな光磁気効果の報告は無く，特に，金属材料においては，電子—電子散乱により磁化のコヒーレントな制御は

---

[*] Arata Tsukamoto　日本大学　理工学部　電子情報工学科　専任講師

困難[11]，既存レーザ装置ではフォトン量が不足[5]，により光磁気効果の観察自体が困難であるとされてきた。

　本章では，磁気光学効果が大きく光磁気記録用媒体材料としても知られるフェリ磁性 GdFeCo 希土類（RE）遷移金属（TM）垂直磁化膜について行った超短パルス・レーザ利用磁化動特性計測および超高速磁化制御に関する最近の成果を中心に紹介する。まず，①フェリ磁性であるGdFeCo が，正味の磁化および角運動量を，その組成および温度により制御でき，結果として角運動量の補償点近傍において磁化が高速に応答可能な条件が見出せる事，併せて超短時間磁化応答計測法について述べる。そして，②金属磁性体において非熱的光磁気作用による磁化応答の観察に初めて成功，その作用は光の進行方向へ磁界を加えたことと等価な効果を示し，③磁気光学効果の熱特性を併用することで，パルス長 40 fs の単一パルス照射のみで光誘起磁化反転が可能であることを述べる。

2　フェリ磁性 GdFeCo の高速磁化応答計測

2.1　フェリ磁性体における共鳴モードと角運動量補償点

　ここでは，副格子磁化を有するフェリ磁性に特有の動特性に関し，その共鳴モードにつき述べる。磁化 M の動的振る舞いは，Landau Lifshits Gilbert（LLG）方程式により記述でき，本研究対象である RE–TM 合金からなるフェリ磁性体において，各副格子磁化（i＝RE, TM）に対し，次のように表される。

$$\frac{d\bm{M}_i}{dt} = -|\gamma_i|\left(\bm{M}_i \times \bm{M}^{\mathrm{eff}}\right) + \frac{\alpha_i}{M_i}\left(\bm{M}_i \times \frac{d\bm{M}_i}{dt}\right) \quad (1)$$

$$|\gamma_i| = g_i\frac{\mu_B}{\hbar}, \quad \alpha_i = \frac{\lambda_i}{|\gamma_i|M_i} \quad (2)$$

ここで γ_i は磁気回転比，α_i は Gilbert のダンピング定数であり，それぞれ，副格子毎の有効 g 係数 g_i，ボーア磁子 μ_B および Landau Lifshits ダンピング定数 λ_i により示される。また，(1)式において $\bm{H}^{\mathrm{eff}}$ は系内の全合成磁界を示す。

$$\bm{H}^{\mathrm{eff}} = \bm{H}_{\mathrm{ext}} + \bm{H}_{\mathrm{a}} + \bm{H}_{\mathrm{s}} \quad (3)$$

ここで，$\bm{H}_{\mathrm{ext}}$ は外部印加磁界，$\bm{H}_{\mathrm{a}}$ および $\bm{H}_{\mathrm{s}}$ は，それぞれ実効的垂直磁気異方性および形状磁気異方性を示す。これら各副格子磁化は RE–TM 間の交換場により結合し，2種類の共鳴モードを生じる。一つは，$\omega_{\mathrm{FMR}} = \gamma_{\mathrm{eff}}\bm{H}^{\mathrm{eff}}$ の関係を持つ強磁性共鳴（FMR）モードで，その動的振る舞いは以下に示す実効的磁気回転比 γ_{eff} および実効的 Gilbert のダンピング定数 α_{eff} を用い，一つの

第11章 磁性金属における高速磁化応答と光誘起磁化反転

LLG 方程式により表すことができる[12]。

$$\gamma_{\text{eff}}(T) = \frac{M_{RE}(T) - M_{TM}(T)}{\dfrac{M_{RE}(T)}{|\gamma_{RE}|} - \dfrac{M_{TM}(T)}{|\gamma_{TM}|}} = \frac{M(T)}{A(T)} \tag{4}$$

$$\alpha_{\text{eff}}(T) = \frac{\dfrac{\lambda_{RE}}{|\gamma_{RE}|^2} + \dfrac{\lambda_{TM}}{|\gamma_{TM}|^2}}{\dfrac{M_{RE}(T)}{|\gamma_{RE}|} - \dfrac{M_{TM}(T)}{|\gamma_{TM}|}} = \frac{A_0}{A(T)} \tag{5}$$

ここで,$M(T)$,$A(T)$ はそれぞれ正味の磁化,および角運動量である。λ_i が温度によらないと仮定すると A_0 は定数となるが,多くの3d遷移金属に関しFMR計測により確かめられている[13]。各副格子磁化の温度特性が異なる場合,(4),(5)式より γ_{eff} および α_{eff} が温度特性を持つことが分かる。$M(T_M) = 0$ となる磁化補償温度 T_M は良く知られているが,$\gamma_{RE} \neq \gamma_{TM}$ の場合,$A(T_A) = 0$ となる角運動量補償温度 T_A において,歳差運動周波数およびダンピング定数が発散することを意味する。また,副格子からなるフェリ磁性体では,ω_{FMR} に加え次式に示す交換共鳴(Exchange Resonance)モードの存在する可能性がある[14]。

$$\omega_{\text{ex}} = \lambda_{\text{ex}}(|\gamma_{TM}|M_{RE} - |\gamma_{RE}|M_{TM}) = \lambda_{\text{ex}}|\gamma_{TM}||\gamma_{RE}|A(T) \tag{6}$$

ω_{FMR} とは対照的に,ω_{ex} は T_A に向け減少特性を有する。

以下,磁化応答の時間領域計測により強磁性共鳴モードを特徴付ける ω_{FMR} および α_{eff} を導き,角運動量補償点近傍における発散現象の実証実験について述べる。

2.2 超高速磁化応答計測法

磁化の超高速時間応答計測には,ポンプ・プローブ法と呼ばれるストロボスコピック計測法を用いる。高強度超短パルス光照射による磁化,磁気異方性の超短時間変化により媒体中へ歳差運動を励起し,磁気ファラデー効果によりフェムト秒時間分解能で磁化動特性を測定する。市販モードロック・Ti:Sapphire レーザおよび再生光学増幅器を用い,中心波長 805 nm,パルス幅約 100 fs,繰り返し周波数 1 kHz のパルス・レーザ光源とする。レーザ光は,歳差運動の励起に用いる高強度ポンプ・パルス光と,続く磁化応答計測に用いる強度比約 1/100 のプローブ・パルス光に分ける。ポンプ光を照射してからプローブ光により磁化状態を測定するまでの遅延時間を徐々に変え,測定を繰り返すことにより極短時間磁化応答の実時間計測が可能となる。ポンプ光スポットサイズ(直径約 300 μm)に比べ小さなプローブ光(直径約 30 μm)を用いることで,一様に励起された領域の観察を行う。ファラデー回転角は,試料を通過したプローブ光に対し差動ダイオード検出法を用いて測定する。磁性薄膜試料はマグネトロンスパッタ法により作製し,

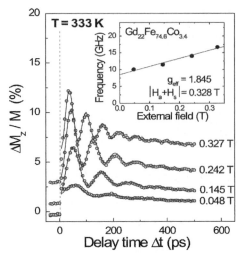

図1 Magnetization precession in GdFeCo as a function of the applied external field at $T=333$ K[16]. Solid lines in the main figure represent fit of the data to the LLG equation with $\alpha_{\rm eff}=0.11$. Inset shows the field dependence of the precession frequency. The solid line is a fit to Eq. (7).

膜構成は $SiN(60\,nm)/Gd_{22}Fe_{74.6}Co_{3.4}(20\,nm)/SiN(5\,nm)/AlTi(100\,nm)/glass$ である。

　本実験において，外部印加磁界は磁化容易軸である膜面法線より 60°の方向へ印加する。磁化は(3)式で表される薄膜内部の実効磁界に沿い，その傾き角 $\theta_{\rm e}$ は形状磁気異方性，垂直磁気異方性と外部磁界の釣り合いにより決まる。現象論的には，ポンプ光照射による急速加熱により，(1)磁化の減少に伴う形状磁気異方性の変化，(2)磁気異方性の変化，結果として(3) $\boldsymbol{H}^{\rm eff}$ が変化する。これにより $\theta_{\rm e}$ が準平衡状態 $\theta'_{\rm e}$ へと急峻に変化することで歳差運動が励起される。

　今回用いた光学配置では，ファラデー効果により磁化の膜面垂直方向成分 M_Z を計測するが，GdFeCo のファラデー効果は波長 800 nm 付近において主に遷移金属の磁化 $M_{\rm TM}$ に由来する[15]。一般に，希土類遷移金属合金において重希土類元素（Gd, Tb, Dy 等）は遷移金属原子と反平行に結合し，それらの差である正味の磁化 M と $M_{\rm TM}$ は同符号であるとは限らず注意が必要である。

2.3　フェリ磁性 GdFeCo の動特性計測

　図1に，約 2 mJ/cm^2 のポンプ・パルス光照射により GdFeCo 内に励起された歳差運動の測定結果を示す[16]。試料温度 $T=333$ K において，種々の外部印加磁界の下で，500 ps に渡り遅延時間 Δt 依存性を測定したものである。結果より，歳差運動に対応する明らかな減衰振動成分が観察され，その振動周波数は，外部印加磁界と共に増加した。また，ポンプ光照射直後（$\Delta t=0$）には，上記歳差運動のトリガーとなる急峻な M_Z の変化が観察された。これは，超高速減磁効果

（~200 fs）により生じたものである（超高速減磁効果については文献1），2）を参照されたい）実効的ダンピングファクター α_{eff} および歳差運動周波数 ω_{FMR} は LLG 方程式を観察結果へフィッティングすることにより直接求める事ができ，$\omega_{\text{FMR}}=10\sim15\,\text{GHz}$ の範囲で，外部磁界によらず $\alpha_{\text{eff}}=0.11$ としたとき実験結果と良く一致した。また，ω_{FMR} の外部磁場依存性についても，Kittel 方程式と良く一致した。垂直磁化膜に対し，本測定系において次式のように導かれる。

$$\omega_{\text{FMR}} = \gamma_{\text{eff}}/(1+\alpha_{\text{eff}}^2) \cdot \sqrt{(H_{\text{ext}}\cos\theta + H_a + H_s)^2 - (H_{\text{ext}}\sin\theta)^2} \tag{7}$$

ここで θ は，外部磁界が膜面法線方向となす角である。(7)式より明らかなように，歳差運動周波数は外部印加磁界に依存し，実験結果とのフィッティングより，γ_{eff} そして g_{eff} が求められる。前述の $\alpha_{\text{eff}}=0.11$ を用い，$g_{\text{eff}}=1.845$ と仮定したとき実験結果と良い一致が見られた。この結果は，アモルファス GdFeCo 合金薄膜の磁性の起源がスピンによるところが大きい事を示すが，Gd-TM アモルファス合金（i.e. GdFe_2：$g_{\text{eff}}\sim 1.75$）[17]に関し，FMR 測定より同様の傾向が報告されている。

以上のように，超短パルス・レーザにより GdFeCo 磁性薄膜に対する歳差運動の励起とその測定に成功，α_{eff} を求め，従来の磁気記録用媒体（$\alpha_{\text{eff}}\sim 0.03$）に比べ高ダンピングを有し高速磁化反転に適していることが明らかとなった。

2.4 角運動量補償点近傍での磁化ダイナミクス

前述のように，超短パルス光により，磁性媒体の動特性を計測することが可能である。次に，本手法を用いて，GdFeCo 薄膜の動特性の温度依存性を測定した結果について述べる。

図2に，各種試料温度 T において計測した磁化歳差運動の様子を示す[16]。160 K 付近において，歳差運動の位相が反転している事が分かる。これは，磁化補償点 T_M の存在によるものである。$T<T_M$（~160 K）では，TM モーメントに比べ Gd モーメントが優勢なため，M_{RE} は外部磁界と同じ方向を向いている。一方，$T>T_M$ では逆に TM モーメントが優勢となるため M_{TM} が外部磁界と同一方向に向く。前述の通り波長 800 nm では，M_{TM} に対応したファラデー回転を計測していることから，上記の位相反転を生じた。

図3は，図2の結果から求めた(a)ω_{FMR}，(b)α_{eff} の温度特性を示す[16]。共に，220 K において著しい増大が見られる。(4)，(5)式について述べた通り，これらの値は同じ温度 T_A においてピークを持つことが期待され，この結果は明らかに 220 K 付近に角運動量補償点が存在する事を示している。ω_{FMR} すなわち γ_{eff} が示す強い温度依存性の存在は，GdFeCo における各副格子の γ 値が異なることを示しており，以上の結果は，RE-TM 合金に関する α_{eff} の温度特性に関する理論的予測（(5)式）と一致した。

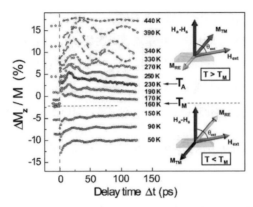

図2 Temperature dependence of coherent precession of the magnetization in GdFeCo, measured at an external field $H_{ext} = 0.29$ T[16]. Around 160 K magnetic compensation T_M of the ferrimagnetic system occurs. The inset shows the alignment of the RE–TM system under an external applied field, below and above T_M.

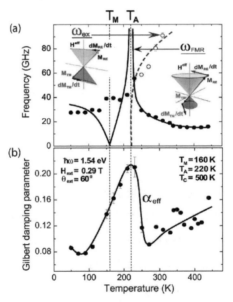

図3 Temperature dependence of the magnetization precession frequencies ω_{FMR} and ω_{ex}[16]. As temperature decreases from 310 K toward T_A, the exchange resonance mode ω_{ex} (open circles) softens and mix with the ordinary FMR resonance ω_{FMR} (closed circles). The insets show schematically the two modes. The solid lines are a qualitative representation of the expected trend of the two resonance branches as indicated by Eqs. (4) and (6). (b) Temperature dependence of the Gilbert damping parameter α_{eff}. Lines are guides to the eye.

磁化反転速度に対し，歳差運動周波数とダンピング定数は二律背反の関係にあり最短条件が存在するが[18]，角運動量補償点近傍において見られる前述の発散的性質は，組成調整または温度により磁化反転速度を制御・高速化可能で，ringing の少ない高速磁化反転条件を得られることを

示している。また，光／熱アシストによる磁化動特磁性制御の可能性を示すものである。

3 光誘起高速磁化反転

前節までに，超短パルス光を利用した熱的要因による超短時間減磁効果，歳差運動の励起，磁化動特性の温度特性について述べた。本節では，光による磁性体への非熱的作用に関する研究成果について述べる。

3.1 非熱的光磁気効果

光と磁性体の相互作用は種々の磁気光学効果で示されている。例として磁性体中を透過する直線偏光の偏光面が磁化に応じて回転する磁気ファラデー効果が知られている。

$$\theta_F = \frac{2\pi}{\lambda}\frac{\alpha_F M}{\varepsilon_0} \tag{8}$$

ここで，θ_F はファラデー回転角，M は磁化，λ は光の波長，α_F は磁気光学感受率である。あまり知られていないが，その逆効果である逆ファラデー効果がある。光照射によりその波数ベクトル k に沿った磁化を誘起するものである。

$$H(O) = \frac{\varepsilon_0}{\mu_0}\alpha_F\left[E(\omega)\times E^*(\omega)\right] \tag{9}$$

ここで $E(\omega)$，$E^*(\omega)$ は，それぞれ入射光の電界およびその複素共役である[19]。(9)式は，円偏光による励起と外部磁場印加が等価であり，左右円偏光によりそれぞれ逆向きの磁化を誘起することを示す。(8)，(9)式で表される現象は，いずれも磁気光学感受率 α_F によって決定される。そこで，光による磁化制御はファラデー効果の大きな物質において大きな効果が期待される。また重要な点として，本効果が誘導ラマン散乱過程に基づき光吸収過程を必要とせず，光による磁化への効果が非熱的に生じるものと考えられる[19]。

上記光磁気効果による明確なスピン励起実験は，反強磁性体である $DyFeO_3$ に関し，Kimel らにより報告された[19]。$DyFeO_3$ の自発磁化は Dzyaloshinskii–Moriya 効果による僅かな物であるにも関わらず，強いスピン軌道相互作用により 3000°/cm という大きなファラデー回転を有する[20]ことから，大きな光磁気効果が期待された。左右円偏光により励起された磁化歳差運動の観察結果にはそれぞれ符合の異なる誘導磁化が見られ，その振動振幅がレーザ強度に比例することと合わせ，(9)式に完全に一致するものであった。

また，熱・非熱効果の良い実測例として，反強磁性 $TmFeO_3$ に関し左右円偏光により励起された磁化歳差運動の温度特性計測が挙げられる[21]。熱寄与と，非熱寄与の温度依存性が明らかに

異なる事を報告し，前者が，スピン再配列現象の相転移温度近傍の狭い温度範囲（70～82 K）でのみ急峻な温度依存性を伴い発現するのに対し，後者は比較的広い温度範囲（7～75 K）に渡り，温度依存性も小さい事を示している。

3.2　GdFeCo 薄膜の非熱的光磁気作用の計測

前節で述べたように，多くの場合，磁化の歳差運動は，磁気異方性，磁化等の熱特性を通じ，熱的にも励起される。このような場合，レーザ・パルスにより励起された磁化歳差運動の観察結果には，熱的，非熱的効果が両方含まれ，その分離には注意が必要である。通常金属においてはその光吸収係数の高さから，熱的効果が支配的となる。この熱効果の寄与を抑制し非熱的効果の計測を可能にするため，レーザ・スポットサイズに比べ十分小さな磁区を有する多磁区状態の試料を用いる。以下に，その計測原理を述べる。

垂直磁化 GdFeCo 薄膜内で試料表面に対し上向き磁化を M_1，下向き磁化を M_2 とし，膜面内方向に外部磁場 H_e を印加した条件での，磁化および各種磁界の関係を図4に示す[22]。まずレーザ照射部においては，前述の通り超短時間加熱により異方性磁界 H_a，形状磁気異方性磁界 H_s が変化し，歳差運動が励起される。ここで，試料面に垂直な磁化成分を観察した場合，M_1，M_2 の振動は逆位相となるため，M_1，M_2 の比を適切に調整することで，スポット内では平均化され熱効果による成分が相殺される。これに対し，試料片面から入射・透過する円偏光による非熱的作用は，同一位相となるため足し合わされた信号が得られる。

GdFeCo 薄膜の超高速磁化応答は，光子エネルギー 0.87 eV（波長約 1.4 μm），パルス長約 100 fs のレーザを光源としポンプ・プローブ法により測定した。円偏光である高強度ポンプ光（約 2 mJ/cm^2）を試料表面へほぼ垂直に入射し，磁性体内磁化の変化を，強度比約 1/100 のプ

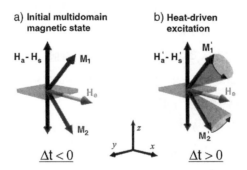

図4　(a) At $\Delta t < 0$, the magnetizations M_1 and M_2 of oppositely magnetized domains are tilted due to the balance between magnetocrystalline anisotropy field H_a, shape anisotropy field H_s, and external field H_e[22]. (b) After photoexcitation, $\Delta t > 0$, heating induces out of phase oscillations of the z components of M_1 and M_2[22].

第11章 磁性金属における高速磁化応答と光誘起磁化反転

ローブ光（直線偏光）に現れるファラデー効果により計測した．このとき，測定スポットサイズ約 200 μm に比べ小さな微小磁区（10 μm 程度）からなる多磁区状態で計測を行う．

図5に，高速磁化応答のヘリシティ依存性を計測した結果を示す[22]．縦軸は歳差運動に伴うファラデー回転角の変化量を示し，その振動の様子には明らかな印加磁界依存性が見られる．ほぼ $M_1=M_2$ の条件となる $H_e=0.172$ T において，左 (σ^-) 右 (σ^+) 円偏光による歳差運動の応答に明確な位相差が観察された．本非熱効果による磁化応答は逆ファラデー効果で説明できる．一方，全ての磁化が同一方向を向いた $H_e=0.208$ T の場合，ほぼ同一位相の振動が見られ，熱寄与の成分が支配的である事が分かる．

より明確に熱・非熱的効果を分離するため，左右円偏光による非熱的効果の符号が異なることを利用する．熱的要因による磁化の変化 ΔM_{heat} と非熱的要因による ΔM_{opt} はそれぞれ次式のように実験結果の和，差を計算することで求められ[23]，その結果を図6に示す[22]．

$$\Delta M_{\text{heat}} \sim \Delta\theta_F(\sigma^+) + \Delta\theta_F(\sigma^-) \tag{10}$$

$$\Delta M_{\text{opt}} \sim \Delta\theta_F(\sigma^+) - \Delta\theta_F(\sigma^-) \tag{11}$$

結果より明らかなように，非熱的光磁気効果による成分は外部磁界によらず同一の符号を示すのに対し，熱的に誘起される成分では強い印加磁場依存性が見られ，$H_e=0.172$ T においてその部号が変わるのが分かる．本観察により，GdFeCo 金属薄膜に対する非熱的光磁気作用による光誘起磁化効果の存在が示された．

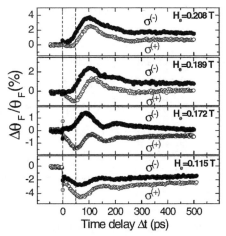

図5 Precession of the magnetization excited by circularly polarized pump pulses in GdFeCo, probed via the magneto-optical Faraday effect[22]. For certain values of the external field H_e, the two helicities σ^+ and σ^- give rise to precession with different phase. The lines are guides to the eye.

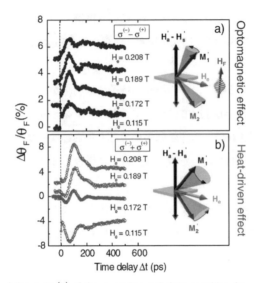

図6 The difference (a) and the sum (b) of the experimental data resulting from excitations by σ^+ and σ^- pump pulses, representing the optomagnetic and the heat-driven excitation, respectively[22]. The curves are vertically displaced for clarity. The insets of the figure are schematic representations of the optomagnetic and the heat-driven excitation mechanisms.

3.3 全光型磁化反転

前項において，光誘起磁化効果が GdFeCo 垂直磁化金属薄膜で生じる事を示したが，これまでに，反強磁性体（$DyFeO_3$[19]，$TmFeO_3$[24]），磁性ガーネット（$LuYBiFeGaO$[25]），磁性半導体（$(Ga, Mn)As$[26]）等，種々の材料においてその効果が確認されている．しかし，効果の大きさはファラデー回転角において数度を越えることが無く，現実の応用への見通しは課題となっていた．以下の報告は，前項同様 GdFeCo 試料において実施したもので，180度の完全磁化反転を示すことにより，この課題に答えるものである．

試料は，偏光顕微鏡中に配置し，試料表面に対し上向き／下向き磁化領域をそれぞれ白／黒のコントラストとして観察可能である．光源として，波長 800 nm，パルスの繰り返し周波数 1 kHz の Ti：Sapphire レーザを用い，個々のパルスは半値全幅（FWHM）40 fs の Gaussian 強度分布を有する．レーザ光は，スポットサイズ 100 μm 以下に絞り光誘起実行磁界が磁化と平行となるよう試料表面に対し垂直に入射した．誘起される磁化の変化は，試料表面でのレーザ・ビーム（11.4 mJ/cm^2）を走査し（約 30 μm/s），レーザ照射前後における磁区形状を観察・比較する事により求めた．

図7は，左（σ^-）右（σ^+）円偏光，直線（L）偏光を用いたレーザ光走査による，初期磁化（図7(a)）への効果（図7(b)）を示す[27]．直線偏光を照射した領域は，上向きまたは下向きにランダムに配向した多磁区構造を生じた．これに対し，円偏光を照射した領域では，上向きか下向き（白

第11章 磁性金属における高速磁化応答と光誘起磁化反転

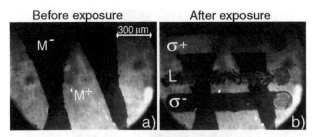

図7 (a) Magneto-optical image of the initial magnetic state of the sample before laser exposure[27]. White and black areas correspond to up and down magnetic domains, respectively. (b) Domain pattern obtained by sweeping at low speed (30 μm/s) linear (L), right-handed (σ^+), and left-handed (σ^-) circularly polarized beams across the surface of the sample, with a laser fluence of about 11.4 mJ/cm^2 [27].

か黒）に完全に2値化し，その方向は初期磁化によらず円偏光のヘリシティにより一意に決定されている。

更に，本効果は，試料をキュリー温度付近にまで加熱したとき，大きな効果が得られることが明らかとなった[27]。二次の磁気相転移理論によると，キュリー温度に近づくに従い，磁気感受率が増大する[28]。よって，観察された光誘起磁化反転は，磁気感受率の増大とレーザ誘起実行磁界の，二つの効果により生じたものと考えられる。本光誘起磁化反転過程は，近年発展している熱アシスト磁気記録の手法と似た部分もあるが[29]，大きな違いとして，光照射が加熱だけでなく，超高速の磁界印加と等価に作用する点である。

次に，光誘起磁化反転が，40 fs の単一パルス光照射により十分生じうるか確認するため，レーザ・パルス光を高速に走査し（約50 mm/s），個々のパルス光が試料表面上で異なる位置を照射するようにして同様の実験を行った。左右円偏光に対する実験結果を図8(a)に示す[27]。結果より，右回り円偏光を照射した場合，下向き磁区の領域では磁化反転を生じるが，上向き磁区の領域には影響せず，一方，左回り円偏光の際には逆の関係が観察される。これらより，40 fs の単一レーザ・パルス光が試料と作用している間にフォトンの角運動量情報は磁性材料に伝達され，外部磁場の助けを借りることなく，円偏光のヘリシティに一意に対応した光誘起磁化反転が生じることが示された。最後に円偏光変調全光型磁気記録のデモンストレーション結果を図8(b)に示す。GdFeCo 試料表面で40 fs のレーザ光を走査しながら，繰り返し左右円偏光となるよう変調を加えたものである。図中のレンズやレーザ・ビームは概念を分かりやすくするため追記した。記録磁区へレーザ照射位置をずらしつつ重なるよう逆向き磁化の磁区を形成することで，レーザ・スポットサイズに比べ面積の小さな三日月状磁区が形成されている事が分かる。

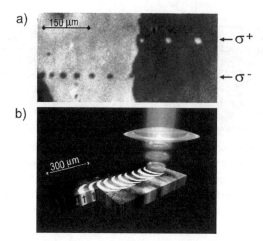

図8 (a) The domain pattern was obtained by sweeping at high-speed (50 mm/s) circularly polarized beams (2.9 mJ/cm^2) across the surface so that every single laser pulse landed at a different spot[27]. (b) Demonstration of compact all-optical recording of magnetic bits[27]. This was achieved by scanning a circularly polarized laser beam across the sample and simultaneously modulating the polarization of the beam between left and right circular.

4　まとめと今後の展望

本稿では，フェリ磁性 GdFeCo 希土類遷移金属垂直磁化膜について，①正味の角運動量が消失する角運動量補償点近傍において，磁化歳差運動周波数およびダンピング特性の増大現象を示し，高速磁化応答条件が見出せる事，②磁性金属膜に関し非熱的光磁気作用による磁化応答の観察に初めて成功，その作用は光の進行方向へ磁界を加えたことと等価な効果が得られる事，を示した。そして，③外部磁界を必要とせずパルス長 40 fs の単一パルス照射のみで磁化反転が可能であり，磁化方向は，円偏光のヘリシティで一意に決定できることを述べた。今後の課題として，金属磁性膜における光誘起磁化反転の詳細メカニズムの解明に向け，特に，超短パルス光照射による非平衡電子分布形成，その後の電子—電子散乱過程における磁性の振る舞いについて，実験，理論，シミュレーションによるアプローチから相補的に検討する必要があるものと考えられる。今回紹介した成果が，光と磁気の超短時間作用の更なる理解，超高速スピン制御技術の発展へと貢献できることを期待する。

第 11 章　磁性金属における高速磁化応答と光誘起磁化反転

文　　献

1) M. van Kampen, C. Jozsa, J. T. Kohlhepp, P. LeClair, L. Lagae, W. J. M. de Jonge, and B. Koopmans, *Phys. Rev. Lett.*, **88**, 227201 (2002)
2) M. Vomir, L. H. F. Andrade, L. Guidoni, E. Beaurepaire, and J.-Y. Bigot, *Phys. Rev. Lett.*, **94**, 237601 (2005)
3) E. Beaurepaire, J.-C. Merle, A. Daunois and J.-Y. Bigot, *Phys. Rev. Lett.*, **76**, 4250 (1966)
4) J. Hohlfeld, E. Matthias, R. Knorren and K. H. Bennemann, *Phys. Rev. Lett.*, **78**, 4861 (1997)
5) B. Koopmans, M. Van Kampen, J. T. Kohlhepp, W. J. M. De Jonge, *Phys. Rev. Lett.*, **85**, 844 (2000)
6) A. V. Kimel, A. Kirilyuk, A. Tsvetkov, R. V. Pisarev and Th. Rasing, *Nature*, **429**, 850 (2004)
7) M. Vomir, L. H. F. Andrade, L. Guidoni, E. Beaurepaire and J.-Y. Bigot, *Phys. Rev. Lett.*, **94**, 237601 (2005)
8) L. P. Pitaevskii, *Sov. Phys.—JETP*, **12**, 1008 (1961)
9) J. P. van der Ziel, P. S. Pershan and L. D. Malmstrom, *Phys. Rev. Lett.*, **15**, 190 (1965)
10) P. S. Pershan, J. P. van der Ziel and l. D. Malmstrom, *Phys. Rev.*, **143**, 574 (1966)
11) J. Stohr, H. C. Siegmann, Magnetism. From fundamentals to nanoscale Dynamics (Springer-Verlag, Berlin, 2006)
12) M. Mansuripur, The Physical Principles of Magneto-Optical Recording (Cambridge University Press, Cambridge, U.K., 1995)
13) S. M. Bhagat and P. Lubitz, *Phys. Rev. B*, **10**, 179 (1974)
14) J. Kaplan and C. Kittel, *J. Chem. Phys.*, **21**, 760 (1953)
15) K. Sato: Light and Magnetism - Introduction to magneto -optics- (Asakura-shoten, Tokyo, 1988) (in Japanese)
16) C. D. Stanciu, F. Hansteen, A.V. Kimel, A. Tsukamoto, A. Itoh, A. Kirilyuk and Th. Rasing, *Phys. Rev. B*, **73**, 220402(R) (2006)
17) P. Lubitz, J. Schelleng, C. Vittoria, *J. Magn. Magn. Mater.*, **29** 178 (1975)
18) S. Chikazumi, Physics of Ferromagnetism (Oxford University press, Oxford, 1997)
19) A.V. Kimel *et al.*, *Nature* (London), **435**, 655 (2005)
20) A. K. Zvezdin and V. A. Kotov: Modern Magnetooptics and Magnetooptical Materials (Bristol: IOP, 1997)
21) A. V. Kimel, G. V. Astakhov, G. M. Schott, A. Kirilyuk, D. R. Yakovlev, G. Karczewski, W. Ossau, G. Schmidt, L. W. Molenkamp and Th. Rasing, *Phys. Rev. Lett.*, **92**, 237203 (2004)
22) C. D. Stanciu, F. Hansteen, A.V. Kimel, A. Tsukamoto, A. Itoh, A. Kirilyuk and Th. Rasing, *Phys. Rev. Lett.*, **98**, 207401 (2007)
23) G. Ju *et al.*, *Phys. Rev. B*, **57**, R 700 (1998)
24) A. V. Kimel *et al.*, *Phys. Rev. B*, **74**, 060403 (2006)
25) F. Hansteen, A. Kimel, A. Kirilyuk, and T. Rasing, *Phys. Rev. Lett.*, **95**, 047402 (2005)
26) Y. Hashimoto, S. Kobayashi, and H. Munekata, *Phys. Rev. Lett.*, **100**, 067202 (2008)
27) C. D. Stanciu, F. Hansteen, A.V. Kimel, A. Kirilyuk, A. Tsukamoto, A. Itoh and Th. Rasing,

Phys. Rev. Lett., **99**, 047601 (2007)
28) L. D. Landau and E. M. Lifshitz, Electrodynamics of Continuous Media: (New York: Pergamon, 1984)
29) W. A. Challener *et al.*, *Jpn. J. Appl. Phys.*, **42**, 981, (2003)

第12章　半導体中の核スピン制御と光検出

大野裕三*

1　はじめに

　核磁気共鳴（NMR）は物質の構造や電子状態の解析に有用な技術として広く利用されている[1]。さらに近年，量子井戸・量子ドットなど半導体量子ナノ構造における電子・光物性の研究において，スピンに依存するさまざまな光・電子物性に核スピンが大きな役割を果たしていることが明らかにされつつある[2]。このような背景から，代表的なⅢ-V族化合物半導体でスピントロニクス材料としても広く研究されているGaAsを中心に，高感度でかつナノスケールの空間分解能を有するNMR技術の研究が数多くなされている[3~8]。これらは電子スピンとの超微細相互作用を利用して熱平衡より大きな核スピン分極を実現するとともに，磁気共鳴による核スピン分極の変化を電気的・光学的に検出することで，従来のNMRより高い感度を得ている。最近では，整数量子ホール状態におけるエッジチャネル間のスピン反転散乱[3]や分数量子ホール状態における相転移[4]による大きな動的核スピン分極と，核磁場の変化を抵抗変化より読み出す電気的NMR検出の研究が進展し，パルスNMRによる核スピン系のコヒーレンス（Rabi振動）の観測が報告されている。

　一方で，GaAsのような直接遷移型の半導体においては，円偏光の光励起によりスピン偏極電子を容易に注入することが可能である[9]。また，発光や吸収，反射測定により，局所的な核磁場の影響を受けている電子のスピン分極を計測することが可能で，電気的検出のように特異な電子状態やデバイス構造を必要としない。これまで，発光偏光測定[10]や時間分解ファラデー／カー回転測定[5~8,11]などの手法により動的核スピン分極や高周波振動磁場印加によるNMR検出，さらには光変調による全光NMRなどの実験が数多く報告されている。しかしながら，パルスNMRのように，核スピンのコヒーレントダイナミクスを光学的手法により検出した例は少なく，発光偏光測定が行われているのみである[10]。

　本稿では，時間分解ファラデー回転（TRFR）測定法により光注入された電子スピン歳差運動の位相変化から核スピンのコヒーレントダイナミクスを検出する実験法[11]について説明する。ま

---

*　Yuzo Ohno　東北大学　電気通信研究所　ナノ・スピン実験施設　半導体スピントロニクス研究部　准教授

た，量子ゲート操作に用いられる多重NMRパルス列を印加し[12,13]，光検出による多準位核スピン系の位相制御の実験結果[14]を紹介する。

2 半導体量子井戸における光学遷移の選択則と電子・核スピン間相互作用

半導体中の電子と核スピンは超微細相互作用を介して結合している。いま，複数の核スピンと相互作用する1個の電子スピンSを考えると，電子の波動関数の内部に存在する核のうち，i番目の核スピンI_iとSとの超微細相互作用を表すハミルトニアンは$H_\mathrm{hf}=A_i I_i \cdot S$で表される。ここで，$A_i$は超微細相互作用定数である。超微細相互作用は電子スピン・核スピン系の全スピンを保存する。超微細相互作用がもたらす効果として，非平衡状態の電子スピン系から核スピン系へ角運動量が移されるオーバーハウザー効果と，スピン分極した核スピン系が電子スピンに対して有効磁場（核磁場）として働き，外部磁場と重畳して電子スピンダイナミクスに影響を及ぼす効果があげられる。

直接遷移半導体であるGaAsなどでは，光学遷移の選択則により円偏光の光で電子正孔対を励起すると，電子スピンは偏極する。とくに量子井戸構造では，量子閉じ込めにより重い正孔と軽い正孔の縮退が解けるため，基底準位である電子と重い正孔対を共鳴励起することにより，100％スピン偏極した電子を生成することが可能である。一般に，正孔のスピンは強いスピン・軌道相互作用のため数ピコ秒～数10ピコ秒で緩和する。n型の量子井戸では，光励起された正孔は短時間で電子と再結合し消失するのに対し，スピン緩和時間の長い電子スピンは正孔が再結合した後も蓄積される。したがって，超微細相互作用以外の電子スピン緩和機構が抑制されている場合，電子スピン系から核スピン系へ効率よく角運動量が移されるとともに，電子スピンダイナミクスを計測することで電子スピンに作用する有効磁場を計ることが可能になる。

3 核スピンコヒーレンスの光検出

以下では，核磁場を時間分解ファラデー回転法により計測する実験手法について説明する。実験に用いた試料はn-GaAs/Al$_{0.3}$Ga$_{0.7}$As(110)単一量子井戸で，井戸幅は8.5 nm，井戸層のドーピング濃度は$5\times10^{17}\mathrm{cm}^{-3}$である。GaAs(110)面の量子井戸構造では，スピン・軌道相互作用に起因する有効磁場が井戸と面直方向に作用するため，井戸面と垂直成分の電子スピンに対して緩和が抑制される。このため，電子スピンの緩和時間は約1 nsと（001）面の量子井戸に比較して約1桁長い。その結果，超微細相互作用による動的核スピン分極が顕著になり，核スピン分極率を向上させることができる[8]。

第12章　半導体中の核スピン制御と光検出

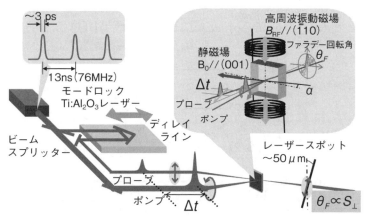

図1　時間分解ファラデー回転測定法を応用した核磁気共鳴の光検出系

　図1に時間分解ファラデー回転法によるNMR測定系を示す。短パルス光源にはモードロックTi：Al_2O_3レーザーを用い，量子井戸の基底準位を共鳴励起することにより量子井戸中にスピン偏極電子を生成する。パルス幅は約3 psで繰り返し周波数は76 MHzである。レーザー光パルスは円偏光のポンプ光（10 mW）と直線偏光のプローブ光（0.6 mW）に分けられた後，時間遅延Δtをもって試料上で重ね合わせる。量子井戸を透過したプローブ光の偏光面は量子井戸面と垂直の電子スピン成分の大きさに応じて回転する。本実験ではファラデー回転角θ_Fを差分検出器を用いてロックイン検出し，電子スピンダイナミクスを測定した。試料は（110）量子井戸面内の［001］結晶軸が外部静磁場に対して$\alpha=2°$傾くように超伝導マグネットと光学窓付クライオスタット中に設置し，傍に高周波振動磁場（B_{rf}）発生用のコイルを配置した。測定温度は2.7～3.5 Kである。

　GaAsを構成する^{69}Ga，^{71}Ga，^{75}Asはすべて核スピン$I=3/2$を有しており，外部静磁場B_0を印加すると4つの準位にゼーマン分裂（エネルギー分裂幅$\hbar\omega_0$）する。さらに結晶内の歪などにより四重極相互作用が働くと，図2(a)に示すように四重極分裂エネルギー$\hbar\omega_Q$だけシフトし，分裂幅が等間隔でなくなる。静磁場（B_0）方向をz軸にとり，核スピンが分極していると，円偏光のポンプ光により$\Delta t=0$で共鳴励起された電子スピンは，角周波数

$$|\omega_L|=|\mu_B \hat{g} B_0 + \sum_j A_{Hj}\mathrm{tr}(\rho_j I_z)\cdot z|/\hbar$$

で歳差運動を行う。ここで$\hat{g}$は電子系のgテンソル，μ_Bはボーア磁子，A_{Hj}は超微細相互作用定数，$\mathrm{tr}(\rho_j I_z)$は核スピン（$j=^{69}$Ga，^{71}Ga，^{75}As）のz（静磁場方向）成分で，ρ_jは4×4の密度行列，I_zはz成分のスピン角運動量演算子である。本実験で用いた試料のgテンソル成分は

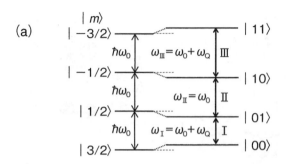

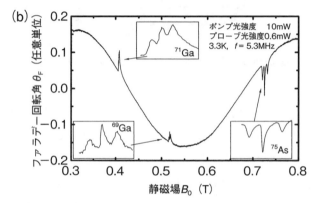

図2 (a)四重極相互作用があるときの核スピン $I=3/2$ のエネルギーダイアグラム, (b)高周波振動磁場を印加したときのファラデー回転角 θ_F の静磁場 B_0 依存性

$g[001] = -0.17$, $g[110] = -0.22$

である。

円偏光ポンプ光を十分長い時間照射し,核スピン分極が飽和している定常状態で Δt を固定し B_0 を掃引すると,ファラデー回転角 θ_F は B_0 に対して正弦波振動する。高周波振動磁場を印加すると,図2(b)に示すように,共鳴がおこる静磁場において核スピン分極が減少する結果, θ_F の振動の位相が変化してピークやディップが観測される。これらを詳しく見ると,図2(b)の挿入図に示すようにそれぞれ3つのピークに分裂しているのが分かる。

ファラデー回転角 ($\theta_F \propto \cos(|\omega_L|\Delta t)$) の変化が電子スピンの歳差運動周波数 ($\omega_L$) の変化とほぼ比例するように Δt を設定すると,外部磁場の寄与 ($\mu_B \hat{g} B_0$) が核磁場に比べて十分小さいとき,高周波振動磁場の照射前後の θ_F の変化量 ($\Delta\theta_F$) は核スピン分極の z 成分の変化量にほぼ比例する。よって, ω_L を決定するために θ_F の時間発展を調べずとも,核スピン分極による核磁場の大きさを検出することができる。

TRFR法による光検出で得たNMRスペクトルとRabi振動の測定結果を図3に示す。図3の挿

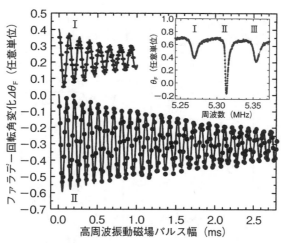

図3 高周波振動磁場パルス印加後のファラデー回転角の変化 $\Delta\theta_F$ から得られた Rabi 振動
挿入図はcw高周波振動磁場を印加したときの θ_F（NMRスペクトル）．$B_0=0.727$ T

入図は，Δt と B_0 を固定し（$B_0=0.727$ T），cwの高周波振動磁場を印加してその周波数を変化させたときの θ_F の測定結果（^{75}As の NMR スペクトル）である．3 つの明瞭な共鳴ピークが観測され，それぞれ図2(a)の遷移 I，II，III に対応する．図3は^{75}As の I，II の共鳴周波数における高周波振動磁場のパルス幅を変えたときの $\Delta\theta_F$ の測定結果で，これは $\langle I_z \rangle \equiv \mathrm{tr}(\rho_{As} I_z)$ の時間発展（Rabi振動）に対応する．ここで，

$$\Delta\theta_F = A_0 [\cos(2\pi \textstyle\int_{\mathrm{Rabi}} t)\exp(-t/T_2^{\mathrm{Rabi}}) - 1]$$

の式を用いてフィッティングを行った結果，I，II の遷移における T_2^{Rabi} はそれぞれ 0.9 ms と 2.1 ms であった．このときの振動磁界の大きさは約 1 mT である．

4 核スピン位相制御と量子ゲート操作の光検出

$I=3/2$ の核スピン固有状態を図2(a)のように擬2量子ビットの $|00\rangle$，$|01\rangle$，$|10\rangle$，$|11\rangle$ に対応させ，正弦包絡関数で接続した多重パルスを印加して量子ゲート操作とその光検出を行った．具体的には，もっとも四重極分裂幅が大きかった^{75}As を対象に，擬純粋状態（pps）を生成した後量子計算の基本ゲートである Hadamard Gate（1量子ビット内で状態を重ね合わせるゲート）と C–NOT Gate（2量子ビット間に相関を作り出すゲート）の操作をパルス NMR により実現し，操作過程および操作後の核スピン状態を光検出した[14]．

図4(a)に示すような高周波振動磁場パルス列を印加し，密度行列を光検出 NMR より調べた．

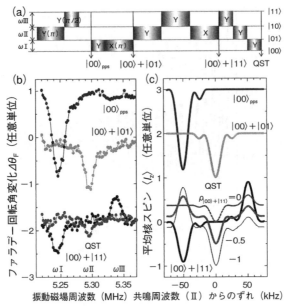

図4 (a)擬純粋状態 $|00\rangle_{pps}$, 重ね合わせ状態 $|00\rangle+|01\rangle$, Bell 状態 $|00\rangle+|11\rangle$, および QST を生成する高周波振動磁場パルス列, (b)TRFR 法により得た各状態の NMR スペクトル, (c)シミュレーション結果

QST については，実線は理想的な密度行列 ($\rho_{|00\rangle と|11\rangle}=-1$)，太実線は $\rho_{|00\rangle と|11\rangle}=-0.5$ のとき，破線は非対角成分が完全に緩和したと仮定したときのシミュレーション結果.

ここで，X, Y はそれぞれ $\phi=0°$ および $90°$ に対応する高周波振動磁場パルスである。密度行列の対角成分の占有数は，操作後に読み出しパルス（70μs）を印加した後，NMR スペクトルを測定することにより確認した[14]。まず，スピン 3/2 の4つの準位のうち1つ（$|00\rangle$）に占有が偏るように周波数と位相を制御した2つの $Y(\pi)_{II}+Y(\pi/2)_{III}$ パルスを印加し，擬純粋状態（$|00\rangle_{pps}$）を形成する。その後，$Y(\pi/2)_{III}+X(\pi)_{III}$ パルスからなる Hadamard Gate 操作により重ね合わせ状態（$|00\rangle+|01\rangle$）を生成し，さらに続けて $Y(\pi)_{II}+Y(\pi)_{I}+X(\pi)_{II}$ パルスにより C-NOT ゲート操作を行い，生成された Bell 状態（$|00\rangle+|11\rangle$）の NMR スペクトルを測定した。図4(b)には，それぞれのパルス操作後に TRFR 法により光検出した $\Delta\theta_F$（NMR スペクトル）を示す。図4(c)は期待される密度行列の対角成分から求めた NMR スペクトルのシミュレーション計算結果で，実験結果は期待される占有状態 [1/2, 1/2, 1/2, -3/2]（$|00\rangle_{pps}$），[1/2, 1/2, -1/2, -1/2]（$|00\rangle+|01\rangle$），および [-1/2, 1/2, 1/2, -1/2]（$|00\rangle+|11\rangle$）から得られる結果と非常によく一致している。

NMR スペクトル測定から得られる結果は密度行列の対角成分の情報しか含んでいないため，非対角成分（位相コヒーレンス）を調べるには QST (Quantum State Tomography) を取る必要がある。（$|00\rangle+|11\rangle$）では $|00\rangle$ と $|11\rangle$ の間の非対角成分（$\rho_{|00\rangle と|11\rangle}$）のみ存在（理想

的な場合 $\rho_{|00\rangle|11\rangle}=-1$）する。これを確認するため，3つのπ/2パルスからなる QST シーケンス[15]を利用して密度行列の非対角成分を対角成分に移送したあとの NMR スペクトル（QST）を測定した。図4(c)にはこれを理想的な（$|00\rangle+|11\rangle$）の密度行列（$\rho_{|00\rangle|11\rangle}=-1$）と，非対角成分 $\rho_{|00\rangle|11\rangle}$ が -0.5 および完全に緩和した（$\rho_{|00\rangle|11\rangle}=0$）密度行列に同様の QST 操作を行ったシミュレーション結果を示す。これらを比較すると，平均の核磁場（$\Delta\theta_F$）は非対角要素が $\rho_{|00\rangle|11\rangle}=-0.5$ の計算結果とよく一致し，スペクトル形状も完全に非対角成分が緩和したものより，$\rho_{|00\rangle|11\rangle}=-0.5$ 程度の密度行列の結果に比較的よく一致していることがわかる。図4(a)の NMR 操作にかかる時間はおよそ $500\mu s$ 程度で，本実験で得た ^{75}As の T_2^{Rabi} の $1/2\sim1/4$，またスピンエコー測定から求めた ^{75}As の位相緩和時間（$370\sim600\mu s$）と同程度であった。

5 おわりに

核スピン系の位相緩和時間の伸張は，本研究の延長としても，また量子スピンメモリとしての適性を向上させる上でも非常に重大な課題である。核スピンの位相緩和の原因としては，電子スピンによる超微細相互作用の影響が考えられる。これは，対象とする核スピンの操作中は電界により電子スピンを空乏させることである程度抑制できると期待される[12]。本系は拡張性が無いものの，本研究で実証した光⇔電子スピン⇔核スピンのような適当なメディア変換により，量子位相情報をより長く保存する量子メモリなどへの応用が期待される[16,17]。

謝辞

本稿で紹介した研究は，東北大学電気通信研究所附属ナノ・スピン実験施設・科学技術振興機構 戦略的研究推進事業「半導体スピントロニクスプロジェクト」リーダの大野英男教授，東北大学工学研究科大学院生の近藤裕佑氏（現富士通研究所），小野真証氏，松坂俊一郎氏（現東北大学電気通信研究所博士研究員），眞田治樹氏（現 NTT 物性科学基礎研究所），科学技術振興機構博士研究員の森田健氏（現徳島大学工学部）と共同で行われたものである。

本研究の一部は科学研究費補助金特定領域研究「スピン流の創出と制御」により補助された。

文　献

1) A. Abragam, The Principle of Nuclear Magnetism (Oxford University, Oxford, 1961)

2) Semiconductor Spintronics and Quantum Computation, edited by D.D. Awschalom, D. Loss, and N. Samarth (Springer, Germany 2002)
3) G. Yusa, K. Muraki, K. Takashina, K. Hashimoto, and Y. Hirayama, *Nature*, **434**, 1001 (2005); T. Ota, G. Yusa, N. Kumada, S. Miyashita, T. Fujisawa, and Y. Hirayama, *Appl. Phys. Lett.*, **91**, 193101 (2007)
4) T. Machida, T. Yamazaki, K. Ikushima, and S. Komiyama, *Appl. Phys. Lett.*, **82**, 409 (2003); T. Takahashi M. Kawamura, S. Masubuchi, K. Hamaya, T. Machida, Y. Hashimoto and S. Katsumoto, *ibid*, **91**, 092120 (2007)
5) M. Poggio, G.M. Steeves, R.C. Myers, Y. Kato, A.C. Gossard, and D.D. Awschalom, *Phys. Rev. Lett.*, **91**, 207602 (2003)
6) H. Sanada, S. Matsuzaka, K. Morita, C.Y. Hu, Y. Ohno and H. Ohno, *Phys. Rev. Lett.*, **94**, 097601 (2005)
7) J.M. Kikkawa and D.D. Awschalom, *Science*, **287**, 473 (2000)
8) G. Salis, D.T. Fuchs, J.M. Kikkawa, D.D. Awschalom, Y. Ohno and H. Ohno, *Phys. Rev. Lett.*, **86**, 2677 (2001)
9) Optical Orientation, edited by F. Meier and B.P. Zakharchenya (Elsevier, Amsterdam, 1984)
10) M. Eickhoff and D. Suter, *J. Mag. Res.*, **166**, 69 (2004)
11) H. Sanada, Y. Kondo, S. Matsuzaka, K. Morita, C.Y. Hu, Y. Ohno, and H. Ohno, *Phys. Rev. Lett.*, **96**, 067602 (2006)
12) Y. Hirayama, A. Miranowicz, T. Ota, K. Murak, S.K. Ozdemir, and N. Imoto, *J. Phys. Condens. Matter*, **18**, S 885 (2006)
13) H. Kampermann and W.S. Veeman, *Quantum Information Processing*, **1**, 327 (2002)
14) Y. Kondo, M. Ono, S. Matsuzaka, K. Morita, H. Sanada, Y. Ohno, and H. Ohno, *Phys. Rev. Lett.*, **101**, 207601 (2008)
15) F.A. Bonk, R.S. Sarthour, E.R. deAzevedo, J.D. Bulnes, G.L. Mantovani, J.C.C. Freitas, T.J. Bonagamba, A.P. Guimarãs, and I.S. Oliveira, *Phys. Rev. A*, **69**, 042322 (2004)
16) M.N. Leuenberger and D. Loss, *Nature*, **410**, 789 (2001)
17) J.M. Taylor, C.M. Marcus, and M.D. Lukin, *Phys. Rev. Lett.*, **90**, 206803 (2003)

第13章　スピンホール効果の理論

村上修一[*]

1　はじめに

　スピンホール効果[1~3]は，非磁性試料に電場を印加するとそれに垂直にスピン流が流れる現象である。模式図を図1に示す。通常のホール効果は磁場下で電場と垂直向きに電流が生じる現象であるが，それとは異なり磁場は必要ではない。ゼロ磁場下で非磁性の試料に電場を印加するという状況で，一見磁性の種が全くないにもかかわらずスピン流が誘起される点は特筆すべき特徴である。またスピントロニクスへの応用面でも，電場によるスピン制御の一手段として注目されており，2003年頃より盛んに理論，実験両面で研究されている。

　この現象はスピン軌道相互作用に起因するため，一般的傾向としては重い元素ほど顕著に現れる。こうした現象が可能になる背景として，スピン流の時間反転に対する不変性が挙げられる。ここでのスピン流は純粋スピン流と呼ばれ，電流を伴わないスピンの流れである。例えば上向きスピンがある向きに流れ，下向きスピンがそれと正反対向きに流れているものである。この状況を時間反転すると速度の向きとスピンの向きが同時に反転するため，全体としては不変である。そのため時間反転対称性を破らない状況（ゼロ磁場下の非磁性試料に外部電場印加）においてスピン流が誘起できることは，対称性の法則に抵触しない[1~3]。これはスピン自身が時間反転で符号を変えることとは対照的である。

　電気伝導率と比較してみると次のようになる。時間反転に対して奇である電気伝導率を計算するためには時間反転を破るようなプロセス，例えば不純物等による散逸を計算に入れる必要があり，結果として電気伝導率は緩和時間 τ に比例する。しかしスピンホール伝導率は時間反転で偶のため，一切緩和のプロセスを計算に入れなくても有限の結果が出るという違いがあり，これが後述する内因性スピンホール効果につながっている。

　古典的には，スピン流 j_j^i ($i, j = x, y, z$) はスピン S^i と速度

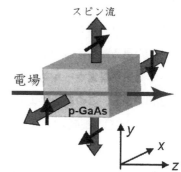

図1　スピンホール効果の模式図
外部電場の印加により垂直向きにスピン流が発生する。

＊　Shuichi Murakami　東京工業大学　大学院理工学研究科　准教授

v_j との積であり，スピンの向き i と速度の向き j と2つの向きを持つテンソル量である．例えば p 型 GaAs などの立方対称な系でのスピンホール効果は $j_j^i = \sigma_s \sum_k \varepsilon_{ijk} E_k$ と表され，図1のように電場の向き k，スピン流のスピンの向き i，スピン流の流れる向き j の3つは全て互いに直交しているが，対称性の低い系の場合はこれ以外の成分も出てくる場合がある．こうしたスピン流が試料の端に達するとそこでスピン蓄積を引き起こす．定常状態でスピン流が定常的に流れる場合，試料端でのスピン蓄積の量はスピン流がスピン拡散およびスピン緩和とつりあうように決まる．こうしたスピン蓄積は半導体では実験で光学的に測定できる．この方法で2004年に加藤らによりスピンホール効果が実験で初めて観測され[4]，それ以来さまざまな系で種々の方法により実験が行われている．こうした実験については第14章で詳述されるため，本章では理論的側面に重点を置いて述べる．

2 内因性スピンホール効果

このスピンホール効果は内因性と外因性に大きく分類される．外因性スピンホール効果[5~7]は1971年に D'yakonov と Perel'[5] により予言されたもので，スピン軌道相互作用の存在下での不純物散乱においては，スピンの方向に依存して散乱方向が左右非対称となり，結果としてスピンホール効果が生じることになる．これに対して，不純物散乱によらずとも，固体中のバンド構造に起因してスピンホール効果が起こることが2003年に村上ら[1,3]と Sinova ら[2] によって独立に提唱された．これは内因性スピンホール効果と呼ばれる．この効果は外因性と違い不純物散乱によらないため，比較的清浄な系でも生き残ること，また後述するように系によっては非常に大きく，室温でも生き残ると期待されることなどから注目されるようになった．

この内因性スピンホール効果は理論的にさまざまなアプローチから研究されているが，一つの統一的な見方を与えるのが，「波数空間のベリー位相」による理論である．こうした見方は量子ホール効果や異常ホール効果に関連して研究されてきており，スピンホール効果についても同様に適用できる．この理論によると，エネルギーバンドを波数の関数としてプロットしたとき，エネルギーが互いに近接しているような箇所（「バンド交差」"band crossing" と呼ぶ）がフェルミエネルギー付近にあると，スピンホール効果が大きくなるということが分かる[1,3]．例えば村上ら[1]が用いた，p 型半導体を表す Luttinger 模型では，重い正孔バンドと軽い正孔バンドとが $\vec{k}=0$ で縮退しており，また Sinova ら[2]が用いた，ヘテロ構造 n 型半導体を表す Rashba 模型では2つのバンドがやはり $\vec{k}=0$ で縮退していて，スピンホール効果を大きくするためのバンド構造を具現していることが分かる．

第13章　スピンホール効果の理論

3　スピンホール効果の計算

以下ではスピンホール効果の種々の計算方法について概要を解説する。

3.1　波数空間のベリー位相による計算

スピンホール効果を直観的に分かりやすくとらえる方法の一つが，波数空間でのベリー位相[8]を用いた波束の半古典的運動方程式[9,10]を用いる方法である。通常半古典的運動方程式は，実空間 $\vec{x}$，波数空間 $\vec{k}$ の両方である程度局在した波束を考え，その運動を記述するものである。外部電場 $\vec{E}$，外部磁場 $\vec{B}$ の下での運動方程式は $\dot{\vec{x}}=\frac{1}{\hbar}\frac{\partial E(\vec{k})}{\partial \vec{k}}$, $\hbar\dot{\vec{k}}=-e(\vec{E}+\dot{\vec{x}}\times\vec{B})$ と表され，これを用いて輸送を議論するのがボルツマン型の輸送理論であり，物性の教科書にも載っている。ここでバンドを複数持つような系を考えると，n 番目のバンドの波動関数から作られた波束の運動方程式には付加的な項が加わり $\dot{\vec{x}}=\frac{1}{\hbar}\frac{\partial E_n(\vec{k})}{\partial \vec{k}}-\dot{\vec{k}}\times\vec{B}_n(\vec{k})$, $\hbar\dot{\vec{k}}=-e(\vec{E}+\dot{\vec{x}}\times\vec{B})$ となることが明らかになってきた[9,10]。ここで新たに加わった項 $\dot{\vec{k}}\times\vec{B}_n(\vec{k})$ は異常速度と呼ばれる。ここに現れる量 $\vec{B}_n(\vec{k})$ は Bloch 波動関数から $\vec{A}_n(\vec{k})=i\langle n\vec{k}|\nabla_{\vec{k}}|n\vec{k}\rangle$, $\vec{B}_n(\vec{k})=\nabla_{\vec{k}}\times\vec{A}_n(\vec{k})$ で定義され，これらの量はそれぞれベリー接続，ベリー曲率などと呼ばれる。これは Bloch 波動関数の持つ幾何学的な構造を表す値である。この定義から分かるように，この量は波動関数が波数 $\vec{k}$ の関数としてどのくらい速く変化するかを表しているが，バンドが１つしかない場合は恒等的にゼロになる。もし複数のバンドがあると，今注目している n 番目のバンドに他のバンドが近接したエネルギーを持つ点，すなわちバンド交差付近で大きくなる。

今磁場がゼロの場合を考えると，この半古典的な運動方程式の異常速度の項 $\dot{\vec{k}}\times\vec{B}_n(\vec{k})$ において $\dot{\vec{k}}=-e\vec{E}$ であるため，この項は電場に垂直な速度，つまりホール効果を与える。スピン軌道相互作用を持つ系ではこの速度は一般にスピン方向に依存し，時間反転対称性のために逆向きスピンに対して逆向きの異常速度を与える。これはまさに純粋スピン流であり，内因性スピンホール効果を表している。このベリー曲率 $\vec{B}_n(\vec{k})$ は n 番目のバンドが他のバンド（m 番目のバンド）と近接した波数（バンド交差）で大きく増大するが，この点がフェルミエネルギーから離れたところにあると，この２つのバンドから来るスピンホール効果への寄与がほぼキャンセルする。この点がフェルミエネルギーに近いときのみこれがキャンセルせず，大きなスピンホール効果を与える。図２にさまざまな場合のバンド交差を示した。上記のベリー曲率 $\vec{B}_n(\vec{k})$ が増大する場合は全てバンド交差に含めている。例えば(a)は典型的な場合であり，エネルギーが近接する点付近で２つのバンドの波動関数の混成が大きくなるために，エネルギー分散が実際には縮退せず互いに反発するような形になる。これ以外にも，(b)(c)のような場合もバンド交差に含まれる。またある場合には(d)のようにバンド同士の縮退が残る場合もあり，ベリー曲率 $\vec{B}_n(\vec{k})$ はこの縮退点に近づく

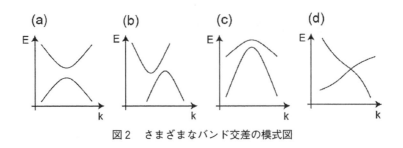

図2 さまざまなバンド交差の模式図

につれて発散する。

　この図2(d)のバンド交差を利用しているのが p 型 GaAs である。この場合は価電子バンドは $\vec{k}=0$ で縮退する2つの2重縮退バンド（重い正孔バンドと軽い正孔バンド）からなり，$\vec{k}=0$ は高い対称性を持つ点であるために，波動関数の混成があっても縮退が残っている。この縮退によりベリー曲率は $\vec{k}=0$ に向けて発散的に増大し，例えば Luttinger 模型で近似的に記述することにすると，ベリー曲率は k^{-2} に比例して発散する。これを用いると半古典的運動方程式に基づく運動を追跡することができ，実際に電場に垂直に異常速度が出て，スピンホール効果が出る[1]。

3.2 線形応答理論による計算

　別の方法として，久保公式等の線形応答理論を用いた計算がある。電気伝導率の計算に倣ってスピンホール伝導率の計算を行うことになるが，その際には「スピン流演算子」を定義する必要がある。スピンが保存する場合（スピンが運動の恒量，すなわちハミルトニアンとスピンが可換）では，スピン流の演算子は連続の方程式を満たすように定めることができて $j_j^i = \frac{1}{2}(v_j S^i + S^i v_j)$ となるが，現在着目しているようなスピン軌道相互作用のある系の場合には一般にスピンは保存しないため，スピン流演算子を連続の方程式を満たすように定めることができない。その困難をどのように回避するかは議論があるが決定的な結論は出ていない。そのため多くの研究では上記の式 $j_j^i = \frac{1}{2}(v_j S^i + S^i v_j)$ を流用して計算している[2]。

　久保公式によるとスピンホール伝導率はスピン流と電流との相関関数の計算に帰着され，これに基づく計算が多くある。最も研究されているのは Rashba 模型[11,12] $H = \frac{\hbar^2 k^2}{2m} + \lambda(\sigma_x k_y - \sigma_y k_x)$ であり，これはヘテロ構造下にある2次元電子系を記述していて，λ はヘテロ構造による空間反転対称性の破れに起因したスピン軌道相互作用項である。これから上記のスピン流演算子を用いて計算すると $\sigma_s = \frac{e}{8\pi}$ となり[2]，スピン軌道相互作用の大きさ λ によらず一定値となる。これに不純物ポテンシャルを入れた計算を行うと頂点補正項の寄与が加わり $\sigma_s = 0$[13,14] となってスピンホール効果は出ない。この模型については多くの研究の結果，実はこれは Rashba 模型のみの特

第13章 スピンホール効果の理論

殊事情で偶然ゼロになったものであることが判明した。一般の系ではこういったことは起こらず不純物散乱をいれてもスピンホール効果はゼロにはならない[15]。

3.1項で述べたベリー位相による計算では，不純物散乱を考慮する方法が明らかではない。一方，久保公式によればハミルトニアンを与えれば機械的かつ簡便に計算できるため，さまざまな系で行われている。Rashba模型のような模型で計算することで不純物効果を系統的に調べることなどもできるし，また第一原理計算を行うこともできる。例えば実験的に大きなスピンホール伝導率が出ると報告された金属Pt[16,17]の場合は，第一原理計算によると内因性スピンホール伝導率の室温での計算値は実験値とほぼ同程度の大きな値となり，これはフェルミエネルギー付近にバンド交差があるためと提唱されている[18]。

3.3 有限系での計算

スピン流の定義の問題に触れずに計算する方法として，有限の系で数値計算をする方法がある。よく使われる方法としてはLandauer–Büttiker形式に基づく数値計算[19~21]がある。これは対象とする系に導線をつけたような形状の試料を考えて，そこに平面波が入射したときの各端子への透過率を計算することによりスピンホール伝導度を計算するものである。導線部分のスピン軌道相互作用をゼロにしておけば，その中ではスピン流が厳密な意味で定義できるために問題なく計算できる。系の大きさを大きくすると計算量が莫大になるため，系としては上限がほぼ100×100格子点程度までしか計算されていない。系の大きさとしてはメゾスコピック系に対応し，計算結果は形状や境界条件などに敏感に依存するような結果となる。全体の傾向としては3.1, 3.2項で述べた結果と符合している。

3.4 補遺

スピンホール効果でスピン流が生じると述べたが，実はスピン流自身を観測できるわけではなく，実験的にはスピン流によって生じた電気信号や光の信号を測定していることになる。理論的にはスピン流はスピンと速度の積 $j_j^i \approx S^i v_j$ と考えられるが，実は量子力学的には S^i も v_j も演算子であり，これらはスピン軌道相互作用の存在下では可換でないため，それらの同時固有状態は存在しない。言い換えると，決まったスピンを持つ電子が決まった速度で運動するというスピン流の描像は正しくないことになる。そのため，スピン流を計算するための方法として，①量子力学を完全にはとりいれず，半古典的な範囲で計算する，②積を対称化した $j_j^i = \frac{1}{2}(S^i v_j + v_j S^i)$ をスピン流演算子として採用する，③なんらかの方法で「保存スピン流演算子」を定義する，④スピン蓄積量などの実験での観測量を直接計算する，などの方法により理論研究が行われている。このようにスピン流が一意に定義できないため，3.1, 3.2, 3.3項で説

明した種々の方法により計算されるスピンホール伝導率は，一般には定量的比較が難しい。ただしベリー位相による計算，久保公式による計算ともに，バンド交差付近で大きくなるなど基本的な性質は共通であり，いずれの方法で計算しても同程度の値になるのではないかと考えられている。

4　内因性と外因性との区別

スピンホール効果が内因性か外因性かという議論[22]は，強磁性体での異常ホール効果[23]の議論と理論的には共通する部分が大きい。異常ホール効果がどのような原理で現れるかはKarplusとLuttingerの論文[24]以来五十余年にわたる長い論争があるが，最近波数空間でのベリー位相に関連してかなり研究が進んできた。こうした異常ホール効果に関する結果は，電流をスピン流に置き換えることで，スピンホール効果にも同様に適用できる部分が大きい。

内因性と外因性の区別については多くの研究があるが，「内因性」「外因性」は人によって違う定義を用いている場合があり，混乱の元ともなっている。理論的には内因性はファインマンダイアグラムで，bare bubbleのダイアグラム（不純物線を一切含まないダイアグラム，図3(a)）として定義するのが明快であり，また多くの人がこれに従っている。例えばバンド計算で計算している内因性スピンホール伝導率はこれである。ただこの区別はあくまで便宜的なものであり，実験的には内因性・外因性スピンホール効果は一緒に現れ，この2つを実験的に区別することは容易ではない。なお内因性スピンホール伝導率はバンド構造から計算可能なため，これを計算して実験と比較することで内因性と外因性のどちらが支配的か議論することはよく行われており，またスピンホール効果の原因の探索やスピンホール効果巨大化の指針の探求の点では意味がある。一方外因性スピンホール効果については不純物ポテンシャルの詳細，たとえばポテンシャルの到達距離や，不純物自身のスピン軌道相互作用が大きいか無視できるかによって結果が変わるため，実際の実験と定量的に比較することは難しい。

外因性スピンホール効果を大別すると，サイドジャンプ[22,25]とスキュー散乱[22,24]の2通りの寄

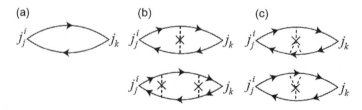

図3　スピンホール伝導率の久保公式による計算に対応したファインマン図形
(a)内因性，(b)サイドジャンプ，(c)スキュー散乱。点線は不純物散乱を表す。

与がある．不純物ポテンシャルによる電子の散乱問題としてとらえた時に，サイドジャンプとは散乱の波数が変わらずに軌道のみが平行移動するような散乱過程であり，スキュー散乱とは散乱前後で電子の運動方向（波数）が変わるような散乱過程である．代表的なファインマン図形はそれぞれ図3(b)（サイドジャンプ）と図3(c)（スキュー散乱）である．この2つは通常共存しているが不純物への依存性が異なり，スピンホール抵抗率 ρ_{xy}^s と通常の抵抗率 ρ_{xx} との間には，サイドジャンプでは $\rho_{xy}^s \propto (\rho_{xx})^2$，スキュー散乱では $\rho_{xy}^s \propto \rho_{xx}$ という依存性がある．内因性スピンホール効果は $\rho_{xy}^s \propto (\rho_{xx})^2$ という依存性であり，サイドジャンプと同様であるので，こうしたスケーリングでは一体となって扱われている．

　種々の半導体や金属で行われたスピンホール効果の実験について，外因性と内因性のどちらが主要な役割を果たしているか議論が行われている．直観的には，スピン軌道相互作用によるバンド分裂が不純物によるエネルギースケール（自己エネルギー）よりも大きいような比較的清浄な系では内因性が優勢になると考えられるが，それは一部誤りである．実際には不純物の少ない非常に清浄な試料においては再び外因性が支配的になることが知られている．こうした場合にはスキュー散乱が支配的になっており，$\rho_{xy}^s \propto \rho_{xx}$ であって，ホール角 ρ_{xy}^s/ρ_{xx} はほぼ一定となる．種々の実験ではこのホール角は 10^{-3} ないし 10^{-4} 程度であるが，金においては 10^{-1} と巨大になる[26]という実験結果もあり，この理論的な解釈はまだ課題として残されている．

5　量子スピンホール効果

　スピンホール効果の研究に関連して，量子スピンホール効果[27〜29]という効果が最近研究され始めている．2次元電子系に強磁場をかけるとホール伝導度が e^2/h の整数倍に量子化される「量子ホール効果」に対して，そのスピン版ということで「量子スピンホール効果」と名づけられている．量子スピンホール効果は磁場ゼロの状況で起こり，物質に内在しているスピン軌道相互作用が，量子ホール効果の場合の磁場の役割を果たす．

　2次元量子スピンホール効果では，バルク（試料内部）ではエネルギースペクトルにギャップが開いていて絶縁体であるが，2次元試料の外縁ではギャップレスな状態（金属状態）がある．模式図を図4に示す．このギャップレスな状態は，互いに逆向きのスピンが逆向きに流れる状態対からなっており，スピン流を担う．もしこの状態に電場をかけると，かけた電場に垂直向きにスピン流を発生することになり，スピンホール効果を起こす．なおスピンは保存量ではないため，スピンホール伝導率は量子化し

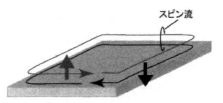

図4　量子スピンホール効果の模式図

ない。この状態はBiの超薄膜[30]やHgTe/CdTe/HgTe[31]の量子井戸において理論的に予言されており，後者についてはエッジ状態のコンダクタンス等の測定により量子スピンホール相であることが実験的に確かめられている。2端子でコンダクタンスを測定すると，端子同士を結ぶ2つのエッジにそれぞれ1チャンネルの完全透過チャンネルがあり，そのため全体として2チャンネルのコンダクタンス$\frac{2e^2}{h}$を示す[32]。このギャップレスなエッジ状態は時間反転対称性で守られているため，外部磁場で時間反転対称性を破るとこのエッジ状態はギャップを開けて，コンダクタンスは急速にゼロに近づく。

また3次元量子スピンホール効果については，バルクは絶縁体で，試料の表面にギャップレスな状態が存在しスピン流を運ぶ。これについては$Bi_{1-x}Sb_x$ ($0.07<x<0.23$) 等いくつかの物質における理論提案[33]があり，実際$Bi_{0.9}Sb_{0.1}$の (111) 表面の表面状態を角度分解光電子分光で測定した結果，表面状態はΓ点-M点間で5回フェルミエネルギーをよぎることが観測され[34]，この回数が奇数であることは，この物質が量子スピンホール相であるという理論の提案と一致している[33]。

この量子スピンホール状態はバルクにギャップが開いている非磁性絶縁体において実現するものであり，トポロジカル秩序と呼ばれる状態になっている。時間反転対称性が保たれた範囲ではこのようなギャップレスの状態は安定に生き残るため，例えば相互作用や非磁性不純物があっても壊れない。こうした状態を実現するにはスピン軌道相互作用がある程度強いことが必要条件であり，重い元素を含んだ非磁性絶縁体の中にもこのような状態を自然に実現しているものが多く隠れている可能性があり，今後の理論・実験での研究が待たれる。

6　おわりに

スピントロニクス分野においては集積化を視野に入れ，磁場を使わずにスピンを操作する方法が研究されている。その際にスピン軌道相互作用は重要な役割を果たす。スピンホール効果では磁場なしにスピン流を作りだすことができる点で有効な手段であるといえる。特に半導体スピントロニクスデバイス開発においてはスピン流を注入することが重要な課題となっており，強磁性体を用いた注入の効率向上を目指して研究がなされているが，スピンホール効果は半導体中にスピン流を作り出せるので一つの方向性となりうるのではないかと思われる。また金属系においては逆スピンホール効果が実験的に研究されており，例えばスピンゼーベック効果の実験[35]ではスピン流の観測プローブとして逆スピンホール効果が使われている。

スピンホール効果の理論的側面について簡単にまとめてみたが，この分野は現在も盛んに研究が続いており，特に最近では実験面での発展とそれに刺激された理論研究が多く，今後の発展が

第13章 スピンホール効果の理論

楽しみな分野である.特に次章で説明される金属系のスピンホール効果においては,室温でも生き残る巨大なスピンホール効果が観測されているものもあり,まだ理論的解明は道半ばである.ホール角が大きな系をどのように作るかということが解明されてくれば応用面での可能性が広がるのではないかと思われる.

文　献

1) S. Murakami, N. Nagaosa and S. -C. Zhang, *Science*, **301**, 1348 (2003)
2) J. Sinova *et al.*, *Phys. Rev. Lett.*, **92**, 126603 (2004)
3) スピンホール効果によるスピンエレクトロニクス,村上修一,日本物理学会誌,**62**, 2 (2007)
4) Y. K. Kato, R. C. Myers, A. C. Gossard and D. D. Awschalom, *Science*, **306**, 1910 (2004)
5) M. I. D'yakonov and V. I. Perel', *JETP Lett.*, **13**, 467 (1971)
6) J. E. Hirsch, *Phys. Rev. Lett.*, **83**, 1834 (1999)
7) S. Zhang, *Phys. Rev. Lett.*, **85**, 393 (2000)
8) M. V. Berry, *Proc. Roy. Soc. London, Ser. A*, **392**, 45 (1984)
9) E. I. Blount, "Solid State Physics" p.305. (ed. F. Seitz and D. Turnbull, Academic Press, New York, 1962)
10) G. Sundaram and Q. Niu, *Phys. Rev. B*, **59**, 14915 (1999)
11) Y. A. Bychkov and E. I. Rashba, *J. Phys. C: Solid State Physics*, **17**, 6039 (1984)
12) J. Nitta, T. Akazaki, H. Takayanagi and T. Enoki, *Phys. Rev. Lett.*, **78**, 1335 (1997)
13) J. Inoue, G. E. W. Bauer and L. W. Molenkamp, *Phys. Rev. B*, **70**, 041303 (2004)
14) E. G. Mishchenko, A. V. Shytov and B. I. Halperin, *Phys. Rev. Lett.*, **93**, 226602 (2004)
15) S. Murakami, *Phys. Rev. B*, **69**, 241202 (2004)
16) E. Saitoh, M. Ueda, H. Miyajima and G. Tatara, *Appl. Phys. Lett.*, **88**, 182509 (2006)
17) T. Kimura *et al.*, *Phys. Rev. Lett.*, **98**, 156601 (2007)
18) G. Y. Guo, S. Murakami, T. W. Chen and N. Nagaosa, *Phys. Rev. Lett.*, **100**, 096401 (2008)
19) L. Sheng, D. N. Sheng, and C. S. Ting, *Phys. Rev. Lett.*, **94**, 016602 (2005)
20) B. K. Nikolić, L. P. Zârbo and S. Souma, *Phys. Rev. B*, **72**, 075361 (2005)
21) B. K. Nikolić, S. Souma, L. P. Zârbo and J. Sinova, *Phys. Rev. Lett.*, **95**, 046601 (2005)
22) H.-A. Engel, B. I. Halperin and E. I. Rashba, *Phys. Rev. Lett.*, **95**, 1666054 (2005)
23) N. Nagaosa, *J. Phys. Soc. Jpn.*, **77**, 031010 (2008)
24) R. Karplus and J. M. Luttinger, *Phys. Rev.*, **95**, 1154 (1955)
25) L. Berger, *Phys. Rev. B*, **2**, 4559 (1970)
26) T. Seki *et al.*, *Nature Mat.*, **7**, 125 (2008)
27) C. L. Kane and E. J. Mele, *Phys. Rev. Lett.*, **95**, 226801 (2005)
28) C. L. Kane and E. J. Mele, *Phys. Rev. Lett.*, **95**, 146802 (2005)

29) B. A. Bernevig and S.-C. Zhang, *Phys. Rev. Lett.*, **96**, 106802 (2006)
30) S. Murakami, *Phys. Rev. Lett.*, **97**, 236805 (2006)
31) B. A. Bernevig, T. L. Hughes and S.-C. Zhang, *Science*, **314**, 1757 (2006)
32) M. König *et al.*, *Science*, **318**, 766 (2007)
33) L. Fu, C. L. Kane and E. J. Mele, *Phys. Rev. Lett.*, **98**, 106803-4 (2007)
34) D. Hsieh *et al.*, *Nature*, **452**, 970 (2008)
35) K. Uchida *et al.*, *Nature*, **455**, 778 (2008)

第14章　スピンホール効果―金属ナノ構造を中心に―

大谷義近[*1], 木村　崇[*2]

1　はじめに

　電子スピン緩和の主要な機構であるスピン軌道相互作用は，これまでのスピンエレクトロスデバイスにおいて，スピン情報を散逸させる主要因として見なされてきた。しかし最近，その厄介なスピン軌道相互作用を用いるとスピンの流れが制御できることが実験的に検証され，スピン軌道相互作用の大きな物質におけるスピン依存伝導現象が改めて注目されている。歴史的な経緯をたどると，D'yakonov と Perel が1970年代に，運動する電子が散乱される際にスピン軌道相互作用が存在すると，電子は自らの持つ運動量とスピン角運動量に垂直な方向に散乱されるために，上向き（↑）スピンと下向き（↓）スピンの電子は互いに逆方向に散乱され，電子の流れに対して垂直方向にスピン角運動量の流れ（スピン流）が誘起されることを予言した[1]。例えば非磁性体中で，図1(a)のように，$+x$ 方向に電子を流すと，奥側には $+z$ 方向に向いたスピン，手前側には $-z$ 方向のスピンを持つ電子が蓄積し，$-y$ 方向に電荷の流れを伴わないスピン流が発生する。逆に $+x$ 方向にスピン流を流すと電荷が蓄積する（図1(b)）。ここで，蓄積するスピンの方向 s とスピン流 I_S 及び電子による電荷の流れ（電流の反対方向）I_e には，$I_S \propto s \times I_e$ の関係が

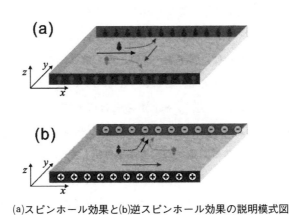

図1　(a)スピンホール効果と(b)逆スピンホール効果の説明模式図

[*1]　Yoshichika Otani　東京大学　物性研究所　教授
[*2]　Takashi Kimura　東京大学　物性研究所　助教　（現：九州大学　稲盛フロンティア研究センター　特任教授）

ある。この現象は，磁場中で試料に電流を流すことで試料端に電荷蓄積が生じるホール効果と良く似ていることから，Hirsch によって電流からスピン流への変換はスピンホール効果，その逆変換は逆スピンホール効果と新たに命名された[2]。このスピンホール効果の特徴は，ホール効果や異常ホール効果とは異なり，磁場や磁化が無くても生じることである。

スピンホール効果の研究は，これまで理論的研究主導で行われてきた。その理由としては，当時は，高品位な強磁性／非磁性複合微細構造を作製するのが困難であったことも然ることながら，現象の重要性もあまり認識されていなかったことが挙げられる。最近になって，多バンド構造由来の内因的スピンホール効果が半導体中で生じることが理論的に示され，この手法が高効率なスピン生成・注入法になりえることから，この現象に関する注目度が急激に高まっている。2004 年，Kato らは，ビーム径をミクロンサイズに集束させたレーザー光による磁気光学効果を用いて，スピンホール効果によって誘起される GaAs 中のスピン蓄積の観測に世界で初めて成功した[3]。それとほぼ同時期に，Wunderlich らも，二次元電子ガスにおけるスピンホール効果の観測に成功した[4]。これらの実験におけるスピンホール効果の詳細な起源については未だに議論が続いているが，スピンホール効果が実際に観測されうる物理現象であることを示した点で，極めて印象的な実験と言える。しかし，これらの実験には，半導体特有の磁気光学効果が用いられており，観測が低温領域に限られることや，空間分解能が数 μm 程度であるなど，スピンホール効果により生成したスピン流を実際に利用するという点では多くの課題が残されていた。

金属に関する実験に目を向けると，2006 年 Saitoh らは，強磁性共鳴時に強磁性層から発生するスピン流に着目し，Pt/Ni-Fe 接合において逆スピンホール効果により引き起こされたと考えられる直流電圧の測定に成功した[5]。この実験は，微細加工を必要としない単純な素子構造を用いた巧妙な手法であるが，マイクロ波特有の現象が信号に重畳するため，注入されるスピン流の定量的な見積もりが困難であった。同グループは，ごく最近になって，逆スピンホール効果を電流誘起のスピンホール効果で相殺することにより生じるダンピング定数の変化からスピン流を決定する方法を提案している[6]。一方で，Saitoh らとほぼ同時期に，Valenzuela と Tinkham は，Takahashi と Maekawa らによって提案された素子構造[7,8]を用いて，低温で Al 中のスピンホール効果を電気的に測定し，Al のスピンホール伝導率を算出した[9]。得られたスピンホール伝導率は $10^3(\Omega m)^{-1}$ であり，Al の小さなスピン軌道相互作用を反映して，スピンホール伝導率の電気伝導率に対する比で定義されるスピンホール角は 10^{-4} 程度であることが分かった。このような面内に流れるスピン流を用いたスピンホール効果の実験においては，効率的にスピン流誘起のホール電圧を検出するために，細線幅をスピンが緩和する長さ（スピン拡散長）に比べ十分細くしなくてはならない。したがって，スピン軌道相互作用が大きくスピン拡散長が 10 nm 程度と予想される白金族遷移金属等の場合，スピン拡散長よりも小さな線幅を有する高品位な極微細線を作

第14章 スピンホール効果—金属ナノ構造を中心に—

製することは，現在の微細加工技術を駆使しても困難である。したがって，この方法は，スピン軌道相互作用が小さい（スピン緩和が遅い）物質に限られ，スピンホール効果は必然的に小さくなる。そこで，面内に流れるスピン流ではなく，膜面に垂直に流れるスピン流により誘起されるスピンホール効果に着目した実験を次に紹介する。この場合，スピン緩和は膜厚方向に生じるが，試料の膜厚はサブナノメートルの精度で制御できるため，数 nm の膜厚の試料を作製することは困難ではない。したがって，スピン軌道相互作用が大きい物質における効率的なスピンホール効果の検出が可能となる。

次節以降では，まず我々が開発したスピン吸収効果による膜面垂直方向のスピン流注入法について述べ，Pt 細線において室温で観測された大きなスピンホール効果の実験結果について述べる。さらに，実験で観測されるスピンホール効果の発現機構についても，温度依存性や他の遷移金属におけるスピンホール効果を理論計算と対比しながら議論し[10]，最後にスピンホール効果の展望について触れて全体をまとめる。

2 スピン蓄積の電気的検出とスピン吸収

強磁性／非磁性接合に電流を流すと，強磁性体から供給される電流はスピン偏極しているため，非磁性体内の電流もスピン拡散長の範囲でスピン偏極する（図2(a)）。この現象をもう少し詳しく見てみる。いま，接合が界面抵抗を無視できる理想的な接合であるとすると，接合を通して，↑スピン（多数スピン）と↓スピン（少数スピン）の数密度に相当する電気化学ポテンシャル $\mu_\uparrow$, $\mu_\downarrow$ 及びそれらの勾配に比例する電流 $I_\uparrow$, $I_\downarrow$ は連続でなければならない。強磁性体内では，$I_\uparrow > I_\downarrow$ の関係があるので，接合近傍の非磁性体には，↑スピンが↓スピンに比べて多く蓄積

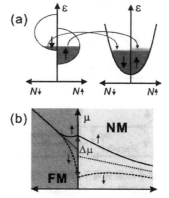

図2 (a)強磁性金属と非磁性金属の状態密度とそれらが接合した場合の電子の流れの模式図，(b)接合界面近傍の↑および↓スピンの電気化学ポテンシャルの空間分布

し，その結果，図2(b)のように電気化学ポテンシャルが $\Delta\mu \equiv \mu_\uparrow - \mu_\downarrow$ だけスピン偏極する。このことは，接合近傍の非磁性体内に非平衡磁化が誘起されたことに対応する。このように誘起された非磁性体内のスピン偏極（非平衡磁化）は，接合から十分離れた平衡状態に電子スピンが拡散することで緩和される。このスピン偏極（蓄積）$\Delta\mu$ の緩和は，拡散方程式で記述することができ，さらに時間変化が無い定常状態では，拡散方程式は下記の様に記述される。

$$D\nabla^2\Delta\mu = \frac{\Delta\mu}{\tau_s} \tag{1}$$

ここで，D は拡散定数，τ_s はスピン緩和時間である。したがって，(1)式の微分方程式を解いてやると，スピン偏極 $\Delta\mu$ が拡散長 $\sqrt{D\tau_s}$ にわたって指数関数で減衰することが分かる。したがって，$D\nabla\mu_{\uparrow,\downarrow}$ に比例したスピン依存拡散電流 $I_\uparrow$ と $I_\downarrow$ が誘起され，スピン偏極している非磁性体内では，$I_\uparrow - I_\downarrow (\neq 0)$ で与えられるスピン流が発生する。

さて，このようにして強磁性体からの電子スピン注入により誘起された非磁性体中のスピン蓄積は，以下に述べる手法を用いて電気的に検出することができる。図3(a)の走査電子顕微鏡（SEM）像に示すように，検出用素子は二本の強磁性細線が非磁性細線で架橋された構造を持つ。ここで，強磁性細線は，線幅100 nm，厚さ30 nmのパーマロイ（Py：$Ni_{20}Fe_{80}$ 合金），非磁性細線は，線幅100 nm，厚さ100 nmのCuからなる。ここで，二つのPy細線の線幅は同じであるが，細線端部の形状を変化させることで，二つの細線の保磁力に差を持たせているので，外部磁場により平行，反平行状態を制御することができる。この素子において，一方のPy細線（注

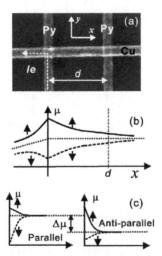

図3 (a)非局所スピンバルブ素子の走査電子顕微鏡（SEM）像，(b)銅細線内のスピン依存電気化学ポテンシャルの空間分布，(c)2本のPy細線の磁化配置が平行あるいは反平行の場合のPy細線内のスピン依存電気化学ポテンシャルの空間分布
(a)図中Pyは強磁性体パーマロイ（$Ni_{20}Fe_{80}$ 合金）を意味する。

第14章 スピンホール効果—金属ナノ構造を中心に—

入端子）から Cu 細線に図に示すように電子を流すと，前述の通り，Py からのスピン偏極した電子が Cu 細線内に注入され，接合近傍の Cu 内にスピン蓄積による非平衡磁化が誘起される。この非平衡磁化は，スピン緩和のため，接合面からの距離の増加と共に指数関数的に減衰する。この場合，電流が流れている左側の Cu 細線の化学ポテンシャルは，図3(b)のように電流による線形な電位勾配と共にスピン蓄積に対応したスピン偏極が生じる。他方，電気化学ポテンシャルの連続性から，電流の流れていない Cu 細線の右側部分にも，スピン拡散を通じてスピン蓄積とスピン流が誘起される。ここで，右側の Cu 細線において，注入端子からスピン拡散長程度の間隔で，もう一つの Py 細線（検出電圧端子）を接続すると，再び，電気化学ポテンシャルの連続性から，Py 細線の電気化学ポテンシャルにもスピン偏極が生じる。Py 層では電気伝導率がスピンに依存し，多数スピンの電気化学ポテンシャルの緩和が，少数スピンの緩和に比べ緩やかになる。そのため，図3(c)に示すように，二つの強磁性細線の磁化が平行な場合は中間点よりも上に，反平行の場合は中間点よりも下にくる。したがって，非磁性電圧端子と強磁性電圧端子間の電位差を測定することにより，非磁性細線中のスピン蓄積信号を検出することができる[11]。

ここで，前述の素子における注入端子と検出端子の間に Pt 細線を接合した場合に，スピン蓄積やスピン流の分布がどのように影響されるかについて述べる[12]。まず，図4(a)の挿入図に示す素子を用いたスピン蓄積の検出実験の室温における測定結果を示す。図と前述の議論から明らかなように，平行と反平行に対応した蓄積信号の明瞭な変化が観測されることから，非磁性細線中

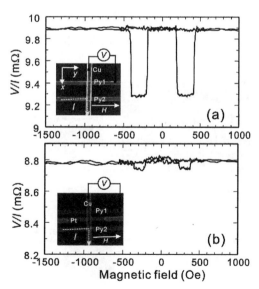

図4 (a)室温におけるスピン蓄積信号の磁場依存性，(b)白金細線が Py 細線の間に接続された場合のスピン蓄積信号の磁場依存性
上下の内挿図は測定に使用した面内スピンバルブ素子の SEM 像。

にスピン蓄積が生じている事が確認できる。次に図4(b)の場合を単純に考えると，強磁性端子間の距離が，前の素子と同じであるため，同様の測定を行うと，同じ大きさのスピン蓄積による信号変化が観測されると予想される。しかしながら，実際に観測される抵抗変化は約$50\mu\Omega$となり，図4(a)の実験値に比べ1/10以下に激減する。これは，Cu細線中を拡散伝導するスピン流が，スピン緩和の速いPt細線[13]内に吸収され，Cu細線内のスピン蓄積が緩和されたために生じる。このスピン流の吸収効果は，接合抵抗が小さい場合に顕著であり，接続した物質のスピン緩和と接続された物質のスピン緩和の大小関係に大きく依存する。すなわち，接合界面を挟んだどちらの側でスピン緩和が起こるかが吸収の大きさを決定する。したがって，このスピン蓄積信号の減衰の度合いから，接続物質のスピン緩和の速さを算出することができる[14]。

3 スピン吸収によるスピンホール効果の電気的検出

前節のスピン吸収効果により生じるスピン流についてもう少し述べる。Ptなど速いスピン緩和を示す物質を，スピン蓄積しているCu細線に接続すると，スピン流は接合面に垂直にPt内に流れ込んだ後，直ちに減衰し消失する。この場合，スピン流の流れる方向（$\nabla(\mu_\uparrow-\mu_\downarrow)$）で与えられるベクトルの方向）は，Cu細線内のように細線に沿ってではなく，むしろCu/Pt接合面に対して垂直に流れると考えるのが自然である（図5(c)参照）。ここで，Pt細線に吸収されるスピン流のスピン偏極ベクトルがx方向を向いている場合，図5(c)に示すように，逆スピンホール効果によってPt細線内に矢印方向の電流I_eが誘起されることになる。この現象を観測するために，図5(a)に示すようなPy, Cu, Ptからなる面内構造素子を作製した。ここでPt細線の厚

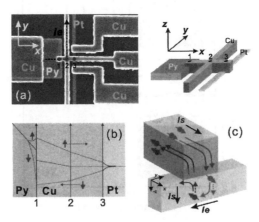

図5 (a)スピンホール効果測定用素子のSEM像とその模式図，(b)スピン依存電気化学ポテンシャルの空間分布の模式図，(c)接合界面を垂直によぎって流れるスピン流が電流に変換される過程の模式図
図中の番号は(a)のSEM像中に示す番号の位置に対応する。

第14章 スピンホール効果—金属ナノ構造を中心に—

さは4 nmとし,スピン拡散長よりも短くなるようにした[10]。この試料において,図5(a)に示すように電流を流してCu内にスピン蓄積させた後,スピン吸収効果によりPt細線に垂直にスピン流を注入する。ここで,スピン流のスピン偏極ベクトルの方向は,外部磁場によるPyの磁化の配向を介して決定される。したがって,磁場をx方向に印加すると,逆スピンホール効果によりPt細線に沿って電流が流れ,細線の両端に電圧が発生する。図6(a), (b)に,磁場をx方向に印加した場合の,室温と10 Kにおける逆スピンホール効果の測定結果を示す。図中の縦軸は,Pt細線の両端に発生した電圧を入力電流で除した量に対応する。図に示すように,Pyの磁化の反転に伴い,電圧の極性が反転する現象が室温で明瞭に観測される。これは,Pt細線に注入されるスピン流のスピン偏極ベクトルの反転に伴い散乱される電子の方向も反転するためである。また,磁場印加方向を回転させながら同様の測定を行うと,逆スピンホール効果の関係から予想される通り,抵抗変化は磁化のx成分(方向余弦)に比例して変化する。

次に,上述の結果を用いてスピンホール伝導率σ_{SHE}を算出する。一次元のスピン拡散モデルを適用すれば,Ptに流れ込む膜面垂直方向のスピン流をI_Sとすると,スピンホール伝導率σ_{SHE}は以下の式から求めることができる[15,16]。

$$\sigma_{\text{SHE}} = w_{\text{Pt}} \sigma_{\text{Pt}} \left(\frac{I_C}{I_S}\right) \Delta R_{\text{SHE}} \tag{2}$$

ここで,w_{Pt}はPt細線の線幅80 nm,σ_{Pt}はPtの室温における電気伝導率$6.4 \times 10^6 (\Omega \text{m})^{-1}$である。また,$I_C/I_S$は,励起電流とPtに注入されるスピン流の比を表しており,ここでは詳細は省略するが,前節のスピン蓄積の実験結果を用いて算出することができる。このようにして求められたPt細線のスピンホール伝導率は室温で$2.6 \times 10^6 (\Omega \text{m})^{-1}$となる。この値は,これまでに報告されているGaAsやAlなどの他の物質と比べて極めて大きな値であり,Ptのスピン軌道相互作用が大きいことを反映している。また,室温におけるスピンホール角も3.4×10^{-3}と大きな値となる。

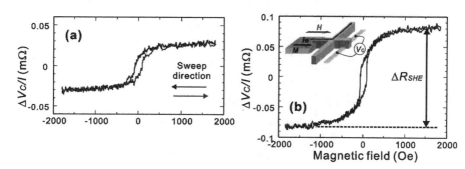

図6 (a)室温および(b)10 Kにおける逆スピンホール効果の測定結果
内挿図は,模式的な測定回路の模式図を示す。

さて，前述の実験は，スピン流から電流を生成する逆スピンホール効果の実験であったが，図7(c)の挿入図に示すように，同一試料の電流と電圧端子を入れ替えることで，"電流をスピン流に変換するスピンホール効果の実験"も可能である。この場合，Pt細線から，接合面を通してCu内に，x方向を向いたスピン流が注入される。注入されたスピン流は，Cu内にスピン蓄積を引き起こすので，前述のように，Py電圧端子を用いて，Cu内のスピン蓄積を電圧として検出することができる。図7(c)に，10 Kにおけるスピンホール効果の測定結果を示す。逆スピンホール効果と同様，Pyの磁化反転に対応した明瞭な電圧の極性変化が観測される。この場合，磁場方向を変化させてもPtからのスピンホール効果により誘起されたCu中の蓄積スピンの方向は変化しないが，検出端子であるPyの磁化が，Cu内の蓄積スピンと平行あるいは反平行かに依存して電圧の極性が変わるため，Pyの磁化反転に対応した抵抗変化が観測される。ここで重要な点は，逆スピンホール効果，及びスピンホール効果の実験で観測される抵抗変化の大きさが一致することである。これは，スピン流から電圧への変換係数であるスピン流誘起のスピンホール伝導率 σ_{SHE} と電流からスピン蓄積電圧への変換係数である電流誘起のスピンホール伝導率 σ_{SHE} が相反関係満たしていることを意味しており，電荷流とスピン流におけるOnsagerの相反定理が成り立っている。

このように，スピン吸収効果を用いれば，スピン軌道相互作用の大きい物質においても効率的にスピンホール効果の測定ができることが分かったが，観測されたスピンホール効果の起源の詳

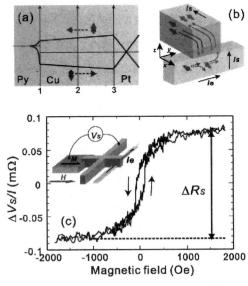

図7　(a)スピン依存電気化学ポテンシャルの空間分布と(b)銅細線と白金細線の接合近傍の模式図，(c)スピンホール効果によって生じたスピン蓄積信号の磁場依存性

第14章 スピンホール効果—金属ナノ構造を中心に—

細については未解明である。ここで紹介した複合素子の場合，界面が何らかの作用を及ぼし，大きなスピン軌道相互作用を誘起する可能性も考えられるが，スピンホール効果のPt膜厚依存性の実験結果は，一次元スピン拡散モデルで良く説明でき，Pt/Cu界面の散乱ではなく，Pt内部での散乱により引き起こされたスピンホール効果であることが確認されている[16]。冒頭に述べたように，スピンホール効果の起源には，大別してバンド構造等に起因する内因的要因と不純物による外因的要因の二種類があるが，今回の試料は多結晶のPt細線であるので，膜質の点から，外因的要因と考えるのが妥当かもしれない。外因的要因においては，Skew散乱[17]とSide jump[18]が主要な機構として知られている。これらの特徴として，Skew散乱によるホール抵抗率 ρ_{SHE}（$\approx \sigma_{SHE}/\sigma^2$）は電気抵抗率 ρ に比例，Side jumpの場合が ρ^2 に比例することが知られている。したがって，スピンホール効果の温度依存性を測定し，電気抵抗率とスピンホール抵抗率の相関を調べれば，各機構のスピンホール抵抗率への寄与の度合いを知ることができる。図8に，電気抵抗率に対するスピンホール抵抗率 ρ_{SHE} の変化を示す。ここで，ρ_{SHE} を $a\rho_{Pt}[\mu\Omega cm] + b(\rho_{Pt}[\mu\Omega cm])^2$ の式を用いてフィッティングすると，それぞれ係数は，$a=1.0\times10^{-3}$，$b=2.0\times10^{-4}$ となる。Ptの電気抵抗率が，$\rho_{Pt} > 10\mu\Omega cm$ であるので，ρ_{SHE} の ρ_{Pt} 依存性は ρ_{Pt} の二乗に比例する第2項が支配的，すなわち実験で観測されたスピンホール効果は，Side jumpが主因で生じていると推測される。また，Side jumpモデルにおける $(3\sqrt{3\pi/2})(R_K/k_F^3)(\sigma\lambda/l)$ の式[19]により（ここで，R_K は量子化抵抗，k_F はフェルミ波長，λ はスピン拡散長，l は平均自由行程）計算されるスピンホール角も実験結果と良く一致しており，Side jump起源のスピンホール効果を支持する結果になっている。しかし，内因的機構による数値計算結果においても，同程度の値が算出されることが示され[20~22]，温度依存性の実験結果も説明できるという主張[21]もあり，現在のところ，起源の詳細については決着していない。

一方で，紺谷らは最近，多軌道金属中の電子の軌道自由度に着目して内因的スピンホール効果のバンド計算を行い，前述の白金で観測されたスピンホール効果を説明した[22]。さらに，同様の

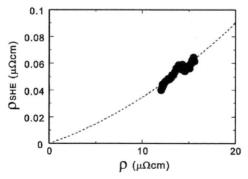

図8 スピンホール抵抗率 ρ_{SHE} と電気抵抗率 ρ の相関

手法を4d・5d遷移金属に適用することで，他の物質でも大きなスピンホール伝導率が現れることも示している。また，計算で得られたスピンホール伝導率の符号がd軌道の電子数の増加に伴い，負から正にHundの第3則（スピン軌道結合定数の符号変化）に対応することも指摘している。そこで，我々は，同様のスピン吸収法を用いてPd, Nb, MおよびTaの遷移金属のスピンホール効果を実験的に調べ，理論との対比を行うことで起源解明を目指している。興味深いことに，実験で得られたスピンホール伝導率の大きさや符号は，紺谷らの計算結果とよく一致することが分かった。これらの点から，観測されたスピンホール効果の起源は内因的要因である可能性も大いに期待できる。

4 おわりに

近年の薄膜作成技術，微細加工技術，及びスピン情報検出技術の進展に伴い，スピンホール効果の実験的報告が相次いで成されている。最近では，スピンホール角がAu細線において0.1以上になるという報告もあり[23]，スピンホール効果が単に物理的に興味深いだけではなく，応用研究に発展する高い可能性を持つ現象であることを暗示している。また，この値は，1970年代に，FertらによってなされたFeなどの磁性不純物を添加したAu薄膜中の異常ホール効果の実験で得られたホール角よりも大きい値となっており，理論・実験両面において，更なる理解が必要と考えられる。

しかし，スピンホール効果によるスピン流の生成効率は，依然として，強磁性体を用いる場合に比べると格段に劣るため，更に大きなスピンホール角を持つ物質の探索が期待される。さらに最近では，量子スピンホール効果の発現が期待される物質の理論的研究ばかりでなく，量子スピンホール効果の理論的予測と実験的検証もすでに行われており[24〜26]，エネルギー散逸の非常に少ないスピン情報の伝達手法の開発につながるかもしれない。その他，より大きな内因的スピンホール効果が期待される物質[27]も報告されており，今後の実験的検証が待たれる。一方，外因的スピンホール効果においても，不純物ポテンシャルを人工的に操作し，共鳴的なスピン軌道散乱を引き起こすことで，スピンホール角を増大させることが可能であることが指摘されている。スピンホール効果によるスピン流生成の一番の魅力は，強磁性体が不要である点であり，既に提案されている強磁性体ベースのスピントロニクス素子と融合することでも，新規なスピントロニクス素子が実現できると期待している。

謝辞

本稿で紹介した研究の一部は，前川禎通教授，高橋三郎氏との共同研究に基づいています。村

第14章 スピンホール効果—金属ナノ構造を中心に—

上修一氏,紺谷浩氏の各氏には有益な議論をして頂きました。ここに深く感謝の意を表します。

文　献

1) M. I. D'yakonov and V. I. Perel, *JETP Lett*. **13**, 467 (1971)
2) J. E. Hirsch, *Phys. Rev. Lett*, **83**, 1834 (1999)
3) Y. K. Kato, R. S. Myers, A. C. Gossard and D. D. Awschalom, *Science*, **306**, 1910 (2004)
4) J. Wunderlich, B. Kaestner, J. Sinova and T. Jungwirth, *Phys. Rev. Lett*., **94**, 047204 (2005)
5) E. Saitoh, M. Ueda, H. Miyajima and G. Tatara, *Appl. Phys. Lett*., **88**, 182509 (2006)
6) K. Ando, S. Takahashi, K. Harii, K. Sasage, J. Ieda, S. Maekawa, and E. Saitoh, *Phys. Rev. Lett*., **101**, 036601 (2008)
7) S. Takahashi and S. Maekawa, *Phys. Rev. Lett*., **88**, 116601 (2002)
8) T. Kimura, Y. Otani, K. Tsukagoshi, and Y. Aoyagi, *J. Magn. Magn. Mater*., **272-276** e 1333 (2004)
9) S.O. Valenzuela, l and M. Tinkham, *Nature* (*London*), **442**, 17610 (2006)
10) T. Kimura, Y. Otani, T. Sato, S. Takahashi and S. Maekawa, *Phys. Rev. Lett*. **98**,156601 (2007)
11) F. J. Jedema, A. T. Filip and B. J. van Wees, *Nature* (*London*), **410**, 345 (2001)
12) T. Kimura, *et al.*, *Appl. Phys. Lett*., **85**, 3795 (2004)
13) H. Kurt *et al.*, *Appl. Phys. Lett*., **81**, 4787 (2002)
14) T. Kimura, J. Hamrle and Y. Otani, *Phys. Rev. B*, **72**, 014461 (2005)
15) S. Takahashi and S. Maekawa, *Phys. Rev. B*, **67**, 052409 (2003)
16) L. Vila, T. Kimura, and Y. Otani, *Phys. Rev. Lett*., **99**, 226604 (2007)
17) J. Smit, *Physica*, **24**, 39 (1958)
18) L. Berger, *Phys. Rev. B*, **2**, 4559 (1970)
19) S. Takahashi, H. Imamura and S. Maekawa, in Concepts in Spin Electronics, edited by S. Maekawa (Oxford Univ Press, Oxford, 2006)
20) H. Kontani, M. Naito, D. S. Hirashima, K. Yamada, and J. Inoue, *J. Phys. Soc. Jpn*, **76**, 103702 (2007)
21) G. Y. Guo, S. Murakami, T.-W. Chen, and N. Nagaosa, *Phys. Rev. Lett*., **100**, 096401 (2008)
22) T. Tanaka, H. Kontani, M. Naito, T. Naito, D.S. Hirashima, K. Yamada, J. Inoue, *Phys. Rev. B*, **77**, 165117 (2008)
23) T. Seki, Y. Hasegawa, S. Mitani, S. Takahashi, H. Imamura, S. Maekawa, J. Nitta, and K. Takanashi, *Nature Mater*., **7**, 125 (2008)
24) S. Murakami, *Phys. Rev. Lett*., **97**, 236805 (2006);村上修一,日本物理学会誌, **62**, 2 (2007)
25) M. König, S. Wiedmann, C. Brüne, A. Roth, H. Buhmann, L. W. Molenkamp, X-L Qi, and S-C Zhang, *Science*, **318**, 766 (2007)

26) D. Hsieh, D. Qian, L. Wray, Y. Xia, Y. S. Hor, R. J. Cava and M. Z. Hasan, *Nature*, **452**, 970 (2008)
27) H. Kontani, T. Tanaka, D. S. Hirashima, K. Yamada, and J. Inoue, *Phys. Rev. Lett.*, **100**, 096601 (2008)

物質・材料編

第15章 高効率スピン源の理論設計

白井正文[*]

1 はじめに

　高密度磁気ディスク装置の読出しヘッドや不揮発性磁気ランダムアクセスメモリ（MRAM）の基幹要素である巨大磁気抵抗（GMR）素子やトンネル磁気抵抗（TMR）素子は，スピン依存電気伝導を利用したスピントロニクス素子の典型例である。これに限らずスピントランジスタなど能動的スピントロニクス素子を実現するためにも，非磁性金属や半導体に効率よくスピン偏極電流を生成・注入するためのスピン源の探索・創製が不可欠である。本稿では，高スピン偏極材料（ハーフメタル）を用いた高効率スピン源の候補を，電子構造と電気伝導の第一原理計算に基づいて理論設計した研究成果について報告する。これまで多種多様なハーフメタルが理論提案されているが，その中でも特に近年活発に研究されているホイスラー合金に注目する。以下ではホイスラー合金を電極材料として用いた磁気トンネル接合研究の現状と問題点を整理した後，その問題点を克服して室温においてさらに高いTMR比を実現するための一つの方策を提案する。さらに，ハーフメタルから半導体へのスピン注入を取り上げ，スピン注入の高効率化を阻害している要因について考察した後，高効率スピン注入源の候補となるハーフメタル／半導体接合を提案する。いずれの場合も異種材料界面に形成される特殊な電子状態を，いかにして上手に制御するかが重要である。

2 ハーフメタル磁気トンネル接合

2.1 現状と問題点

　近年，ホイスラー合金を電極材料に用いたTMR素子の研究が活発に行われ，アモルファス障壁をもつ$Co_2MnSi/AlO_x/Co_2MnSi$接合において低温で570 %という巨大なTMR比が観測されている[1]。これはホイスラー合金の高スピン偏極特性を実験的に検証した重要な報告である。一方，結晶化したMgO障壁を用いたTMR素子において室温でこれを上回るTMR比が得られている現状を踏まえて，もはやハーフメタル電極は不要であるという意見も聞かれる。しかし，次世

---

[*] Masafumi Shirai　東北大学　電気通信研究所　教授

代 TMR 素子に要求される素子抵抗の低減を，MgO 障壁の薄膜化だけで実現することは既に限界に達しており，将来の TMR 素子のさらなる高性能化を実現するためには，ハーフメタル電極と MgO 障壁の長所を兼ね備えた素子の開発が有望である．実際に，$Co_2FeAl_{0.5}Si_{0.5}$ または Co_2MnSi を両電極に用いた MgO 障壁トンネル接合において次々と TMR 比の向上が報告されており[2,3]，最近では $Co_2MnSi/MgO/CoFe$ 接合において低温で 750 % を越える巨大な TMR 比も観測されている[4]．しかし，ホイスラー合金を用いた TMR 素子の問題点は温度上昇に伴い TMR 比が急激に低下することで，その原因究明と克服が急務である．ホイスラー合金をはじめとするハーフメタルにおいてスピン偏極率の低下をもたらす要因として，スピン軌道相互作用[5~7]，原子配列不規則化[8,9]，スピンの熱ゆらぎ[10~12]，電子相関[13,14]，表面・界面[15,16]の影響が考慮されてきた．以下では各々の要因について，スピン偏極率に対する影響の程度とそれを克服するための方策について検討する．

2.2 スピン軌道相互作用の影響

電子の運動に及ぼす相対論効果の一つとしてスピン軌道相互作用がある．スピン軌道相互作用は上向きスピンと下向きスピンの電子状態を混成させる効果があるために，ハーフメタルにおいてもスピン軌道相互作用を考慮することによりスピン偏極率は 100 % からいくぶん低下する．ハーフメタルの特徴であるバンドギャップの大きさがスピン軌道結合定数よりも一桁程度大きい場合，ギャップ中央付近における上向き・下向きスピン状態の波動関数の混成は高々 10 % 程度である．したがって，スピン軌道相互作用の影響としてバンドギャップ中に生じる状態密度は，波動関数のスピン混成の二乗に相当する数%程度という結果になる．実際に，$NiMnSb$ や Co_2MnSi などのホイスラー合金では，スピン軌道相互作用によるスピン偏極率の低下は 1 ～ 3 % 程度であることが第一原理計算によって確かめられている[5~7]．

一般に，材料を構成している元素の原子番号が大きい場合，電子に及ぼす相対論効果がより重要になり，スピン軌道相互作用の影響が顕著になる傾向がある．またフェルミ準位がバンドギャップの中央ではなく，価電子バンド端または伝導バンド端付近に位置する場合，フェルミ準位でのスピン偏極率はスピン軌道相互作用の影響を受けやすい．ホイスラー合金 $PtMnSb$ はこの二つの条件を共に充たしているため，フェルミ準位でのスピン偏極率は 66 % 程度まで低下することが第一原理計算により予測されている[6]．したがって，スピン軌道相互作用によるスピン偏極率の低下を抑制するためには，原子番号の大きな重元素を含まず，大きなハーフメタル・ギャップの中央付近にフェルミ準位が位置する材料を選択すればよい．

2.3 原子配列不規則化の影響

ホイスラー合金のような多元合金においては原子配列の不規則化はある程度避けられない。特に，規則的に配列した原子空孔位サイトを有する NiMnSb など C1$_b$ 型ホイスラー合金の場合には，この空孔サイトへ原子が 5～10% 拡散しただけでスピン偏極率が 50% を下回ることが第一原理計算により予測されている[8]。一方，空孔サイトをもたない Co$_2$CrAl など L2$_1$ 型ホイスラー合金では，原子配列不規則化の種類によってスピン偏極率に及ぼす影響が大きく異なることが第一原理計算により確かめられた[9]。その結果によると，Cr 原子と Al 原子の不規則置換（B2 型）はスピン偏極率と磁化にほとんど影響を及ぼさない（図 1）。その理由はハーフメタル・ギャップ端の電子状態の主成分が，最隣接 Cr 原子や Al 原子の軌道と混成しない Co 3d 非結合軌道からなることによる。この傾向は他の Co ベース L2$_1$ 型ホイスラー合金に対しても共通に見られ，B2 型構造においてもフェルミ準位における擬ギャップが保持されるのが，これらホイスラー合金の特徴である。

これと対照的に Co 原子と Cr 原子の不規則置換（D0$_3$ 型）の場合には，不規則化が進むにしたがってスピン偏極率が著しく減少する（図 1）。この不規則化に伴うスピン偏極率の低下は，Cr サイトを占めたアンチサイト Co 原子の 3d 状態からなる不純物電子状態が，ハーフメタル・バンドギャップ中に形成されることに起因している。しかしながら幸いなことに D0$_3$ 型もしくは原子の配列が完全に不規則化する A2 型置換による系のエネルギー損失は B2 型置換の場合に比べてはるかに大きいので，試料に適当な熱処理を施すことによりスピン偏極率への影響という観点から不都合な原子の不規則配列を抑制することができる。

最近の Co$_2$FeAl に対する強磁性共鳴実験により，原子配列の不規則性と磁気緩和定数に相関が見られることが報告されている[17]。原子の配列が完全に不規則化した A2 型構造に比べて，B2 型の規則化が進むにつれて磁気緩和定数の値が小さくなっていく。この観測結果は B2 型規則化に伴いハーフメタル擬ギャップが形成されて，フェルミ準位における状態密度が徐々に減少して

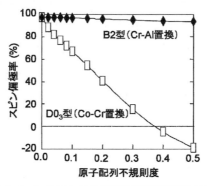

図 1　ホイスラー合金 Co$_2$CrAl における原子配列不規則度とスピン偏極率の関係[9]

いくことに対応している。ホイスラー合金における原子配列不規則性とスピン偏極率の関連性を間接的に実証したことになる。

2.4 スピンの熱ゆらぎと電子相関の影響

　絶対零度において各原子の磁気モーメントがすべて向きをそろえた状況ではハーフメタルのスピン偏極率は100％であるが，有限温度になって各原子の磁気モーメントの向きに熱ゆらぎが生じると，上向き・下向きスピン状態が混成してスピン偏極率の低下をもたらす。この影響を最も単純な平均場近似で取扱うと，スピンの熱ゆらぎに伴うスピン偏極率の温度変化は磁化の温度変化に比例することが示される[10]。より現実的な系を対象とした計算例としてホイスラー合金NiMnSbのスピン偏極率の温度変化が，ノンコリニア・スピン構造に対する第一原理計算に基づいて評価された[11]。その結果によると，温度上昇に伴うスピン偏極率の低下は磁化の温度変化よりかなり顕著である。このスピン偏極率の温度変化は，Ni原子の磁気モーメントの低温での急激な減少と関連しており，NiMnSbに特有の現象と見なせる。最近になってNiMnSbのNi原子の磁気モーメントの温度変化はもっと緩やかであることを示した理論計算も報告されており[12]，今後さらに詳細な理論的検討が必要である。いずれにしても強磁性転移温度が室温より十分に高く，かつ磁気異方性の大きな材料を選択すれば，室温におけるスピンの熱ゆらぎの影響を最小限に留めることができる。

　ハーフメタルのスピン偏極率の温度変化を議論するためには，スピン波（マグノン）と電子の相互作用を考慮することが重要であると指摘されている。電子間相互作用による多体効果（電子相関）によりハーフメタル・ギャップ中に一電子描像では記述できない非擬粒子状態が形成され，スピン偏極率の低下をもたらすというものである[13]。第一原理計算によって得られたバンド構造に動的平均場理論に基づいて電子相関の効果を考慮することによって，Co_2MnSiの少数スピンバンドのギャップ端に形成される非擬粒子状態が，スピン偏極率の温度変化の起源であると提案されている[13,14]。この理論によると，多数スピンバンドのフェルミ準位下1 eV付近にある電子状態密度のピーク構造が著しい温度変化を示す。しかし，最近の光電子分光実験では，このピーク構造の温度変化は観測されておらず，動的平均場理論の予測と矛盾する[18]。希土類化合物など局在性の強い電子系に対しては有効であった動的平均場理論を，比較的バンド描像でよく記述できるホイスラー合金に適用することが不適当なためと考えられる。

第15章　高効率スピン源の理論設計

3　高効率スピン源の理論設計

3.1　ハーフメタル／酸化物接合

　前節までの結果を踏まえて，ハーフメタル電極と酸化物障壁層の接合界面に形成される電子状態がスピン偏極率の低下をもたらし，この界面電子状態を経由したトンネル過程が温度上昇に伴うTMR特性劣化の主たる要因であると予想される[16]。ハーフメタル電極内部の伝導電子はバンドギャップ内に形成された界面電子状態に直接遷移することはできないが，接合界面付近におけるスピンの熱ゆらぎ（または集団励起としてのスピン波）によりスピン反転散乱されることにより界面電子状態に遷移され，低温では存在しなかった少数スピン電子のトンネル過程に寄与する。実際，Co_2MnSi/MgO(100)界面の電子構造を第一原理計算すると，界面がCo終端であるかMnSi終端であるかに依らず界面付近数原子層にわたってスピン偏極率が著しく低下することが確かめられる（図2）[19]。

　一方，ホイスラー合金の表面における電子構造計算によると，Co_2CrAlのCrAl終端(100)表面において約80％という比較的高いスピン偏極率が保持されている[15]。そこでCrAl終端界面を有するCo_2CrAl/MgO(100)接合の電子状態を第一原理計算したところ，フェルミ準位近傍には界面電子状態は存在せず，高スピン偏極率が接合界面に至るまで保持されることを見出した（図3）[19]。界面のCr原子の磁気モーメントはバルクのCo_2CrAlにおける値より約70％も増大しており，この磁気モーメントの増大が界面における高スピン偏極率の保持と密接に関係している。なぜなら，少数スピンバンドギャップ内に形成されるべき界面電子状態を占めるべき電子が，多数スピンバンドのフェルミ準位付近の主成分であるCr 3d軌道に収容され，その結果として界面電子

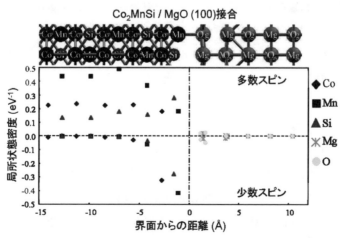

図2　Co_2MnSi/MgO(100)接合の界面構造と局所状態密度[19]

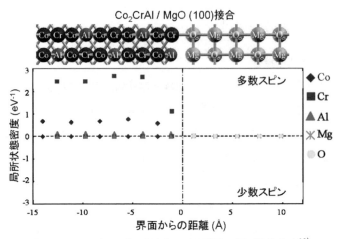

図3 Co$_2$CrAl/MgO(100)接合の界面構造と局所状態密度[19]

状態は電子に占有されることなく高エネルギー側の伝導バンド領域に押し上げられてしまうからである。これに対してCo$_2$MnSiの場合は，バルクにおいて既に多数スピンバンドのMn 3d軌道が完全に電子によって充たされているため，界面におけるMn原子の磁気モーメントの増大が抑制されてしまう。

以上の結果を踏まえると，Co$_2$CrAl/MgO/Co$_2$CrAl接合が有望なように思えるが，残念なことにCo$_2$CrAlのΔ_1バンドはフェルミ準位近傍には存在しないので，MgOにおけるΔ_1バンド電子の優先的透過性を有効に活用することができない。そこで数原子程度の極薄Co$_2$CrAl層をCo$_2$MnSi電極とMgO障壁の界面に挿入したCo$_2$MnSi/Co$_2$CrAl/MgO/Co$_2$CrAl/Co$_2$MnSi(100)接合が温度上昇に伴うTMR比の低下を克服する素子構造の有力候補であると提案した。界面形成エネルギーの計算に基づく熱力学的考察によると，トンネル接合作製の際にCo$_2$CrAl挿入層の成長過程でのCo原子の供給量を抑えることにより，CrAl終端Co$_2$CrAl/MgO(100)界面を作製することが可能である。トンネル接合界面に挿入することでハーフメタル・ギャップ中の界面電子状態を除去し得るホイスラー合金としては，Co$_2$CrAlだけでなく同じ価電子数をもつCo$_2$CrGaなどでも同様のはたらきが期待できる。

3.2 ハーフメタル／半導体接合

半導体を基盤材料とする従来の電子デバイスにスピンの自由度を利用して不揮発性や再構成可能性などを付加することにより，低消費電力化・高機能化を実現することが可能となる。そのための基盤技術の一つが半導体への高効率スピン注入の実現である。しかし，半導体へのスピン注入の問題点として，拡散伝導領域では強磁性体と半導体の伝導度が桁違いに異なることから，スピン注入の効率が著しく低下することが指摘されている[20]。この問題を克服する手段として，ス

第 15 章　高効率スピン源の理論設計

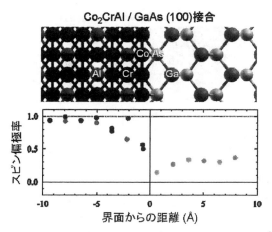

図 4　Co$_2$CrAl/GaAs(100)接合の界面構造とスピン偏極率[21]

ピン注入源としてハーフメタルを利用することやスピンフィルタ機能を有する絶縁障壁を利用することが有望である。前者の場合に注意を要するのは，強磁性体／半導体界面付近においてスピン偏極率が低下すると，そこでスピン反転を伴う伝導過程が生じるために，スピン注入効率が損なわれてしまうことである。以上の点を踏まえて，界面付近においても高スピン偏極率が保持されるハーフメタル／半導体接合を探索した。

まず，Ⅲ-Ⅴ族化合物半導体へのスピン注入源の候補として，Co$_2$CrAl/GaAs(100)接合界面におけるスピン偏極率を調べたところ，Co 終端界面付近の数原子層において Co$_2$CrAl のスピン偏極率が著しく低下していることを見出した（図 4）[21]。このスピン偏極率の低下は界面における Co–As 原子結合により生じた電子状態の変化に起因している。すなわち，少数スピン状態のフェルミ準位付近に形成されたバンドギャップ端（価電子バンド側）にある Co 3d 軌道からなるバンドが，界面での Co 3d–As 4p 軌道混成により高エネルギー側に押し上げられたためである。一方，CrAl 終端 Co$_2$CrAl/GaAs(100)接合界面においてもスピン偏極率の低下が生じるが，Co 終端界面に比べるとスピン偏極率低下の程度がいくぶん改善している。これは先に述べた CrAl 終端 Co$_2$CrAl/MgO(100)接合界面における高スピン偏極率の実現と同じ機構によるものと考えられる。以上の結果とは対照的に Co$_2$CrAl/GaAs(110)接合においては高スピン偏極率が界面付近において保持される（図 5）。この界面では Al–As 原子間と Co–Ga 原子間にバルクとは異なる結合が形成され，GaAs(110)表面に現れる非結合電子軌道とホイスラー合金の電子軌道の混成により，バンドギャップ内に生じた界面電子状態がフェルミ準位から遠ざかる。その結果としてバンドギャップ幅はバルクに比べて若干小さくなるものの，フェルミ準位での高スピン偏極率は保持される。これまでの研究により GaAs(110)量子井戸において，他の面方位より長いスピン緩和時間が観測されている[22]。したがって，ホイスラー合金とⅢ-Ⅴ族化合物半導体の(110)接合を利用し

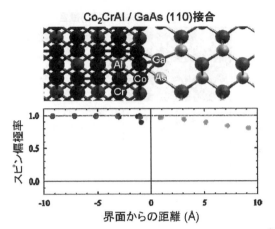

図5　$Co_2CrAl/GaAs(110)$接合の界面構造とスピン偏極率[21]

て GaAs(110)量子井戸にスピン注入するデバイス構造を作製すれば，スピン注入の高効率化と非磁性半導体中での長時間にわたるスピンの保持が同時に実現できるものと期待できる。

次に，Ⅳ族半導体 Si へのスピン注入源の候補として，高い強磁性転移温度（1100 K）をもつホイスラー合金 Co_2FeSi を取上げる[23]。これまでに SiO_2/Si 基板上に急速熱アニーリングによって Co_2FeSi 薄膜を作製した報告がなされており[24]，Co_2FeSi と Si の格子定数の差が 4 ％程度と比較的小さいので，エピタキシャル Co_2FeSi/Si 接合の作製も可能であると期待できる。まず，$Co_2FeSi/Si(100)$ と(110)接合の各々に対して最安定界面構造を求めたところ，Co_2FeSi 中の Si 原子が半導体側の Si 原子の四配位構造を保つように位置する構造が最も安定であった。最安定(100)接合におけるスピン偏極率は界面付近で著しい低下を示すのに対して，最安定(110)接合では界面に至るまで高スピン偏極率が保持される。真空に曝された $Co_2FeSi(110)$ 表面におけるスピン偏極率は 0.5 程度まで低下するので，$Co_2FeSi/Si(110)$ 接合における高スピン偏極率に関しても界面における結合様式が重要な役割を果たしていると考えられる。また，$Co_2FeSi/Si(110)$ 界面では比較的大きな原子変位が，接合面に垂直な方向だけでなく面内方向にも生じており，この原子変位（格子緩和）が界面付近におけるスピン偏極率と密接に関連していることが確かめられている。さらに，Co 原子が規則的に欠損した仮想的なホイスラー合金 CoFeSi に対しても Si との(110)界面において高スピン偏極率が保持される[25]。以上の結果からⅣ族半導体へのスピン注入においてもホイスラー合金との(110)接合が有望であると結論される。しかし，Ⅳ族半導体上への Fe_3Si 合金の分子線エピタキシ（MBE）成長の結果によると，平坦で急峻な $Fe_3Si/Ge(110)$ 接合界面の作製は困難であると報告されている[26]。一方，$Fe_3Si/Ge(111)$ 接合では非常に良好な接合界面が作製されており[26]，エピタキシャル接合においては電子軌道の対称性を考慮したスピン依存電気伝導計算による検討が今後の課題となる。

第15章　高効率スピン源の理論設計

4　今後の展望

バルクにおいてハーフメタルとしての特性を示すホイスラー合金を利用することにより，室温においても低抵抗かつ高TMR比を示すことが期待できる磁気トンネル接合と，半導体への高効率スピン注入を実現するためのヘテロ接合を，電子構造の第一原理計算に基づいて理論設計した。どちらの場合も，接合界面における原子配列と結合様式が電子構造を決定しており，スピン偏極率と密接な相関を示す。ハーフメタルと酸化物もしくは半導体の接合界面における高スピン偏極率の保持が，スピントロニクス素子の性能向上には不可欠の要因である。一方，磁気トンネル接合の低抵抗化には限界があるので，ホイスラー合金を用いたGMR素子の研究が近年盛んに行われているが，現在のところホイスラー合金のハーフメタル特性を反映した性能は得られていない。また，磁性半導体や酸化物強磁性体のスピンフィルタ機能を利用したスピントロニクス素子の試作もなされている。一方，ハーフメタルの磁気異方性やスピンダイナミクスなど基礎的な磁気特性も非常に興味深い。今後の理論・実験の進展に期待したい。

謝辞

以上で解説した研究成果の一部は，文部科学省科学研究費補助金特定領域研究「スピン流の創出と制御」（No.19048002），「次世代量子シミュレータ・量子デザイン手法の開発」（No.17064001），ならびに次世代IT基盤構築のための研究開発委託事業「高機能・超低消費電力スピンデバイス・ストレージ基盤技術の開発」により実施された。共同研究者の三浦良雄，阿部和多加の両氏，ならびに実験結果について有益な議論をしていただいた猪俣浩一郎，山本眞史，桜庭裕弥，大兼幹彦，水上茂美，木村昭夫をはじめとする諸氏に感謝の意を表します。

文　　献

1) Y. Sakuraba et al., *Appl. Phys. Lett.*, **88**, 192508 (2006)
2) N. Tezuka et al., *Japan. J. Appl. Phys.*, **46**, L454 (2007)
3) T. Ishikawa et al., *J. Appl. Phys.*, **103**, 07A919 (2008)
4) S. Tsunegi et al., *Appl. Phys. Lett.*, **93**, 112506 (2008)
5) Ph. Mavropoulos et al., *Phys. Rev. B*, **69**, 054424 (2004)
6) Ph. Mavropoulos et al., *J. Phys.: Condens. Matter*, **16**, S5759 (2004)
7) M. Sargolzaei et al., *Phys. Rev. B*, **74**, 224410 (2006)

8) D. Orgassa *et al.*, *Phys. Rev. B*, **60**, 13237 (1999)
9) Y. Miura *et al.*, *Phys. Rev. B*, **69**, 144413 (2004); *J. Appl. Phys.*, **95**, 7225 (2004)
10) R. Skomski and P.A. Dowben, *Europhys. Lett.*, **58**, 544 (2002)
11) M. Lezaic *et al.*, *Phys. Rev. Lett.*, **97**, 026404 (2006)
12) L. M. Sandratskii, *Phys. Rev. B*, **78**, 094425 (2008)
13) M. I. Katsnelson *et al.*, *Rev. Mod. Phys.*, **80**, 315 (2008)
14) L. Chioncel *et al.*, *Phys. Rev. Lett.*, **100**, 086402 (2008)
15) I. Galanakis, *J. Phys.: Condens. Matter*, **14**, 6329 (2002)
16) Ph. Mavropoulos *et al.*, *Phys. Rev. B*, **72**, 174428 (2005)
17) S. Mizukami *et al.*, *J. Appl. Phys.*, (to be published)
18) K. Miyamoto *et al.*, *Phys. Rev. B*, (to be published).
19) Y. Miura *et al.*, *J. Phys.: Condens. Matter*, **19**, 365228 (2007); *Phys. Rev.*, **B 78**, 064416 (2008)
20) G. Schmidt *et al.*, *Phys. Rev. B*, **62**, R 4790 (2000)
21) K. Nagao *et al.*, *J. Phys.: Condens. Matter*, **16**, S 5725 (2004); *Phys. Rev. B*, **73**, 104447 (2006)
22) Y. Ohno *et al.*, *Phys. Rev. Lett.*, **83**, 4196 (1999)
23) S. Wurmehl *et al.*, *Phys. Rev. B*, **72**, 184434 (2005)
24) Y. Takamura *et al.*, *J. Appl. Phys.*, **103**, 07 D 719 (2008)
25) K. Abe *et al.*, *J. Phys.: Condens. Matter*, **21**, 064244 (2009)
26) T. Sadoh *et al.*, *Appl. Phys. Lett.*, **89**, 182511 (2006)

第16章　ハーフメタル薄膜とトンネル磁気抵抗効果

猪俣浩一郎[*1]，介川裕章[*2]

1　はじめに

　スピントロニクスを大きく拓くための最も大きな技術課題の一つにハーフメタルの開発がある。ハーフメタルは図1に示すように，一方のスピンバンドは金属的であるが他方のスピンバンドには半導体的にエネルギーギャップ (Δ) が存在するような特殊な材料である。そのため，ハーフメタルはスピン分極率 $P=1$ をもつ。ここで，$P=[D_\uparrow(E_F)-D_\downarrow(E_F)]/[(D_\uparrow(E_F)+D_\downarrow(E_F))]$ で定義され，$D_\uparrow(E_F)$ および $D_\downarrow(E_F)$ はそれぞれ↑および↓スピンバンドのフェルミエネルギー E_F における状態密度である。図1の δ は↓スピンの伝導帯端とフェルミ準位とのエネルギー差であり，これが小さいと温度上昇に伴いスピンがフリップして非弾性トンネルが生じハーフメタル性が失われるので，δ および Δ はできるだけ大きいことが望ましい。ハーフメタルを用いて強磁性トンネル接合（MTJ）を作製すると，Juliere の式 $TMR=2P_1P_2/(1-P_1P_2)$[1] から予想されるように，無限に大きなトンネル磁気抵抗（TMR）の発現が期待される。また，ハーフメタルは大きな CPP-GMR（膜面垂直方向に電流を流した場合の GMR）や半導体への高効率スピン注入を実現する上でも欠かせないキーマテリアルである。

　ハーフメタルの存在が最初に理論的に指摘されたのは C1b 構造のハーフホイスラー合金 NiMnSb[2] であった。以後，これまで Fe_3O_4[3]，CrO_2[4]，$La_{0.7}Sr_{0.3}MnO_3$（LSMO）[5] および Sr_2FeMoO_6[6] などの酸化物系，Co_2MnSi[7] などのフルホイスラー合金系，さらには閃亜鉛鉱型 CrAs[8] などがハー

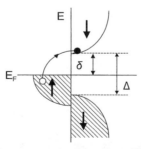

図1　ハーフメタルのバンド構造

　＊1　Koichiro Inomata　㈱物質・材料研究機構　磁性材料センター　フェロー
　＊2　Hiroaki Sukegawa　㈱物質・材料研究機構　磁性材料センター　研究員

フメタルとして理論的に指摘されている。実験的には2003年,LSMOを用いたMTJで低温において1800%のTMRが報告された[9]。この値はJulliereの式から導出されるスピン分極率$P=0.95$に相当し,LSMOはハーフメタルであることを意味している。しかし,この物質のT_cは350Kと小さいため,室温におけるTMRは数%に激減してしまう。一方,近年,T_cの高いCo_2MnSiや$Co_2FeAl_{0.5}Si_{0.5}$などのCo基フルホイスラー合金で大きな進展があり,室温ハーフメタルの実現に大きな期待が寄せられるようになってきた。ハーフメタルに関しては総合報告[10]や成書[11]が出版されているので,関心のある読者は参照されたし。

ハーフメタルであることを実験的に検証する方法には①スピン分解光電子分光法[12],②飽和磁化の温度変化の測定[13],③抵抗の温度変化の測定[14],④点接触アンドレー反射(PCAR)法[15],⑤コヒーレントトンネルが起こらないAl酸化膜AlO_xなどのバリアを用いてMTJを作製し,そのTMRからJulliereの式を用いてPを求める方法などがある。①の方法はエネルギーが小さいため電子の平均自由行程が小さく,観測される領域が界面近傍に限られるため,ハーフメタル材料そのもののスピン分極率を測定するのが難しいという課題がある。②および③は熱励起の挙動を調べ,理論的にハーフメタルから期待されるような温度依存性を示すかどうかを調べ判定する方法であるが,測定精度の問題もありこの測定のみでハーフメタル性を確証できるような状況にはない。④の方法は超伝導体のギャップを利用するものであるが,点接触という性質上試料との界面の問題が生じ,パラメータフィッティングが避けられない。また,極低温での測定に限られるという問題もある。一般に,PCAR法で求めたスピン分極率はTMRから求めた値とは必ずしも一致せず,PCAR法によるスピン分極率の物理的意味については様々な議論がある[16]。現在のところ,⑤のMTJによる方法がデバイスに近いということもあり,最も信頼性の高い方法としてよく用いられている。PCAR法およびMTJ法で得られた各種材料のスピン分極率を図2に示す[15]。

理論的にハーフメタルであっても一般にMTJで大きなTMRを得るのは困難である。その理由

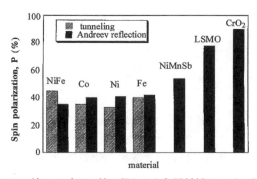

図2　PCAR法およびMTJ法で得られた各種材料のスピン分極率[15]

はいくつか考えられる。一つにはバンド構造がバルクと薄膜の表面あるいは界面とで異なることである。特にトンネル接合ではバリア材料によって界面の電子状態が異なるので，スピン分極率もバリア材料に依存する[17]。第2には，ハーフメタル特性が組成や構造に敏感なことである。計算は化学量論組成について行なわれているが，実験的には一般に組成ずれを起こす。また，化学量論組成が得られたとしても，結晶構造的に完全な規則相を得るのは難しい。通常 chemical disorder を伴い，例えばNiMnSbではそれが5％以上になるとハーフメタル特性が失われることが報告されている[18]。第3には，トンネル電子が必ずしもスピンを保存しないことである。バリアとの界面でハーフメタル電極のギャップ中に界面準位ができたり，バリア中に磁性不純物が存在したりすると，マグノン励起を介して非弾性トンネルが生じ，ハーフメタルから期待されるような巨大なTMRが得られない。特に，温度が上昇するとこの効果が大きい。

NiMnSbや酸化物系ハーフメタルについては以前すでに解説し[19]，その後も大きな進展がないので，本稿では最近進展著しいフルホイスラー合金に限って現状を詳述する。

2　フルホイスラー合金の物理的性質と初期の研究

フルホイスラー合金は化学組成 X_2YZ で表され $L2_1$ 構造をもち，構造がハーフホイスラー合金より安定である。特に，X＝Coではキュリー点が高いので室温ハーフメタル材料として期待されている。フルホイスラー合金の $L2_1$ 結晶構造を図3に示す。フルホイスラー合金で注意すべきことは規則－不規則変態が存在することである。X_2YZ においてYとZが不規則置換するとB2構造に，X，Y，Z原子全てが不規則置換するとA2(bcc)構造になる（図4）。これらはX線を用いて同定することができる。$L2_1$ の規則線は（111）と（311），B2のそれは（002）である。いずれの回折線も存在しなければA2と判断できる。

最初にハーフメタルとして理論的に指摘されたフルホイスラー合金は Co_2MnGe と Co_2MnSi であった[7]。最近はハーフメタルを示す多くの系が理論的に指摘されており，バンドのエネルギー

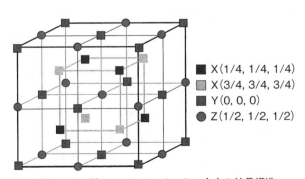

図3　$L2_1$ 型 X_2YZ フルホイスラー合金の結晶構造

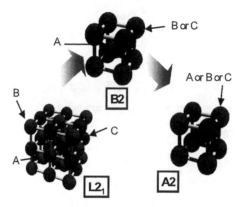

図4　フルホイスラー合金の規則―不規則変態

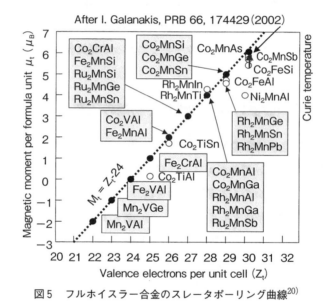

図5　フルホイスラー合金のスレータポーリング曲線[20]

ギャップは主として Co–Co 間の少数スピン電子の混成軌道で決定され，磁気モーメントはスレータポーリング曲線に従うことが示されている（図5）[20]。一方，実験的には 2002 年までは，Co_2MnGe[21] および Co_2MnSi[22] の構造や磁気特性が調べられた。これらの研究により，基板加熱あるいは成膜後の熱処理によって $L2_1$ 構造が得られること，磁化はバルク並みの値が得られることが示された。ほかに比抵抗の値や不規則度などが報告されている[23]。NMR 測定によれば，Co_2MnGe や Co_2MnSi においては Mn と Ge あるいは Mn と Si 原子間の置換が生じやすい[24]。

2003 年になってはじめてフルホイスラー合金を用いた MTJ が作製された。材料は $Co_2(Cr_{0.6}Fe_{0.4})Al$（CCFA）であり，真空度の悪いスパッタ装置が使用されたにもかかわらず，室温で 16% の TMR が得られた[25]。CCFA は理論的にハーフメタルとして知られている Co_2CrAl に着目

し，そのキュリー点を増大させるため Cr の一部を Fe で置換したものである。特筆すべきことは，この CCFA は $L2_1$ 構造ではなく B2 構造であったことである。このような不規則構造でも比較的大きな TMR が得られたことも新しい発見であった。これは後に理論的にもサポートされた[26]。この TMR の観測を契機にフルホイスラー合金がにわかに注目を集めるとともに，ハーフメタルが再認識されるようになった。最近では Co 基フルホイスラー合金がハーフメタル実現の本命とみなされるようになっている。CCFA に関しては文献 27, 28) を参照して頂きたい。以下では，MTJ において最近進展著しい Co_2MnSi および $Co_2FeAl_{0.5}Si_{0.5}$ ハーフメタルに絞って詳しく紹介する。

3　Co_2MnSi 膜の構造とトンネル磁気抵抗

ホイスラー合金薄膜は通常，スパッタ法を用いて作製されている。一例として，熱酸化 Si 基板上に室温で Cr をバッファ層として成膜し，その上に作製した Co_2MnSi 薄膜の熱処理温度の違いによる X 線回折像を図 6 に示す。As-depo. 膜はアモルファス的であるが，400 ℃以上で熱処理した場合，$L2_1$ 構造になることがわかる。近年は基板として MgO(100) を用いることが多い。これは B2 または $L2_1$ 構造のエピタキシャル成長した単結晶膜が得やすく，物理的に現象をより理解しやすいからである。この場合，MgO 基板の表面は荒れているのでバッファー層を用いることが重要であり，通常，比較的格子マッチングのよい Cr 膜または MgO 膜が使用される。このようにして作製された Co_2MnSi(CMS) は成膜後 300 ℃以上の熱処理で $L2_1$ になり，それ以下では B2 構造になる。Cr バッファの方がより低温で $L2_1$ を得易く，一方，MgO バッファーの場合はより小さなラフネスが得られる傾向にある。また，一般に加熱基板上に成膜した方がより

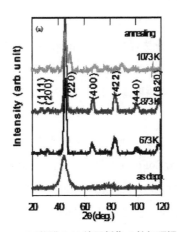

図 6　Co_2MnSi 薄膜の X 線回折像の熱処理温度依存性

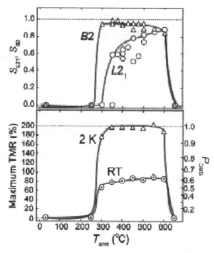

図7　CMS 薄膜の規則度および TMR の熱処理温度依存性[29]

低温で $L2_1$ が得られるが，表面粗さの点では成膜後熱処理した方がラフネスの小さい膜が得られる。そのため，大きな TMR が報告されている MTJ ではもっぱら成膜後熱処理が採用されている。

図7は MgO(100) 基板上に作製された Cr(40)/CMS(30) の B2 および $L2_1$ 規則度および Cr(40)/CMS(30)/Al(1.3)Ox/$Co_{75}Fe_{25}$(5)/IrMn(10)/Ta(5)（括弧内は膜厚（nm））MTJ の2K における TMR の熱処理温度依存性を示している[29]。B2 および $L2_1$ の規則度はそれぞれ (002) および (111) 規則線の (004) に対する X 線相対強度比を計算値で規格化したものである[30]。MTJ では AlOx と下部 CMS の間に Mg（Mg は熱処理によって酸化される）を挿入し，CMS の酸化を防いでいる。300 ℃以上の熱処理温度で CMS はほぼ完全な B2 規則度を示し，それに伴い2K で200 %に近い TMR が得られている。バリアはアモルファス構造であることが確認されており，$Co_{75}Fe_{25}$ の P は約0.5であることを考慮すると，Julliere の式から CMS の P はほぼ1 となり，CMS はハーフメタルであることを示している。これはハーフメタル特性を得るためには，$L2_1$ 構造が必須ではなく B2 規則度の高い構造で十分であることを示唆しており，初期の実験結果[25]および理論計算[26]と一致している。

CMS の課題は室温での TMR が大きく低下してしまうことである。図8は CMS/AlOx/CMS の TMR の温度依存性を CMS/AlOx/CoFe および CoFe/AlOx/CoFe と比較して示したものである[31]。CMS を用いたものはいずれも CoFe/AlOx/CoFe に比べて温度変化が大きく，特に CMS/AlOx/CMS の温度変化が著しく大きい。最近は，MgO バリアを用いた CMS/MgO/CMS エピタキシャル MTJ も調べられているが，低温で683 %，室温で179 %と，やはり TMR の温度変化はか

第16章 ハーフメタル薄膜とトンネル磁気抵抗効果

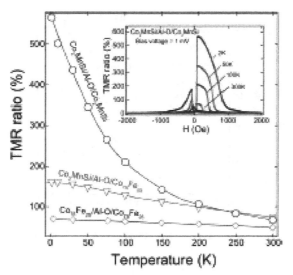

図8 AlOxバリアを用いた各種トンネル接合のTMRの温度変化[31]

なり大きい[32]。TMRのバイアス依存性にゼロバイアスアノマリーが観測されており，このような大きなTMRの温度変化はマグノン励起に伴う非弾性トンネルの寄与によるものと考えられるが，その機構については界面での不純物の影響，フェルミ準位の位置[30]，界面準位の存在[33]などいろいろなことが考えられ，より詳細な研究が必要である。

4　Co_2Fe（Al，Si）膜の構造とトンネル磁気抵抗

この系は4元系ホイスラー合金として成功しつつある最初のフルホイスラー合金である。まず，この研究経緯から述べよう。筆者らは初期のCCFA膜の研究中にCrを含まないCo_2FeAl（CFA）についても調べた。CFA膜は600℃の熱処理でもL2_1にならず，B2構造であった[34]。B2のCFAはハーフメタルにならないが，AlOxを用いたMTJのTMRは室温で60％弱とまずまずの値を示し，L2_1ができればかなり期待できるという感触を得た。その後，Co_2FeSi(CFS)がハーフメタルであるという計算結果が出された[35]。実験してみると，CFSは300℃以上の熱処理でL2_1になり，規則化しやすい物質であることがわかった。しかし，CFSを用いたMTJは期待に反して大きなTMRを示さず，室温で40％程度であった[27]。その理由はCFSのフェルミ準位が伝導帯の底に近く，ハーフメタル性が規則度や温度の影響を受けやすいからと考えられた。CFAはCFSより伝導電子が一つ少ないため，フェルミ準位は価電子帯の上端に位置すると考えられる。従って，AlとSiを50％ずつ混合すればフェルミ準位がバンドギャップ中央に位置し，より

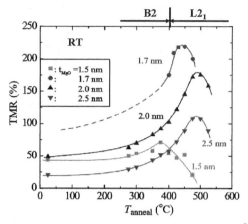

図9 室温におけるTMRの熱処理温度（T_a）依存性[36]

ハーフメタル性を得やすく，CFAに比べL2_1構造も得やすくなるのではないか。そんな考えでCo$_2$Fe(Al, Si)の研究を始めた。2005年のことである。以下，Co$_2$FeAl$_{0.5}$Si$_{0.5}$をCFASと記す。

4.1 Crバッファー

図9にMgOバリアを用いたCFAS/MgO/CFASスピンバルブ型MTJの室温TMRの熱処理温度依存性を示す[36]。成膜は全て室温で行い，下部CFASを成膜後400℃の温度で熱処理している。図9の熱処理温度は，接合を作製した後交換結合を付与するため磁場中熱処理したときの温度である。MgOバリアは電子ビーム蒸着（EB）を用いて，その他はスパッタを用いて作製している。基板はMgO(100)，バッファー層はCrを使用している。結晶構造は熱処理温度400℃まではB2，それ以上でL2_1である。TMRはMgOバリア厚さに依存し，1.7 nmのときT_a=430℃の熱処理において最大220 %が得られた。低温のTMRは5 Kで390 %である。MgOバリア厚1.7 nmの場合，T_{annel}=450℃より高温でのTMRの減少はCrの拡散によるものであり，MgOバリア厚がより厚い場合の500℃以上でのTMRの低下はピン層に用いたIrMn中のMnの拡散によるものと考えられる。

4.2 MgOバッファー

より高い規則度を目指しより高温での熱処理を行うべく，Cr拡散の影響を除くためCrに代えてMgOバッファーを用いた結果を以下に示す。但し，この実験でのMgOバッファーおよびMgOバリアは装置の都合上，ともにスパッタ法で作製している。図10はMgO(100)/MgO(20)/CFAS(30)のX線回折像の熱処理依存性を示している。(a)はθ-2θ，(b)は膜面内（111）ϕスキャンである。(a)ではas-depo.状態から（002）回折線が観察されCFASは少なくともB2である。一方，

第 16 章　ハーフメタル薄膜とトンネル磁気抵抗効果

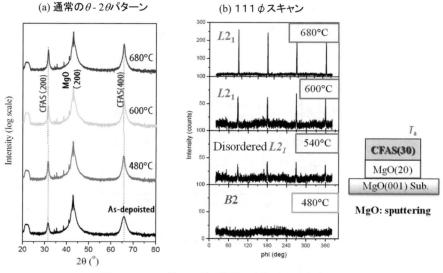

図 10　CFAS 膜の X 線回折像の熱処理温度依存性

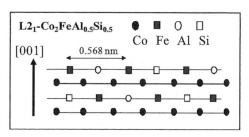

図 11　L2_1-CFAS の原子配置モデル

(b)では 540 ℃以上で 4 回対象の（111）回折線が観測されており，この温度以上で L2_1 が得られることを示している。NMR によれば Co と Si は正規の位置を占め，Fe と Al が置換しやすい[37]。それが不規則置換したとき，B 2 が得られる。CFAS の L2_1 構造における [001] 方向の原子配置モデルを図 11 に示す。

　図 12 は TMR の温度変化である[38]。CFAS は上下電極とも 540℃ で熱処理している。図 12 には比較のため CFAS/MgO/CoFe の結果も示している。CFAS/MgO/CFAS の上下 CFAS のスピン分極率が同じと仮定すると 7 K での TMR と Julliere の式から CFAS の 7 K でのスピン分極率は $P=0.78$ となる。この値を CFAS/MgO/CoFe に適用すると，P(CoFe)$=0.505$ となる。この P は AlOx を用いて得られる $P=0.5$ とほぼ同じである。従って，少なくともスパッタ法で作製した CFAS を用いた MTJ ではコヒーレントトンネルによる TMR のエンハンスは観測されない。断面 TEM 観察の結果，スパッタで作製した MgO バリア内には多くの転位が存在し，また界面にも多くの欠陥が存在することが判明しており，これがコヒーレントトンネルを妨げているのかもしれない。

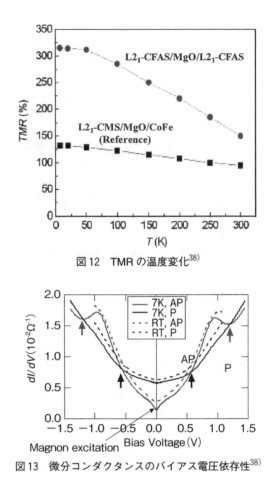

図12 TMRの温度変化[38]

図13 微分コンダクタンスのバイアス電圧依存性[38]

　低温のTMRは320％程度とあまり大きくないが，CFASがハーフメタルであることを示唆する現象がスピン依存トンネル分光において観測される。図13は7K（実線）および室温（点線）における微分コンダクタンス $G = dI/dV$ のバイアス電圧依存性である[38]。かなり対称性のよい曲線と±0.6V以下でほぼフラットな平行状態の G (G_P) が観測され，さらに G_P と G_{AP} が二つの異なるバイアス電圧±0.6Vおよび±1.2Vにおいて交差している。±0.6Vにおける交差はバンドギャップに対応しており，その値はバンド計算結果（図14）[39,40]とよく一致している。また，±1.2Vの交差は G_{AP} が±0.9Vでピークをもつことから生じており，これは少数スピンバンドがフェルミ準位より下0.9eVでピークをもつ（図14）ことに対応している。一方，ゼロバイアス近傍のディップ（G_{AP}, G_P ともに見られる）はマグノンの寄与を示している。これから，CFASがハーフメタルであるにも関わらずそれに呼応するような巨大TMRが得られない原因は，マグノン励起にともなう非弾性トンネルの存在によるものと考えられる。図13は，これに加えバル

第16章 ハーフメタル薄膜とトンネル磁気抵抗効果

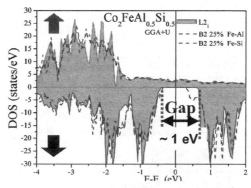

図14 CFAS の状態密度の第1原理計算[39,40]

ク CFAS のハーフメタル性を示すダイレクトトンネルが存在することを示している。

最近の研究では，CFAS を用いた MTJ の低温（7 K）での TMR は最大で 430 %[41]であり，まだハーフメタル性を示すような大きな値は得られていない。これは MgO 膜の品質に課題があると考えられ，スパッタ装置を改善することでより大きな TMR が得られるものと期待している。CFAS を用いた MTJ では室温で 200 % を超える TMR が比較的容易に得られ，CMS との違いが見られる。この違いが何に起因するのか，今後，解明が必要である。

5 その他の Co 基ホイスラー合金

上記以外の Co 基フルホイスラー合金については最近，PCAR を用いてバルクおよび薄膜のスピン分極率がいろいろな4元系について測定されている[42〜45]。しかし，得られた P と MTJ で求められる低温の P とは多くの場合一致しない。両者で界面が異なるので違ってもよいとは思われるが，違いが大きすぎるように思える。詳細な研究が待たれる。

最後にハーフメタルを用いた室温 TMR の進展を図15に示しておく。フルホイスラー合金を用いた MTJ が作製されてから5年で TMR は10倍に増大した。今後さらに向上することは間違いないが，ハーフメタルから期待されるような巨大 TMR を室温で実現するためには，マグノンの寄与をどのようにして低減させるかがキーとなる。これについては最近の理論的指摘[46]は興味深い。

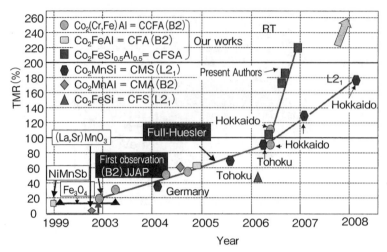

図15　ハーフメタルを用いた MTJ の室温 TMR の変遷

6　おわりに

　理論的にハーフメタルであることが知られる材料のうち，進展著しいフルホイスラー合金系を中心に研究の現状をまとめた。現在，Co_2MnSi（CMS）および $Co_2Fe(Al, Si)$（CFAS）を用いた MTJ で大きな TMR が得られているが，まだ不明の点が多い。特に，スピン分極率を含め界面構造に関する詳細な理論的および実験的研究が必要である。また，室温で巨大 TMR を実現するためにはマグノンの寄与をどのようにして低減させるか，これも界面と関わることであるが研究が必要である。さらに，上記を考慮した新しいハーフメタル材料の出現も待たれる。室温ハーフメタルが実現し，それがスピントロニクスの新しい展開に大きく寄与するときが一日も早く来ることを期待している。

文　　献

1) M. Julliere, *Phys. Lett.*, **54 A**, 225（1975）
2) R. A. de Groot *et al.*, *Phys. Rev. Lett.*, **50**, 2024（1983）
3) Z. Zhang *et al.*, *Phys. Rev.*, **B 44**, 13319（1991）
4) S. Lewis *et al.*, *Phys. Rev.*, **B 55**, 10253（1997）
5) W. Pickett and D. Singh, *Phys. Rev.*, **B 53**, 1146（1996）
6) K. I. Kobayashi *et al.*, *Nature*, **395**, 677（1998）

7) S. Ishida et al., *J. Phys. Soc. Jpn.*, **64**, 2152 (1995)
8) 白井正文, 応用物理, **70**, 275 (2001)
9) J. M. Teresa et al., *Phys. Rev. Lett.*, **82**, 4288 (1999)
10) M. I. Katsnelson et al., *Rev. Mod. Phys.*, **80**, 315 (2008)
11) *Half-metallic alloys*, ed. by I. Galanakis and P. H. Dederichs, 2005, Springer
12) J. H. Park et al., *Nature*, **392**, 794 (1998)
13) C. Hordequin et al., *J. Magn. Magn. Mater.*, **162**, 75 (1996)
14) M. J. Otto et al., *J. Phys. Condens. Matter*, **1**, 2351 (1989)
15) R. J. Solen Jr., at al., *Science*, **282**, 85 (1998)
16) P. Chalsani et al., *Phys. Rev. B* **75**, 094417 (2007)
17) M. Bowen et al., *Appl. Phys. Lett.*, **82**, 233 (2003)
18) D. Orgassa et al., *Phys. Rev. B*, **60**, 13237 (1999)
19) スピエレクトロニクスの基礎と最前線, 監修猪俣浩一郎, シーエムシー出版, P 138 (2004)
20) I. Galanakis, P. H. Dederichs and N. Papanikolaou, *Phys. Rev.*, **B 66**, 174429 (2002)
21) T. Ambrose et al., *J. Appl. Phys.*, **87**, 5463 (2000)
22) M. P. Raphael et al., *Appl. Phys. Lett.*, **79**, 4396 (2001)
23) M. P. Raphael et al., *Phys. Rev.*, **B 66**, 104429 (2002)
24) M. Wojcik et al., Proc. of ICMFS (2003)
25) K. Inomata, S. Okamura, R. Goto and N. Tezuka, *Jpn. J. Appl. Phys.*, **42**, L 419 (2003)
26) Y. Miura, K. Nagao and M. Shirai, *Phys. Rev. B*, submitted
27) K. Inomata et al., *J. Phys. D*, **39**, 816 (2006)
28) T. Marukame et al., *IEEE Trans. Magn.*, **43**, 2782 (2007)
29) 桜庭など, *J. Magn. Soc. Jpn*, **31**, 338 (2007). in Japanese
30) Y. Sakuraba et al., *Appl. Phys. Lett.*, **88**, 192508 (2006)
31) Y. Sakuraba et al., *Appl. Phys. Lett.*, **88**, 192508 (2006)
32) T. Ishikawa et al., *J. Appl. Phys.*, **103**, 07 A 919 (2008)
33) P. Mavropoulos et al., *Phys. Rev. B*, **72**, 174428 (2005)
34) S. Okamura et al., *Appl. Phys. Lett.*, **86**, 232503 (2005)
35) S. Wurmehl et al., *Phys. Rev. B*, **72**, 184434 (2005)
36) N. Tezuka et al., *Jpn. J. Appl. Phys.*, **46**, L 454 (2007)
37) K. Inomata et al., *Phys. Rev. B*, **77**, 214425 (2008)
38) W. H. Wang et al., *Appl. Phys. Lett.*, **93**, 122506 (2008)
39) Z. Gercsi and K. Hono, *J. Phys. Condens. Matter*, **19**, 326216 (2007)
40) T. M. Nakatani et al., *J. Appl. Phys. Lett.*, **102**, 033916 (2007)
41) 介川裕章ほか, 日本磁気学会学術講演概要集 2008, 14 p 1 PS-34 (B)
42) S. V. Karthik et al., *Appl. Phys. Lett.*, **89**, 052505 (2007)
43) A. Rajanikanth et al., *J. Appl. Phys.*, **101**, 09 J 508 (2007)
44) S. V. Karthik et al., *J. Appl. Phys.*, **102**, 043903 (2007)
45) 高橋有紀子ほか, 文部科学省研究費補助金特定領域研究「スピン流の創出と制御」平成20年度研究会資料 P 12
46) Y. Miura et al., *Phys. Rev. B*, **78**, 064416 (2008)

第17章　結晶MgOトンネル障壁の巨大な
トンネル磁気抵抗効果

湯浅新治[*]

1　TMR効果の歴史と背景

　厚さ数nm以下の絶縁体層（トンネル障壁）を2枚の強磁性金属層（強磁性電極）で挟んだ磁気トンネル接合素子（Magnetic Tunnel Junction（MTJ）素子；図1）は，電子のスピン依存トンネル伝導に起因してトンネル磁気抵抗効果（Tunnel MagnetoResistance（TMR）効果）を示す（詳しくは第2章参照）。低温でTMR効果が発現することは1970年代から知られていたが[1,2]，室温では磁気抵抗が得られなかったため，その後十数年の間あまり注目されることはなかった。しかし，1988年に磁性金属多層膜の巨大磁気抵抗（GMR）効果が発見され（第1章参照）[3,4]，応用上重要な室温・低磁界における磁気抵抗変化率（MR比）はそれ以前に比べて一桁大きい約10％にまで増大した（図2）。GMR効果の発見後，これを用いた磁気センサー（ハードディスクの再生磁気ヘッドなど）の研究開発が盛んになるにつれて，TMR効果にも再び注目が集まるようになった。1994～1995年に宮崎ら[5]とムデーラ（J. Moodera）ら[6]は，トンネル障壁にアモルファス

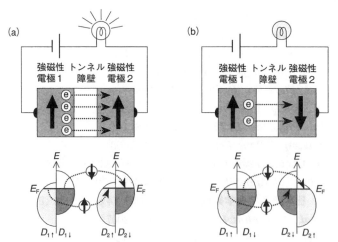

図1　磁気トンネル接合（MTJ）のトンネル磁気抵抗（TMR）効果の概念図
(a)平行磁化状態，(b)反平行磁化状態

　＊　Shinji Yuasa　㈱産業技術総合研究所　エレクトロニクス研究部門　研究グループ長

第 17 章　結晶 MgO トンネル障壁の巨大なトンネル磁気抵抗効果

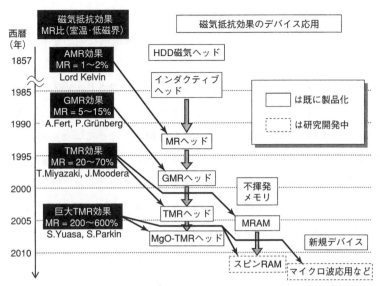

図 2　磁気抵抗効果とその応用の歴史と展望

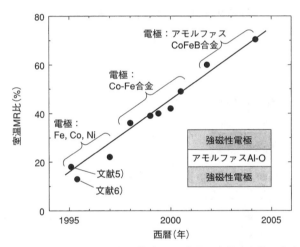

図 3　アモルファス Al–O トンネル障壁 MTJ 素子の室温 MR 比の向上の歴史

酸化アルミニウム（Al–O），強磁性電極に多結晶の 3d 強磁性金属を用いた MTJ 素子を作製し，室温で 20％近い MR 比を実現した。これが，実用構造の磁気抵抗素子における室温 MR 比の最高値（当時）であったため，TMR 効果が一躍脚光を浴びることとなった。その後，Al–O トンネル障壁の作製法や電極材料の最適化が精力的に研究され，現在までに室温で 70％を越える TMR 効果が実現されている（図 3）。

　GMR 効果および室温 TMR 効果は，発見から約 10 年でハードディスク（HDD）の再生磁気ヘッドとして実用化された（図 2）。1997 年に GMR ヘッドが実用化され，続いて 2004〜2005 年にア

モルファスAl–OまたはアモルファスTi–OトンネルバリアのMTJ素子を用いたTMRヘッドが実用化され[7]、これらの技術はハードディスクの記録密度の飛躍的な向上をもたらした。さらに、2006年にはアモルファスAl–OトンネルバリアのMTJ素子を用いた不揮発性メモリMRAMが製品化され、高速かつ高書き換え耐性の不揮発性メモリとして注目されている。しかし、アモルファスAl–Oトンネル障壁を用いた従来型MTJ素子の性能（MR比）の改善はほぼ飽和しており、これがHDDやMRAMの更なる高性能化に向けて深刻な問題となっていた。例えば、アモルファスのトンネル障壁を用いたTMRヘッドでは、200 Gbit/inch^{2}より高い面記録密度に対応することは困難であった。この限界を超えるためには、より高いMR比と非常に低いトンネル抵抗値の両立という困難な課題を克服する必要があった。また、スピントルク磁化反転を用いた大容量MRAM（スピンRAM；詳しくは第30章参照）を実現するには、少なくとも150％を超える巨大なMR比の実現が不可欠だった。このように、より高性能で高集積な次世代デバイスの開発のために、新原理や新材料に基づいた画期的な高性能MTJ素子の実現が切望されてきた。

TMR効果の基礎物理面では、強磁性電極層のスピン分極率P（フェルミエネルギーE_Fにおける状態密度の分極率；詳しくは第2章参照）の理論値と実験値が一致せず、多くの場合その符号すら異なるという問題があった（図4参照）。通常の強磁性遷移金属・合金では、スピン分極率

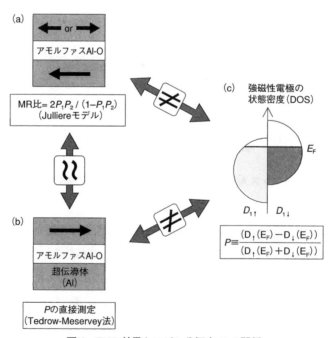

図4 TMR効果とスピン分極率Pの関係
(a)Al–OトンネルバリアMTJ素子のTMR効果とJulliereモデル、(b)スピン分極率の直接測定（Tedrow–Meserveyの手法）、(c)Julliereモデルにおけるスピン分極率Pの定義

第17章 結晶MgOトンネル障壁の巨大なトンネル磁気抵抗効果

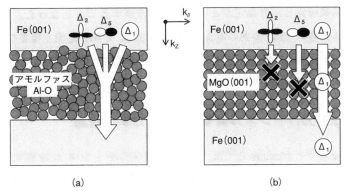

図5 電子のトンネル過程の模式図
(a)アモルファスAl-Oトンネル障壁の場合, (b)結晶MgO(001)トンネル障壁の場合

Pの実測値は正であり，低温において$0<P<0.6$の値を持つ．これに対して，Jullièreモデル（第2章参照）の定義では，多くの場合Pは負の値を持つ．この不一致は，Jullièreモデルが「トンネル確率が電極中の全ての電子状態について等しい」という非現実的な仮定に基づいていることに起因すると考えられる．アモルファスAl-Oトンネル障壁中の電子のトンネル過程を模式的に描くと図5(a)のようになる．強磁性電極中には種々の軌道対称性を持ったブロッホ状態が存在する．アモルファスのトンネル障壁の場合，障壁中および界面において原子配列の対称性が乱れているため，電極中の種々のブロッホ状態が混ざり合ってトンネルしてしまう．各ブロッホ状態は固有のスピン分極率を持っているが，これらのブロッホ状態が混ざり合ってトンネルすると，スピン分極率の平均値（いわゆる強磁性電極のスピン分極率$|P|$）は1（完全スピン分極）よりも遙かに小さな値になってしまう．その結果，アモルファスAl-O障壁と通常の3d遷移金属・合金電極を組み合わせた従来型MTJ素子では，室温で100 %を越えるMR比は得られない．この限界を大きく越える巨大なMR比を実現するために，完全にスピン分極した（$|P|=1$）ハーフメタル（第16章参照）と呼ばれる特殊な電極材料の研究開発が精力的に行われ，低温では巨大なMR比が実現されているが[8,9]，室温では従来型MTJ素子を大きく越えるMR比はまだ実現されていない[注]．

巨大なTMR効果を実現するためのもう一つの有力解が，本章の主題である"結晶トンネル障壁のコヒーレント・トンネル"である．アモルファス障壁の場合，電極中の各ブロッホ状態のトンネル確率を厳密に計算することは，アモルファス構造のランダム性のため困難であった．これに対して，結晶性のトンネル障壁を用いれば厳密な第一原理計算が可能となる．実際に，結晶性のトンネル障壁を用いたエピタキシャルMTJ素子に関する第一原理計算が2001年前後に発表され，1000 %を越える巨大なMR比が理論的に予測された．2004年には，結晶性の酸化マグネシウム（MgO）をトンネル障壁に用いたMTJ素子において巨大な室温TMR効果が実験的にも得ら

れ，TMR効果の基礎研究と応用研究がともに大きく進展することとなった。本章では，2節で結晶MgOトンネル障壁のTMR効果の理論，3節で同実験，4節で応用上重要なCoFeB合金電極とMgO障壁を組み合わせたMTJ素子，5節でデバイス応用について解説する。

2 結晶MgO(001)トンネル障壁のTMR効果の理論

2001年にButlerら[10]とMathonら[11]は，結晶MgO(001)をトンネル障壁に用いたFe(001)/MgO(001)/Fe(001)構造のエピタキシャルMTJ素子に関する第一原理計算を行い，1000％を超える巨大なMR比を理論的に予測した。このTMR効果の物理的機構は，以下に述べるようにアモルファスAl–O障壁の場合とは異なるものである。

Fe(001)とMgO(001)の面内格子間隔には約3％の不整合があるが（バルク値の比較），この程度の格子不整合は格子歪みや界面転位の形成によって吸収されるため，図6のようなヘテロエ

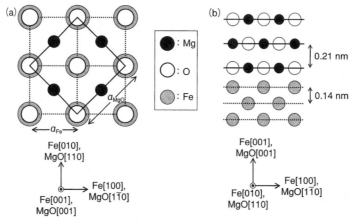

図6　Fe(001)層とMgO(001)層のヘテロエピタキシャル関係
(a)上から見た図，(b)断面図

注）最近，結晶MgO(001)トンネル障壁とハーフメタル材料のホイスラー合金電極を組み合わせたエピタキシャルMTJ素子において室温で200％超のMR比が得られているが（第16章参照），これはホイスラー合金のハーフメタル性よりも，むしろ本章の主題であるMgO(001)トンネル障壁のコヒーレント・トンネルに起因したものと考えられる。本章3節，4節で述べられているように，MgO(001)障壁と組み合わせれば，FeやCoのような単純な強磁性電極ですら室温で180～410％のMR比が得られ，量産性に優れたbcc CoFeB合金電極でも室温で200～600％のMR比が得られている。これは，多くの強磁性金属・合金（ホイスラー合金も含む）が，完全にスピン分極したΔ_1バンドを持っているためである（2節参照）。ちなみに，文献9)ではアモルファスAl–O障壁とホイスラー合金電極の組み合わせにおいて（低温ではあるが）巨大なMR比が実現されており，さらにハーフメタルの定義であるバンドギャップの特徴が観測されているので，この場合は本当にホイスラー合金のハーフメタル性に起因した巨大なMR比と考えて良い。

第17章 結晶MgOトンネル障壁の巨大なトンネル磁気抵抗効果

ピタキシャル成長が可能であり，比較的高品質なFe(001)/MgO(001)/Fe(001)構造のエピタキシャル薄膜を実験的に作製できる．図5(b)は，エピタキシャルMTJ素子のトンネル過程を模式的に示したものである．トンネル電子は自由電子モデルで記述されることが多いが，現実には絶縁体トンネル障壁のバンドギャップ中の浸み出し電子状態（evanescent states；エヴァネッセント状態）は特有のバンド分散（波数ベクトルは複素数）を持っており，自由電子とは性質が異なる．MgO(001)バンドギャップ内の$k_{//}=0$方向（トンネル確率が最も高い方向）には，Δ_1（spd混成の高対称状態），Δ_5（pd混成状態），$\Delta_{2'}$（d状態）という3種類のエヴァネッセント状態が存在する．その中でもΔ_1状態は，図7(a)のようにトンネル障壁中での状態密度の減衰が最も緩やかである（つまり減衰距離が長い）[10]．したがって，このΔ_1状態を介したトンネル電流が支配的に流れることになる．波動関数のコヒーレンシーが保存される理想的なトンネル過程では，Fe(001)電極のブロッホ状態の中でΔ_1状態のみがMgO中のΔ_1エヴァネッセント状態と結合することができるため，支配的なトンネル経路はFe-Δ_1↔MgO-Δ_1↔Fe-Δ_1となる（図7(b)参照）．次に，Fe(001)電極の$k_{//}=0$方向のバンド構造を図8(a)に示す．E_F上に多数スピンおよび少数スピンの電子状態が多数存在するため，Julliereモデルで定義されるスピン分極率Pは小さな値となる．しかし，Δ_1バンドはE_F上で完全にスピン分極しているため（$P=1$），Δ_1電子のみが支配的に流れるコヒーレント・トンネルでは巨大なTMR効果の出現が理論的に期待される．ちなみに，E_F上にFe-$\Delta_{1\downarrow}$状態が存在しないために反平行磁化状態ではトンネル電流が全く流れないように一見思われるが，界面共鳴状態間の共鳴トンネルによって有限の電流が流れる[10]．しかし，平行磁化状態の$\Delta_{1\uparrow}$電子によるトンネル電流の方がはるかに大きいため，1000％を越える巨大なMR比が理論的に予想される．

なお，Δ_1電子のコヒーレント・トンネルによる巨大TMR効果はMgO(001)トンネル障壁に

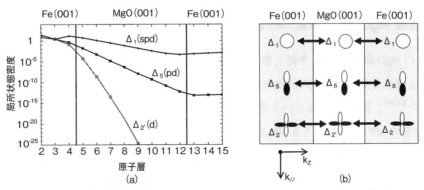

図7 (a)Fe(001)/MgO(001)/Fe(001)構造のエピタキシャルMTJ素子のMgO中のエヴァネッセント状態の状態密度（DOS）の減衰に関する計算結果（平行磁化，多数スピン電子の場合）[10]，(b)Fe中のブロッホ状態とMgO中のエヴァネッセント状態の結合の模式図

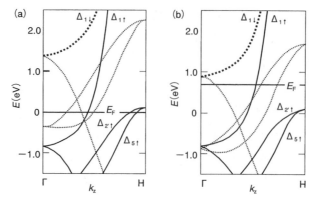

図8 (a)bcc Fe の Γ–H 方向（[001]方向）のバンド分散，(b)bcc Co の Γ–H 方向（[001]方向）のバンド分散
実線は多数スピンバンド，点線は少数スピンバンド，太い実線・破線は Δ_1 バンドを表す。

限った話ではなく，他の結晶トンネル障壁（ZnSe(001)[12]や SrTiO$_3$(001)[13]など）においても理論的に予想されている。しかし，界面における原子拡散やピンホールの形成などの問題のため，MgO(001)以外の結晶トンネル障壁では未だ巨大 TMR 効果は実現されていない。また，Δ_1 ブロッホ状態が E_F 上で完全にスピン分極しているのは Fe(001)電極の場合に限ったことではない。Fe や Co をベースにした bcc 構造およびその規則構造（ホイスラー合金など）の強磁性金属・合金では，多くの場合 Δ_1 ブロッホ状態が E_F 上で完全にスピン分極しており，Fe/MgO/Fe の場合と同様の機構で巨大 TMR 効果が理論的に期待される。その一例として，bcc Co(001)（準安定な結晶構造）のバンド構造を図 8(b)に示す。第一原理計算によると，bcc Co(001)電極は bcc Fe(001)電極よりもさらに大きな TMR 効果を示すと予想される[14]。また，4 節で述べる bcc CoFeB 合金電極の場合も，同じ機構で巨大 TMR 効果が発現するものと考えられる。

3　結晶 MgO(001)障壁の作製と巨大 TMR 効果の実現

2001 年の MgO 障壁の理論予測と前後して，実際にエピタキシャル Fe(001)/MgO(001)/Fe(001)-MTJ 素子を作製する試みが欧州の公的研究機関を中心に行われたが，結果はあまり芳しくなかった[15,16]。室温で 67 ％という比較的大きな MR 比が実現されたこともあったが[16]，従来の Al–O 障壁の MTJ 素子を超える MR 比は実現されず，さらに実験の再現性が非常に悪かった。その原因として Fe/MgO 界面に過剰な酸素（O）原子が入り込み，界面の Fe 原子が酸化されてしまうという問題が実験[17]および第一原理理論[18]の両方から指摘された。界面に過剰な O 原子がない清浄界面の場合のみ，Fe–Δ_1 状態が MgO–Δ_1 状態に有効に結合することができ，Δ_1 電子のコヒーレント・トンネルによる巨大 TMR 効果が理論的に発現する。一方，界面に過剰な O 原子

第17章 結晶MgOトンネル障壁の巨大なトンネル磁気抵抗効果

が存在する過酸化界面の場合，Fe-Δ_1状態がMgO-Δ_1状態に有効に結合できないためMR比が著しく減少してしまう．しかし，理想的な清浄界面を実現することは，当時は困難であった．

2004年に湯浅らは，分子線エピタキシー（MBE）法を用いて図9のようなFe(001)/MgO(001)/Fe(001)構造のエピタキシャルMTJ素子を作製した[19,20]．超高真空の清浄な環境下でトンネル薄膜成長を行い，界面酸化を抑制する工夫を施した結果，アモルファスAl-O障壁を大幅に越える室温MR比を初めて実現した（図10の①，②）．断面の透過電子顕微鏡（TEM）写真（図9）のように，エピタキシャルFe(001)/MgO(001)/Fe(001)-MTJ素子は高品質の単結晶MgOトンネル障壁層と原子レベルで平坦かつ急峻な界面で構成されている．このMTJ素子において，室温

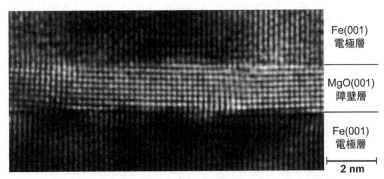

図9　エピタキシャルFe(001)/MgO(001)/Fe(001)-MTJ素子の断面の透過電子顕微鏡（TEM）写真[20]

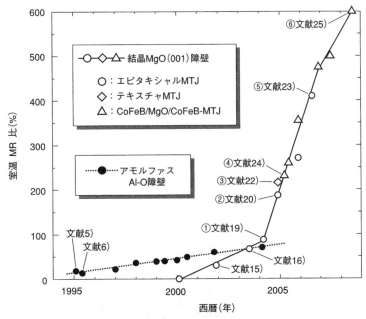

図10　MTJ素子の室温MR比の向上の歴史
黒丸はアモルファスAl-Oトンネル障壁，白丸は結晶MgO(001)トンネル障壁

で180 %という巨大なTMR効果が実現された。また，このMTJ素子において過剰酸化のないFe(001)/MgO(001)界面が実現されていることが，X線吸収（XAS）とX線磁気円二色性（XMCD）の測定によって確認されている[21]。一方，ほぼ同時期にParkinらは（001）結晶面が優先配向した多結晶（テキスチャ構造）のFe-Co(001)/MgO(001)/Fe-Co(001)-MTJ素子をスパッタ法により作製し，室温で220 %のMR比を実現した（図10の③）[22]。微視的に見れば配向性多結晶MTJ素子はエピタキシャルMTJ素子と基本的に同じ構造であるため，同じ機構で巨大TMR効果が発現しているものと考えられる。湯浅らはさらに，準安定構造であるbcc Co(001)層を電極に用いたエピタキシャルCo(001)/MgO(001)/Co(001)-MTJ素子をMBE法により作製し大きな，さらに大きな410 %の室温MR比を実現した（図10の⑤）[23]。bcc Co(001)電極がbcc Fe(001)電極よりも大きなTMR効果を示すことは，理論計算[14]と定性的に一致している。このような結晶MgOトンネル障壁のコヒーレント・トンネルに起因した非常に大きな室温TMR効果を，従来のTMR効果と区別して"巨大TMR効果"（giant TMR effect）と呼ぶことがある。

4　デバイス応用に適したCoFeB/MgO/CoFeB構造のMTJ素子の開発

前節で述べたエピタキシャルMTJ素子や配向性多結晶（テキスチャ）MTJ素子は，そのままではデバイス応用には適さない。HDD磁気ヘッドやMRAMに応用するためには図11のようなスピンバルブ構造が不可欠となる。したがって，反強磁性層によってピンされた積層フェリ構造の上にMgO(001)トンネル障壁を作製しなければならない。また，生産効率の観点から，成膜方法は室温スパッタ成膜が望ましい。ここで，積層フェリ型ピン層（例えばCoFe/Ru/CoFe三層構造）および反強磁性交換バイアス層（Ir-MnかPt-Mn）はfcc(111)テキスチャを基本構造としているため，NaCl型構造（001）配向のMgOトンネル障壁やbcc(001)構造の強磁性電極とは結晶の対称性も面内格子間隔も整合しないという問題がある。つまり，湯浅らが開発したエピタキ

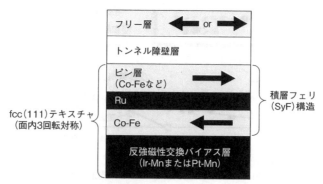

図11　デバイス応用で用いられる標準的なスピンバルブ型MTJ素子の断面構造の模式図

第17章 結晶MgOトンネル障壁の巨大なトンネル磁気抵抗効果

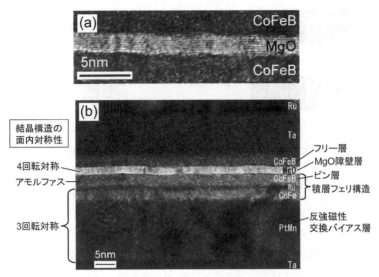

図12 CoFeB/MgO/CoFeB-MTJ素子の断面の透過電子顕微鏡（TEM）写真（成膜直後の状態）[24]
(a)は(b)の拡大写真

シャルMTJ素子およびParkinらが開発したテキスチャMTJ素子は共に，この標準的なピン層構造の上には成長できない。

上記の問題の解決策として，Djayaprawiraらは以下に述べるようにアモルファスCoFeB電極とMgO(001)障壁を組み合わせた新しいMTJ素子構造を開発した[24]。世界標準の生産用スパッタ装置（キヤノンアネルバC-7100）を用いて，生産プロセスに適合した室温スパッタ成膜により熱酸化シリコン基板の上にCoFeB/MgO/CoFeB構造のMTJ素子を作製した。成膜直後の断面TEM写真を図12(a)に示す。下部電極のCoFeB合金層はアモルファスであるが，その上に成長したMgO障壁層は(001)配向した多結晶（テキスチャ構造）である。さらにその上に積層した上部電極のCoFeB合金層はアモルファスである。下部電極層がアモルファスであるため，このMTJ素子は任意の下地層の上に室温で作製可能であり，その製造プロセス適合性は理想的である。実際に，このMTJ素子は図12(b)のように標準的な積層フェリ型ピン層の上に作製できる。このCoFeB/MgO/CoFeB-MTJ素子を360℃で熱処理した結果，室温で230%という巨大なMR比が実現された（図10の④）[24]。その後，熱処理条件などに改良が加えられ，現在までに室温で600%を超えるMR比が実現されている（図10の⑥）[25]。

次に，なぜCoFeB/MgO/CoFeB構造のMTJ素子が巨大TMR効果を示すのかについて簡単に述べたい。Δ_1電子のコヒーレント・トンネルが起こるためには，トンネル障壁だけでなく強磁性電極も4回転対称のbcc(001)構造を持っていることが必須となる。したがって，電極層がアモルファスCoFeBの場合，巨大TMR効果は理論的に出現しえない。詳細な構造解析の結

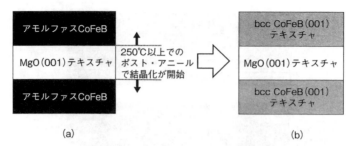

図13 CoFeB/MgO/CoFeB-MTJ素子の断面構造の模式図
(a)成膜直後の構造，(b)熱処理後の構造

果[26,27]，成膜後の熱処理によってアモルファスCoFeB電極層がbcc(001)テキスチャ構造に結晶化することが明らかになった（図13）。これは，MgO(001)層がテンプレートとなって，格子整合の良いbcc CoFeB(001)構造に結晶化する「固相エピタキシー」の機構によるものである。熱処理後のMTJ素子の構造は図13(b)のようにbcc CoFeB(001)/MgO(001)/bcc CoFeB(001)構造であるため，エピタキシャルMTJ素子と同様の機構で巨大TMR効果が発現すると考えて良い。

5　MgO-MTJ素子のデバイス応用

MgO-MTJ素子の巨大TMR効果を利用した様々な次世代デバイス応用が期待されている（図2参照）。本節ではMgO-MTJ素子の各種デバイスへの応用について簡単に述べたい。なお，各種デバイス応用の詳細は，磁気ヘッドについては第29章，MRAM・スピンRAMについては第30章，マイクロ波応用については第4章をそれぞれ参照されたい。

・HDD磁気ヘッド

MgO-MTJ素子のHDD再生ヘッド応用について紹介する。トンネル障壁にアモルファスAl-Oまたはアモルファスti-Oを用いた第一世代のTMR磁気ヘッドは，$2～4\Omega\cdot\mu m^2$の低RA領域において20～30％程度の室温MR比を持ち，面記録密度130 Gbit/inch^{2}程度の高密度HDDの再生ヘッドとして実用化された。しかし，200 Gbit/inch^{2}超のHDDの高速再生のためには，さらに高いMR比と低いRA値が不可欠となる。MgOトンネル障壁は有効なバリア高さが非常に低いため[20]，超低RA値が実現できることが実証されている[28,29]。CoFeB電極上に成長したテキスチャMgO(001)トンネル障壁に用いて，1.0 nm程度の障壁厚さで$0.4～1\Omega\cdot\mu m^2$という超低RA値を実現し，50～100％の高MR比が同時に実現されている（図14参照）[29]。つまり，MgO-MTJ素子は，CPP-GMR素子並の超低RA値，かつ従来のTMRヘッドよりもはるかに大きなMR比，という非常に優れた基本性能を持っている。ただし，MgOを用いたTMR磁気ヘッドの開発の初期段階では，MgOトンネル障壁の信頼性や耐久性の確保，低ノイズ化，フリー層の低磁歪化や

第 17 章　結晶 MgO トンネル障壁の巨大なトンネル磁気抵抗効果

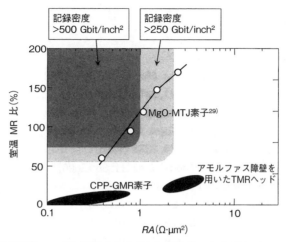

図14　超高密度 HDD 用の再生ヘッドに要求される RA と MR 比，および MgO-MTJ 素子の特性（白丸）[29]

軟磁気特性化などの様々な課題が存在した．しかし，これらの課題は HDD メーカーの精力的な研究開発によって解決され，2007 年から MgO-TMR 磁気ヘッドが製品化されている．現在，MgO-TMR ヘッドは 250 Gbit/inch^2 超の HDD に搭載され，将来的に 1 Tbit/inch^2 まで対応できると期待されている．

・MRAM・スピン RAM

MRAM 応用に関しては，MgO-MTJ 素子を用いれば適切な RA 値において室温で 200～600 % という巨大な MR 比が得られる．MgO-MTJ 素子を磁界書き込み型の MRAM に用いれば，出力電圧の増大による読み出しの高速化が可能となる．さらに，MgO-MTJ 素子とスピントルク磁化反転を用いた大容量 MRAM（スピン RAM）の開発も世界規模で精力的に進められている[30〜32]．スピン RAM が実用化されれば，不揮発・大容量・無限回書き換え可能などの理想的な特性を兼ね備えた究極のメモリになると期待される．

・マイクロ波応用

MgO-MTJ 素子の巨大 TMR 効果の実現によって，磁気ヘッドや MRAM 以外の新しいデバイス応用にも可能性が広がっている．例えば，MgO-MTJ 素子の巨大 TMR 効果とスピントルク誘起の強磁性共鳴の複合効果によって，高効率のマイクロ波発振・検波が可能となる[33〜36]．マイクロ波応用に向けた研究開発はまだ基礎研究の段階であるが，従来の半導体マイクロ波素子とは全く異なる物理原理で動作するため，将来的に半導体素子の性能を凌駕する可能性を秘めている．

文　　献

1) M. Julliere, *Phys. Lett.*, **54 A**, 225 (1975)
2) S. Maekawa and U. Gafvert, *IEEE Trans. Magn.*, **18**, 707 (1982)
3) M. N. Baibich et al., *Phys. Rev. Lett.*, **61**, 2472 (1988)
4) G. Binasch, P. Grünberg, F. Saurenbach and W. Zinn, *Phys. Rev. B*, **39**, 4828 (1989)
5) T. Miyazaki and N. Tezuka, *J. Magn. Magn. Mater.*, **139**, L 231 (1995)
6) J. S. Moodera et al., *Phys. Rev. Lett.*, **74**, 3273 (1995)
7) J.-G. Zhu and C. Park, *Materials Today*, **9**, no.11, 36 (2006)
8) M. Bowen et al., *Appl. Phys. Lett.*, **82**, 233 (2003)
9) Y. Sakuraba et al., *Appl. Phys. Lett.*, **88**, 192508 (2006)
10) W. H. Butler et al., *Phys. Rev. B*, **63**, 054416 (2001)
11) J. Mathon and A. Umerski, *Phys. Rev. B*, **63**, 220403 R (2001)
12) Ph. Mavropoulos, N. Papanikolaou and P. H. Dederichs, *Phys. Rev. Lett.*, **85**, 1088 (2000)
13) J. P. Velev et al., *Phys. Rev. Lett.*, **95**, 216601 (2005)
14) X.-G. Zhang and W. H. Butler, *Phys. Rev. B*, **70**, 172407 (2004)
15) M. Bowen et al., *Appl. Phys. Lett.*, **79**, 1655 (2001)
16) J. Faure-Vincent et al., *Appl. Phys. Lett.*, **82**, 4507 (2003)
17) H. L. Meyerheim et al., *Phys. Rev. Lett.*, **87**, 07102 (2001)
18) X.-G. Zhang and W. H. Butler, *Phys. Rev. B*, **68**, 092402 (2003)
19) S. Yuasa et al., *Jpn. J. Appl. Phys.*, **43**, L 588 (2004)
20) S. Yuasa et al., *Nature Mater.*, **3**, 868 (2004)
21) K. Miyokawa et al., *Jpn. J. Appl. Phys.*, **44**, L 9 (2005)
22) S. S. P. Parkin et al., *Nature Mater.*, **3**, 862 (2004)
23) S. Yuasa et al., *Appl. Phys. Lett.*, **89**, 042505 (2006)
24) D. D. Djayaprawira et al., *Appl. Phys. Lett.*, **86**, 092502 (2005)
25) S. Ikeda et al., *Appl. Phys. Lett.*, **93**, 082508 (2008)
26) S. Yuasa et al., *Appl. Phys. Lett.*, **87**, 242503 (2005)
27) S. Yuasa and D. D. Djayaprawira, *J. Phys. D: Appl. Phys.*, **40**, R 337 (2007)
28) K. Tsunekawa et al., *Appl. Phys. Lett.*, **87**, 072503 (2005)
29) Y. Nagamine et al., *Appl. Phys. Lett.*, **89**, 162507 (2006)
30) M. Hosomi et al., Technical Digest of IEEE International Electron Devices Meeting (IEDM), 19.1 (2005)
31) T. Kawahara et al., Technical Digest of IEEE International Solid-State Circuits Conference (ISSCC), 26.5 (2007)
32) T. Kishi et al., Technical Digest of IEEE International Electron Devices Meeting (IEDM), 12.6 (2008)
33) A. A. Tulapurkar et al., *Nature*, **438**, 339 (2005)
34) J. C. Sankey et al., *Nature Phys.*, **4**, 67 (2008)
35) H. Kubota et al., *Nature Phys.*, **4**, 37 (2008)
36) A. M. Deac et al., *Nature Phys.*, **4**, 803 (2008)

第18章　磁性絶縁体とスピンフィルター接合

長浜太郎[*1], 柳原英人[*2]

1　はじめに

　スピンフィルター接合とは，片方のスピンを持つ電子を選択的に透過するトンネル接合である。この接合はスピン偏極電流を生成することが可能であり，さらに強磁性体をスピン検出器として加えた素子を作製すれば磁気抵抗効果を得ることができる。既存の強磁性トンネル接合では電極として強磁性金属を用いることによりスピン偏極を得るが，本接合ではバリア自体がスピンを選択する点がいわゆるトンネル磁気抵抗素子（TMR素子）と大きく異なる点である。従って，非磁性の金属電極（あるいは半導体）からスピン偏極電流を取り出すこともできる。第一報は意外に古く，1967年IBMの江崎らによりEuSトンネル接合の電流－電圧測定の解析による報告がなされた[1]。その後，1980年代後半からMITのMooderaらにより精力的にEuカルコゲナイト系の研究がなされた[2]。最近では，室温でのスピントロニクスデバイスへの応用を視野に入れた，酸化物系スピンフィルター接合の開発が活発に行われている[3]。

　なお，スピンフィルターは強磁性トンネルバリアを用いる手法だけではなく，量子ドットを用

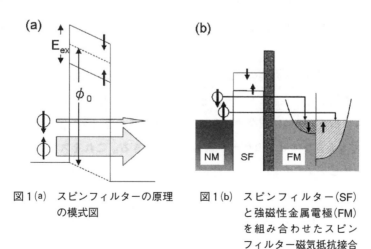

図1(a)　スピンフィルターの原理の模式図

図1(b)　スピンフィルター(SF)と強磁性金属電極(FM)を組み合わせたスピンフィルター磁気抵抗接合

---

*1　Taro Nagahama　㈱産業技術総合研究所　エレクトロニクス研究部門　主任研究員
*2　Hideto Yanagihara　筑波大学　大学院数理物質科学研究科　電子・物理工学専攻　准教授

いたものなどが提案されているが，本稿では強磁性バリアをもつトンネル接合に限って述べる。他の原理によるものは文献2）等を参考にされたい。

　図1(a)はスピンフィルターの原理の模式図である。バリアの高さがスピンによって異なるため，バリア高さの低い↑スピンの電流が多くながれる。図1(b)はスピンフィルター（SF）と強磁性金属電極（FM）を組み合わせたスピンフィルター磁気抵抗接合である。SFとFMの間には磁気的な結合を切る為の非磁性トンネルバリアが挿入される。トンネル抵抗の大きさはSFとFMの磁化配置で変化する。

2　原理

　トンネル接合では電子はバリア層を量子力学的にトンネルすることにより流れる。WKB近似によると，その透過確率Tはバリアの高さをV，バリアの幅をd，電子の有効質量をmとすると以下の式で表される。

$$T = \exp\left[\frac{-d\sqrt{8mV}}{h}\right] \tag{1}$$

すなわち，バリアの高さと幅の変化に非常に敏感であることが分かる。バリアの幅は膜厚であり，バリアの高さは電極のフェルミ面とバリア層の伝導帯の底のエネルギー準位の差で決定される。

　強磁性バリア層がAlO_xやMgOバリアと異なるのは，電子状態が交換分裂している点である。そのため，伝導帯の底のエネルギー準位が↑電子と↓電子で異なる。すなわちバリアの高さがスピンに依存する。ここではバリアの低い方を↑スピンとしよう。前述の通り，電子の透過確率はバリア高さに依存するため，この接合では↑電子は多くトンネルできるが，↓電子はトンネルできない。よって，↑電子を多く含んだスピン偏極電流を得ることができる（図1(a)）。トンネル確率はバリア高さに指数関数的に依存するので，バリア高さの差（＝交換分裂の大きさ）が数百meV程度であっても大きなスピン偏極度を得ることができる。これをスピンフィルター効果と呼び，この接合をスピンフィルター接合と呼ぶ。例えば，スピン検出用にもう一枚強磁性金属層を加えた図1(b)のような接合を作製すれば，スピンフィルター層とスピン検出層の磁化の相対角度による磁気抵抗効果が観測される。また，キュリー点を跨いだ接合抵抗の温度変化を取ることによってもスピンフィルター効果は観測される。図2に示すようにキュリー点以上ではバリア高さにスピンによる差はない。キュリー点以下の温度になると，↑スピンのバリア高さは下がり，↓スピンのバリア高さは上がる。この事によって，トータルのトンネル電流量は増大するため，キュリー点以下で接合抵抗が減少する。また，逆にこの効果を用いることによりスピンフィル

第18章 磁性絶縁体とスピンフィルター接合

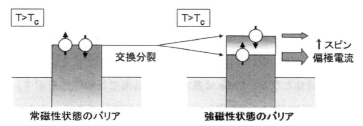

図2 キュリー点以上と以下でのスピンフィルター障壁のエネルギーダイヤグラム
T_c 以上では常磁性でバリア高さはスピンに依存しない。T_c 以下では交換分裂して，↑（↓）電子のバリアは常磁性時よりも低く（高く）なる。

ター層のキュリー点を決定することができる[4]。

次に伝導特性のバイアス依存性について考察しよう。通常の TMR 素子では一般に MR 比はバイアス電圧とともに減少する。スピンフィルター接合の場合はバリア高さ程度（〜1 V）のバイアス電圧においてスピン偏極度が電圧と共に増大する。そのメカニズムを図3に示した。低バイアスでは上記のようにバリア高さの差に起因してスピン偏極電流を生じる。バイアス電圧が↑スピンのバリア高さを越えると，バリア中の伝導帯が電極のフェルミレベルより下がってバリアの形状は台形から三角障壁となり，トンネルプロセスはいわゆる Fowller-Nordheim（FN）トンネルとなる。言い換えると，トンネルプロセスにバリア内の伝導帯を使うことができる。この領域ではバイアス電圧によりバリア高さだけでなくバリア幅も減少するため，↑スピン電流は電圧の増加により大きく増大する。一方↓電子に関してはバリア障壁はまだ台形であるので↑スピン電流の増加率と比べると増加の割合が小さい。この結果，この電圧領域ではスピン偏極度は電圧と共に増大する。さらに電圧をかけると↓電子も FN プロセスとなり，電圧と共にスピン偏極率は緩やかに減少する。電圧依存性の詳細な計算は文献5）に，実験的な観測は文献6）に報告されている。

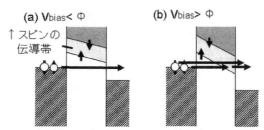

図3 (a)電圧がバリア高さより低い場合，(b)電圧が↑電子のバリア高さを超えた場合
↑電子はバリア内の伝導帯を利用して伝導することが可能となり，スピン偏極率が増大する。

2.1 材料：ユーロピウムカルコゲナイト

これまでスピンフィルター効果が確認されたバリア材料は，大きくユーロピウムカルコゲナイト系と遷移金属酸化物系に分けられる。本節では，Eu カルコゲナイトについて述べる。EuS と EuO は低温で強磁性半導体となる。EuSe は基本的には低温で反強磁性を示す。転移点はいずれも低く，一番高い EuO で約 69 K，よく用いられる EuS は 16 K である。ただし不純物や欠陥などによるキャリアの状態によってキュリー点は変動する。製膜方法は電子銃加熱による蒸着（含反応性蒸着）が多いが，スパッタを用いた報告もある。

EuS：EuS は 16.7 K 以下で強磁性を示す強磁性半導体である。EuS 自体の磁性と抵抗についても主に 60～70 年代に詳細に調べられた[7]。トンネル接合の作製は比較的容易であり，電子銃加熱により良好なスピンフィルター効果を示す接合を得ることができる。バルクで観測されるエネルギーギャップ（4 f バンドから 5 d バンドの底まで）は 1.1 eV，交換分裂の大きさは 0.36 eV である。1967 年江崎らはトンネル接合の伝導特性を調べた[1]。トンネル抵抗がキュリー点以下で大きく減少することと高電圧下での FN トンネル領域内で磁場により抵抗が減少することなどから，キュリー点以下でバリア高さが交換分裂し，スピンフィルター効果が実現していることが示唆された。この報告ではスピン偏極電流の直接的な観測はなかったが，1988 年に Moodera らが Al の超伝導ギャップを用いたスピン依存トンネル分光（Tedrow–Meservey 法）を行い，EuS 接合で得られるスピン偏極電流の直接観測に成功した[8]。得られたスピン偏極率は 80±5 ％ と非常に高い値を示した。I–V 特性の評価から得られたバリア高さは約 2 eV である。また，2002 年に Eindhoven 大の LeClair らは Al/EuS/Gd を用いて 100 ％ を越える MR 比を観測し，スピンフィルター接合のスピントロニクス素子としての可能性を示した[9]。また 2007 年に長浜らにより高バイアス電圧での Fowler–Nordheim 型トンネリングに起因する MR 比の増大が報告された[6]。非常に最近の報告によれば，EuS/AlO/EuS の構造を持つ二重スピンフィルター接合による MR の測定が MIT の Miao らにより行われ，45 ％ 程度の MR が得られている[10]。

EuO：酸素雰囲気中で Eu を蒸着する反応性蒸着法により製膜される。容易に Eu_2O_3 へと酸化が進むため，製膜中の酸素分圧や保管方法に注意する必要がある。他のカルコゲナイトである EuS や EuSe などは蒸気圧の高さなどから作製が敬遠されることが多いため，やや製膜は困難であるが比較的研究は進んでいる。キュリー点は 69 K で，Eu カルコゲナイト系では最も高い。バルクで観測される交換分裂は 0.54 eV である。2004 年に Santos らによってスピン偏極度の測定が行われ，29 ％ のスピン偏極率が観測された[11]。また最近の報告[4]では，抵抗の温度変化から見積もられたバリア高さと交換分裂の大きさから 98 ％ のスピン偏極電流を得られる可能性が指摘されている。バリア高さは特に EuO 膜厚が薄い場合にかなり低く見積もられるため，スピン偏極率の低減のメカニズムとしては酸素欠陥などのディフェクトの影響が大きいと考えられる。

第18章 磁性絶縁体とスピンフィルター接合

EuSe：EuSe は低温において反強磁性をはじめ，多様な磁気特性を示す。Moodera らは EuSe を用いたトンネル電流のスピン分極率測定を行い，外部磁場 1.2 T でスピン偏極度 97±3 % という非常に高いスピン偏極電流を報告した[12]。測定温度で EuSe は反強磁性を示すが，外部磁場を印加することにより磁気モーメントが強磁性的に揃って，スピンフィルター効果を発現していると考えられる。

2.2 遷移金属酸化物

Eu カルコゲナイト系で実証されたように，強磁性絶縁障壁によるスピンフィルター効果が高いスピン偏極電流を生みだすことは，スピントロニクスデバイスへの応用上，とても魅力的である。残念ながら前述のように Eu カルコゲナイト系の磁気転移温度は，いずれも室温に比べてはるかに低い。そこでより高い温度で，できれば室温でのスピンフィルター効果を実現するべく材料開発・選択が盛んに進められている。

室温動作を視野に入れたとき，スピンフィルター材料に求められる特性は，室温にくらべて十分高い磁気転移温度を有することと，そしてもちろん絶縁体であることの2点である。原理的には強磁性でなくフェリ磁性であっても↑↓スピンの電子状態に差があればバンドギャップの大きさは異なるため，フェリ磁性絶縁体を障壁に用いればそのトンネル電流はスピンフィルター効果を示すものと期待できる。数多ある強磁性（フェリ）絶縁体のなかでも，その材料が薄膜として成膜可能なものでなければならない。このような条件を満たす強磁性絶縁材料として，遷移金属酸化物のスピネルフェライトやペロブスカイト型 Mn 酸化物が挙げられ，そのスピンフィルター効果に関する報告がこれまでにいくつかなされている。

遷移金属酸化物のスピンフィルター効果に関するいくつかの報告例を表1に挙げる。多くの場合，図1(b)のようにスピン検出用の強磁性金属電極を有する素子を作製し，磁気抵抗効果の測定をおこなうことでスピン偏極度を決定することとなる。

実際の素子作製においては，スピンフィルター層と強磁性電極層の相対的な磁化の方向を平行⇄反平行と自在に変えられる構造でなければならない。通常の TMR 素子では，2つの強磁性電極層間に非磁性の絶縁体バリア層が挟まった構造であるため，強磁性電極層間に直接的な磁気相互作用は生じない。そのため2層間に保磁力差さえ存在すれば，相対的な磁化方向を外部磁場によって変えることが可能である。しかし，強磁性バリア層／強磁性電極層という構造においてその界面での磁気的結合は多くの場合強磁性的であり，2層間の相対的な磁化は外部磁場で制御できない。そのため表1に示されたスピンフィルター素子では，スピンフィルター用の強磁性バリア層とスピン検出用の強磁性電極層の間に 1 nm 程度の厚さをもつ非磁性トンネルバリアが挿入されている。この極薄の非磁性バリア層は，磁気的な結合を切断するために不可欠であり，スピ

表1 遷移金属酸化物を用いたスピンフィルター素子の例

素子構造（左から右に積層）	偏極率	TMR比	文献
(La, Sr)MnO$_3$/SrTiO$_3$/**BiMnO$_3$**/Au	22 %	50 %@3 K	[13] M. Gajek et al., PRB 72, 020406(2005)
(La, Sr)MnO$_3$/SrTiO$_3$/(**La, Bi**)**MnO$_3$**/Au	35 %	90 %@4 K	[14] M. Gajek et al., JAP 99, 08 E 504 (2006)
(La, Sr)MnO$_3$/LaTiO$_3$/**La$_2$NiMnO$_6$**/Pt/Au		−0.12 % @150 K	[15] M. Hashisaka et al., JMMM 310, 1975 (2007)
(La, Sr)MnO$_3$/SrTiO$_3$/**NiFe$_2$O$_4$**/Au	22 %	50 %@4 K	[16] U. Lüders et al., APL 88, 082505 (2006)
Fe$_3$O$_4$/MgAl$_2$O$_4$/**CoFe$_2$O$_4$**/Au	>70 %	−75 %@RT	[17] M.G. Chapline et al., PRB 74, 014418 (2006)
Pt/**CoFe$_2$O$_4$**/γ−Al$_2$O$_3$/Co		−3 %@RT	[18] A.V. Ramos et al., APL 91, 122107 (2007)

太字であらわした部分がスピンフィルター層

ンフィルター素子の作製に際してはこの点も考慮する必要がある。

　スピンフィルター型の素子作製を考えたときEuカルコゲナイトと遷移金属酸化物との大きな違いとして，その結晶構造が挙げられる。Euカルコゲナイトは，構成元素が2種類の単純な結晶構造（NaCl型）を持つ化合物である。一方遷移金属酸化物の場合，カチオンとして最低2種類以上のイオンを含む構造を持ち，その結晶構造は複雑なものとなる。スピネルフェライトの場合，その化学式はMFe$_2$O$_4$と表され，Mには遷移金属をはじめとして様々な元素が入りうる。その基本的な結晶構造は面心立方格子であり，単位胞は合計56個のイオンから構成される。そのため，結晶成長に伴う様々な構造欠陥がスピンフィルター特性に少なからず影響を及ぼすものと考えられる。とくにMイオンのサイトとFeイオンのサイトにそれぞれFeとMイオンが入ってしまう逆サイト欠陥は，バルクに比べて磁化の減少（や増大）をもたらしたり，あるいはバンドギャップ内に局在準位を形成することでそれを介した伝導を生じたりといった原因になりうる。このことは，ダブルペロブスカイトと呼ばれる物質群でも同様に起こりうることがよく知られている。またスピンフィルター層をエピタキシャルに成膜する場合には，逆位相欠陥（Anti-phase boundary）と呼ばれる欠陥も生じることが知られており，スピネルフェライト薄膜では，磁化が減少する原因となるものと考えられている。さらには，成膜条件に依存した酸素の過不足も欠陥となり，これが伝導に寄与する場合もある。

　遷移金属酸化物の物性はその組成に大変敏感であり，そのためスピンフィルターに用いるときも，組成の精密な制御が可能であるパルスレーザー蒸着法（PLD）やスパッタリング法を用いて成膜されることが多いようである。遷移金属の酸化物は，酸化の度合いによって様々な相を取り得るため，所望の酸化層を適当なシード層の上にエピタキシャル成長させることで，単相からな

第 18 章 磁性絶縁体とスピンフィルター接合

る酸化物薄膜を安定化させることが可能となる。ちなみに表1に示した構造はすべて全エピタキシャル構造である。スピンフィルター素子の構造（図1(b)）を考えると，下部電極層あるいは，磁気的な結合を切断するための非磁性トンネル層が，うまい具合にスピンフィルター層のシード層となる必要があり，これらの材料の選択もスピンフィルター素子の実現のためには必要であることがわかる。

さて，表1を見るとペロブスカイト型材料を用いたスピンフィルター層では $SrTiO_3$ や $LaTiO_3$ を磁気切断層として，そして $La_{1-x}Sr_xMnO_3$ をスピン検出層としている。また Ni フェライトや Co フェライトをスピンフィルター層とした素子では，同じスピネル構造を持つ $MgAl_2O_4$ や $\gamma-Al_2O_3$ が磁気切断層として用いられている。いずれも比較的大きな TMR が低温において観測されているものの，室温では MR はほぼ消失している。現在までのところ唯一 Chapline らにより室温にて－75％と大きな MR が報告されている[17]。しかし Ramos らによって報告された例[18]では Pt/$CoFe_2O_4$/$\gamma-Al_2O_3$/Co の素子構造で，室温において－3％の MR にとどまり，同じスピンフィルター材料を用いていてもその素子構成，成長面方位，成膜条件等によって得られるスピンフィルター効率は大きく異なることがわかる。さらに Ramos らは電極材料を Co から Al に換えて Pt/$CoFe_2O_4$/$\gamma-Al_2O_3$/Al という構造を用いて Tedrow–Meservey 法でのスピンフィルター効率の測定も行っている[19]。そして，成膜時の酸素圧力をパラメータとする酸素欠陥濃度が，スピンフィルター効率に大きく影響することを見出している。このような欠陥は定量的な評価が困難でありそのスピンフィルター効果に及ぼす影響に関して詳細に検討した例はあまりないものの，スピンフィルター効率の一層の増大を目指す過程で理解されるべき課題であるといえる。遷移金属酸化物内の構造欠陥や化学的な欠陥がどのような準位を生じ，スピンフィルター効率の低減に結びつくのかバンド計算等のアプローチと組み合わせることで明らかになっていくものと思われる。

3 今後のスピントロニクスデバイスへの発展

以上のように，容易に高スピン偏極電流が得られ，さらに高バイアス電圧でその偏極率が増大するという既存の TMR 素子にはない特徴を有するスピンフィルター素子は，新規スピントロニクスデバイスへの活用が期待されている。以下に代表的なものを述べる。

① MR 素子

前述のように強磁性金属電極と組み合わせることにより，大きな磁気抵抗効果を得ることができる。LeClair らはスパッタ法で作製した Al/EuS/Gd 接合において観測された MR 比から，Gd のスピン分極率を 45％，EuS スピンフィルターによって得られるスピン偏極電流の偏極率を 87.5％と見積もった[9]。このように大きな偏極率を強磁性金属電極で得ることは容易ではない。

また，二重スピンフィルター構造はスピンフィルターの性能が十分発揮されれば非常に大きなMRを得ることが可能である[10]。仮に得られるスピン偏極率が87.5％とすると二重スピンフィルターで得られるMR比は約650％となる。ただし，トンネルバリアが厚くなるので，抵抗が非常に大きくなるという問題点を克服する必要がある。

② スピン注入

半導体へのスピン注入源としての活用が考えられる。特に，強磁性体金属の場合はコンダクタンスミスマッチの問題があるが，スピンフィルターはトンネルバリアであるため，その問題を回避できる。電圧を印加することにより偏極率が増大する効果は大きな利点である。フロリダ州立大のTrbovicらはEuS/GaAsヘテロ接合を作製し，EuS内に形成されたショットキーバリアがキュリー点以下でスピンフィルターとして機能することを報告している[20]。

③ スピントランジスタ

上記のように半導体中へのスピン注入が可能になればスピントランジスタへの発展が考えられる。Datta–Das型スピンFET[21]，菅原－田中型スピンMOSFET[22]などのソースやドレインとしての活用が期待される。

④ 量子ビット（Qbit）

少し変わったところでは量子コンピューターの基本素子であるQbitへの活用も提案されている。強磁性体を用いたジョセフソン接合であるπジャンクションはQbitとして用いることができる。既存のπジャンクションでは強磁性金属が用いられていたが，川端らは強磁性絶縁体を用いることでロバストなπジャンクションが作製可能であることを示し，実際にEuOのバンド構造を想定した議論を行っている[23]。

⑤ マルチフェロイックメモリ

スピンフィルター材料である強磁性絶縁体に強誘電体の特性をあわせるとマルチフェロイック材料となる。Bibesらはマルチフェロイック材料をバリア材料に用いることによりトンネル抵抗が4値を持つことを示した[24]。このことからマルチフェロイック接合を多値メモリとして応用することが可能であることがわかる。

以上のように，強磁性絶縁体を用いたスピンフィルター接合は，既存の強磁性トンネル接合にないユニークな特性を有する。特に半導体へのスピン注入源としての活用は，コンダクタンスミスマッチの問題を回避できるという利点がある。今後のスピントロニクスの発展の一翼を担う素子として期待される。

第18章 磁性絶縁体とスピンフィルター接合

文　　献

1) L. Esaki, P. J. Stiles and S. von Molnar, *Phys. Rev. Lett.,* **19**, 852 (1967)
2) J. S. Moodera, T. S. Santos and T. Nagahama, *J. Phys.: Condens. Matter,* **19**, 165202 (2007)
3) E. Bibes and A Barthelemy, *IEEE Trans. Electron. Devices,* **54**, 1003 (2007)
4) T. S. Santos *et al., Phys. Rev. Lett.,* **101**, 147201 (2008)
5) A. Saffarzadeh, *J. Magn. Magn. Mater.,* **269**, 327 (2004)
6) T. Nagahama, T. S. Santos and J. S. Moodera, *Phys. Rev. Lett.,* **99**, 016602 (2007)
7) T. Kasuya and A. Yanase, *Rev. Mod. Phys.,* **40**, 684 (1968)
8) J. S. Moodera *et al., Phys. Rev. Lett.,* **61**, 637 (1988)
9) P. LeClair *et al., Appl. Phys. Lett.,* **80**, 625 (2002)
10) G. Miao *et al.,* 53rd MMM abstracts CD-02 pp 158 (2008)
11) T. S. Santos and J. S. Moodera, *Phys. Rev. B,* **69**, 241203 (R) (2004)
12) J. S. Moodera, R. Meservey and X. Hao, *Phys. Rev. Lett.,* **70**, 853 (1993)
13) M. Gajek *et al., Phys. Rev. B,* **72**, 020406 (2005)
14) M. Gajek *et al., J. Appl. Phys.,* **99**, 08 E 504 (2006)
15) M. Hashisaka *et al., J.Magn. Magn. Mater.,* **310**, 1975 (2007)
16) U. Luders *et al., Appl. Phys. Lett.,* **88**, 082505 (2006)
17) M.G. Chapline *et al., Phys. Rev. B,* **74**, 014418 (2006)
18) A. V. Ramos *et al., Appl. Phys. Lett.,* **91**, 122107 (2007)
19) A. V. Ramos *et al., Phys. Rev. B,* **78**, 180402 (2008)
20) J. Trbovic *et al., Appl. Phys. Lett.,* **87**, 082101 (2005)
21) S. Datta and B. Das, *Appl. Phys. Lett.,* **56**, 665 (1990)
22) S. Sugahara and M. Tanaka, *Physica E,* **21**, 996 (2004)
23) S. Kawabata *et al., Physica C,* **468**, 701 (2008)
24) M. Gajek *et al., Nature Mat.,* **6**, 296 (2007)

第19章 L1₀型規則合金垂直磁化膜とスピントロニクス

関　剛斎[*1], 高梨弘毅[*2]

1　はじめに

　3d金属のFe, Co, Niおよびそれらの合金から成る強磁性体は，スピントロニクスの根幹を支える代表的な材料である．これらの結晶磁気異方性は大きなものでも10^6erg/cm^{3}程度であり，素子化した際に形状磁気異方性が支配的になる．例えば薄膜化された強磁性体では，通常磁化容易軸は薄膜の膜面内方向となる．これらの材料に対して，Pd, PtおよびAuなどの4d, 5d金属と3d強磁性金属を組み合わせた多層膜や規則合金，あるいは4f希土類金属を用いたアモルファス合金では，大きな界面磁気異方性や結晶磁気異方性により膜面垂直方向が磁化容易軸の垂直磁化膜となる．

　スピントロニクスデバイスにおける垂直磁化膜の利点の一つは，大きな磁気異方性による磁化の高い熱安定性である．磁化の熱安定性指数Δは

$$\Delta = K^{\mathrm{eff}} V / k_\mathrm{B} T \tag{1}$$

で表され，K^{eff}は実効的な磁気異方性エネルギー，Vは磁性体の体積，k_Bはボルツマン定数，Tは温度となる．Vが小さい領域において熱安定性を確保するには，大きなK^{eff}が必要となる．垂直磁化材料の多くは，形状磁気異方性以外の材料固有の磁気異方性が大きく，ナノメートルサイズにおいても磁化が熱的に安定となる利点を有している．このため，垂直磁化を活用することがスピントロニクスデバイスの高集積化への一つの道であると考えられている．加えて，垂直磁化膜は面内磁化膜のみでは実現困難な新しい機能性をスピントロニクスデバイスに付与できる可能性を有している．例えば，膜面内に広がりを持つ面内多端子素子においては外部磁場を印加せずとも素子の面垂直方向にスピン偏極したスピン流を注入・検出することができる．

　現在，垂直磁化を示すスピントロニクス材料として様々な系が検討されているが，本章ではL1₀型規則構造を有するFePt規則合金に着目し，筆者らが行ったFePt垂直スピン注入源の研

[*1] Takeshi Seki　大阪大学　大学院基礎工学研究科　日本学術振興会特別研究員
[*2] Koki Takanashi　東北大学　金属材料研究所　教授

第 19 章　L1₀ 型規則合金垂直磁化膜とスピントロニクス

究を中心に解説する。

2　L1₀ 型 FePt 規則合金薄膜

$L1_0$ 型 FePt 規則合金は，主に高密度磁気記録媒体への応用を視野に入れて盛んに研究が行われてきた[1]。$L1_0$ 型 FePt 規則相は，図1に示すように Fe 層と Pt 層が結晶の c 軸方向に積層された構造を持ち，バルクの格子定数が $c=0.371$ nm, $a=b=0.385$ nm の正方晶である。バルク形態では室温で $L1_0$ 規則相が安定に存在するが，薄膜形態ではその作製手法がスパッタ法や分子線エピタキシー法などの気相急冷法であるため，室温成長では Fe 原子と Pt 原子がランダムに配置した $A1$ 不規則相が出現する。薄膜形成中の基板加熱や成膜後アニールなどにより $A1$ 不規則相から $L1_0$ 規則相への規則—不規則変態を誘起でき，$L1_0$ 型 FePt 規則合金薄膜の作製が可能となる。$L1_0$ 型に規則化することで，c 軸方向に 7×10^7 erg/cm³ の一軸磁気異方性（K_u）が発現する。この K_u の値は希土類系永久磁石材料を除けば最大である。この大きな K_u により，理想的にはおよそ4 nm サイズまで磁化が熱的に安定であると見積もられる。$L1_0$ 型 FePt 規則合金の飽和磁化（M_s）は1150 emu/cm³ 程度であり，この M_s から算出される薄膜形態での膜面垂直方向の反磁場は $4\pi M_s \sim 14.5$ kOe である。一方，$K_u=7\times10^7$ erg/cm³ を仮定した異方性磁場は $2K_u/M_s \sim 120$ kOe であり，結晶の c 軸が薄膜の面垂直方向に揃うことで異方性磁場が反磁場に打ち勝つことが出来，薄膜は垂直磁化を示すようになる。

高 K_u に由来した $L1_0$ 型 FePt 規則合金の優れた熱安定性はデバイスの高集積化の観点から非常に有効であるが，スピントロニクス材料として利用するためには，スピン依存伝導の重要なパラメータであるスピン偏極率の大きさを明らかにする必要がある。そこで，$L1_0$ 型 FePt 規則合金薄膜を用いてトンネル磁気抵抗（TMR）素子を作製したところ，TMR 比からスピン偏極率は0.4程度と見積もられ従来材料と同程度の値を示すことがわかった[2]。また，そのスピン偏極の符号は Fe, Co と同様に正であることが確認されている。この結果は，$L1_0$ 型 FePt 規則合金が高熱安定性を有するスピントロニクス材料として期待できることを示唆している。加えて，$L1_0$

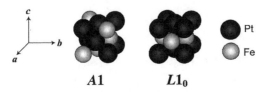

図1　FePt 合金の結晶構造の模式図
不規則構造（$A1$）では Fe 原子と Pt 原子がランダムに配置されているが，規則構造
（$L1_0$）では c 軸方向に Fe 一原子層と Pt 一原子層が交互に積層された構造を有する。

型FePt規則合金薄膜では，適当な基板材料あるいは下地材料の上にFePt層を成長させることにより，その磁化容易軸を膜面内あるいは膜面垂直方向へと制御できる利点を有している[3]。例えば，MgO (001) 単結晶基板上に$L1_0$型FePt層をエピタキシャル成長させた場合，垂直磁化の$L1_0$型FePt (001) 薄膜を作製でき，一方MgO (110) 単結晶基板上では，面内に一軸異方性を有する$L1_0$型FePt (110) 薄膜となる。さらに，成長温度を制御することによってその磁気異方性の大きさも制御できる。これらの利点は，$L1_0$型FePt規則合金薄膜を用いることにより面内磁化と垂直磁化を組み合わせたスピントロニクス素子の作製が可能となることを意味している。次節からは，$L1_0$型FePt規則合金薄膜を垂直スピン注入源としてスピントロニクス素子に応用した研究に関して，特にスピン注入磁化反転[4,5]とスピンホール効果[6]について説明する。

3　FePt垂直スピン注入源を用いたスピン注入磁化反転

スピン注入磁化反転とは，ナノサイズの磁性体にスピン偏極した電流を流すことにより，伝導電子スピン—局在スピン間の角運動量の受け渡し（スピントランスファー）によって局在スピンの磁化反転を誘起できる手法である。（詳細は「第4章」を参照。）この手法は磁気ランダムアクセスメモリ（MRAM）の新しい書き込み方式として盛んに研究が行われており，磁場を用いた従来型の磁化反転技術と比較して低電流・高速磁化反転が原理的に可能で，素子の高集積化にも適している。これまで面内磁化膜を用いたスピン注入磁化反転が主に検討されているが，最近では垂直磁化膜を用いた研究が注目を集めるようになってきた。前述の微小素子サイズにおける磁化の高い熱安定性に加え，垂直磁化膜では負の形状磁気異方性によってスピン注入磁化反転に必要とされる電流密度（J_c）を低下できる。数100 nmサイズを有する膜面垂直通電型（CPP）巨大磁気抵抗効果（GMR）素子あるいはTMR素子において，熱の影響がないことを仮定した場合の反転電流密度（J_{c0}）は

$$J_{c0} \propto \frac{\alpha \cdot t \cdot M_S \cdot H_{\mathrm{eff}}}{g(\theta)} \tag{2}$$

で表され，ここでαは強磁性層のダンピング定数，tは磁性層厚，$g(\theta)$はスピントランスファーの効率を表すパラメータであり伝導電子スピン—局在スピン間の相対角度とスピン偏極率の関数である。有効磁場H_{eff}は，異方性磁場（H_{ani}），外部磁場（H_{app}），形状磁気異方性による反磁場（H_{d}），漏洩磁場等による層間の結合磁場（H_{dip}）を含んでいる。面内磁化膜の場合$H_{\mathrm{d}} = 2\pi M_s$となり反磁場が$J_{c0}$を増加させるのに対して，垂直磁化では$H_{\mathrm{d}} = -4\pi M_s$となるため原理的に$J_{c0}$の低下に繋がる。これまでに [Co/Ni]，[Co/Pt]，[Co/Pd] などの多層膜，FePt規則合金，TbFeCo合金膜などの垂直磁化材料においてスピン注入磁化反転が報告されている[7~10]。

第 19 章　L1$_0$ 型規則合金垂直磁化膜とスピントロニクス

　図2に垂直磁化 L1$_0$ 型 FePt/Au/垂直磁化 L1$_0$ 型 FePt の CPP-GMR 素子におけるスピン注入磁化反転の例[5]を示す。パルス電流を印加後に微小電流で抵抗を測定することにより，パルス電流によって生じた磁化反転を抵抗変化として検出している。素子サイズは $0.1\times0.2\mu m^2$ であり，外部磁場は素子の面垂直方向に印加している。正の外部磁場領域では，負電流方向において抵抗の高い状態から低い状態への遷移が，一方外部磁場が負の領域では正電流方向で低抵抗から高抵抗状態への遷移が観測されている。これらの抵抗変化は，電流によって L1$_0$ 型 FePt 層の磁化反転が誘起され，磁化配置が平行，反平行と変化したことに対応している。図3は反転電流の外部磁場依存性である。●は磁化が反平行配置から平行配置への遷移，□は平行配置から多磁区構造を形成する中間状態への遷移，および▲は中間状態から反平行配置への遷移に必要な電流値を表している。実線は反平行配置から平行配置への反転電流の計算値を示している。外部磁場に依存して反転電流が変化しており，この磁場依存性はスピントランスファーの理論により定性的に説明される。しかしながら，反平行配置から平行配置への反転電流では，磁場が高くなるにつれて実線で示した磁化の一斉回転を仮定した計算値からのずれが顕著になることがわかる。一方，図中には示していないが，平行から反平行への遷移に必要な電流の計算値は，実験値よりも一桁大きなものとなった。平行から反平行への遷移では，反平行から平行への遷移と比較して大きな電流値が必要となるため，ジュール熱の影響により実験値が低下したものと考えられる。ここで，反平行から平行への遷移において観測された反転電流の磁場依存性に注目すると，ソフト磁性材

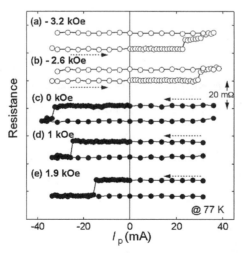

図2　垂直磁化 L1$_0$ 型 FePt 層/Au 中間層/垂直磁化 L1$_0$ 型 FePt 層を有する CPP-GMR 素子におけるスピン注入磁化反転
パルス電流（I_p）を印加後に微小電流で抵抗を測定している。外部磁場は(a)−3.2 kOe，(b)−2.6 kOe，(c)0 kOe，(d)1 kOe および(e)1.9 kOe であり，膜面垂直方向に印加している。測定温度は 77 K である[5]。

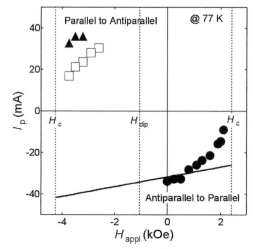

図3 垂直磁化 $L1_0$ 型 FePt 層/Au 中間層/垂直磁化 $L1_0$ 型 FePt 層を有する CPP-GMR 素子のスピン注入磁化反転における反転電流の外部磁場 (H_{appl}) 依存性
●は磁化が反平行配置から平行配置への遷移，□は平行配置から多磁区構造を形成している中間状態への遷移，および▲は中間状態から反平行配置への遷移に必要な電流値を表している。実線は反平行配置から平行配置への反転電流の計算値を示している[5]。

料を反転層に用いた場合と比較して反転電流が磁場に強く依存している。これは $L1_0$ 型 FePt 層のスピン注入磁化反転が一斉回転ではなく，逆磁区の発生と磁壁の伝播による磁化過程であることを示唆している。大きな K_u を有する材料では磁壁幅が狭いため，200 nm サイズの素子においても逆磁区が存在できる。素子内においてスピン注入により局所的に反転した逆磁区が形成され，外部磁場のアシストを受けてその磁壁が伝播していく機構である。これが，反転電流が強い磁場依存性を示している原因の一つと考えられる。重要な点は，K_u の値が従来材料よりも二桁大きな素子においてもスピン注入磁化反転が可能となることである。この逆磁区形成型のスピン注入磁化反転の他にも，[Co/Ni] 多層膜では反転過程において安定な多磁区構造が形成されることが報告されている[11]。

両層とも垂直磁化を示す $L1_0$ 型 FePt 層の素子に加えて，垂直磁化 $L1_0$ 型 FePt 層と面内磁化 FePt 層を組み合わせた素子では，スピントランスファーの効率を増加させることも可能となる。垂直磁化 $L1_0$ 型 FePt（固定）層/Au/面内磁化 FePt（フリー）層/Au/面内磁化 FePt（固定）層の素子では，面内磁化 FePt（フリー）層/Au/面内磁化 FePt（固定）層のみの素子と比較して，J_{c0} の値が半減することが示されている[12]。これは上下に設けられた固定層からスピントランスファートルクが効果的に働くためであり，面内磁化の固定層を二層有する二重ピン構造に類似している。垂直磁化層を用いる利点は，磁気抵抗比を維持したままスピントランスファートルクを増大できることである。さらに，同様の垂直磁化と面内磁化を組み合わせた素子では高速磁化反

転が予測されており[13]，また外部磁場が無くてもスピントランスファーによる自励発振を誘起できることが実験的に示されている[14]。

4 FePt垂直スピン注入源を用いたスピンホール効果

TMRやCPP-GMR素子のような縦型構造では磁気抵抗効果やスピン注入磁化反転が観測されるのに対して，膜面内方向に広がりを持つ面内構造素子では，非局所スピン注入によるスピン蓄積シグナルやスピンホール効果などの多彩なスピン依存伝導現象が観測できる。加えて，多種多様な面内構造の設計および開発はスピントランジスタなどの多端子デバイスの実現のためにも重要となる。垂直スピン注入源は，そのような面内構造素子において素子の面垂直にスピン偏極したスピン流を生成・検出でき，特にスピンホール効果の観測には適した材料となる。

スピンホール効果は非磁性体における異常ホール効果として取り扱うことができる（詳細は「第13, 14章」を参照）。大きなスピン軌道相互作用を有する非磁性体に電流を流すと，電子の散乱はスピンの向きに依存するため純粋なスピン流（上向き（↑）電子と下向き（↓）電子が逆方向に流れ，トータルな電流はゼロになるスピン角運動量の流れ）が発生し，スピン蓄積が生じる。逆にスピン流を流した場合には，スピン流方向に対して横方向に電荷蓄積が生じ，電圧が検出される。このため，スピンホール効果を利用することによって強磁性体を用いなくとも電流—スピン流間の変換が可能となる[15]。電流からスピン流への変換は「正スピンホール効果（Direct spin-Hall effect（DSHE）あるいは電流誘起スピンホール効果）」，そしてスピン流から電流へは「逆スピンホール効果（Inverse spin-Hall effect（ISHE）あるいはスピン流誘起スピンホール効果）」と呼ばれている。スピンホール効果を電気的に検出するために重要となるのが，スピン流の流れる方向とスピン量子化軸の関係である。例えば，逆スピンホール効果を薄膜形状の試料で電気的に検出することを考える。図4に示すように，面内x方向にスピン偏極したスピン流を面内y方向に流した場合，薄膜試料の膜面垂直z方向に電圧を測定する複雑な素子構造と測定系が必要となる。一方，垂直z方向にスピン偏極したスピン流を面内y方向に流すと，面内x方向に電圧を測定することに対応し，これは従来のホールクロス形状によって検出可能なため非常に簡単な素子構造・測定になる。ここで，垂直スピン注入源を用いれば垂直方向への外部磁場が無くとも垂直z方向にスピン偏極したスピン流を生成・検出できる。

図5は作製した素子構造の模式図であり，FePt垂直スピン注入源とAuのホールクロスから形成される単純な構造である[6]。スピンホール効果の大きさは非磁性体のもつスピン軌道相互作用の大きさに深く関係しており，非磁性体の材料選択も重要となる。スピン軌道相互作用が大きな材料ほど大きなスピンホール効果が期待できるが，一方でスピン拡散長も短くなるため検出が

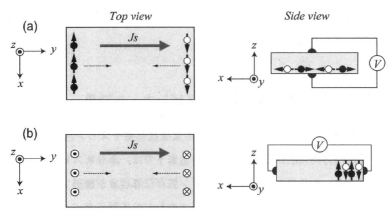

図4　スピンホール効果におけるスピン流方向とスピン量子化軸の関係を表した模式図
(a)面内 x 方向にスピン偏極したスピン流を面内 y 方向に流した場合，薄膜試料の膜面垂直 z 方向にスピンホール電圧が現れる。(b)垂直 z 方向にスピン偏極したスピン流を面内 y 方向に流すと，面内 x 方向にスピンホール電圧が現れる。

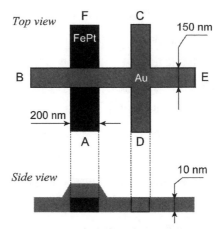

図5　FePt 垂直スピン注入源と Au ホールクロスから構成される面内構造素子の模式図
図中の英字（A–E）は端子位置を示している。

困難になる。そこで，スピン軌道相互作用が比較的大きく，且つ長いスピン拡散長を示す材料として Au に注目した。模式図中の英字は端子位置を示しており，この多端子構造において電流源と電圧計の配置を工夫することにより，正スピンホール効果（電流を C–D 間 I^{C-D}，電圧を A–B 間 V^{A-B}），逆スピンホール効果（I^{A-B}, V^{C-D}），および局所ホール効果（I^{A-F}, V^{B-E}）を同一デバイスで評価できる。局所ホール効果は FePt の異常ホール効果を測定することに対応しており，局所ホール効果により FePt 電極の磁化反転を直接知ることができる。逆スピンホール効果配置における抵抗 R_{ISHE} の外部磁場依存性を図6(a)に示す。測定は室温であり，外部磁場はデバイスの膜面垂直方向に印加している。逆スピンホール効果の配置では，FePt/Au 界面に電流を流す

第19章 L1₀型規則合金垂直磁化膜とスピントロニクス

ことでAuにスピン蓄積を誘起し，Auのホールクロス中をスピン流が流れる。このスピン流が逆スピンホール効果により電流に変換されてスピンホール電圧として検出される。R_{ISHE} の外部磁場は明瞭なヒステリシスを示しており，これは局所ホール測定で得られたヒステリシスと良く一致している。このことは，R_{ISHE} のヒステリシスがFePtの磁化反転に起因したものであることを示唆している。R_{ISHE} はゼロ磁場において高抵抗，低抵抗の二値状態をとっており，垂直スピン注入源を用いたことにより無磁場下でスピンホール効果が観測できている。ここで，抵抗変化量 ΔR_{ISHE} の値がこれまでのPt[16]やAl[17]に比べて一桁以上大きいことは注目すべき点である。図6(b)は正スピンホール効果配置における抵抗 R_{DSHE} の外部磁場依存性である。正スピンホール効果の配置では，電流をAuのホールクロスに流し，正スピンホール効果によりスピン流を生成する。スピン流が生成されるということは↑電子と↓電子の電気化学ポテンシャルに違いが生じることを意味しており，その電気化学ポテンシャルの差はFePt電極の磁化方向によって電圧として検出される。すなわち，正スピンホール効果の配置ではFePt垂直スピン注入源はスピン流検出器として作用する。逆スピンホール効果と同様にFePtの磁化反転に起因した抵抗変化およびヒステリシスが観測されている。ただし，$\Delta R_{ISHE} \neq \Delta R_{DSHE}$ であり両者が一致していない。この原因は，正スピンホール効果配置では電流によって発生した熱流によるFePtのネルンスト効果が無視できないためである。ネルンスト効果の影響を取り除くことにより，ΔR_{ISHE} と ΔR_{DSHE} が

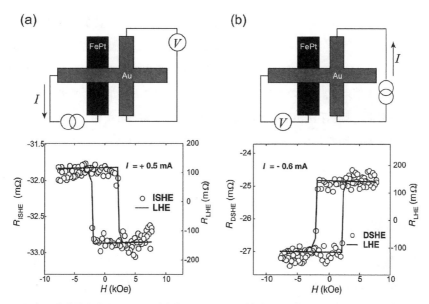

図6 FePt/Au面内構造素子における(a)逆スピンホール効果および(b)正スピンホール効果の測定結果
○が逆スピンホール効果および正スピンホール効果配置による抵抗であり，実線が局所ホール抵抗である。測定は室温であり，外部磁場は膜面垂直方向に印加した。各々の測定における端子配置の模式図も示している[6]。

概ね同じ値となる。また，ΔR_{ISHE} は FePt 垂直スピン注入源—Au ホールクロス間の距離を増加させるにつれて，指数関数的な減少を示した。ΔR_{ISHE} は現象論的に

$$\Delta R_{\mathrm{ISIE}} = 2\alpha_{\mathrm{H}} \frac{\rho_{\mathrm{Au}}}{t_{\mathrm{Au}}} P \exp\left(-d/\lambda_{\mathrm{Au}}\right) \tag{3}$$

と表される[18]。ρ_{Au} は Au の非抵抗，t_{Au} はホールクロスの膜厚であり，本素子では $\rho_{\mathrm{Au}}=2.7\mu\Omega$ cm, $t_{\mathrm{Au}}=10$ nm である。λ_{Au} は Au のスピン拡散長であり，ΔR_{ISHE} の FePt 電極—Au ホールクロス間距離 (d) 依存性より室温で $\lambda_{\mathrm{Au}}=86\pm10$ nm と見積もられた。P は電流のスピン分極率であり，FePt/Au 界面が金属接合の場合には，強磁性体のスピン分極率 p_{F} (~0.4) および Au および Fe のスピン抵抗 R_{s}[19]の比 ($R_{\mathrm{s}}^{\mathrm{FePt}}/R_{\mathrm{s}}^{\mathrm{Au}}=0.04$) と，

$$P = \left\{ \frac{p_{\mathrm{F}}}{1-p_{\mathrm{F}}^2} \left(\frac{R_{\mathrm{S}}^{\mathrm{FePt}}}{R_{\mathrm{S}}^{\mathrm{Au}}} \right) \right\} \bigg/ \left\{ 1 + \frac{2}{1-p_{\mathrm{F}}^2} \left(\frac{R_{\mathrm{S}}^{\mathrm{FePt}}}{R_{\mathrm{S}}^{\mathrm{Au}}} \right) \right\} \tag{4}$$

を用いて $P=0.01$ と計算された[6]。これらの値を用いてスピンホール角 α_{H} は 0.113 と得られる。また，無次元化されたスピン軌道カップリングパラメータ $\bar{\eta}_{\mathrm{SO}}$ は

$$\bar{\eta}_{\mathrm{SO}} = \frac{3\sqrt{3}\pi}{4} \frac{1}{\rho_N \lambda_N} \frac{R_{\mathrm{K}}}{k_{\mathrm{F}}^2} \tag{5}$$

で与えられ[18]，R_{K} は量子抵抗，k_{F} は Au のフェルミ波数であり，$\bar{\eta}_{\mathrm{SO}}=0.3$ と見積もられた。今回得られた Au における α_{H} の値は，これまでに報告されている他の材料[16,17]と比べて極めて大きい。この Au の巨大なスピンホール効果に関して，Skew 散乱が主要な散乱機構であると考えると，適当な不純物ポテンシャルを仮定することによって α_{H} の値を説明できる。現在のところ，本素子に用いた Au では主に Skew 散乱が寄与しているものと考えられる。今回観測された大きなスピンホール効果は，Au のスピンホール角が大きいことに加え，垂直磁化を用いることでデバイス構造および測定手法が単純化されたことが大きく寄与しており，室温かつ無磁場でもスピンホール効果が観測できることは，垂直スピン注入源を用いたことによる大きな利点である。

5　今後の課題

本章では，垂直磁化を示す $L1_0$ 型 FePt 規則合金をスピントロニクス素子に応用した研究に関して，特にスピン注入磁化反転とスピンホール効果について説明した。現在，スピントロニクスデバイスの開発において垂直磁化膜の重要性が強く認識されてきており，本章で紹介した $L1_0$ 型 FePt 規則合金に限らず，様々な材料系が精力的に検討されている。しかしながら，垂直磁気異方性を示す材料はスピン軌道相互作用が大きな元素を含むことが多く，そのため物質のスピン偏

第19章 L1$_0$型規則合金垂直磁化膜とスピントロニクス

極率の低下やダンピング定数の増大などが懸念される。今後は，大きな磁気異方性と高いスピン偏極率を同時に実現できる垂直磁化材料の探索とその物性の解明，さらにそれを用いたスピントロニクス素子の開発が重要になると考えられる。

本章で紹介した研究の一部は，東北大学金属材料研究所の三谷誠司准教授（現物質材料研究機構），前川禎通教授，高橋三郎博士，産業技術総合研究所の今村裕志博士，東北大学大学院工学研究科の新田淳作教授との共同で行われました。また，文部科学省科学研究費補助金特定領域「スピン流の創出と制御」の援助を受けて行われました。

文　　献

1) 解説として，T. Shima and K. Takanashi : "Handbook of Magnetism and Advanced Magnetic Materials" vol. 4, pp. 2306-2324, edited by H. Kronmüller and S. S. P. Parkin（John Wiley & Sons Ltd, 2007）
2) S. Mitani, K. Tsukamoto, T. Seki, T. Shima, and K. Takanashi, *IEEE Trans. Magn*., **41**, 2606 (2005)
3) T. Seki, T. Shima, K. Takanashi, Y. Takahashi, E. Matsubara and K. Hono, *IEEE Trans. Magn*., **40**, 2522, (2004)
4) T. Seki, S. Mitani, K. Yakushiji, and K. Takanashi, *Appl. Phys. Lett*., **88**, 172504 (2006)
5) T. Seki, S. Mitani, and K. Takanashi, *Phys. Rev. B*, **77**, 214414 (2008)
6) T. Seki, Y. Hasegawa, S. Mitani, S. Takahashi, H. Imamura, S. Maekawa, J. Nitta and K. Takanashi, *Nature Mater*., **7**, 125 (2008)
7) S. Mangin, D. Ravelosona, J. A. Katine, M. J. Carey, B. D. Terris, and E. E. Fullerton, *Nature Mater*., **5**, 210 (2006)
8) H. Meng and J.-P. Wang, *Appl. Phys. Lett*., **88**, 172506 (2006)
9) K.Yakushiji, S. Yuasa, T. Nagahama, A. Fukushima, H. Kubota, T. Katayama, and K. Ando, *Appl. Phys. Express*, **1**, 041302 (2008)
10) M. Nakayama, T. Kai, N. Shimomura, M. Amano, E. Kitagawa, T. Nagase, M. Yoshikawa, T. Kishi, S. Ikegawa, and H. Yoda, *J. Appl. Phys*., **103**, 07 A 710 (2008)
11) D. Ravelosona, S. Mangin, Y. Lemaho, J. A. Katine, B. D. Terris, and E. E. Fullerton, *Phys. Rev. Lett*. **96**, 186604 (2006)
12) T. Seki, S. Mitani, K. Yakushiji, and K. Takanashi, *Appl. Phys. Lett*., **89**, 172504 (2006)
13) A. D. Kent, B. Özyilmaz, and E. del Barco, *Appl. Phys. Lett*. **84**, 3897 (2004)
14) D. Houssameddine, U. Ebels, B. Delaët, B. Rodmacq, I. Firastrau, F. Ponthenier, M. Brunet, C. Thirion, J.-P. Michel, L. Prejbeanu-Buda, M.-C. Cyrille, O. Redon, and B. Dieny, *Nature Ma-*

15) E. Saitoh, M. Ueda, H. Miyajima, and G. Tatara, *Appl. Phys. Lett.*, **88**, 182509 (2006)
16) T. Kimura, Y. Otani, T. Sato, S. Takahashi, and S. Maekawa, *Phys. Rev. Lett.*, **98**, 156601 (2007)
17) S. O. Valenzuela, and M. Tinkham, *Nature*, **442**, 176 (2006)
18) S. Takahashi, H. Imamura, and S. Maekawa, Concepts in Spin Electronics, edited by S. Maekawa (Oxford University, Oxford, 2006)
19) S. Takahashi, and S. Maekawa, *Phys. Rev. B*, **67**, 052409 (2003)

第20章 ナノ狭窄構造スピンバルブ薄膜素子におけるスピン依存伝導とスピンダイナミクス

佐橋政司[*1], 土井正晶[*2], 三宅耕作[*3]

1 はじめに

ナノ狭窄構造スピンバルブ薄膜素子とは，いったいどのようなものか，あまり馴染みのない研究分野かも知れないが，ハードディスクドライブ（HDD）に代表されるストレージ／メモリやマイクロ波送受信器，LSI の高集積化に対する要素技術として，将来重要な役割を担うことが期待され，今後おおいに研究が活発化するものと考えられる研究分野である。ナノ狭窄構造とは，1 nm 程度の極薄酸化物絶縁体層に比較的整然と複数点在した金属導電チャネル（金属伝導パス）を含む Nano-Oxide-Layer（NOL）を，スペーサ層とするスピンバルブ構造のことである。この NOL のスピントロニクスへの適用については，酸化物絶縁体の磁性（構造）や金属伝導パスの磁性とそのサイズ（直径）により，以下の5つのデバイスへの適用がすでに実用化または研究開発も検討されている。

1.1 面内通電型（Current-In-Plane：CIP）巨大磁気抵抗（GMR）膜における電子の鏡面反射層

スピンバルブ（SV）膜のピン層中とフリー層上部に NOL を形成したもので，CIP-GMR 比を倍増させ，100–200 Gbits/inch^2 までの記録密度の向上に寄与した[1,2]。この場合の NOL は，NOL を挟んだ上下のピン層間の交換結合を極力維持するために，金属パス部は Co などの強磁性で構成され，そのサイズは 10 nm 程度と大きく，パスの面積密度も十％程度と大きい。一方，酸化物絶縁体層は，CoO-FeO や Cr_2O_3-Fe_2O_3 のような反強磁性酸化物となっており，それぞれの T_B（T_N）以下では，この反強磁性酸化物／ピン層（強磁性）界面において，交換結合バイアス（一方向異方性）が生じることが，著者らの研究によって明らかにされている[3]。また，Co に対する Fe の濃度が高い NOL では，酸化物絶縁体層は，マグネタイト構造（Fe(Co)$_3$O$_4$）となり，フェリ磁性が発現され，NOL を挟んだ上下のピン層には，強い強磁性交換結合が働き，NOL 中には

[*1] Masashi Sahashi 東北大学 大学院工学研究科 電子工学専攻 教授
[*2] Masaaki Doi 東北大学 大学院工学研究科 電子工学専攻 准教授
[*3] Kousaku Miyake 東北大学 大学院工学研究科 電子工学専攻 助教

金属パスが存在しなくなる。したがって，NOL の挿入による交換結合バイアスの劣化は全く認められず，抵抗―磁界曲線の角型性はむしろ良好となり，鏡面反射による CIP-GMR 比の向上も顕著である[4]。

1.2 NOL を電流狭窄(CCP)層に用いた垂直通電型(Current-Perpendicular-to-Plane：CPP)-GMR

SV 膜のスペーサ層に NOL を挿入するもので，NOL スペーサ層の電流狭窄効果により，ピン／スペーサ／フリーで構成されるスピン依存散乱ユニットの抵抗が，その他のスピンに依存しない寄生抵抗に比して増大し，その結果 CPP-GMR 比が増大するものである[5,6]。この場合の NOL 中の金属パス部は Cu で構成され，スペーサ層を介したピン／フリー間の層間結合を極力小さくする必要から酸化物絶縁体層には，磁性を持たない AlO_x を使うことになる。この構造のねらいは，電流狭窄効果による CPP-GMR 比の増大に加えて，電流狭窄層としての NOL 中のパス密度を制御して CPP-GMR 素子の面積抵抗（RA）を $0.1 \sim 0.3\ \Omega\mu m^2$ の範囲に調整することである。したがって，パス密度は 10 % 以下でサイズは 2〜5 nm 程度である。

1.3 NOL 中に強磁性ナノ接点（Nano Contact（NC））を形成したナノ接点磁壁型 MR（DWMR）

SV 膜のスペーサ層に NOL を挿入する点では，CCP-CPP-GMR と同様の構造を取るが，この場合は，NOL 中に形成された強磁性 NC とピン／フリー強磁性層とで強磁性ナノ接点構造が SV 膜中に複数作り込まれる。0.8 以上の伝導におけるスピン分極率（β）を持つ高スピン分極強磁性体でナノ接点が形成されると $0.3\ \Omega\mu m^2$ 程度の低 RA でも 100 % を超える MR 比が得られることが，今村らの理論計算より予測されている[7]。現状は低 RA 領域で 10〜20 % の MR 比である[8,9]。この場合，ナノ接点部には Bruno Wall[10] が閉じ込められる必要があるため，フリー／ナノ接点／ピンのすべては，強磁性体で構成され，ナノ接点サイズは 1〜2 nm でナノ接点部の面積密度は 1 % 程度以下とサイズ，密度ともに CCP-CPP-GMR に比べ，かなり小さくする必要がある。パス密度で RA を調整することは，CCP-CPP-GMR と同じであるが，1〜2 nm 径，1 nm 長さのナノ接点中の電子伝導のメカニズムを Ballistic で取り扱うべきか，Diffusive で扱って良いかの問題はあり，50 % 程度は Ballistic との試算もなされている[9]。

1.4 DWMR 素子を用いたコヒーレント位相スピントランスファーナノオシレータ（STNO）

ナノ接点磁壁型である DWMR では，今村・松下・佐藤によって示されたナノ接点に強く閉じ込められた磁壁そのものの振動による発振（80〜160 Hz）[11]が起こるが，まだ実験で観測するに至っていない。しかしながら MR 比が 5 % 程度足らずで，$0.3\ \mu m \times 0.3\ \mu m$ や $0.4\ \mu m \times 0.4\ \mu m$ サイズの比較的大きな素子でも，MgO-TMR の約 2 倍程度の発振ピーク（$15 \sim 20\ V/\sqrt{Hz}$）と高

い Q 値（300〜600）が得られている。この点から，ナノ接点磁壁型では，ナノ接点およびその近傍の電流密度がかなり大きくなること，ナノ接点間の位相同期が起こるなどの DWMR 特有の特徴が見られる[12,13]。また，ナノ接点磁壁を介したフリー／レファレンス間の層間結合磁界が 50〜100 Oe と大きく，DWMR 素子ではフリー層磁化とレファレンス層磁化の協調運動が起こる可能性も高い[14]。

1.5 電気磁気効果を有する反強磁性体 NOL による交換結合バイアスを利用した磁化の操作

$Co_{0.9}Fe_{0.1}$ 表面に Cr をわずか 1 オングストローム程度堆積したあと，酸化処理を施した $Co_{0.9}Fe_{0.1}$/Cr-NOL を SV 膜のピン層中に挿入した $Co_{0.9}Fe_{0.1}$/Cr-NOL SV では，反強磁性体 NOL/$Co_{0.9}Fe_{0.1}$ 界面に顕著な NOL からの交換結合バイアスが観測され，その $T_B(T_N)$ より，NOL の最表面には電気磁気効果を示す $Cr_2O_3(-Fe_2O_3)$ 反強磁性体が形成されているものと考えられる[15]。また，$Co_{0.9}Fe_{0.1}$/Cr-NOL では，明確な Training 効果が観測され，その温度変化は，CoO(-FeO) 反強磁性体が形成される $Co_{0.9}Fe_{0.1}$-NOL とは大きく異なり，Cr_2O_3 の電気磁気効果に対応する温度でピークを示すことがわかっている[16]。この結果は，NOL による交換バイアスを利用した磁化の操作へと展開可能である。

本章では，以上に述べたようなナノ狭窄構造スピンバルブ薄膜素子のなかから，1.2 の電流狭窄型 CPP-GMR，1.3 のナノ接点磁壁型 MR（DWMR），1.4 の DWMR 素子を用いた STNO について概説する。

2 電流狭窄型 CPP-GMR

この電流狭窄型 CPP-GMR とは，絶縁体層中に主として Cu から構成される導電チャネル部（金属パス部）が点在する NOL を，スペーサ層として用い，電流狭窄効果により MR 比を増大せしめるものである。サイズ A（面積）のデバイスの電気抵抗 R は，図 1 に示すように，NOL 中の導電チャネル部である金属パス部のみに電流が流れ（この場合，完全に電流が狭窄される），狭窄部のスピンに依存する比抵抗 ρ_m とスピンに依存しない比抵抗 ρ_0 と寄生抵抗 r_p との和の形でデバイスの電気抵抗が表わされる直列抵抗モデル（Series Resistor model）と，電流が金属パス部のみではなく，不均一な絶縁体部の欠損部を分路として流れる（Shunt される）並列回路モデルで表すことが出来，MR 比は，いずれのモデルまたは両モデルが共存している場合においても，電流狭窄の理想状態からの乖離を表す p パラメータを導入することで，MR$=x/[p\{1+r_p/(R-r_p)\}]$ と書き表すことが出来る。ここに x は，スピン散乱非対称係数 γ を用いて，$\gamma^2/(1-\gamma^2)$ と表わされる Intrinsic な MR 比であり，r_p はスピンバルブ膜の反強磁性体のような寄生抵

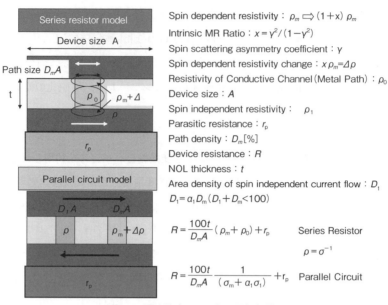

図1　電流狭窄NOL中の電気伝導

抗である。pが1のとき，すなわち理想的な電流狭窄が実現されたときには，MR比は電流狭窄に伴うデバイス抵抗Rの増加に対して，xに漸近的に近づく。それぞれのモデルにおけるpパラメータおよび両モデルを組み込んだ一般的なモデルにおけるpパラメータは，図2のように表すことが出来，pパラメータの増加，すなわち金属パス部の比抵抗の増大もしくは絶縁体部を流れるシャント電流の増大（α_1の増大，ρ_1の減少）にともない，MR比はRに対してx/pに漸近的に近づく曲線となり，$1/p$に減少することになる（図3）。

　図4に福澤らによってなされた実験例を示す[5,6]。福澤らは，絶縁体部は全域にわたって十分大きな比抵抗を有しているとし，金属パス部の直列抵抗モデルを用いて，金属パス部の比抵抗ρ_{Cu}（図1，2のρ_0）をパラメータに，実験より得られたMR-RA（面積抵抗，Resistance Area Product）をフィッティングし，ρ_{Cu}が$10\,\mu\Omega$cm以下の純度の高い金属パス部が得られると，$0.3\,\Omega\mu\mathrm{m}^2$以下の低RA領域で20％以上のMR比が得られるとしている[6]。直列抵抗モデルでは，pパラメータは，$1+\rho_0/\rho_m$，すなわち$1+\rho_{Cu}/\rho_m$となり，ρ_mに対してρ_0が十分小さくなると，pパラメータは理想系の$p=1$となる。このような電流狭窄型CPP-GMRのMR特性についての理論計算は，佐藤・今村らによって行われている[17]。佐藤・今村らは，強磁性体／非磁性体界面でのスピン蓄積を考慮した記述で，Valet-Fert理論に立脚した計算を行い，強磁性体のバルク伝導の非対称係数（スピン分極）βを用い，新たな概念としてスピン蓄積による界面でのVoltage Dropに起因した抵抗を，強磁性体層と非磁性体層の有効抵抗（Effective Resistance）r_Fとr_Nの並列回

第20章 ナノ狭窄構造スピンバルブ薄膜素子におけるスピン依存伝導とスピンダイナミクス

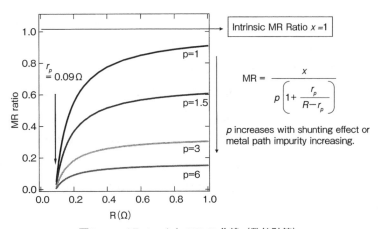

図2 直列抵抗モデルと並列回路モデルにおける磁気抵抗比 (MR) と p パラメータ

図3 p パラメータと MR-R 曲線(数値計算)
R が寄生抵抗 r_p となると MR の分母が ∞ となり,MR はゼロになる。
また,p パラメータが増大すると MR は概ね $1/p$ で減少する。

路で表し,MR の金属パス径(非磁性コンタクト径)依存性と RA 依存性を議論している。この報告では,コンタクト径依存性には極大が存在し,r_F と $\overline{r}_N$ のバランスがとれた(マッチングした)ところで,極大を示すとしている。ここに,r_F と $\overline{r}_N$ は,次のように定義されている。$r_F = \beta^2 \rho_F \lambda_F / \{S(1-\beta^2)\}$,$\overline{r}_N = \rho_N \lambda_N$,ここに S は断面積,λ_F は強磁性層のスピン拡散長,λ_N は非磁性層のスピン拡散長である。大変興味深い結果が示されており,ρ_{Cu} が本来の室温でのバ

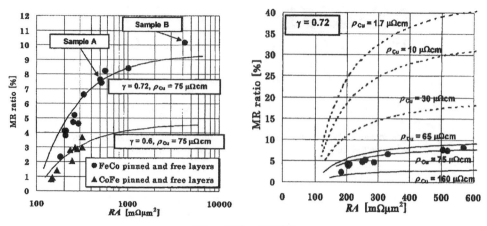

図4　福澤らの実験例

ここではスピン散乱非対称係数として，界面散乱非対称係数を用いて，直列抵抗モデルでフィッティングを行っている[5,6]。

ルク値（$1.7\,\mu\Omega$cm）に近づくにつれて，極大を示すコンタクト径は小さくなり，半径にして2〜5 nm あたりであり，実験結果と良く一致している。また，この理論計算では，スピン蓄積による界面での Voltage Drop に起因した抵抗を考慮しており，強磁性体のバルク伝導のスピン分極 β で，電流狭窄効果を説明している点で示唆に富んでいる。この強磁性体のバルク伝導のスピン分極は，あとで概説するナノ接点磁壁型 MR（DWMR）ではさらに重要な材料物性値となる。

このような電流狭窄層は，どのような自己組織化メカニズムで形成されるかは大変重要な研究課題であるが，今のところまだ完全には解き明かされていない。しかしながら，イメージを掴んでおくことは重要なことなので，モデル膜を用いて，著者らが行った AlO_x 中への Cu メタルパス（導電チャネル）の形成過程についての考察例[18,19]を，図5に示す形成過程の模式図に沿って，紹介する。

モデル膜は，図5にあるように 10 nm 厚の Cu 上に Al を 0.6 nm 堆積させた2層膜である。この2層膜をイオンビームスパッタ装置で成膜後，300℃にて30分の In-Situ 熱処理を施したあとの表面状態を，超高真空をやぶることなく In-Situ STM で観察したところ，成膜時には Cu 中に打ち込まれ Cu-Al 合金の表面層を形成していた Al 原子は，In-Situ 熱処理により表面へと移動し，表面拡散により表面エネルギーの低い Cu（111）表面を露出するように，テラス端（結晶粒界）に凝集することが判った（図5中の STM 像参照）。Al 原子の表面への移動については RHEED より求めた格子定数の変化より裏付けられ，Al 原子のテラス端への凝集は STM による表面観察のほか，表面粗さの変化（成膜後の R_{rms} が 0.32 nm であったのに対して，In-Situ 熱処理後の R_{rms} は 0.25 nm）からも裏付けられた。したがって，Cu の導電チャネル部は In-Situ 熱

第20章 ナノ狭窄構造スピンバルブ薄膜素子におけるスピン依存伝導とスピンダイナミクス

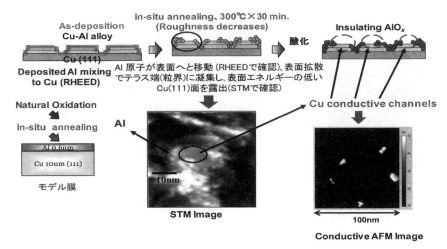

図5 AlO$_x$中へのCu導電チャネル部の形成過程（模式図）

処理の過程で形成され，その後の酸化過程はテラス端（粒界）に凝集したAlの酸化過程となり，図5中のConductive AFM像に見られるように，チャネルの大きさはほとんど変化していない。Cu-AlO$_x$ NOL中のCu導電チャネル部の形成は，このようなAlの表面への移動とテラス端（粒界）への凝集といった自己組織化パターニングによる可能性が高い。この形成メカニズムでは，Cu導電チャネル部は下地層Cuの結晶粒内に形成されることになる。

3 ナノ接点磁壁型MR（DWMR）

厚みが1nm程の極薄酸化物層中に，直径が1～2nm径の強磁性ナノ接点が多数点在しているNOLを，スピンバルブ薄膜素子のスペーサ層とするのが，ナノ接点磁壁型スピンバルブ薄膜素子である（図6左）。このナノ接点磁壁型スピンバルブでは，フリー磁化とピン磁化が反平行配列に近づくとナノ接点に磁壁が閉じ込められる（Geometrical Confined Domain Wall：Bruno Wall）。電子スピンは，磁壁近傍でのスピン蓄積と磁壁内での伝導電子スピンと局在スピン間のミストラッキングにより散乱され，大きなMRを発現するもので，ナノ接点磁壁型スピンバルブ薄膜素子は，薄膜中に接点構造を組み込んだ新しいMR素子である。MR比は，ナノ接点の数（面積密度）には依存しないが，ナノ接点径には大きく依存する。また，ナノ接点径は磁壁の閉じ込め条件のため制限を受けるが，ナノ接点の数を制御することにより，かなり低RAまでの抵抗設計（調節）が出来ることが大きな特徴である。図6右に，佐藤・今村らによって行われた理論計算の結果を示す（Private Communication）。MR比は，ナノ接点構造を形成する強磁性体中の伝

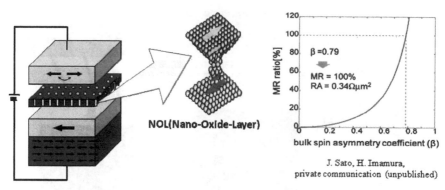

図6　ナノ接点磁壁型スピンバルブ薄膜素子構造と理論計算

導のスピン分極 β に大きく依存し，室温の β 値が0.55程度の $Co_{0.9}Fe_{0.1}$ では，せいぜい20％程度のMR比しか期待できない。β 値が0.62の $Fe_{0.5}Co_{0.5}$ でも30～40％止まりである。しかし，MR比は β が0.6を超えたあたりから急激に増大し，β が0.8を超えると，$0.3\,\Omega\mu m^2$ 程度の低RAでもMR比は100％以上となる。したがって大きな β 値を示す材料で接点構造を形成することが重要な研究課題となる。ナノ接点磁壁系の理論計算については，佐藤・今村らの報告を読んでもらいたい[20]。

図7には，2 Tbit/inch^2 の実現に向けて，再生素子に要求されるMR-RAを示す。低RA側ではスピントランスファートルクに起因したフリー磁化の不安定性のために，電流密度が制約される（図7中のRedline）。高RA側では，周波数応答と熱の問題からRAに大きな制約がかかる（Blueline）。したがって，$0.4\,\Omega\mu m^2$ を切る低RAで100％近いMRが確保されないと安心して

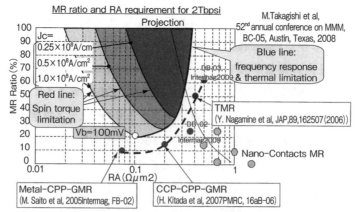

図7　2 Tbit/inch^2 磁気記録実現に向けて再生素子に要求されるMR-RA
破線は現在までに報告されている各MR素子のMRとRA，いずれも要求に届かない。

第20章　ナノ狭窄構造スピンバルブ薄膜素子におけるスピン依存伝導とスピンダイナミクス

HDD とヘッドの設計を行うことが出来なくなる。これまでに報告されている CPP-GMR，CCP-CPP-GMR，TMR の MR と RA を結んだ曲線が黒の破線であるが，いずれも要求に届くには至っていない。

このような背景のもと，著者らは $Fe_{0.5}Co_{0.5}$ の人工的な規則合金を作製し，そのスピン分極率 (P) と伝導におけるスピン分極（バルク散乱非対称係数）β を求める研究を行った。図8に示すように EB 蒸着法を用いて，Fe の単原子層，Co の単原子層を交互に積層する方法で，(100) 面，[001] 方向に人工的な規則合金膜（Alternated Monatomic Layered $[Fe/Co]_n$：AML $[Fe/Co]_n$）を作製した。規則度を算定するための中性子回折実験とスピン分極率 (P) を求めるための Point Contact Andreev Reflection (PCAR) 測定は AML $[Fe/Co]_n$ のみを用いて行い，β の算出には，図8に示すような Au の下部電極からフリー AML，Au スペーサ，ピン AML までが，フルエピタキシャル成長した MgO(100)/Seed Fe/Au electrode/AML$[Fe/Co]_n$/Au/AML $[Fe/Co]_n$/IrMn/Capping 構造のスピンバルブ素子を作製して行った。PCAR より求めた4Kのスピン分極率 (P) は，0.57〜0.6 とハーフメタル系ホイスラー合金に匹敵する大きなものであった[21]。同時に測定した $Fe_{0.5}Co_{0.5}$ の P は 0.5 であり，文献値[22]と良い一致をみた。また，中性子回折より求めた規則度は 0.73 で，規則度の点からはまだ十分ではなく，今後改善する必要がある。それでも CPP-GMR から求めた室温の β 値は 0.81 となり，これまでに報告例のない 0.8 以上の β 値が得られている[23]。これらの結果を，三浦・白井の s 電子のスピン分極と規則度の計算（Private Communication）と照らして見ると，長範囲規則度 0.73 は，図9中の x に直すと 86.5 となり，対応するスピン分極は 0.55 程度で，PCAR の結果まずまずの良い一致を見た。この結果の教えると

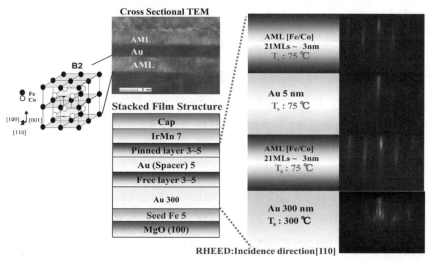

図8　AML $[Fe/Co]_n$ をフリー，ピンに用いたフルエピタキシャル CPP-GMR スピンバルブ素子

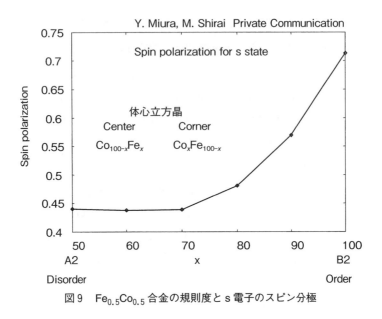

図9　$Fe_{0.5}Co_{0.5}$合金の規則度とs電子のスピン分極

ころは，さらに規則度を高めてゆくと，より大きなP値，β値が得られる可能性が高いということである．この研究の意味するところは，単原子層積層膜にあるのではなく，$Fe_{0.5}Co_{0.5}$合金の規則相は，優れたスピン分極特性を有していることである．桜庭らが行ったCo_2MnSiホイスラー合金膜を用いてのCPP-GMRの実験から算出されたCo_2MnSiの室温でのβ値は0.69程度である[24]ことを考えると，0.81のβ値は極めて大きく，さらなる規則化でどこまでβが大きくなるかは大変興味深い．

最後に，ハーフメタル系ホイスラー合金のなかでも，PCARで特に高いスピン分極率（P=0.64）が得られている$Co_2(FeCr)Si$を用いたホイスラー合金系ナノ接点磁壁型MR研究の準備段階として進めているCo_2FeSi表面へのナノ接点型NOLの形成方法の検討結果について紹介する[25]．ナノ接点磁壁型MRの研究において，強磁性ナノ接点（金属）を含むNOLの形成方法の確立は大変重要である．そこで，まだA2構造のものではあるが，Co_2FeSi膜表面にCrをわずか0.1 nm，0.5 nm，1 nm堆積後に自然酸化を行い，そのうえに$Co_{0.9}Fe_{0.1}$や$Co_{0.5}Fe_{0.5}$を堆積する方法で，スピンバルブ膜を作製し，層間結合磁界（H_{in}）の測定，CPP-MRの測定を行った．おもしろい結果としては，0.1 nmCr以外は$H_{in\,or\,ex}$が150 Oe〜200 Oeと大きく，フリーとピンが強く結合した磁化曲線となった．Crを堆積しない$Co_2(Fe_{0.9}Cr_{0.1})Si$でも同様の強い層間結合となっていた．それに対して，0.1 nmのCrを堆積したCo_2FeSiでは，極めて均一で極薄（〜1 nm）の酸化物層がCo_2FeSi表面に形成されることが判った（図10のTEM像参照）．この場合のH_{in}は，酸化強度が0.2〜0.5 kLで50 Oe程度，4 kL以上では10 Oe程度となる．このようなス

第20章　ナノ狭窄構造スピンバルブ薄膜素子におけるスピン依存伝導とスピンダイナミクス

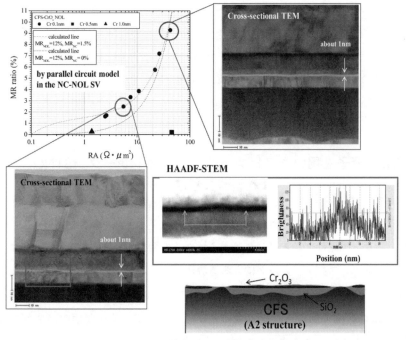

図10　Co_2FeSi ホイスラーナノ接点 MR 素子の MR 特性と NOL の形成モデル

ピンバルブ素子について，CPP-MR を測定した結果を図10に示す。得られた実験結果を，NOL 部以外は寄生抵抗とし，NOL 部に MR_{NOL}（TMR）と MR_{NC}（NC-MR）が並列に存在する並列回路モデルでフィティングを行い，MR_{NOL}（TMR）と MR_{NC}（NC-MR）を求めたところ，$MR_{NOL}=12$ ％，$MR_{NC}=1.5$ ％となった。図中黒の点線は $MR_{NC}=0$ の所謂 TMR である。また，上に堆積させる磁性体を $Co_{0.9}Fe_{0.1}$ から $Fe_{0.5}Co_{0.5}$ に変えてもこの結果は同じであった。XPS による酸化物層の分析の結果，SiO_2 と Cr_2O_3 の明瞭なピークが観測され，酸化物層は SiO_2 と Cr_2O_3 より構成されていたことが判った。Co_2FeSi 表面に Cr をわずか 0.1 nm 堆積しただけにもかかわらず，Cr_2O_3 のピークが明瞭に得られたことは，酸化物層表面には Cr_2O_3 が形成されており，その下層に SiO_2 が形成されたものと考えられる。また酸化強度が弱く，比較的低 RA の試料では，酸化物層の一部にナノ接点が形成されていることがうかがえる（図10中の TEM 像と HAADF-STEM 像を参照）。しかしながらナノ接点 MR の値は極めて低く，以下のことが課題として挙げられる。

A．ナノ接点の形成が不完全であること（図10の TEM 像）
B．ホイスラー合金の表面では，構成元素である Si が酸化され，ナノ接点部が Co_2Fe となってしまったこと。$Co_{0.9}Fe_{0.1}$ を用いたナノ接点では MR は 1〜2 ％程度。
C．今回は A2 構造のままで，ナノ接点の形成を検討したため。

道のりは，まだ長そうであるが，課題が見えたこと，Cr を 0.1 nm 堆積した試料では，予想外に奇麗な極薄の酸化物層が形成されたことなど有益な知見が得られた。さらに，MR_{NOL}(TMR) が 50 $\Omega\mu m^2$ の RA で 12 ％得られていることは，過去に報告されている SiO_2 または Cr_2O_3 をトンネルバリア層とする Co-SiO_2 MTJ の室温 MR 値 4 ％ や CrO_2-Cr_2O_3 MTJ では室温で MR がゼロであることを考えると多少興味深いものがある。

4 DWMR 素子を用いたスピントルクナノオシレータ（STNO）

スピン偏極電流（直流）がスピン・軌道角運動量を介して直接サブミクロンサイズ（～50 nm）の磁性体のスピン（磁気モーメント）にスピントランスファートルクを与えることが実験的にも確認され[26]，スピン電流によるスピンダイナミックスの発生と制御の可能性が示されている。また，このスピントランスファートルクによる電流駆動スピンダイナミックスについては，単一のピラー構造において直流電流駆動により，マイクロ波の発振が得られることも報告され[27]，100 nm～500 nm の間隔で配置された二つのピラーを用いての位相同期の研究報告もあり，コヒーレント位相によるマイクロ波出力の増大（4 倍）と間隔を 100 nm 以下にすることで，より強い位相同期が得られることなどが報告されている[28,29]。また，オシレータを直並列回路として電気的に結合させ，スピントランスファートルクによって発生するマイクロ波電流励起を用いたフェーズロックの原理が理論的に提唱されている[30]。しかしながら，ピラーを電子線描画およびフォトリソで作製しているために，ピラーサイズ（40 nm～80 nm），ピラー間隔（～100 nm）が制約され，より微小径のピラーサイズ，交換結合長（数十 nm）に近いピラー間隔の実現はかなり困難であり，物理的にも，工学的にも最も興味がもたれるピラーサイズが数ナノメートル，ピラー間隔が数十 nm の領域での発振特性についての報告例はなされていなかった。伝導経路を数 nm にまで狭搾したナノ構造体はワイヤーを用いたナノ接点においても作製が可能であるが，この系におけるナノ構造は不安定な状態であるため，デバイスへの適用はもちろん，物理現象の解明も非常に困難な系である。極薄酸化物層（Nano-Oxide-Layer：NOL）を用いたナノ狭窄構造では Cu-AlO_x-NOL や CoFe-NOL および $Co_{0.9}Fe_{0.1}$/Fe-AlO_x NOL や $Fe_{0.5}Co_{0.5}$-AlO_x NOL を用いればリソグラフィーでは形成不可能な 10 nm 以下の導電チャネルを，自己組織化ナノパターニングにより作製可能となり，現在まで手付かずの状態であったナノスコピック領域における電子／スピン輸送物理，ならびにスピンダイナミックスの研究が可能である。スピントランスファーマイクロ波発振の出力（P）が $(MR)^2×$投入電力（I^2R）に比例することを考えると，磁気抵抗比が 100 ％以上であることが理論的に予想され（今村ら），かつ大きな電流が投入可能で同一投入電流，同一素子サイズ（面積）に対し，より高い電流密度となり，高出力・高 Q 値のコヒー

第20章 ナノ狭窄構造スピンバルブ薄膜素子におけるスピン依存伝導とスピンダイナミクス

レント発振が期待できるナノ接点磁壁型 MR 素子（NCMR）が，GMR 型やトンネル接合型素子[31,32]を凌ぐ実用上最も有力な発振素子となる可能性が高いものと考える。

NCMR 素子として，まず，強磁性層に $Co_{0.9}Fe_{0.1}/Fe$，スペーサー層に $Fe-AlO_x$ NOL を用いた MR 比が 4.1〜6.2％であるスピンバルブ素子についてマイクロ波発振を測定した。マイクロ波発振特性はフリー層，リファレンス層の磁化状態および狭窄磁壁の状態に依存することが考えられ，その MR 曲線と対比して議論する必要がある。ここで MR 曲線はそのセンス電流によるスピントランスファー効果や電流磁場および温度上昇によって変化する。したがって，発振時の投入電流に近いセンス電流で MR 曲線の測定を行った。電流方向は，電流がフリー層からリファレンス層に流れる方向を正と定義した。正電流の場合，電子はリファレンス層からフリー層に注入される。測定磁場は，素子の膜面内に印加し，フリー層とリファレンス層の磁化が互いに反平行状態になる方向を正と定義した。

面内に外部磁場を印加して測定した NCMR 素子の代表的な抵抗（R）—磁場（H）曲線を図11 に示す。センス電流の増加に伴う R-H 曲線の変化の特徴として以下の2点が挙げられる。1点目は，フリー層とリファレンス層の磁化状態が平行状態から中間状態へ変化していく過程で，明瞭な抵抗値の急峻な変化が見受けられる点である。2点目は，R-H 曲線上に見られる抵抗値の急峻な変化が，センス電流の増加に伴い低磁場側へシフトするとともに，保磁力が減少する点である。変化の要因としてはスピントランスファー効果，あるいは強磁性ナノ接点近傍に生じる電流磁場が磁壁の生成をアシストし，生成された磁壁が逆磁区の生成サイトとなることでフリー層が磁化反転を起こしやすくなる可能性などが考えられる[33]。ナノ接点磁壁型の磁気抵抗はフリー層とリファレンス層の相対角度および磁壁の厚さによって変化するので両方の効果を取り入れてマイクロ波発振を議論する必要がある。図12 に，MR 比が 4〜5％の NCMR 素子に 60 Oe の磁

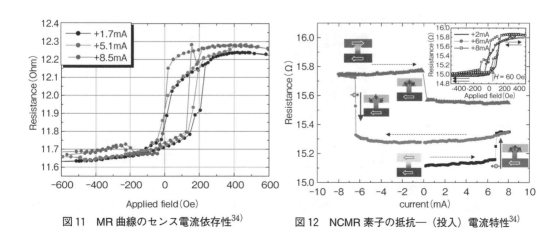

図11 MR 曲線のセンス電流依存性[34]　　図12 NCMR 素子の抵抗—（投入）電流特性[34]

場を印加した状態での抵抗―(投入)電流 (R-I) 特性を示す。この R-H 曲線は GMR/TMR 素子では認められない，ナノ接点に狭窄された磁壁の Breathing (圧縮と膨張) で説明可能な特異な挙動を示し，狭窄磁壁の存在を示唆する一つの結果である[34]。

ここで，R-H 曲線を素子の磁化状態から分類すると，フリー層とリファレンス層の磁化が平行状態，フリー層の磁化反転過程，反平行状態，リファレンス層の磁化反転過程の 4 つに分けることができる。これらの 4 つの領域においてそれぞれマイクロ波発振の測定を行った。平行状態においては磁場及び電流の方向を変えても発振は認められないことが明らかとなった。この結果は平行状態においてはナノ接点中に磁壁が存在しておらず，スピントランスファートルクが働いていないことを示唆しており，GMR や TMR 素子とは異なる本系特有の結果である。一方，平行状態ではない領域において離散的に発振が認められた。図 13 に NCMR 素子のマイクロ波発振スペクトルと発振周波数，発振強度の印加磁場依存性をマッピングした結果の一例を示す。低磁場において低出力でブロードな 2 つの発振が認められた後，反平行に近い状態で，ピーク値が 18 nV/Hz$^{1/2}$，Q 値 ($f/\Delta f$) が約 300 の高出力でかつシャープな発振が観測された。ここで，試料の素子サイズは 0.3～0.4 μm$^\square$ であり，このような大きな素子サイズにおいて発振が観測されたのははじめてである。Conductive-AFM 像によって見積もられた素子面積あたりのチャネル占有面積から電流密度を算出すると約 1×10^9A/cm^2 となる。さらに，MR 変化率が現状 4～6 ％と低いにも関わらず，高い出力の発振を観測したことから，磁壁が狭窄された健全な導電チャネル間もしくは狭窄磁壁内でのコヒーレント位相マイクロ波発振が起きていることを示唆する結果が得られた[34]。同素子において得られた最大出力は約 0.2 nW，最大 Q 値は約 600 である。

また，図 14 に示した発振周波数の直流電流および印加磁場依存性は磁壁の圧縮と膨張を考慮したモデルによって説明することが可能であると考えている。すなわち，正電流の場合はナノ接

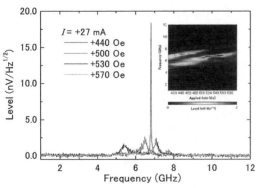

図 13 強磁性接点型ナノ狭窄構造薄膜の電流駆動マイクロ波発振スペクトル[34]

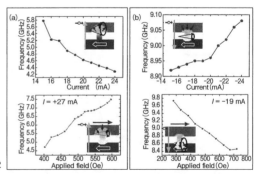

図 14 発振周波数の DC 電流 ((a)正電流，(b)負電流) および印加磁場依存性[34]

点近傍のフリー層側，負電流の場合はナノ接点近傍のレファレンス層側で発振が起こり，外部磁場により磁壁が閉じ込められたり，緩められたりすることにより周波数が増減するものと考えられる．さらに，リファレンス層の磁化反転過程においても高い Q 値（$f/\Delta f : 600$，$\Delta f = 12\,\mathrm{MHz}$）のシャープな発振が，7 GHz 近傍で観測され，その出力レベルはおおよそ $20\,\mathrm{nV}/\sqrt{\mathrm{Hz}}$ に達することが明らかとなった[35]．この発振はシンセティクピン層のスピンフロップ領域近傍で起きていることからリファレンス層側での磁化の不安定性に起因した発振が磁壁を介してフリー層と結合し，比較的均質で単一モードのコヒーレント発振が励起されている可能性があると考えている（図15）．しかし，すべての導電チャネルがフェーズロックしているかについては未だ不明であり，発振強度のチャネル数依存性およびフェーズロックの条件を明らかにする必要がある．

次に，$Fe_{0.5}Co_{0.5}$-AlO_x NOL を用いた NCMR 素子について発振の測定を行った．素子サイズは $0.3 \times 0.3\,\mu\mathrm{m}^2 \sim 0.6 \times 0.6\,\mu\mathrm{m}^2$ であり，MR 比は 7〜10 % である．この素子は比較的広い磁場範囲で反平行状態が安定であり，ピン特性の良好な素子である．同様に発振特性を調べた結果，フリー層の磁化がリファレンス層に対して反平行になる磁化状態と，リファレンス層の磁化が反転し始める磁化状態において，リファレンス層からフリー層に電子を注入したときにマイクロ波発振が励起された．この素子で発振が励起される磁化状態は反平行状態になる直前と反平行状態が

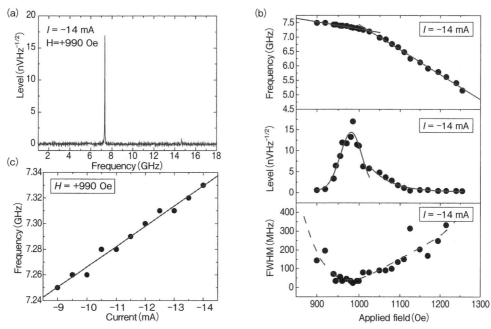

図15　Fe-AlO_x NOL 強磁性ナノコンタクト MR 素子におけるマイクロ波発振(a)，周波数の外部磁場(b)及び印加電流(c)依存性[35]

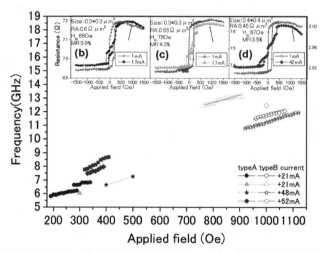

図16　$Fe_{0.5}Co_{0.5}Al$-NOL を用いた NCMR 素子におけるマイクロ波発振周波数の外部磁場依存性[36]

崩れ始める磁化状態と一致しており，それぞれの発振周波数は前者が 6～9 GHz，後者が 10～13 GHz と異なっている（図16）。磁壁の閉じ込め方によってマイクロ波発振の周波数が異なる可能性が考えられ，フリー層の磁化がリファレンス層の磁化と完全に反平行となり，磁壁が完全に閉じ込められた状態では発振が観測しにくいといった興味深い結果が得られた[36]。松下・今村らによってシミュレートされた磁壁の発振機構ではスピントランファートルクによって狭窄磁壁が Neèl 磁壁と Bloch 磁壁を行き来することにより磁気抵抗比が振動することが示されており[11]，Neèl 磁壁と Bloch 磁壁の縮退が解けやすい磁壁の状態であるときに発振が励起されることも考えられる。

　以上のようにナノ接点磁壁型 MR 素子においていくつかの特徴的な発振が観測された。いずれの場合もスピントランスファートルクによるスピンの才差運動によって磁壁の膨張と圧縮が誘起され，同期することによってマイクロ波の発振が励起されると考えられる。

　したがって，強磁性導電チャネルのチャネル径およびチャネル間隔の分散の改善とコヒーレント位相マイクロ波発振の Q 値，出力レベルとの相関，磁気抵抗比の増大（100 %級），ならびにスピントランスファートルクで励起されるスピン波のモードロッキング，電気的結合によるマルチチャネル間の位相同期，直流電流による狭窄磁壁内での共鳴についての検討が今後の課題となり，理論グループと連携を取ってさらに研究を進めたい。この研究がスピントルクナノオシレータの応用に向けて発展することを期待したい。

5 おわりに

あまり多くの研究者が携っている研究分野ではないが,将来に向けてのポテンシャルの高さを考えると大変重要な分野である。おそらくナノ接点 NOL の形成が,自己組織化だけにボトルネックとなっているものと考えられるが,形成過程も徐々に解明されて来ており,結晶粒径の制御で,ナノ接点の数やナノ接点径は制御されるものと信じている。高 β など,研究の方向性はクリアになって来ているので,今後の進展を期待したい。

なお,本研究の一部は,NEDO Grant, SRC, 科研費などの支援でなされたものである。また,本研究の立上げから今日まで,多くの支援と助言を頂いた(株)東芝の技術者,研究者および産総研の今村グループの方々に感謝致します。

文　献

1) Y. Kamiguchi, H. Yuasa, H. Fukuzawa, K. Koi, H. Iwasaki, and M. Sahashi, *Digest of INTERMAG* 1999 (Kyongju, Korea) DB-01 (1999) (unpublished)
2) H. Fukuzawa, K. Koi, H. Tomita, H. N. Fuke, Y. Kamiguchi, H. Iwasaki, and M. Sahashi, *J. Magn. Magn. Mater*. 235, 208 (2001); Hideaki Fukuzawa, Katsuhiko Koi, Hiroshi Tomita, Hiromi Niu Fuke, Hitoshi Iwasaki, and Masashi Sahashi, *J. Appl. Phys*. 91, 6684 (2002)
3) M. Sahashi, K. Sawada, H. Endo, M. Doi, and N. Hasegawa, *IEEE Trans, Magn*. 43, 3668 (2007)
4) Hioaki Endo, Masaaki Doi, Naoya Hasegawa, and Masashi Sahashi, *J. Appl. Phys*. 99, 08 R 703 (2006); 遠藤広明,土井正晶,長谷川直也,佐橋政司,日本磁気学会誌 30, 127 (2006); 澤田和也,遠藤広明,土井正晶,長谷川直也,佐橋政司,日本磁気学会誌 32, 509 (2008)
5) M. Takagishi, T. Funayama, K. Tateyama, M. Yoshikawa, H. Iwasaki, and M. Sahashi, *IEEE Trans. Magn*. 38, 2277 (2002); H. Fukuzawa, H. Yuasa, S. Hashimoto, K. Koi, H. Iwasaki, Y. Tanaka, and M. Sahashi, *IEEE Trans. Magn*. 40, 2263 (2004)
6) H. Fukuzawa, H. Yuasa, S. Hashimoto, K. Koi, H. Iwasaki, and Y. Tanaka, *Appl. Phys. Lett*. 87, 082507 (2005)
7) J. Sato and H. Imamura, Private Communication
8) Hiromi Niu Fuke, Susumu Hashimoto, Masayuki Takagishi, Hitoshi Iwasaki, Shohei Kawasaki, Kousaku Miyake, and Masashi Sahasahi, *IEEE Trans. Magn*. 43, 2848 (2007)
9) M. Takagishi, H. N. Fuke, S. Hashimoto, H. Iwasaki, S. Kawasaki, R. Shiozaki, and M. Sahashi, (Invited) *J. Appl. Phys*. 105, 07B725 (2009)
10) P. Bruno, *Phys. Rev. Lett*. 83, 2425 (1999)

11) Katsuyoshi Matsushita, Jun Sato, and Hiroshi Imamura, *IEEE Trans. Magn.* **44**, 2616 (2008); Katsuyoshi Matsushita, Jun Sato, and Hiroshi Imamura, *J. Appl. Phys.* **105**, 07D525 (2009); K. Matsushita, J. Sato, and H. Imamura, *J. Magn. Soc. Jpn.* **33**, 274 (2009)
12) M. Doi, H. Endo, K. Shirafuji, H. Suzuki, S. Kawasaki, M. Takagishi, H. N. Fuke, S. Hashimoto, H. Iwasaki, and M. Sahashi, *Appl. Phys. Lett.*, submitted
13) H. Suzuki, H. Endo, T. Nakamura, T. Tanaka, M. Doi, S. Hashimoto, H. N. Fuke, M. Takagishi, H. Iwasaki, and M. Sahashi, *J. Appl. Phys.* **105**, 07D124 (2009)
14) Hiroaki Endo, Toshiyuki Tanaka, Masaaki Doi, Susumu Hashimoto, Hiromi Niu Fuke, Hitoshi Iwasaki, and Masashi Sahashi, *IEEE Trans. Magn.*, accepted, to be published
15) M. Doi, M. Izumi, Y. Abe, H. Fukuzawa, H. N. Fuke, H. Iwasaki, and M. Sahashi, *J. Magn.. Magn. Mater.* **286**, 381 (2005)
16) K. Sawada, K. Futatsukawa, M. Doi, and M. Sahashi, *JJAP*, submitted
17) J. Sato, Katsuyoshi Matsushita, and Hiroshi Imamura, *IEEE Trans. Magn.* **44**, 2608 (2008)
18) J. Y. Sho, S. P. Kim, Y. K. Kim, K. R. Lee, Y. C. Chung, S. Kawasaki, K. Miyake, M. Doi, and M. Sahashi, *IEEE Trans. Magn*, **42**, 2633 (2006); S.-P. Kim, K.-R. Lee, Y.-C. Chung, M. Sahashi, Y. K. Kim, *J. Appl. Phys.* **105**, 114312 (2009)
19) 河崎昇平, 蘇　晙永, 三宅耕作, 土井正晶, 佐橋政司, 日本磁気学会誌 **30**, 357 (2006)
20) Jun Sato, Katsuyoshi Matsushita, and Hiroshi Imamura, *J. Appl. Phys.* **105**, 07D101 (2009)
21) I. C. Chu, M. Doi, A. Rajanikanth, Y. K. Takahashi, K. Hono, and M. Sahashi, *J. Phys. D*, submitted
22) D. J. Monsma, and S. S. P. Parkin, *Appl. Phys. Lett.* **77**, 720 (2000)
23) Tomonori Mano, In Chang Chu, Kousaku Miyake, Masaaki Doi, Satoko Kuwano, Toshiyuki Shima, and Masashi Sahashi, *IEEE Trans. Magn.*, accepted, to be published
24) Y. Sakuraba, Private Communication
25) Y. Shiokawa, T. Otsuka, T. Mano, S. Kawasaki, M. Doi, and M. Sahashi, INTERMAG 2009 (Sacramento, CA, USA) GF-05 (unpublished)
26) J. A. Katine, F. J. Albert, R. A. Buhrman, E. B. Myers, D. C. Ralph: *Phys. Rev. Lett.*, **84**, 3149 (2000)
27) S. I. Kiselev, J. C. Sankey, I. N. Krivorotov, N. C. Emley, R. J. Schoelkopf, R. A. Buhrman, D. C. Ralph: *Nature*, **425**, 380 (2003)
28) F.B. Mancoff, N.D. Rizzo, B.N. Engel, S.T. Tehrani, *Nature*, **437**, 393 (2005)
29) S. Kaka, M.R. Pufall, W. H. Rippard, T.J. Silva, S.E. Russek, J.A.Katine, *Nature*, **437**, 389 (2005)
30) J. Grollier, V. Cros and A. Fert, *Phys. Rev. B*, **73**, 060409 (2006)
31) W.H. Rippard, M.R. Pufall, S. Kaka, S.E. Russek, T.J. Silva, *Phys. Rev. Lett.*, **92**, 027201 (2004)
32) A.M. Deac, A. Fukushima, H. Kubota, H. Maehara, Y. Suzuki, S. Yuasa, Y. Nagamine, K. Tsunekawa, D. D. Djayaprawira, N. Watanabe, *Nature Physics*, **4**, 803 (2008)
33) 白藤和茂, 遠藤広明, 鈴木裕章, 土井正晶, 佐橋政司, 日本磁気学会誌, **32**, 515 (2008)
34) M. Doi, H. Endo, K. Shirafuji, H. Suzuki, S. Kawasaki, M. Sahashi, M. Takagishi, H. N. Fuke, S. Hashimoto, H. Iwasaki, *Appl. Phys. Lett.*, submitted.

35) Hiroaki Endo, Toshiyuki Tanaka, Masaaki Doi, Susumu Hashimoto, Hiromi Niu Fuke, Hitoshi Iwasaki and Masashi Sahashi, IEEE Trans. Magn., accepted, to be published.
36) H.Suzuki, H.Endo, T.Nakamura, T.Tanaka, M.Doi, S.Hashimoto, H.N.Fuke, M.Takagishi, H. Iwasaki, and M.Sahashi, *J. Appl. Phys*., **105**, 07 D 124 (2009)

第21章 強磁性半導体ヘテロ構造
－スピン依存トンネル現象を中心に－

田中雅明[*]

1 はじめに

　Ⅲ-Ⅴ族強磁性半導体 GaMnAs とそのヘテロ構造は，多様なスピン依存現象が観測される系であり，半導体をベースとしたスピントロニクスデバイスを実現するためのモデルシステムとなっている。例えば，大きなトンネル磁気抵抗効果（tunneling magnetoresistance：TMR）[1,2]やトンネル異方性磁気抵抗効果（tunneling anisotropic magnetoresistance：TAMR）[3]が観測されている。このような現象が観測されるのは，GaMnAs が良好な結晶性を有するエピタキシャル単結晶であると同時に，Ⅲ-Ⅴ族半導体とのヘテロ接合を形成することができ，その界面が原子レベルで急峻であることに起因する。一方，この GaMnAs を含むヘテロ接合の急峻な界面を利用し，強磁性量子ヘテロ構造を実現しようとする試みも行われている。TMR の理論計算によると，例えば，GaAs 量子井戸（QW）を有する GaMnAs/AlAs/GaAs/AlAs/GaMnAs ヘテロ構造においては，量子サイズ効果により TMR 比が 800 ％まで増大することが期待されている[4]。また，強磁性 GaMnAs 量子井戸を有する GaMnAs/AlAs/GaMnAs/AlAs/GaMnAs ヘテロ構造においては，量子井戸においてスピン分裂した共鳴準位が形成されることにより，TMR が 10^6 ％程度まで増大することが期待されている[5]。

　GaMnAs 量子井戸を含む量子構造を作製し，量子サイズ効果の観測を試みた実験もいくつか行われている。例えば，磁気光学効果の研究では，GaMnAs 量子井戸構造において，量子サイズ効果の存在を示唆する結果が得られている[6,7]。しかし，強磁性半導体量子ヘテロ構造の磁気輸送特性の研究においては，量子サイズ効果とそれに起因した TMR の増大を明瞭に観測したという報告はなかった[5,8,9]。

　一方，量子井戸を有する金属系の磁気トンネル接合（magnetic tunnel junction：MTJ）においては，量子井戸における量子サイズ効果によって，TMR 比が量子井戸膜厚に対して振動的に変化することや[10]，dI/dV-V 特性に振動が観測されている[11]。しかし，金属系 MTJ では，今のところ，これらの現象が観測されるのは量子井戸膜厚が 3 nm 以下の薄い場合に限られている。

---

　*　Masaaki Tanaka　東京大学　大学院工学系研究科　電気系工学専攻　教授

第 21 章 強磁性半導体ヘテロ構造－スピン依存トンネル現象を中心に－

GaMnAs においては，近年，低温において正孔が 100 nm 程度の長いコヒーレント長を持つとの報告がある[12]。従って，GaMnAs をベースとした強磁性量子ヘテロ構造は，スピン依存共鳴トンネル現象を観測し，また理解する上で理想的な系と考えられる。2 節では，GaMnAs 量子井戸二重障壁ヘテロ構造において本研究で観測された共鳴トンネル効果と，それによる TMR の増加現象について紹介する[13,14]。

このように代表的な強磁性半導体である GaMnAs の物性研究が進み，その強磁性転移温度 T_C は次第に向上しているものの，現在のところまだ室温には至っておらず，この強磁性半導体材料をただちに室温動作デバイスへ応用することは難しい。一方，GaMnAs を 600 ℃程度でアニールすると MnAs ナノ微粒子が相分離により形成され GaAs 中に埋め込まれたグラニュラー材料（$GaAs:MnAs$）となる。この $GaAs:MnAs$ は，GaAs/AlAs 半導体ヘテロ構造と良い整合性を有しており，スピントロニクス材料として有望である。さらに，MnAs は約 320 K という室温以上の T_C を持つため，デバイス応用上有利である。しかし，これまでこの材料をスピン注入やスピン検出へ応用しようという試みは行われてこなかった。3 節では，$GaAs:MnAs$ を有する半導体ヘテロ構造を用いて，GaAs 中の $MnAs$ 微粒子がスピン注入源・検出器として機能することを示す。

以下，本章では，半導体をベースとした強磁性ヘテロ構造とそのスピン依存伝導を中心とした最近の研究成果を紹介する。

2　GaMnAs 強磁性半導体ヘテロ構造

2.1　GaMnAs 量子井戸二重障壁ヘテロ構造の作製

分子線エピタキシー法（Molecular beam epitaxy：MBE）を用いて，$Ga_{0.95}Mn_{0.05}As$（20 nm）/GaAs（1 nm）/$Al_{0.5}Ga_{0.5}As$（4 nm）/GaAs（1 nm）/$Ga_{0.95}Mn_{0.05}As$QW（d nm）/GaAs（1 nm）/AlAs（4 nm）/GaAs：Be（100 nm）の構造を持つ GaMnAs 量子井戸二重障壁ヘテロ構造（表面から基板側へ順に表示）を p^+GaAs（001）基板上に作製した。まず，GaAs 基板上に，GaAs：Be バッファ層（Be 濃度：$1 \times 10^{18} cm^{-3}$）100 nm，AlAs トンネル障壁層 4 nm，GaAs スペーサ層 1 nm を，それぞれ 600 ℃，550 ℃，600 ℃で成長した。その後，GaMnAs 量子井戸層 d nm を 225 ℃で成長し，その上に，GaAs スペーサ層 1 nm，$Al_{0.5}Ga_{0.5}As$ トンネル障壁層 4 nm，GaAs スペーサ層 1 nm を 205 ℃で成長した。ここで 1 nm の GaAs スペーサ層は，Mn 原子がトンネル障壁層へ拡散することを抑制する目的で挿入したものである。最後に，GaMnAs 強磁性電極層を成長温度 225 ℃で成長した。本研究では，このような構造で次に述べるような異なる量子井戸膜厚 d をもつ 4 つのサンプル A～D を作製した。サンプル A を作製する際には，GaMnAs 量子井戸の成長時に，基板

前面に備え付けてある可動式シャッターを動かすことにより，量子井戸膜厚を同一サンプル内で連続的に 3.8 nm から 8 nm まで変化させた。サンプル B, C, D の作製においては，可動式シャッターを用いず，それぞれの量子井戸膜厚は 12, 16, 20 nm と固定した。

また，これらの二重障壁ヘテロ構造の特性との比較を行うために，$Ga_{0.95}Mn_{0.05}As$ (10 nm) / GaAs (1 nm) / AlAs (2 nm) / GaAs (1 nm) / $Ga_{0.95}Mn_{0.05}As$ (10 nm) / GaAs：Be (50 nm)（表面から基板側に順に表示）からなる GaMnAs 単一障壁 MTJ を作製した。成長条件は GaAs：Be 層までは二重障壁ヘテロ構造の条件と同様で，GaMnAs 層は 225 ℃ で，GaAs/AlAs/GaAs 層は 205 ℃ で成長を行った。

2.2 スピン依存トンネル伝導特性

フォトリソグラフィーとエッチングを用いて，これらのサンプルから直径 200 μm のメサを加工し，各メサに対して電極を蒸着して，スピン依存トンネル伝導特性の測定を行った。ここでは，素子に印加するバイアス電圧 V を基板側の電位を基準として定義する。V が正および負の時のバンド構造の模式図を，それぞれ図 1(a)と(b)に示す。いずれも，縦軸は正孔のエネルギーである。

図 1(c)にこれらの素子で得られた平行磁化状態における d^2I/dV^2-V 特性を示す。測定温度は 2.6 K である。今回作製したすべての素子において，負バイアス側で振動現象が観測された。量子井戸膜厚 d の増加に伴い，これらの振動のピークはゼロバイアス側へシフトし，振動の周期が短くなっていることが分かる。従って，これらの振動現象は，GaMnAs 量子井戸における量子サイズ効果に起因している。図中に示した HHn と LHn (n = 1, 2, 3...) はそれぞれ重い正孔と軽い正孔の第 n 共鳴準位である。後述の解析により，観測されたピークはそれぞれ図に示した共鳴準位に対応することが分かった。

これらの素子における TMR の測定を行ったところ，d = 3.8〜12 nm の素子において，明瞭な TMR が観測された。図 2 の挿入図は d = 12 nm の素子において得られた TMR 曲線である。印加電圧は +10 mV，磁場は面内 [100] 方向に印加した。測定温度は 2.6 K である。GaMnAs の MTJ において通常観測される典型的な TMR 曲線が得られた[1]。図 2 にこれらの素子で得られた 2.6 K における TMR のバイアス依存性を示す。この図では，縦軸の TMR 比は (　) 内に示した各曲線の TMR の最大値で規格化されている。磁場の印加方向は面内 [100] 方向である。すべての曲線において，負バイアス側で TMR の振動現象が見られていることが分かる。図 1(c) と同様に，負バイアス側で見られる TMR 振動のピークは，d の増加とともにゼロバイアス側へシフトしている。従って，これらの TMR のピークも量子サイズ効果に起因していると考えられる。特に d = 12 nm の曲線においては，図 1(c) で観測されたすべての共鳴準位に対応したバイアス電圧

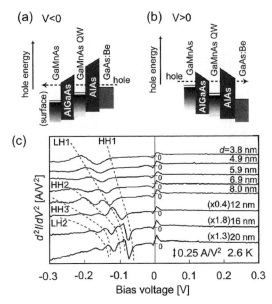

図1　(a)は負バイアス，(b)は正バイアスを印加した際のGa$_{0.95}$Mn$_{0.05}$As (20 nm)/GaAs (1 nm) / Al$_{0.5}$Ga$_{0.5}$As (4 nm)/GaAs (1 nm)/Ga$_{0.95}$Mn$_{0.05}$As (dnm)/GaAs (1 nm)/AlAs (4 nm)/ GaAs：Be (100 nm) から成る2重障壁強磁性共鳴トンネルダイオード構造の価電子帯バンドダイヤグラム，(c)この2重障壁共鳴トンネルダイオード構造のd^2I/dV^2-V特性

(a)(b)　縦軸は正孔のエネルギーである。ここで，1 nmの厚さのGaAsスペーサ層は簡単のため省略した。

(c)　GaMnAs量子井戸の厚さdを3.8 nm〜20 nmの間で変えた試料につき平行磁化状態で2.6 Kにおいて測定した。HH，LHは，量子井戸を介した共鳴トンネルにかかわる重い正孔，軽い正孔のサブバンドを表す。

で，TMRの増大が観測された。特にLH1における大きなTMRの増加により，負側のV_{half}（矢印の位置，TMR比がゼロバイアス時の半分になるバイアス電圧）の絶対値の値は126 mVであった。この値は，GaMnAsのMTJ構造において今まで報告されているV_{half}の値としては最大値である。このように，量子サイズ効果により，TMRを増大させたり，V_{half}を増大させたりできることが明らかになった。

図3に，特性比較のために作製したGaMnAs単一障壁MTJにおける(a)平行磁化時のd^2I/dV^2-V特性と(b)TMRのバイアス依存性を示す。(b)の挿入図は，このGaMnAs単一障壁MTJ素子で得られたTMR曲線である。磁場は面内[100]方向に印加した。測定温度は2.6 Kである。この素子においても典型的なTMR曲線が得られ，TMR比は126.5 %であった。(a)のグラフからは，正バイアスと負バイアス領域のどちらにおいても，バイアス電圧の増加に伴いd^2I/dV^2の値が単調に0に近づいてゆくことが分かる。(b)のTMRのバイアス依存性のグラフにおいても，TMRはバイアス電圧の増加に伴い単調に0に近づいている。このように，GaMnAs単一障壁MTJ

スピントロニクスの基礎と材料・応用技術の最前線

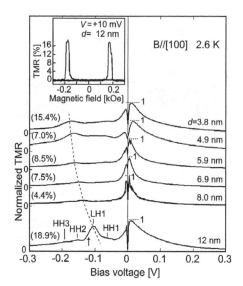

図2 Ga$_{0.95}$Mn$_{0.05}$As（20 nm）/GaAs（1 nm）/Al$_{0.5}$Ga$_{0.5}$As（4 nm）/GaAs（1 nm）/Ga$_{0.95}$Mn$_{0.05}$As（d nm）/GaAs（1 nm）/AlAs（4 nm）/GaAs：Be（100 nm）からなる2重障壁強磁性共鳴トンネルダイオード構造におけるTMRのバイアス電圧依存性

TMRの値は最大値で規格化してある。（ ）内の数字はTMR比の最大値を表す。dはGaMnAs量子井戸の厚さ，磁場は面内［100］方向に印加，測定温度は2.6 K。
挿入図は$d=12$ nmの試料の2.6 KにおけるTMR比（$R-R_0$）/R_0の磁場依存性。ここで磁場は面内［100］The方向に印加，Rはトンネル抵抗，R_0はゼロ磁場でのトンネル抵抗で，一定のバイアス+10 mVで測定した。

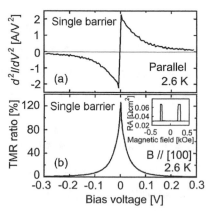

図3 GaMnAs（10 nm）/GaAs（1 nm）/AlAs（2 nm）/GaAs（1 nm）/GaMnAs（10 nm）からなる単一障壁MTJの(a)d^2I/dV^2-V特性と(b)TMRのバイアス依存性

磁場は面内［100］方向に印加，測定温度は2.6 K。挿入図はRA（トンネル抵抗×接合面積）の+1 mVにおける磁場依存性。比較的高いTMR比126.5%が得られた。

においては，図1(c)や図2で見られたような振動現象は全く観測されない。この結果は，二重障壁ヘテロ構造で観測された振動現象が，GaMnAs 量子井戸における量子サイズ効果に起因していることを示している。

2.3 GaMnAs 量子井戸における量子準位の定量的考察

GaMnAs 量子井戸二重障壁ヘテロ構造で得られた共鳴準位を定量的に考察するために，GaMnAs 量子井戸における量子準位の計算を行った。計算において，GaMnAs のバンド構造を 4×4 Luttinger-Kohn $\bm{k}\cdot\bm{p}$ ハミルトニアン[15]と p-d 交換相互作用ハミルトニアン[16]を用いて近似した。トンネル確率の計算は，トランスファー行列法[17]を用いて行った。ここでは，正孔のコヒーレントなトンネル伝導を仮定した。さらに，図4(a)に示した価電子帯のバンドプロファイルを仮定した。図中のグラフの縦軸は正孔のエネルギーである。E_V は，Γ 点における価電子帯のエネルギーを表す。E_F はフェルミレベルである。実験では，上部の電極として GaMnAs を用いたが，計算では，簡単のため上部電極を非磁性の Be ドープ GaAs とした。このような置き換えを行っても，計算で得られる量子準位のエネルギー自体は変化しない。Δ は GaMnAs の価電子帯における軽い正孔のスピン分裂エネルギーである。計算ではこの値を 3 meV と仮定した[14]。磁化の向きは，実験と同様に面内 [100] とした。GaMnAs の GaAs に対する相対的なバンドの位置（エネルギー）はパラメータとして扱ったが，後述の実験結果へのフィッティングにより，スピン分裂した GaMnAs の価電子帯の中心のエネルギーを GaAs の価電子帯から 28 meV 高い位置に設定すると，実験結果を良く説明できることが分かった（この妥当性に関しては，後ほど議論する）。計算においては，正孔のトンネルする方向と垂直の面内の波数成分 $\bm{k}_\parallel$ を 0 と仮定した。正孔を供給する GaAs：Be 電極のフェルミレベルは約 7 meV と小さいため，トンネルは $\bm{k}_\parallel$ の小さな領域でのみ起こると考えられる。従って，この仮定は妥当だと言える。共鳴ピークのバイアス電圧は，計算で得られた量子準位のエネルギーを 2.5 倍して導出した。理想的な共鳴トンネルダイオード構造では，この値は 2 であるが，このことは，印加した電圧のうち 20 %＝(2.5-2)/2.5 が GaAs：Be や GaMnAs 電極などにおける電圧降下分として消費されていることを意味している。

図4(b)に計算で得られた重い正孔（HH，黒い線）と軽い正孔（LH，灰色の線）の共鳴ピークバイアス電圧の量子井戸膜厚依存性を示す。重い正孔のスピンはトンネル方向の成分しか持たないのに対して，軽い正孔のスピンは面内方向とトンネル方向の両方の成分を持つ。p-d 交換相互作用ハミルトニアンは，キャリアのスピンと Mn スピンの内積に比例するため，本研究のように GaMnAs が面内磁化を有する場合には，重い正孔に対しては p-d 交換相互作用は 0 となり，軽い正孔の準位のみがスピン分裂する[18]。図2で特に軽い正孔の準位でのみ大きな TMR の増大

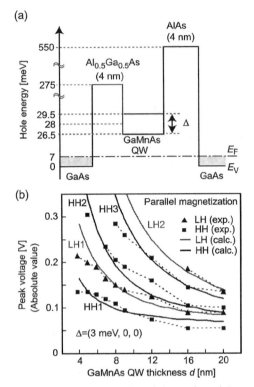

図4 (a)GaAs／Al$_{0.5}$Ga$_{0.5}$As（4 nm）/GaMnAs（d nm）/AlAs（4 nm）/GaAs における量子準位の計算に用いた価電子帯のバンドダイヤグラム，(b)実験で観測された共鳴ピークの電圧（重い正孔 HH のサブバンド■，軽い正孔 LH のサブバンド▲）と理論計算値（重い正孔は黒い実線，軽い正孔は灰色の実線）を GaMnAs 量子井戸の厚さ d に対してプロットした

(a) E_F, E_V, Δ は，フェルミ準位，価電子帯端のエネルギー，GaMnAs 量子井戸の Γ 点における軽い正孔のスピン分裂エネルギーを表す。

(b) 実験値は，Ga$_{0.95}$Mn$_{0.05}$As（20 nm）/GaAs（1 nm）/Al$_{0.5}$Ga$_{0.5}$As（4 nm）/GaAs（1 nm）/Ga$_{0.95}$Mn$_{0.05}$As（d nm）/GaAs（1 nm）/AlAs（4 nm）/GaAs：Be（100 nm）からなる2重障壁強磁性共鳴トンネルダイオードの d^2I/dV^2-V 特性（平行磁化状態）で観測された共鳴ピークからとった。

が見られたのは，この p-d 交換相互作用の性質によるものと思われる。平行磁化時には，スピン分裂した2つの準位のうち，低いエネルギーを持つ共鳴準位に対応した共鳴ピークが観測される。図4(b)に示した計算結果は，平行磁化時の共鳴ピークのバイアス電圧である。

図4(b)には，さらに，図1(c)に示した d^2I/dV^2-V 特性において実験的に得られた平行磁化時における共鳴ピークのバイアス電圧も示してある。共鳴ピークは負バイアス側で観測されているが，この図には，その絶対値の値を縦軸の値としてプロットしてある。三角の点が軽い正孔のもの，四角の点が重い正孔のものである。実験値と計算結果の間には若干の差はあるものの，全体的には，計算結果は実験結果を良く再現していると言える。この結果は，観測された GaMnAs

第21章 強磁性半導体ヘテロ構造－スピン依存トンネル現象を中心に－

量子井戸における共鳴準位が，価電子帯の構造を強く反映していることを意味している．計算結果と実験結果の間に見られる若干の差の起源は今のところ明らかではないが，GaMnAs結晶中に存在するAsアンチサイト欠陥[19]や，Mn格子間欠陥[20]などが，バンドオフセットやGaMnAs中のフェルミレベルをわずかに変化させることにより，このような差が生じていると推測される．

図4(a)に示したように，この計算においては，GaMnAsの価電子帯がフェルミレベルよりも高い位置にあると仮定した．つまり，低温でバイアス電圧が小さいときには，GaMnAs量子井戸には正孔は存在しないことになる．一般的には，GaMnAsの強磁性は，価電子帯を構成するpバンドの正孔と，d電子の相互作用により発現すると考えられている．従って，図4(a)に示したエネルギーバンドとフェルミレベルの位置関係が正しいとすれば，GaMnAsは強磁性にならないはずである．しかし，実験では，バイアス電圧が小さい時にもTMRが観測されているため，GaMnAs量子井戸は強磁性になっていると考えられる．この矛盾点に対する明瞭な解釈は得られていないが，現在のところ下記の2点がこの原因として考えられる．一つ目は，実際に得られているGaMnAs量子井戸のT_Cが約30 K程度と低いことである．このようなT_Cの低いGaMnAsにおいては，低温において絶縁的な振る舞いが観測されることが多い．この場合には，図4(a)のようにフェルミレベルがバンドギャップ内に入り込むと考えられる．二つ目は，GaMnAsのフェルミレベルが，そもそもGaMnAsのバンドギャップ内にある可能性である．最近の遠赤外分光の研究によれば，様々なT_Cを持つGaMnAs試料すべてにおいてフェルミレベルがGaMnAsのバンドギャップ内の不純物バンド（dバンド）に存在し，フェルミレベルが価電子帯よりも100-200 meVバンドギャップ内に入り込んでいることが報告されている[21]．我々の図4(a)に示したバンド構造の仮定においては，フェルミレベルは価電子帯から21（=28-7）meV離れており，これらの値は若干異なっているものの，GaMnAsのフェルミレベルは，成長条件に大きく依存すると考えられるため，定性的には，遠赤外分光の結果は，われわれが図4(a)で仮定したバンドの位置関係を支持していると言える．

一方，実際にフェルミレベルが価電子帯に存在することを仮定して量子準位の計算を行ったところ，そのような仮定のもとでは，実験結果を説明することが大変困難であることが分かった．また，実際にフェルミレベルが価電子帯の中にあるとすると，微妙な成長条件の違いによりキャリア濃度が変化して，それによりGaMnAs量子井戸のバンドとフェルミレベルの相対的な位置（エネルギー）が変わると考えられる．そのような場合には，成長条件の変動によってフェルミレベルがわずかに動き，それまでフェルミレベルの下に存在していた量子準位がフェルミレベルよりも上になって図1(c)では見られなかった新たな共鳴準位がゼロバイアス近傍に出現したり，あるいは逆に，そのようなゼロバイアス近傍の共鳴準位が消失したりするといったことが起こると考えられる．実際のところ，完全に同じ成長条件を保ってすべてのサンプルを作製することは

大変困難であるため，こういった振る舞いは図1(c)に見られるはずである。しかし，図1(c)においては，HH1の共鳴ピークとゼロバイアスの間の領域には全く量子準位は観測されていない。このような点からも，図4(a)で仮定したGaMnAs量子井戸のバンドとフェルミレベルの位置関係は妥当であると考えられる。

2.4 まとめ

強磁性半導体GaMnAsを量子井戸とする二重障壁ヘテロ構造MTJを作製し，量子サイズ効果とそれに起因したTMRの増加現象を明瞭に観測した。このような現象は，本研究で作製したGaMnAs量子井戸膜厚が3.8 nmから20 nmまでの素子において観測された。これは，GaMnAsにおいて正孔が長いコヒーレンス長を有していることを意味している。観測されたGaMnAs量子井戸における共鳴準位は，$k \cdot p$ ハミルトニアン，p-d 交換相互作用ハミルトニアンおよびトランスファー行列法を用いたコヒーレントトンネルモデルにより，良く再現されることが分かった。この結果は，GaMnAs量子井戸に形成された量子準位が価電子帯の性質を強く反映していることを意味している。

3 MnAs微粒子を含むIII-V族ヘテロ構造

3.1 GaAs:MnAsを有する強磁性金属／半導体ハイブリッド・エピタキシャルMTJ素子の作製

半導体中に分散させた強磁性 *MnAs* 微粒子がスピン注入源および検出器として機能しうるかどうかを調べるために，MnAs／半導体／*GaAs*：*MnAs* から成る磁気トンネル接合（MTJ）素子を作製し，トンネル磁気抵抗効果（TMR）の観測を試みた。本研究では，p^+GaAs (001) 基板上にMnAs薄膜/GaAs/AlAs/*GaAs*：*MnAs* 微粒子/AlAs/GaAs：Beから成るヘテロ構造（表面から基板側へ順に表示）を分子線エピタキシー（MBE）を用いて作製した。作製法は次の通りである。まず，p^+GaAs (001) 基板上に20 nm～200 nmの膜厚のGaAs:Beバッファー層を成長した。次に基板温度を280℃に下げて，AlAs (0 nm～2.5 nm)，$Ga_{1-x}Mn_xAs$ (5 nm～10 nm, x =4～9%)，AlAs (1.5 nm～5 nm)，GaAs (1 nm) をこの順に成長した。次に基板温度を580℃まで上昇させて，20分間熱処理を行った。その際，準安定なGaMnAs混晶の中で相分離が起こり，最も安定な六方晶の *MnAs* 微粒子がGaAs中に形成される。AlAs層はMn原子がGaMnAs層から拡散することを防ぐ役割を果たす。最後に基板温度を250℃に下げて，MnAs強磁性金属薄膜を20 nm成長した。この *MnAs* 微粒子の自己形成過程における重要な特徴は，①微粒子の大きさがGaMnAs層の厚さで決まること，②微粒子の密度がドープしたMnの量で決まること，③微粒子はAlAs層の間に形成されるため，AlAs層の挿入位置によって微粒子の形成位置を制御

第 21 章　強磁性半導体ヘテロ構造－スピン依存トンネル現象を中心に－

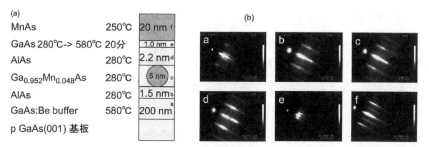

図 5　(a)MnAs（20 nm）/GaAs（1 nm）/AlAs（2.2 nm）/*GaAs*：*MnAs*（5 nm，Mn 4.8％）/AlAs（1.5 nm）ヘテロ構造（サンプル A）の成長プロセスと(b)各成長段階における RHEED 回折パターン

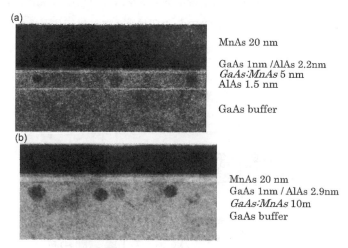

図 6　(a)MnAs（20 nm）/GaAs（1 nm）/AlAs（2.2 nm）/*GaAs*：*MnAs*（5 nm，Mn 5％）/AlAs（1.5 nm）から成るサンプル A と，(b)MnAs（20 nm）/GaAs（1 nm）/AlAs（2.9 nm）/*GaAs*：*MnAs*（10 nm，Mn 9％）から成るサンプル B の透過電子顕微鏡像（TEM）

できること，である。

　図 5(a)に MnAs（20 nm）/GaAs（1 nm）/AlAs（2.2 nm）/*GaAs*：*MnAs*（5 nm，Mn 4.8％）/AlAs（1.5 nm）ヘテロ構造（サンプル A）の成長プロセスと(b)その反射高速電子線回折（RHEED）パターンを示す。どの成長段階においても明瞭なストリーク状の回折パターンが現れており，良好な結晶性が得られていることが分かる。

　図 6 は，(a)上記サンプル A と(b)MnAs（20 nm）/GaAs（1 nm）/AlAs（2.9 nm）/*GaAs*：*MnAs*（10 nm，Mn 9％）ヘテロ構造から成るサンプル B における，透過電子顕微鏡像（TEM）である。サンプル A において直径 5 nm の *MnAs* 微粒子が GaAs 層中に形成されていることが分かる。またサンプル B において，直径 10 nm 程度の比較的大きな *MnAs* 微粒子が形成されていることが分かる。いずれも転位が無くすべての領域で単結晶性が保たれており，Ⅲ-Ⅴ族半導体と強磁性

金属MnAsからなる複合ナノ構造のエピタキシャル成長が良好に行われていることが分かる。

3.2　MnAs／半導体／GaAs：MnAs MTJ素子におけるTMR

サンプルAを直径20μmの円形メサに加工してMTJ素子を作製し，TMRの測定を行った。得られたTMR曲線（トンネル抵抗の印加磁場依存性）を図7に示す。このTMRは，GaAs（1 nm）／AlAs（2.2 nm）障壁を介して，上部のMnAs層と下部のGaAs：MnAs中のMnAs微粒子の間のキャリアのスピン依存トンネル伝導によって生じたものである。TMR比（平行磁化状態と反平行磁化状態のトンネル抵抗の変化率）は4.5％であった。マイナーループはGaAs：MnAs層の磁化反転を示している。2.2 kG付近の急峻なトンネル抵抗の変化はMnAs層の磁化反転によるものである。図8にこの素子におけるTMR比の印加バイアス電圧依存性を示す。ゼロバイアス時のTMR比に比べてTMR比が半減するバイアス電圧V_{half}は1200 mVに達した。強磁性半導体ヘテロ構造（GaMnAs／Ⅲ-V／GaMnAs）を用いたMTJで一般的に得られるV_{half}が40–50 mV程度であることを考慮すると，ここで得られたV_{half}は極めて大きいことが分かる。この素子は半

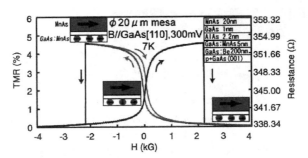

図7　MnAs（20 nm）／GaAs（1 nm）／AlAs（2.2 nm）／GaAs：MnAs（5 nm，Mn 5％）／AlAs（1.5 nm）（サンプルA）におけるTMR曲線（測定温度は7 K）
　　　　黒と灰色の線は，それぞれメジャーループとマイナーループを示す。

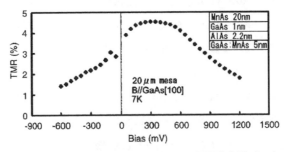

図8　サンプルAのTMR比のバイアス電圧依存性（7 K）
ゼロバイアス時のTMR比に比べてTMR比が半減する電圧V_{half}は正バイアス側（電流が上部電極から下部電極へ流れる方向）で1200 mVと，非常に大きな値である。

第21章　強磁性半導体ヘテロ構造－スピン依存トンネル現象を中心に－

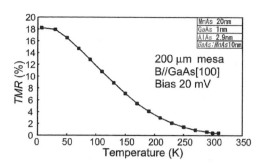

図9　MnAs（20 nm）/GaAs（1 nm）/AlAs（2.9 nm）/*GaAs*：*MnAs*（10 nm，Mn 9％）から成るサンプルBにおけるTMR比の温度依存性
TMRは室温に至るまで観測された。

導体ベースのTMRデバイスとしては非常に優れたバイアス特性を持つと言える。また，素子構造をより最適化したサンプルBにおいては，さらに高いTMR比（18％）が得られた。図9にサンプルBにおけるTMR比の温度依存性を示す。TMRは室温においても明瞭に観測された。以上の実験により，半導体ヘテロ構造中において強磁性MnAs金属微粒子がスピン注入源及びスピン検出器として働くことがわかった[22,23]。

3.3　TMRのAlAs障壁膜厚依存性

MTJ素子のトンネル抵抗やTMR比のAlAs障壁膜厚依存性を調べることによって，その系におけるトンネル現象のメカニズムに関する知見を得ることができる[24]。ここでは，様々なAlAs膜厚 d を有するMnAs薄膜（20 nm）/GaAs（1 nm）/AlAs（d ＝2〜5 nm）/*GaAs*：*MnAs*（10 nm）ヘテロ構造を作製した。これらの素子を直径200μmの円形メサに加工してMTJ素子を作製した。図10(a)にこれらの素子で得られた7Kにおける平行磁化状態の RA（トンネル抵抗×接合面積）を，AlAs障壁膜厚 d に対してプロットした。d が増加するに従って，RA は指数関数的に増大した。この結果は，トンネル電流以外のリーク電流が非常に小さいことを意味している。半導体にスピン注入するためには，このような高い品質を持つトンネル障壁が不可欠である。MnAs薄膜／Ⅲ-Ⅴ/MnAs薄膜から成るMTJ構造を用いたMnAs薄膜間のトンネル現象の研究も行われているが，この場合，Ⅲ-Ⅴ族半導体障壁を結晶構造の異なる六方晶のMnAs薄膜の上に作製しなくてはならないため，本研究の構造とは異なり，障壁の結晶性が悪くなり，障壁中の欠陥を介したトンネルが起こり，TMR比が小さくなったり（＜2％），負になったりしてしまうといった現象が起こる[25,26]。図10(a)の点線は，WKB近似による理論式 $RA_{\mathrm{WKB}} = R_0 A \exp\left[(2/\hbar)\sqrt{2m^*\phi}\,d\right]$ によりフィッティングを行って得られた $\log(RA_{\mathrm{WKB}})$-d 曲線である。ここで R_0 は定数，A は接合断面積，m^* はトンネル障壁の電子の有効質量，ϕ は実効的なトンネル障壁の高さである。log

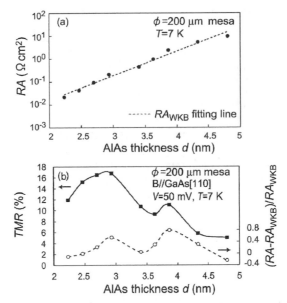

図10 (a)7 K における MnAs 薄膜 (20 nm)/GaAs (1 nm)/AlAs ($d=2\sim5$ nm)/GaAs：MnAs (10 nm) MTJ 素子で得られたトンネル抵抗×接合面積 (RA) の AlAs 膜厚依存性，(b)TMR 比と (RA-RA_{WKB})/RA_{WKB} の d 依存性
(a) 点線は WKB 近似を用いフィッティングした log (RA_{WKB})-d 曲線を表す。
(b) いずれの結果においても $d=2.9$，3.9 nm にピークを持つ振動現象が見られる。

(RA_{WKB})-d 直線の傾きから，$m^*\phi=0.057\,m_0$ [kg×eV] であることが分かる。ここで m_0 は真空中の自由電子の質量である。もし，トンネル電子の有効質量が AlAs の有効質量 $m^*=0.09\,m_0$ と等しいと仮定すると[27]，ϕ は 0.63 eV となる。この値は，III-V 族半導体と MnAs との界面に形成されるショットキー障壁の高さの報告値に近いが，それよりはやや小さい[25,28]。

図10(b)の黒い四角は，バイアス電圧 50 mV を印加した際の，7 K において得られた TMR 比を d に対してプロットしたデータである。$d=2.9$，3.9 nm にピークを有する振動現象が観測された。この振動現象とピークの位置は，同構造を有するここで作製したものとは別の MTJ 素子においても再現した。図10(b)には (RA-RA_{WKB})/RA_{WKB} の d 依存性も示してある（中抜き白丸）。ここで，RA_{WKB} は WKB 近似で見積もられる RA である。(RA-RA_{WKB})/RA_{WKB} も TMR-d 曲線と同様な振動現象を示している。この結果は，トンネル電子が AlAs 障壁内で量子的干渉を引き起こしていることを示唆している。

TMR の振動現象の起源を理解するために，AlAs 障壁内の波動関数の様子を調べた。図11に sp^3s^* 最近接強束縛近似法により計算した AlAs の複素バンド構造を示す。縦軸のエネルギーの原点 ($E=0$) は，価電子帯の頂点にとった。面内の波数ベクトル $\boldsymbol{k}_\parallel=(k_x, k_y)$ としては，電子のトンネル確率が最も大きくなる $\boldsymbol{k}_\parallel=0$ を仮定した。横軸には，π/a を単位としたトンネル

第21章 強磁性半導体ヘテロ構造－スピン依存トンネル現象を中心に－

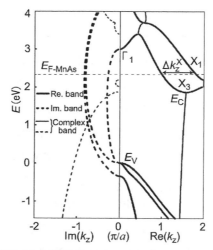

図11 sp^3s^*最近接強束縛近似法により求めた AlAs の複素バンド構造

縦軸のエネルギーの原点（$E=0$）は，価電子帯の頂点に設定した．計算では，$k_\parallel=0$ と仮定した．横軸は π/a を単位としたトンネル方向の波数 k_z を表す．a は格子定数である．黒の実線と点線はそれぞれ実数解および純虚数解を，灰色の実線と点線はそれぞれ複素数解の実部と虚部を表している．$E_{\Gamma 1}-E_{\text{F-MnAs}}$ が 0.63 eV となるように，MnAs のフェルミレベルを 2.37 eV と仮定した．

方向の波数 k_z を示した．ここで a は AlAs の格子定数である．黒の実線と点線はそれぞれ，実数解と純虚数解を，灰色の実線と点線はそれぞれ複素数解の実部と虚部を表している．$E_{\Gamma 1}-E_{\text{F-MnAs}}$ が実験的に得られた障壁高さ $\phi=0.63$ eV と同じになるように，MnAs のフェルミレベルを 2.37 eV としている（この値が妥当であることは以下の議論でわかる）．X_1 と X_3 点の波動関数が sps^* 軌道の成分で構成されているのに対して，Γ 点における伝導帯は s 軌道の成分で構成されている．以下の議論では，MnAs からの入射電子がほとんど s 軌道のものであり，sps^* 軌道を含む他の軌道の成分をわずかに含んでいると仮定する．

まず，MnAs のフェルミレベル $E_{\text{F-MnAs}}$ が AlAs の間接バンドギャップ内の中心付近にあると仮定する．このとき，バイアス電圧が小さい場合には，AlAs 内のトンネル電子の波動関数は Γ_1 の純虚数状態でなくてはならない．これは，入射波と同じ対称性を持っており，最もゆっくり減衰する．この場合，電子が感じる障壁の高さは $E_{\Gamma 1}-E_{\text{F-MnAs}}$ となる．ここで，$E_{\Gamma 1}$ は AlAs の Γ_1 点における伝導帯のエネルギーである．従って，障壁高さは 1 eV 以上となり，実験から得られた値 0.63 eV とは合わない．そこで次に，障壁高さ $E_{\Gamma 1}-E_{\text{F-MnAs}}$ が実験結果と同じ 0.63 eV となるように，$E_{\text{F-MnAs}}$ を 2.37 eV とする．この場合，AlAs 内の電子の状態として二つの実数解 k_z^{x1} と k_z^{x3} が存在する．これらの状態へは，入射波がわずかに持っている sps^* 軌道の成分が接続可能である．このような X 点を通過するパスは，結果としてトンネル障壁内で減衰しないリーク電流となり，これが WKB 近似から得られるトンネル抵抗と実験で得られた抵抗との間に差が生じる原

因となっていると考えられる。X点を通過する2つの実数解状態が干渉すると，透過確率が$2\pi/(k_z^{x1}-k_z^{x3})$周期で振動することが知られている[29,30]。X点の2つの実数解状態がトンネル障壁の両脇でお互いにキャンセルする時には，リーク電流はブロックされ，トンネル抵抗とTMR比は大きくなる。しかし，これらの状態がトンネル障壁の両脇で強め合う場合には，リーク電流は大きくなり，トンネル抵抗とTMRは小さくなる。このようにして，$(RA-RA_{WKB})/RA_{WKB}$とTMR比はAlAs膜厚dの増大に伴い，振動する。図10で見られるTMRの振動のピークとピークの間隔Δdは1nmである。従って，$\Delta k_z^x = k_z^{x1}-k_z^{x3}$は$1.1\pi/a$であると見積もられる。これは，上記のバンド構造の計算で得られた$\Delta k_z^x = k_z^{x1}-k_z^{x3}$の値$0.8\pi/a$に近い。このように，このモデルでは半定量的に実験結果を説明することが可能である。本研究で得られた振動現象を完全に理解するためには，MnAsのフェルミレベルにおける電子の波動関数の対称性と，それらがAlAs障壁内のどの状態と接続するかを考慮したさらなる理論的な理解が必要である。

3.4 まとめ

半導体との整合性が良くかつ強磁性転移温度が高い強磁性材料 *GaAs*：*MnAs* 微粒子を含むMnAs/GaAs/AlAs/*GaAs*：*MnAs* から成るMTJ構造において，トンネル磁気抵抗効果を観測した。これによって *MnAs* 微粒子がスピン注入およびスピン検出機能を有することが明らかになった。また，この構造において，AlAs障壁膜厚の増大に伴うTMRの振動現象を観測した。このTMRの振動現象は，AlAs障壁内でΓ-X混在状態を介した電子のトンネル伝導に起因する干渉効果により説明可能である。本研究で得られたTMR比は，MnAsを用いたMTJ構造で報告されているものの中では最大の値となっている。

以上のように，本研究は，半導体と強磁性金属の特長を持ち合わせる半導体／強磁性金属微粒子材料のスピン依存伝導特性を明らかにした。この結果はまだ基礎的な段階にあるものの，今後の幅広い応用が期待される。例えば，半導体中に形成することができる強磁性クラスター化合物の種類は非常に豊富であり，また，それらのクラスター化合物の強磁性転移温度は室温より十分高いものが多い。そのような材料を用いれば，室温動作デバイスを実現できると期待される。また，例えば，InAs量子ドットと強磁性微粒子を結合させるなどといった手法により，半導体量子構造とこれらの系を組み合わることができれば，量子コンピュータが実現できる可能性などもある[31]。このように，強磁性金属微粒子を含む半導体構造には，今後，様々な展開が期待される。

謝辞

本研究は主に東京大学工学系研究科の筆者の研究室において行われたものであり，大きく貢献された共同研究者の大矢忍博士とファムナムハイ博士に感謝する。本研究を行うにあたり，JST

第 21 章　強磁性半導体ヘテロ構造－スピン依存トンネル現象を中心に－

戦略的創造研究推進事業，次世代 IT プログラム，科学研究費補助金，科学技術振興調整費から一部援助を受けた。

文　　献

1) M. Tanaka and Y. Higo, *Phys. Rev. Lett.,* **87**, 026602 (2001)
2) D. Chiba, F. Matsukura, and H. Ohno, *Physica E,* **21**, 966 (2004)
3) C. Ruster, C. Gould, T. Jungwirth, J. Sinova, G. M. Schott, R. Giraud, K. Brunner, G. Schmidt, and L. W. Molenkamp, *Phys. Rev. Lett.,* **94**, 027203 (2005)
4) A. G. Petukhov, A. N. Chantis, and D. O. Demchenko, *Phys. Rev. Lett.,* **89**, 107205 (2002)
5) T. Hayashi, M. Tanaka, and A. Asamitsu, *J. Appl. Phys.,* **87**, 4673 (2000)
6) H. Shimizu and M. Tanaka, *J. Appl. Phys.,* **91**, 7487 (2002)
7) A. Oiwa, R. Moriya, Y. Kashimura, and H. Munekata, *J. Magn. Magn. Mater.,* **272-276**, 2016 (2004)
8) R. Mattana, J.-M. George, H. Jaffrès, F. Nguyen Van Dau, A. Fert, B. Lépine, A. Guivarc'h, and G. Jézéquel, *Phys. Rev. Lett.,* **90**, 166601 (2003)
9) S. Ohya, P. N. Hai, and M. Tanaka, *Appl. Phys. Lett.,* **87**, 012105 (2005)
10) S. Yuasa, T. Nagahama, and Y. Suzuki, *Science,* **297**, 234 (2002)
11) T. Nozaki, N. Tezuka, and K. Inomata, *Phys. Rev. Lett.,* **96**, 027208 (2006)
12) K. Wagner, D. Neumaier, M. Reinwald, W. Weg- cheider, and D. Weiss, *Phys. Rev. Lett.,* **97**, 056803 (2006)
13) S. Ohya, P. N. Hai, Y. Mizuno, and M. Tanaka, *phys. stat. sol.* (c), **3**, 4184 (2006)
14) S. Ohya, P. N. Hai, Y. Mizuno, and M. Tanaka, *Phys. Rev. B,* **75**, 155328 (2007)
15) J. M. Luttinger and W. Kohn, *Phys. Rev. B,* **97**, 869 (1955)
16) T. Dietl, H. Ohno, and F. Matsukura, *Phys. Rev. B,* **63**, 195205 (2001)
17) R. Wessel and M. Altarelli, *Phys. Rev. B,* **39**, 12802 (1989)
18) M. Sawicki, F. Matsukura, A. Idziaszek, T. Dietl, G. M. Schott, C. Ruester, C. Gould, G. Karczewski, G. Schmidt, and L. W. Molenkamp, *Phys. Rev. B,* **70**, 245325 (2004)
19) B. Grandidier, J. P. Nys, C. Delerue, D. Stiévenard, Y. Higo, and M. Tanaka, *Appl. Phys. Lett.,* **77**, 4001 (2000)
20) K. M. Yu, W. Walukiewicz, T. Wojtowicz, I. Kuryliszyn, X. Liu, Y. Sasaki, and J. K. Furdyna, *Phys. Rev. B,* **65**, 201303 (R) (2002)
21) K. S. Burch, D. B. Shrekenhamer, E. J. Singley, J. Stephens, B. L. Sheu, R. K. Kawakami, P. Schiffer, N. Samarth, D. D. Awschalom, and D. N. Basov, *Phys. Rev. Lett.,* **97**, 087208 (2006)
22) P. N. Hai, M. Yokoyama, S. Ohya, and M. Tanaka, *Physica E,* **32**, 416-418 (2006)
23) P. N. Hai, K. Takahashi, M. Yokoyama, S. Ohya, and M. Tanaka, *J. Magn. Magn. Mater.* in Press.
24) P. N. Hai, M. Yokoyama, S. Ohya, and M. Tanaka, *Appl. Phys. Lett.,* **89**, 242106 (2006)

25) S. Sugahara and M. Tanaka , *Appl. Phys. Lett.,* **80**, 1969 (2002)
26) V. Garcia, H. Jaffres, M. Eddrief, M. Marangolo, V. H. Etgens and J.-M. George, *Phys. Rev. B,* **72**, 081303 (2005)
27) G. Brozak, E. A. de Andrada e Silva, L. J. Sham, F. DeRosa, P. Miceli, S. A. Schwarz, J. P. Harbison, L. T. Florez, and S. J. Allen, *Phys. Rev. Lett.,* **64**, 471 (1990)
28) V. Garcia, M. Marangolo, M. Eddrief, H. Jaffrès, J.-M. George and V. H. Etgens, *Phys. Rev. B,* **73**, 035308 (2006)
29) K. V. Rousseau, K. L. Wang and J. N. Schulman, *Appl. Phys. Lett.,* **54**, 1341 (1989)
30) M. Ogawa, T. Sugano and T. Miyoshi, *Solid. Stat. Elec.,* **42**, 1527 (1998)
31) D. Loss and D. P. DiVincenzo, *Phys. Rev. A,* **57**, 120 (1998)

第22章　強磁性半導体

安藤功兒[*]

1　磁性半導体開発の歴史

　磁性半導体研究の歴史は古い。'60年代後半には，EuSeなどのEuカルコゲナイドやCdCr$_2$Se$_4$などのカルコゲンクロマイトの強磁性半導体が大きな関心を集めた。しかしながら，これらの物質は，強磁性キューリー温度T_cの低さ（最高200K程度）だけでなく，結晶性の低さや，特殊な結晶構造のために実用化されることはなかった。

　この流れを変えたのが'80年代に出現したCd$_{1-x}$Mn$_x$TeなどのII-VI族系磁性半導体[1]である。ZnSeやCdTeのような，通常の半導体デバイスに使用される閃亜鉛鉱型またはウルツ鉱型の結晶構造を有する非磁性半導体の一部をMnなどの遷移金属イオンで置換したものである。このII-Mn-VI磁性半導体は，MBE法により非常に高品質な試料を作製することが可能であり，かつまた母体半導体の伝導機能や光学機能の多くを保持したままに，磁気的な機能を示す極めて優れた物質群である。これらの物質は強磁性を示さないものの，そのバンドギャップエネルギー以下の波長で透明であり，かつ大きな磁気光学効果を示すという有用性のために，光ネットワーク用の光アイソレータ材料として実用化されるに至った。磁性半導体の実用化にとって強磁性が必須ではない好例である。

　'90年代に入って大野と宗片により強磁性を示す半導体（In, Mn）As[2]と（Ga, Mn）As[3]が合成された。従来，InAsやGaAsの陽イオンを多量の磁性イオンで置換することは困難と考えられていたが，低温成長MBE法を用いる非平衡成長により数％の濃度のMnを含む薄膜を合成したところ，強磁性の発現が確認されたものである。これらの物質を用いたFET構造においてゲート電圧による磁性を制御[4]するなど，まさにスピントロニクスが永年実現を目指してきた現象が実現された。これらの強磁性半導体が，応用上重要なIII-V族半導体ベースで実現された意義は大きく，半導体スピントロニクスの研究に改めて大きな関心が寄せられた。しかしながら，そのT_cはまだ室温には届いていない。（In, Mn）Asで90K[5]，（Ga, Mn）Asで173K[6]にとどまっている。

　（In, Mn）Asと（Ga, Mn）Asの成功を契機として，種々の半導体母体結晶に多量の磁性イ

---

　[*]　Koji Ando　㈱産業技術総合研究所　エレクトロニクス研究部門　副研究部門長

オンをドープすることにより室温を超える T_c を持つ強磁性半導体を合成しようとする研究が一気に活発化した。その結果，GaN：Mn[7]，ZnO：Co[8]，TiO$_2$：Co[9]などにおける室温をはるかに超える T_c や，さらには HfO$_2$[10] など磁性イオンを全く含まない物質における室温強磁性が続々と報告されるようになり，ゴールドラッシュのような事態となった。しかし，一方では，これらの強磁性が何らかの不純物であるとの反論も根強く，その真贋をめぐる議論がここ何年も際限なく続いており大混乱状態に陥っている。

以下では，このような混乱がおきている原因，その解決法，そして真の室温強磁性半導体を実現するためにはどうすればよいかについて述べる[11]。

2　磁性半導体の本質はスピン—キャリア相互作用[11]

室温強磁性半導体開発における混乱の原因を正しく理解するためには，まず初心に戻って，磁性半導体のアピールポイントを冷静に考えてみることが有効である。それは，その磁気（スピン）的な特性と半導体（キャリア）的な電気的・光学的な特性との間の強い結合の存在以外には無いはずである。これにより，電気（光学）的な手段で磁気特性を制御したり，逆に磁場で物質の電気伝導や光学特性を制御するという他の物質をもってしては出来ない機能が可能になる。磁気的特性と半導体特性がお互いに結合せずに独立に振舞う物質は磁性半導体ではない。それでは，半導体シリコンと強磁性鉄微粒子を混ぜ合わせたものは磁性半導体であろうか？　この場合，鉄による漏洩磁場によってシリコンの伝導特性が影響を受けることは考えられるが，これも磁性半導体の範疇には入らない。磁性半導体の場合には，もっと本質的に強いスピン—キャリア相互作用の出現が存在することが必要だからである。これは量的な強さの違いではなく質的な違いである。すなわち磁性半導体では，量子力学レベルにおいてスピンとキャリアの間に強い相互作用が存在していることが必須である。ただし，このような強いスピン—キャリア相互作用はFeなどの強磁性金属にも存在する。となると，磁性半導体の定義として最も本質的なものは，半導体的キャリアの電子状態が磁性イオンのスピン状態と強く結合している物質ということになる。II-VI，III-V，IV族いずれの半導体母体物質においても，その伝導帯と価電子帯の電子はs，p電子で構成されている。一方，多くの場合，磁性イオンの電子は d 電子である。よって，磁性半導体とは s，p-d 交換相互作用を有する物質ということになる。

最近の室温強磁性体をめぐる混乱は，この s，p-d 交換相互作用の存在の有無を議論しないままに，多くの報告がなされてきたために発生しているものである。強磁性半導体と目される物質の多くは熱平衡状態では合成が困難な非平衡相の物質であるため，MBE法などを用いた薄膜成長による試料作製が一般的である。そのため，体積の極めて少ない試料の評価をせざるを得な

い。現在までの室温強磁性半導体に関する報告では，X線回折や電子顕微鏡観察による構造解析により不純物相が存在しないことが確認された試料を用いて，その磁化特性を超伝導量子干渉磁束計（SQUID）を用いて測定することが一般的に行われている。ここで，SQUIDは極めて敏感な磁化測定手段であるが，一方，X線回折などの構造解析手法は不純物の存在に対して鈍感な手法であることに注意すべきである。強磁性が試料中の不純物から発生しているとして，どのくらいの量の不純物が入っているかは，不純物の磁気特性に大きく依存するため一概には言えないが，極端な場合には試料体積の2000分の1程度の不純物の存在によって観測される強磁性的なSQUID信号が説明されてしまう可能性さえも指摘されている[12]。これでは構造解析で不純物相が見えなくても，強磁性の原因が不純物による可能性が否定できない。実験データの解釈のためには構造解析による不純物の検出限度を議論する必要があるが，そのような議論を行っている報告はほとんど無いのが現状である。また，観測されたT_cが想定される既知の強磁性不純物のT_cと異なることも真性強磁性半導体の根拠とはなりえない。T_cは試料の質により変化する量であり，また未知の強磁性物質が不純物として合成されている可能性も否定できないからである。このように，結晶構造解析と磁化測定のみにたよっては室温強磁性半導体の真贋はあきらかにならないことが最近ようやく認識されるようになってきた。

3 s, p-d 交換相互作用の検出方法

s, p-d 交換相互の存在を証明するもっとも本質的な手段は，外部磁場によって試料の磁気的状態（d）を変化させたときに，母体半導体のバンド構造を反映する伝導帯（d）と荷電子帯（p）が変化するかどうかの検出である。半導体の伝導帯（C.B.）と価電子帯（V.B.）の電子状態がスピン分裂していると，量子力学的な選択則のために，V.B.からC.B.への光学吸収が円偏光（$\sigma+$, $\sigma-$）状態に依存して異なる（図1）[11,13]。すなわち光吸収が円偏光に依存する。これは磁気円二色性（Magnetic Circular Dichroism, MCD）とよばれる。

MCDの出現は何らかのスピン分極バンドの存在を意味している。しかし，MCDが検出されないからといってスピン分極バンドが存在しないと結論するのは早計である。磁気光学効果の大きさは一般に結晶異方性により引き起こされる光学異方性よりはかなり小さい。よって，結晶異方性が大きい物質におけるMCD測定には注意が必要である。現在注目されている磁性半導体のほとんどは閃亜鉛鉱型またはウルツ鉱型の結晶構造を持っている。閃亜鉛鉱型物質は立方晶のため光学的には等方的とみなせ，MCD測定に当たって試料の方位を気にする必要は無い。一方，ウルツ鉱型物質は大きな結晶光学異方性を持つものの，c軸に沿って光を入射する場合には結晶光学異方性が現れないのでMCDの測定が可能となる。この様な配慮を行ってMCD測定をして

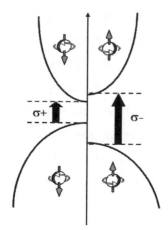

図1　$s, p\text{-}d$ 交換相互作用によりスピン分裂する磁性半導体のバンド構造は，左右円偏光に対して異なる光吸収を与える（磁気円二色性，MCD）[11, 13]

も，MCD信号が検出されない場合には，バンドがスピン偏極していないと判断される。もちろん，MCDの検出感度には気をつける必要がある。このような試料が強磁性的なSQUID信号を示す場合には，まずは試料に想定外の結晶構造を持つ磁性体が含まれている可能性を検討する必要がある。

MCD信号が検出された場合には，その意味するところを検討することになる。この目的のためには，波長（エネルギー）を変化させてMCDスペクトルを測定することが非常に有益である。異常ホール効果もよく強磁性半導体の証明手段として用いられているが，異常ホール効果に対する強磁性不純物からの漏洩磁場の影響による可能性を否定することが困難であることを認識する必要がある。ホール効果はMCD効果のDC成分と等価であるが，異常ホール測定にくらべたMCD測定の強みは，そのスペクトル情報にある。MCDのスペクトル形状の持つ意味を理解するために，光吸収スペクトルがその形状を変えることなく，わずかにそのエネルギーをシフトさせると仮定しよう（リジッド・バンド・シフト近似）。対象とする物質において，この近似が成り立つかどうかの検討は常に必要であるものの，この近似を出発点としてバンド構造に関する多くの貴重な情報を得ることができる。図2に示すように，MCDは

$$MCD = -\frac{45}{\pi}\Delta E \frac{dk(E)}{dE}L \qquad (1)$$

とかける[13]。ゼーマン分裂 ΔE は反磁性効果などによる固有ゼーマン分裂 ΔE_{int} と $s, p\text{-}d$ 交換相互作用に起因する項 ΔE_{spd} の和である。磁性半導体では ΔE_{spd} 項の寄与が大きいため，ΔE_{int} の項はしばしば無視することができる。ΔE_{spd} の大きさと符号は遷移の性格に依存する。閃亜鉛鉱型磁性半導体の E_0 バンドギャップにおける重ホールバンドから伝導バンドへの遷移の場合に

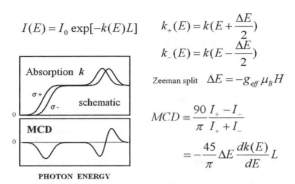

図2 リジッドバンドシフトモデルによるMCDスペクトルの解析法[13]

は,

$$\Delta E_{spd} = x(N_0\beta - N_0\alpha)<S_z> \tag{2}$$

そして,$E_0+\Delta_0$の光学遷移の場合には

$$\Delta E_{spd} = x(N_0\beta + 3N_0\alpha)<S_z>/3 \tag{3}$$

であることが知られている[13]。xは遷移金属イオン濃度,$N_0\beta$と$N_0\alpha$はそれぞれp-dおよびs-d交換相互作用定数である。s電子とd電子は直接的に混成することはないので,磁性半導体では一般に$N_0\beta$のほうが$N_0\alpha$より重要である。代表的な希薄磁性半導体として知られる(Cd, Mn)Teの場合は$N_0\beta=-0.88$ eV,$N_0\alpha=+0.22$ eVである[1]。式(2)はE_0臨界点(C.P.)のゼーマン分裂の符号から,p-d交換相互作用が正(強磁性的)か負(反強磁性的)かを知ることができることを示している。また$E_0+\Delta_0$-C.P.のゼーマン分裂の符号はE_0-C.P.のそれと逆符号になる傾向がある。ΔE_{spd}は$<S_z>$(<0)に比例することから,エネルギーを固定してMCD強度の磁場依存性を測定することにより,そのエネルギーにおける磁化曲線を評価することができる。なお,ΔEの大きさと符号はエネルギーに対して敏感に変化することを理解しておく必要がある。このことに気が付かずにΔEを一定として式(1)を単純に積分してしまうと無意味な議論に陥るので注意が必要である[14]。

式(1)の$dk(E)/dE$項も磁性半導体の電子状態に関する重要な情報を含んでいる。光吸収スペクトル$k(E)$は物質の電子構造を反映しており,特に各物質固有の指紋ともいえるC.P.付近では$dk(E)/dE$が大きな値と特徴ある構造を示すことが知られている。このことは,MCDスペクトルの形状から,そのMCD信号を出している物質の同定や,そのバンド構造に関する情報を得ることができることを意味している。

一例として,図3に非磁性半導体ZnOとそのZnの一部をCoで置き換えた(Zn, Co)OのMCD

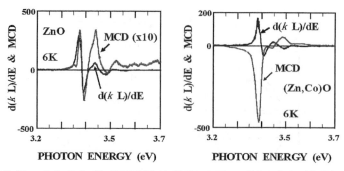

図3 ZnO および (Zn, Co) O のバンド端付近における MCD スペクトルおよび光吸収の微分スペクトル

スペクトルと $dk(E)/dE$ スペクトルを示す。式(1)から期待されるように MCD は $dk(E)/dE$ と類似の形状を持っていることが分かる。ZnO と (Zn, Co) O は同様な $dk(E)/dE$ を示すものの，その MCD の大きさと符号が異なる。これは ZnO の場合は固有ゼーマン分裂 ΔE_{int}，(Zn, Co) O の場合は s, p-d ゼーマン分裂 ΔE_{spd} が MCD の起源だからである。すなわち両者の MCD の物理的起源は異なっている。ただし (Zn, Co) O の MCD 信号は ZnO と同じバンドギャップエネルギー近傍で出現していることから，(Zn, Co) O は ZnO のバンド構造をベースとする物質であることが分かる。すなわち (Zn, Co) O は明らかに磁性半導体である。MCD 強度の温度・磁場依存性からは，この (Zn, Co) O が常磁性の磁性半導体であることも分かった[15]。

以上のように MCD 分光法は磁性半導体の評価に不可欠な手段であり，以下のような視点から解析を行うことがポイントである。

（判定基準1）　MCD 信号が出現するか？（スピン分極の有無）
（判定基準2）　MCD 信号強度の磁場依存性と温度依存性は，
　　　　　　　SQUID データと対応するか？（強磁性 or 常磁性）
（判定基準3）　MCD 信号の構造は，期待される物質の C.P. エネルギーと対応するか？
　　　　　　　（物質の同定）

これら全ての判定基準を満たして初めて，強磁性半導体または常磁性半導体が合成できたという主張が可能となる。

4　各種"強磁性半導体"におけるスピン-キャリア相互作用

上記の判定基準に沿って，各種"強磁性半導体"の評価を行った我々の結果を図4にまとめた。

(In, Mn) As[16]，(Ga, Mn) As[17] および (Zn, Cr) Te[18] は全ての判定基準を満たしているた

第22章 強磁性半導体

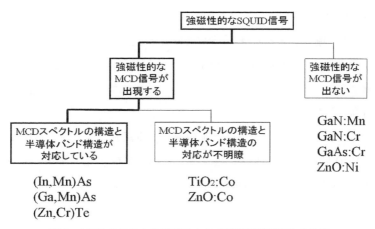

図4 MCDスペクトル解析による"強磁性半導体"の分類

め,真性の強磁性半導体であることが証明された。(Zn, Cr) Te の T_c は 300 K であり,ようやく室温に届いている[18]。

一方,GaN：Mn[19],GaN：Cr[20],GaAs：Cr[21] および ZnO：Ni[21] の場合には,SQUID による磁化は強磁性的であるが,MCD は出現しないか,または常磁性的に振舞うことが分かった。すなわち,これらの物質に見られる強磁性的な磁化信号は,合成が期待される磁性半導体物質とは異なるものから発生している可能性が高い。

TiO_2：Co[22] と ZnO：Co[21,23] の場合は微妙である。これらの物質では SQUID 信号に対応する明確な強磁性的 MCD 信号が観察される。しかしながら,そのスペクトル形状は非常に幅が広く明確な構造を持たないために,期待される母体半導体の C.P. との対応があるのかどうかは明確ではない。すなわち,これらの物質に関しては,上記の判定基準3が満たされているかどうかをさらに慎重に検討すべき段階にある。具体的には,理論計算により実験で観測される MCD スペク

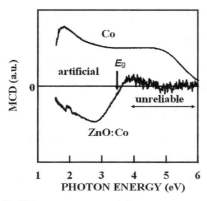

図5 強磁性 ZnO：Co と Co 金属の MCD スペクトル[21]

トルが説明できるかどうかがポイントとなるが，MCD スペクトルの理論計算は報告されていない。なお，ZnO：Co の強磁性の起源が Co 金属であると主張する論文も多いが，その主張は誤りである。図5に示すように，ZnO：Co の MCD スペクトルと Co 金属の MCD スペクトルは符号も含めて全く異なるからである[21]。現時点では，なんらかの強磁性金属間化合物が合成されている可能性が最も高いと思われる。

また ZnO：Co に関しては MCD スペクトルの解析から真性の強磁性半導体と主張する論文[24]もあるが，MCD 信号が異常に弱い，サファイア基板が MCD 信号を出しているなど理解しがたい異常なデータが示されており信頼性に欠けるといわざるを得ない。

5　室温強磁性半導体を求めて

Dietl ら[25]は $In_{1-x}Mn_xAs$ や $Ga_{1-x}Mn_xAs$ においては Mn 置換により 10^{19}～10^{20}/cc にも上る大量のホールが荷電子帯に導入され，そのホールが介在する p-d 交換相互作用が Mn スピンの向きを揃えるために強磁性が発現するとするキャリヤ誘起強磁性モデルを提出した。彼らは，さらにこの半現象論的な理論を拡張して，多様なホスト半導体物質に Mn を置換したときに期待される強磁性キュリー温度 T_c の見積もりを行った。そして，ワイドバンドギャップ半導体として有名な GaN と ZnO をベースとする希薄磁性半導体において室温を超える T_c が期待されると結論した。これがその後のワイドギャップ半導体をベースとする室温強磁性半導体開発ラッシュの出発点となった。しかし，現時点では，Dietl らの単純なモデルをワイドギャップ物質に当てはめることの妥当性には疑問がもたれている。ワイドギャップ物質中では磁性イオンの電子は局在する傾向が強くキャリアを供給することができないからである[26]。そのため，Dietl モデルに代わるワイドギャップ強磁性半導体の機構モデルが種々議論されているが[27]，いまだ説得力のあるものは提出されていない。

また最近は，$Ga_{1-x}Mn_xAs$ に対しても Dietl モデル[25]の妥当性が議論されるようになっている[28,29]。$Ga_{1-x}Mn_xAs$ の価電子帯に大量のホールが導入されていることの直接的な証拠が見つからないからである。実際，絶縁状態の（Ga, Mn）As も強磁性を示すし，（Zn, Cr）Te の場合にはほぼ絶縁物でありながら 300 K の T_c を示すことが知られている[18]。キャリアは価電子帯ではなく不純物帯に入ったことを示唆する実験データもいくつか出されている[30~32]。すなわち，我々は（In, Mn）As，（Ga, Mn）As，（Zn, Cr）Te という真性の強磁性半導体を手にしながら，いまだその強磁性発現機構に関して統一的な理解を得ていないということになる。特に（Ga, Mn）As は強磁性半導体のフラグシップ的な物質であるため，その電子構造を正確に理解することが，強磁性半導体の T_c を室温以上に向上させるための指針の確立にとって不可欠である。

第 22 章 強磁性半導体

このような状態の下で，実験的にこれらの物質の T_c を向上させる試みが手探り状態で種々行われている。

T_c を向上させるためには，磁性イオン濃度を高めることが有効であると期待される。(Ga, Mn) As に関していくつかの試みが行われている[33~35]。Mn 濃度 20 % 程度の試料が出来るようになっており，T_c は 170 K 程度に向上している。ただし，Mn 濃度が 10 % までは Mn 濃度と共に T_c が上昇するものの，それ以上では Mn 濃度を増大させても T_c は上昇しなくなると報告されている[35]。

Mn 濃度を試料全体でなく局所的に向上させて T_c の向上をねらう試みも行われた。δ ドーピングの手法を用いて (Ga, Mn) As の Mn 濃度を局所的に増大させた例では 250 K の T_c が得られている[36]。また (Zn, Cr) Te 中の Cr 分布を不均一化することにより，Cr 濃度 5 % で濃度 20 % の均一試料[18]と同じ 300 K の T_c を得たとの報告[37]もある。ただしなぜ T_c が 300 K 以上に向上しないかは説明されていない。このような磁性イオン濃度の不均一分布や，同一試料中における強磁性領域と常磁性領域の共存は (Ga, Mn) As の場合にも報告[38]されているため，強磁性半導体に共通する現象である可能性もある。

さらに，(Ga, Mn) As と Fe との界面において，Fe による磁気染み出し効果により界面付近 2 nm の (Ga, Mn) As が室温でも強磁性秩序を持つことが最近報告された[39]。実質的な T_c を向上させる新しい手法として注目される。

これまでの磁性半導体の研究では II-VI 族系および III-V 族系の物質が主な対象となってきた。一方，半導体産業の中心は IV 族のシリコンであるため，IV 族半導体と整合性の良い強磁性半導体の出現に対する期待は強い。現時点では，Si ベースの強磁性半導体の報告例は無いが，Ge ベースでは，アモルファス $Ge_{1-x}Mn_x$[40] が T_c=100 K 程度の強磁性半導体，エピタキシャル $Ge_{1-x}Fe_x$[41] が T_c=170 K の強磁性半導体であることが報告されている。今後の発展が注目される。

文　献

1) J. K. Furdyna, *J. Appl. Phys.*, **64**, R 29 (1988)
2) H. Ohno, H. Munekata, T. Penney, S. von. Molnár, and L. L. Chang, *Phys. Rev. Lett.*, **68**, 2664 (1992)
3) H. Ohno, A. Shen, F. Matsukura, A. Oiwa, A. Endo, S. Katsumoto, and Y. Iye, *Appl. Phys. Lett.*, **69**, 363 (1996)
4) H. Ohno, D. Chiba, F. Matsukura, T. Omiya, E. Abe, T. Dietl, Y. Ohno, and K. Ohtani, *Nature*

408, 944 (2000)
5) T. Schallenberga and H. Munekata, *Appl. Phys. Lett.* **89**, 042507 (2006)
6) T. Jungwirth, K. Y. Wang, J. Mašek, K. W. Edmonds, Jürgen König, Jairo Sinova, M. Polini, N. A. Goncharuk, A. H. MacDonald, M. Sawicki, A. W. Rushforth, R. P. Campion, L. X. Zhao, C. T. Foxon, and B. L. Gallagher, *Phy. Rev.* **B 72**, 165204 (2005)
7) S. Sonada, S. Shimizu, T. Sasaki, Y. Yamamoto, and H. Hori, *J. Cryst. Growth*, **237–239**, 1358 (2002)
8) K. Ueda, H. Tabata, and T. Kawai, *Appl. Phys. Lett.* **79**, 988 (2001)
9) Y. Matsumoto, M. Murakami, T. Shono, T. Hasegawa, T. Fukumura, M. Kawasaki, P. Ahmet, T. Chikyow, S. Koshihara, H. Koinuma, *Science*, **291**, 854 (2001)
10) M. Venkatesan, C. B. Fitzgerald, and J. M. D. Coey, *Nature*, **430**, 630 (2004)
11) K. Ando, *Science*, **312**, 1883 (2006)
12) 齋藤秀和，V. Zayets，山形伸二，安藤功兒，固体物理，**39**, 117 (2004)
13) K. Ando, Magneto-Optics, Springer Series in Solid-State Science, Vol.128, p.211（S. Sugano and N. Kojima, Springer, Berlin, 2000）
14) R. Chakarvorty, S. Shen, K. J. Yee, T. Wojtowicz, R. Jakiela, A. Barcz, X. Liu, J. K. Furdyna, and M. Dobrowolskaa, *Appl. Phys. Lett.* **91**, 171118 (2007)
15) K.Ando, H.Saito, Zhengwu Jin, T.Fukumura, M. Kawasaki, Y. Matsumoto, and H. Koinuma, *Appl. Phys. Lett.* **78**, 2700 (2001)
16) K. Ando and H. Munekata, *J. Magn. Magn. Mater.* **272–276**, 2004 (2004)
17) K. Ando, T. Hayashi, M. Tanaka, and A. Twardowski, *J. Appl. Phys.*, **83**, 6548 (1998)
18) H. Saito, V. Zayets, S. Yamagata, and K. Ando, *Phys. Rev. Lett.*, **90**, 207202 (2003)
19) K. Ando, *Appl. Phys.* Lett., **82**, 100 (2003)
20) K. Yamaguchi, H. Tomioka, T. Yui, T. Suemasu, K. Ando, R. Yoshizaki and F. Hasegawa, *Jpn. J. Appl. Phys.* **44**, 6510 (2005)
21) K. Ando, H. Saito, V. Zayets, and M C Debnath, *J. Phys. Condens. Matter.* **16**, S 5541 (2004)
22) H. Toyosaki, T. Fukumura, Y. Yamada, and M. Kawasaki, *Appl. Phys. Lett.*, **86**, 182503 (2005)
23) K. Ando, cond-mat/0208010
24) J. R. Neal, A. J. Behan, R. M. Ibrahim, H. J. Blythe, M. Ziese, A. M. Fox, and G. A. Gehring, *Phys. Rev. Lett.*, **96**, 197208 (2006)
25) T. Dietl, H. Ohno, F. Matsukura, J. Cibert, and D. Ferrand, *Science*, **287**, 1019 (2000)
26) K. Sato, W. Schweika, P. H. Dederichs, and H. Katayama-Yoshida, *Phy. Rev.* **B 70**, 201202 R (2004)
27) J. M. D. Coey, *Current Opinion in Solid State and Materials Science*, **10**, 83 (2006)
28) K.S. Burch, D.D.Awschalom, and D.N.Basov, *J. Magn. Magn. Mater.*, **320**, 3207 (2008)
29) K. S. Burch, D. B. Shrekenhamer, E. J. Singley, J. Stephens, B. L. Sheu, R. K. Kawakami, P. Schiffer, N. Samarth, D. D. Awschalom, and D. N. Basov, *Phys. Rev. Lett.*, **97**, 087208 (2006)
30) J. Okabayashi, A. Kimura, O. Rader, T. Mizokawa, A. Fujimori, T. Hayashi, and M. Tanaka, *Phys. Rev.*, **B 64**, 125304 (2001)
31) S. Ohya, P. N. Hai, Y. Mizuno, and M. Tanaka, *Phys. Rev.*, **B 75**, 155328 (2007)

32) K. Ando, H. Saito, K. C. Agarwal, M. C. Debnath, and V. Zayets, *Phys. Rev. Lett.*, **100**, 067204 (2008)
33) S. Ohya, K. Ohno and M. Tanaka, *Appl. Phys. Lett.*, **90**, 112503 (2007)
34) D. Chiba, Y. Nishitani, F. Matsukura, and H. Ohno, *Appl. Phys. Lett.*, **90**, 122503 (2007)
35) S. Mack, R. C. Myers, J. T. Heron, A. C. Gossard, and D. D. Awschalom, *Appl. Phys. Lett.*, **92**, 192502 (2008)
36) A. M. Nazmul, T. Amemiya, Y. Shuto, S. Sugahara, and M. Tanaka, *Phys. Rev. Lett.*, **95**, 017201 (2005)
37) S. Kuroda, N. Nishizawa, K. Takita, M. Mitome, Y. Bando, K. Osuch, and T. Dietl, *Nature Materials*, **6**, 440 (2007)
38) V. G. Storchak, D. G. Eshchenko, E. Morenzoni, T. Prokscha, A. Suter, X. Liu, and J. K. Furdyna, *Phys. Rev. Lett.*, **101**, 027202 (2008)
39) F. Maccherozzi, M. Sperl, G. Panaccione, J. Minár, S. Polesya, H. Ebert, U. Wurstbauer, M. Hochstrasser, G. Rossi, G. Woltersdorf, W. Wegscheider, and C. H. Back, *Phys. Rev. Lett.*, **101**, 267201 (2008)
40) S. Sugahara, K. L. Lee, S. Yada, and M. Tanaka, *Jpn. J. Appl. Phys.*, **44**, L 1426 (2005)
41) Y. Shuto, M. Tanaka, S. Sugahara, *Appl. Phys. Lett.*, **90**, 132512 (2007)

第23章　分子スピントロニクス

白石誠司*

1　分子スピントロニクスとは

　電子には電荷に加えスピンという属性があり，このスピン自由度によって物質の磁性が発現することについて読者諸氏は既にご存知と思う。従来このスピン自由度は磁気工学の分野で利用されてきたが，近年のナノテクノロジーの発展やエレクトロニクスとの融合によってスピントロニクスという急速に発展している新しい研究領域で大いに利用されている。2007年のノーベル物理学賞がスピントロニクス分野（巨大磁気抵抗効果（Giant Magnetoresistance；GMR）の発見）に与えられたことは記憶に新しいが，この効果は図1に示すように強磁性材料で非磁性材料をサンドイッチした素子において，強磁性材料の磁化の向きが平行であるときに抵抗が小さくなり，反平行である場合に抵抗が大きくなる効果を言う[1,2]。強磁性電極のスピンの向きは外部磁場などで制御する。

　さて，上記の非磁性材料部分に分子材料を用いよう，という動きが「分子スピントロニクス」なる研究領域で特にここ数年注目を集めつつある。金属材料を用いたスピントロニクスは磁気ヘッドやMRAMといったメモリなどへの応用が実現・期待されているが，分子スピントロニクスへの期待はこれとはいささか趣を異としており，分子スピントランジスタや量子計算素子への応用が期待されている。ここで言うスピントランジスタとは，電界効果型トランジスタの電極部分を強磁性金属に変更して，チャネルを非磁性材料とした構造を有し，ゲート電圧と電極の磁化

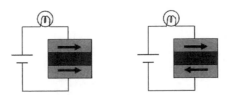

図1　GMR素子の概念図
2つの強磁性材料（水色）で非磁性材料（橙色）が挟まれた構造の素子を考える。強磁性材料の磁化の向きが平行なら抵抗は小さくなり，反平行なら抵抗は大きくなる。

---

　*　Masashi Shiraishi　大阪大学　大学院基礎工学研究科　准教授

第23章　分子スピントロニクス

の向きという2つのパラメーターで非磁性材料に注入されたスピン伝導を制御する素子を言う。一般にスピントランジスタというとスピン軌道相互作用を積極的に利用した所謂「Das＝Datta型」[3]素子をイメージしがちであるが，ここで言うスピントランジスタとは「菅原＝田中型」[4]のような再構成可能な論理回路構築のための素子を言う。ターゲットの違いは分子と金属・半導体との物性の違いによる。

　分子材料は水素・炭素といった軽元素がそのほとんどの構成要素である。物質にスピンを注入した場合，注入されたスピン位相は欠陥や不純物による散乱という要因以外に，物質のスピン＝軌道（SO）相互作用によってスピン位相を失うため，これが良好なスピンコヒーレンスを得る上で障害となる。SO相互作用のハミルトニアン H_{SO} は，

$$H_{SO} = \frac{e}{4m^2} \frac{1}{r} \frac{\partial V}{\partial r} \sigma \cdot L,$$

であり（m：質量，r：価電粒子が原子核のまわりを周回運動する半径，V：価電子の受けるポテンシャル，σ：Pauli のスピン行列，L：軌道角運動量），水素原子のような球対称ポテンシャルを仮定すると簡単な計算から SO 相互作用定数 λ は

$$\lambda = \frac{\mu_0 Z e^2}{8\pi m^2 r^3} \quad (\mu_B = \frac{\mu_0 e \hbar}{2m}),$$

となる（Z：原子番号，μ_B：ボーア磁子）。ここで r^{-3} は概ね Z^3 に比例するので $\lambda \sim Z^4$ が成立する。つまり物質が軽元素になるほど SO 相互作用は小さくなることになるので，分子材料では注入されたスピンはそのスピン位相を散逸しにくいことになり，これが分子スピントロニクスに注目が集まる理由の1つである。さらに，カーボンナノチューブ（CNT）やグラフェンといったナノカーボン分子の場合，その非局在化し，かつ広がった π 電子系ゆえに理想的には電子スピンの散乱はないはずであり，注入スピンのスピン位相の散逸は強く抑制されることが期待できる。これは分子性薄膜のキャリア伝導機構は一般に hopping 伝導が支配的であるのに対し，CNT やグラフェンではバンドライクな伝導が支配的であることによる。

2　分子スピントロニクスの課題とその解決への道 I（分子ナノコンポジットの導入）

　分子スピントロニクスは1999年の塚越らによる多層カーボンナノチューブ（MWNT）を介したスピン依存伝導現象の発見[5]によって拓かれた。上で述べたような動機から塚越らの成功以降，多くの研究者が分子スピントロニクスの分野に参入するようになり MWNT における追試は比較的早く実現した。筆者が分子スピントロニクス研究をスタートさせた2004年の段階では単

層カーボンナノチューブ（SWNT），Alq3 など多くの分子でも磁気抵抗（MR）効果「らしきもの」が観測されていたが，既に重大な問題の萌芽が見られた。それは結果の再現性・信頼性に著しく欠ける報告が大多数であるという問題である。即ちスピン依存伝導が本当に確認されたのか，またスピン注入は本当に達成されたのか，という最も重要な部分の吟味が全く不十分である，という問題と換言できる。著者らは従来の研究結果を詳細に吟味することで，この問題が主に次の3点に起因していることを見出した。即ち，①抵抗のヒステリシスは本来磁性電極の磁化過程と一致すべきであるが，この一致を確認した例が皆無である，②金属／分子界面の大きな接触抵抗に起因するノイズが大きく実験的に観測したとされるMRカーブの再現性に乏しい，③MR効果自体が低温でしか観測できずかつ背景の物理の議論ができない，の3点である。

この問題を解決・回避するためにまず我々が導入したのが分子／強磁性ナノ粒子ナノコンポジットである。これは図2-1にあるように C_{60}，ルブレン，Alq3 といった分子マトリクス中に直径1-3nm程度の磁性（ここではコバルト）ナノ粒子を均一に分散させた膜構造を有している。

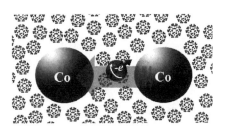

図2-1　C_{60}-Co ナノコンポジットの模式図

直径1-3nm程度のCo粒子がC_{60}マトリクス中に均一に分散されており，スピンはCo粒子間をC_{60}分子を介して伝導する[6]。

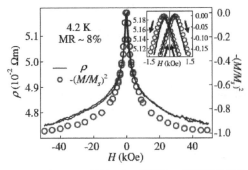

図2-2　C_{60}-Co ナノコンポジットで発現した磁気抵抗効果（4K）[6]

図中，実線は抵抗率の磁場依存性，○はCo粒子の磁化であり，両者が良い一致を示すことから磁気抵抗効果の起源がCoの磁化であると結論できる。inset はゼロ磁場近傍の拡大図でありヒステリシスが観測されることからCoが強磁性的であることがわかる。

この系を用いることで 4.2 K で最大 78 %（ごく最近 C_{60}–Co 系において 4 K で 300–500 % の巨大 MR 効果を観測した），室温でも 0.3 % の MR 効果が発現すること，さらにこれがコバルト粒子の磁化に起因していること（図 2-2 参照）を系統的な実験から明らかとした[6～9]。また現在では同様の構造を有する C_{60}–Co 膜を用いて東北大・原研グループから 4 K で 700 % 程度という非常に大きな MR 比も報告されており[10,11]，他にもルブレン–Co 界面のスピン状態観測[12]や，単一スピンの co-tunneling 伝導による MR 比の増強効果[13]など興味深い物性がそこに含まれていることが明らかとなってきている。

一方，これらの系において分子はトンネルバリアとして働いていることも同時に明らかとなり，換言すれば分子へのスピン注入の達成には至っていないことがわかった。同様の困難は他の研究グループの結果でも同様に指摘されており[10,14,15]，次の大きな目標はスピン注入と設定された。上述のように分子スピントロニクスの面白さの 1 つは分子を伝導するスピンダイナミクスにあるわけで，分子へのスピン注入が達成できないことにはこの分子スピントロニクスの本質に切り込むことは困難である。そこでスピン注入に適切な材料探索の必要性が生じた。

そのための guiding principle として有効だったのが所謂 conductance mismatch[16]をベースとした考え方である。磁性金属から無機半導体へのスピン注入が容易でないことはよく知られているが，これは両者の伝導度が異なるため界面でスピンがコヒーレンスを失うことに原因があると理解されている（正確にはスピン抵抗（スピン緩和長と電気抵抗率の積を接合面積で割ったもの）の違いによる）。この考え方はもちろん金属／分子接合でも適用可能である。実際いくつかのケースで計算してみると分子材料が基本的に絶縁体的であるために，やはりスピン注入は容易ではなく，トンネルバリアの挿入など工夫が必要となってくる。しかしながら，分子材料の中で伝導度の良いものを選んでくることでなんとかスピン注入が実現できるという期待も抱くことができる。我々は比較的伝導度の高いグラフェンが好適であろうとの結論に至り，次のステップとしてグラフェンスピントロニクス研究を開始した。

3　グラフェンとは

ここでグラフェンについてごく簡単に述べることとする。グラフェンという古くて新しい材料が現在のような大きな脚光を浴びたのは 2004 年の Novoselov, Geim らによる単層分離・薄膜化が契機である，という認識で概ね間違いではないように思われる[17]。パイエルス不安定性ゆえにこのような 2 次元材料の単離は困難と思われていたわけであるが，実際には以前から操作型トンネル顕微鏡を用いた実験において試料を搭載するための HOPG（Highly Oriented Pyrolytic Graphite）清浄表面を得るためのプロセスで一般に広く用いられていたスコッチテープによる剥離技

術によりあっけないほど簡単に成功した。グラフェンは炭素六員環が2次元的に敷き詰められた構造を有するが，そのハミルトニアンをK点近傍において長波長近似を用いて展開すると

$$H = \hbar v_F \begin{pmatrix} 0 & k_x - ik_y \\ k_x + ik_y & 0 \end{pmatrix},$$

となる。これは相対論的量子力学においてfermionが従うDirac方程式と同じ形をしている。バンド構造は線型でありフェルミ準位での状態密度がゼロとなるために質量0のDirac粒子性が固体の中で発現する特異な系であることがわかる。2004年以降，massless Dirac fermion性に基づく低温及び室温におけるanomalousな整数量子ホール効果の発現[18〜20]，超伝導近接効果の発現[21]，170000 cm^2/Vs にもなる大きな電界効果移動度の報告[22]をはじめとする実験面だけでなく，特異な電子伝導機構の検討・磁性の発現・超対称性の観点からの物性の検討などの理論面においても燎原の火の如く凄まじい勢いでグラフェン研究は広がりを見せており，年間数百もの論文がpreprint serverに登録されているとも仄聞する。その理由として実験面では簡単なプロセス（新規参入への敷居が低い），理論面では格子ゲージ理論におけるAdler–Bell–Jackiew anomaly問題に端を発するWyle Fermionに関する研究[23]との強い類似性（物性の世界で発現する素粒子物理・固体の中の相対論という面白さ）が挙げられると筆者は感じている。ところで，上記の実験的研究はいずれもグラフェンにおけるキャリア伝導に着目した研究であり，グラフェン中でのスピン伝導に関する研究報告は皆無であったことに気づくと思う。つまり，グラフェン研究者・分子スピントロニクス研究者双方からグラフェンへのスピン注入に関心が集まるのはいわば必然だったとも言える。

4 分子スピントロニクスの課題とその解決への道Ⅱ（グラフェンスピントロニクス）

以下の節では筆者の行ったグラフェン薄膜（GTF）へのスピン注入の詳細を述べたい。GTFスピンバルブ素子の作製は以下の手順で行った。まず購入したHOPG基板にスコッチテープを貼り付けた後，剥離する。剥離したスコッチテープを事前にマーカーを作製したSi基板に押し付けてGTFを基板上に吸着させる。AFMによって測定したGTFの膜厚は典型的には2-40 nm程度であった。マーカーを頼りに図3のように非磁性（Au/Cr）および磁性電極（Co）を電子ビームリソグラフィー法と真空蒸着法により形成する。最近ではSuper Graphiteというポリイミドを出発材料とする高配向グラファイトを用いて素子作製を行うことも多い。ここで磁性電極は磁化反転のために必要な磁場が異なるように構造差をつけている。スピン依存伝導の測定には，よ

第 23 章 分子スピントロニクス

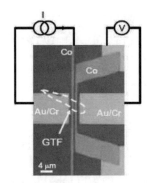

図 3 グラフェン薄膜スピンバルブ素子の電子顕微鏡写真

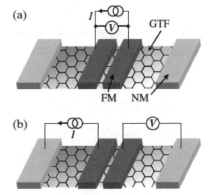

図 4 局所測定の回路図（上段）と非局所測定の回路図（下段）
強磁性電極（FM）の左側を FM 1，右を FM 2 とした[25]。

く知られている局所 2 端子法による測定と非局所 4 端子法[24]を用いた（図 4）。非局所測定に関しては別の章で詳細な解説があると思うのでそちらに任せたい。今回の測定はすべて室温で行い，磁場は ±40 mT の領域を 0.4 mT/s のレートで変化させた。また，非局所測定において注入電流は 100 μA，ロックイン周波数 216 Hz，時定数 300 ms という条件で測定を行った。

　実験結果を図 5 に示す。上段が局所，下段が非局所測定の結果である。まず，局所測定の結果を検討しよう。合計で 4 つの抵抗のヒステリシスが観測される。一見，グラフェンを介したスピン依存伝導現象による MR 効果のようにみえる。しかしながら，このようにだらだらと減少し急激に増加するような抵抗のヒステリシスは，anisotropic MR（AMR）効果によることを疑うべきである。この効果は，例えば強磁性細線の磁化反転の場合に生じ，負の磁気抵抗効果（抵抗を縦軸にとった場合，下に凸のヒステリシスとなる）を示すことが知られている。局所 2 端子測定の場合，電極に用いる強磁性材料の状態密度に特別な構造がない限り（あるバイアス電圧をかけた場合に少数スピンの状態密度のほうが多数スピンのそれよりも大きくなっているエネルギーに擬

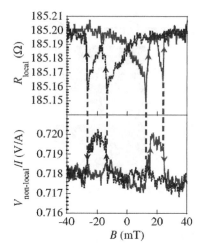

図5　実験的に観測した磁気抵抗効果
局所測定における信号（上段）と非局所測定における信号（下段）[25]。

フェルミ準位があるような場合）正の磁気抵抗効果（上に凸のヒステリシス）がでるはずであるので，惑わされないようにしっかりと区別しなければならない。さて，局所測定ではこのAMR効果が観測されているわけであるが，これはヒステリシスが4つあることからも理解できる。即ち，±12 mT で保磁力の小さな FM 電極の磁化が反転し，±25 mT で保磁力の大きな FM 電極の磁化が反転した，と理解するのが妥当である。見方を変えるとこの間の領域で2つの強磁性電極の磁化配置が反平行になっている，ともいえる。これに留意して非局所測定の結果を解析すると，確かに±12〜25 mT の領域で非局所抵抗にヒステリシスが生じており，これはグラフェン薄膜へのスピン注入及びスピン依存伝導に起源があると結論することができる[25]。また，AMR 効果による信号は非局所測定では観測されていないことも重要な点である。ちなみにスピンを注入する向きを変える，即ち，極性を変更すると，ヒステリシスが下に凸に変化し，この点からも結果の信頼性を確認することができた。以上の結果から室温におけるグラフェン薄膜へのスピン注入が実現できたことが十分な信頼性の下で証明された。さらには分子中を流れるスピン流を室温で初めて計測できたことも大きなマイルストーンである。ここで，理想的な場合は，非局所抵抗のオフセットはゼロになるべきであるが，今回の実験ではそのオフセットを排除しきれていなかった。この理由はまだ明らかではないがグラフェンが多層構造を有していることなどが関連しているのかもしれない。

　最後に筆者らの最新の結果や今後の展望について簡単に述べたい。以前の実験では AMR 効果によりスピン注入による信号がマスクされてしまったため局所測定では MR 効果を観測することはできなかったが，最近では局所測定においても室温で 0.02 ％程度のスピン注入による MR 効

果を観測することに成功し，またグラフェン薄膜に室温で注入されたスピンの緩和時間が120 ps，スピン緩和長が 1.6 μm であることも明らかになった[26]。これは筆者らの報告の直後に Groningen 大学グループからなされた単層グラフェンを用いた Hanle 効果の測定による報告[27]における値とほぼ同程度である。ところで，このようなスピンコヒーレンスの測定には非局所測定だけでは不十分であり Hanle 効果によるスピン歳差運動の観測が必要不可欠であることをここで強調しておきたい。即ち，非局所信号だけでは注入スピンの偏極率とスピン緩和長という2つの未知数を同時に決定できないため，Hanle 効果の測定をしないままの評価はえてして誤った結論を導きがちである。さて，実験的に求められたスピン緩和長は確かに比較的長く分子系への期待を裏切るものではないが，これが真のポテンシャルというわけではない。即ち表面への吸着物による散乱効果，材料中の欠陥などまだまだスピン位相を緩和させる機構は多く存在すると考えている。理論的にはグラフェン中では拡散伝導ではなく弾道伝導が実現できるはずで，そうなれば SO 相互作用が非常に小さいことと相俟ってスピン緩和はほとんど生じないはずである。まだこの研究は始まったばかりであり，今後のプロセスの改良などで良好なスピンコヒーレンスは十分得られると考えている。

　もう1点，グラフェン系スピン素子における重要な知見は，MR 効果のバイアス依存性における新奇な物性である[26]。従来のスピンバルブ素子では MR 比はバイアス電圧を印加すると単調に減少することが知られていた。筆者の知る限り，MgO トンネル絶縁膜を用いたトンネル磁気抵抗素子において MR 比が半減する＋1V というバイアス電圧が最も良好な値である。この MR 比の減少はマグノン励起やフォノン励起などによる注入スピンのスピン偏極率の減少による，と一般に理解されているようである。一方，グラフェン系スピン素子では，注入スピンの偏極率が最大で＋2.7V まで一定であることが実験的に最近明らかになった。この背景の学理はこれからの検討課題であるが，応用上重要なバイアス依存性に関する問題を解決する突破口になる可能性を秘めていると思われる。

　他に興味が集まる物性としてナノリボン化によるバンドギャップの創成[28,29]とゲート電圧印加によるスピン運動の制御がある。2次元構造を有するグラフェンはゼロギャップ半導体，ないしは半金属であると言われるため，ゲート電圧による電流変調の効果は限定的である。バンドギャップを開くためには短冊状にグラフェンを加工したグラフェンナノリボン（GNR）の創成が有効であると認識されている。実験的にはゲート電圧印加によるキャリア伝導の変調効果は観測されているが[28,29]，これに関してはギャップが開いた効果なのかクーロンブロケード現象を観測しただけなのか議論が続いているようである。もしギャップを開くことができればグラフェンスピントランジスタの実現に大きく近づくことになり，筆者のグループでも鋭意実験に取り組んでいる。実は GNR の創成にはもう1つ大きな利点があるらしいことが最近の理論的アプローチ

から明らかとなってきた。即ち，GNR を用いたスピン素子では少数スピンの伝導チャネルがリボンの有するエッジの効果によって閉じることが予想され，その場合 100 万％もの巨大磁気抵抗効果の観測が期待できるとの予測がなされている[30]。このような物性が発現するために GNR に要求されるリボン幅は数 nm から数十 nm と非常に狭いが近年の微細加工技術の向上により実現不可能な値ではなく，これからのこの研究領域の益々の発展が期待されるところである。

謝辞

本研究は，大阪大学大学院基礎工学研究科・鈴木義茂研究室において鈴木義茂教授・新庄輝也特任教授・野内亮助教（現東北大 WPI）・野崎隆行助教・大石恵さん（現大日本印刷㈱）との共同研究によって遂行されたものである。Super Graphite はカネカ㈱の村上睦明博士よりご提供いただいた。また，非局所測定のセットアップに際しては京都大学化学研究所の小野輝男教授・葛西伸哉助教に大変お世話になった。これらの方々に深甚なる謝意を表したい。

文　献

1) G. Binasch, P. Grünberg, F. Saurenbach and W. Zinn, *Phys. Rev. B*, **39**, 4828 (1989)
2) M.N. Baibich, J.M. Broto, A. Fert, V.D.F. Nguyen, F. Petroff, P. Eitenne, G. Creuzet, A. Friederich and J. Chazelas, *Phys. Rev. Lett.*, **61**, 2472 (1989)
3) S. Datta and B. Das., *Appl. Phys. Lett.*, **56**, 665 (1990)
4) T. Matsuno, S. Sugahara and M. Tanaka, *Jpn. J. Appl. Phys.*, **43**, 6032 (2003)
5) K. Tsukagoshi, B.W. Alphenaar and H. Ago, *Nature*, **401**, 572 (1999)
6) S. Miwa, M. Shiraishi, M. Mizuguchi, T. Shinjo and Y. Suzuki, *Jpn. J. Appl. Phys.*, **45**, L 717 (2006)
7) S. Tanabe, S. Miwa, M. Mizuguchi, T. Shinjo, Y. Suzuki and M. Shiraishi, *Appl. Phys. Lett.*, **91**, 63123 (2007)
8) H. Kusai, S. Miwa, M. Mizuguchi, T. Shinjo, Y. Suzuki and M. Shiraishi, *Chem. Phys. Lett.*, **448**, 106 (2007)
9) S. Miwa, M. Shiraishi, M. Mizuguchi, T. Shinjo and Y. Suzuki, *Phys. Rev. B*, **76**, 214414 (2007)
10) S. Sakai, K. Yakushiji, S. Mitani, K. Takanashi, H. Naramoto, P.V. Avramov, K. Narumi, L. Lavrentiev and Y. Maeda, *Appl. Phys. Lett.*, **89**, 113118 (2006)
11) S. Sakai I. Sugai, S. Mitani, K. Takanashi, Y. Matsumoto, H. Naramoto, P.V. Avramov, S. Okayasu and Y. Meada, *Appl. Phys. Lett.*, **91**, 242104 (2007)
12) M. Shiraishi, H. Kusai, R. Nouchi, T. Nozaki, T. Shinjo, Y. Suzuki, M. Yoshida and M. Takigawa, *Appl. Phys. Lett.*, **93**, 53103 (2008)

13) D. Hatanaka, S. Tanabe, H. Kusai, R. Nouchi, T. Nozaki, T. Shinjo, Y. Suzuki and M. Shiraishi, in preparation.
14) T. S. Santos, J. S. Lee, P. Migdal, I. C. Lekshmi, B. Satpati, and J. S. Moodera, *Phys. Rev. Lett.*, **98**, 16601 (2007)
15) J.S. Jiang, J.E. Pearson and S.D. Bader, *Phys. Rev. B*, **77**, 35303 (2008)
16) A. Fert and H. Jaffres, *Phys. Rev. B*, **64**, 184420 (2001)
17) K.S. Novoselov, A.K. Geim, S.V. Morozov, D. Jiang, Y. Zhang, S.V. Dobonos, I.V. Grigorieva and A.A. Fisov, *Science*, **306**, 666 (2004)
18) K.S. Novoselov, A.K. Geim, S.V. Morozov, D. Jiang, M.I. Katsnelson, I.V. Grigorieva, S.V. Dubonos and A.A. Fisov, *Nature*, **438**, 197 (2005)
19) Y. Zhang, Y-W. Tan, H. L. Stormer and P. Kim, *Nature*, **438**, 201 (2005)
20) K.S. Noboselov, Z. Jiang, Y. Zhang, S.V. Morozov, H.L. Stoermer, U. Zeitler, J.C. Maan, G.S. Boebinger, P. Kim, and A.K. Geim, *Science*, **315**, 1379 (2007)
21) H.B. Heersche, P. Jarillo-Herrero, J.B. Oostinga, L.M.K. Vandersypen and A.F. Morpurgo, *Nature*, **446**, 56 (2007)
22) K.I. Bolotin, K.J. Sikes, J. Hone, H.L. Stoermer and P. Kim, cond-mat arXiv: 0805.1830.
23) H.B. Nielsen and M. Ninomiya, *Phys. Lett. B*, **130**, 389 (1983)
24) F.J. Jedema, H.B. Heersche, A.T. Filip, A.A.J. Baselmans and B.J. van Wees, *Nature*, **416**, 713 (2002)
25) M. Ohishi, M. Shiraishi, R. Nouchi, T. Nozaki, T. Shinjo and Y. Suzuki, *Jpn. J. Appl. Phys.*, **46**, L 605 (2007)
26) M. Shiraishi, M. Ohishi, R. Nouchi, T. Nozaki, T. Shinjo and Y. Suzuki., cond-mat arXiv 0810.4592.
27) N. Tombros, C. Jozsa, M. Popinciuc, H.T. Jonkman, B.J. van Wees, *Nature*, **448**, 571 (2007)
28) M. Y. Han, B. Oezyilmaz, Y. Zhang and P. Kim, *Phys. Rev. Lett.*, **98**, 206805 (2007)
29) X. Li, X. Wang, L. Zhang, S. Lee and H. Dai, *Science*, **319**, 1229 (2008)
30) W.Y. Kim and K.S. Kim, *Nature Nanotech.*, **3**, 408 (2008)

第24章 スピントロニクス材料と微細構造制御

高橋有紀子[*1], 宝野和博[*2]

1 はじめに

　TMR素子，GMR素子やスピンMOSFETといったスピントロニクスデバイスの高性能化には，強磁性金属／絶縁体，強磁性金属／非磁性金属や強磁性金属／半導体界面の原子レベルでの制御が必要である。強磁性金属の中でもスピン偏極率の高い材料を用いると，界面状態にも大きく依存するものの，一般に高いスピン偏極電流が効率良く取り出せると考えられている。そのため理論的にハーフメタルが予測されているCo基ホイスラー合金やCo基合金などの高スピン偏極材料の研究が盛んに行われている。このような材料を用いて高特性を実現するには，仮定されているモデルのような理想的な界面を実現する必要があり，そのために素子製造プロセスの最適化に関する研究が多く行われている。スパッタ雰囲気，堆積速度，合金組成，基板温度，酸化物バリアの成膜条件など，膨大な量の研究が電子伝導特性を最適化するために行われている。しかし，プロセス条件の変化にともなう素子構造の変化をとらえ，構造的な観点から伝導特性を直接論じた研究は多くない。本章では，筆者らが最近取り組んでいるスピントロニクス材料とその素子の微細構造解析例を中心に紹介し，スピントロニクスデバイスにおける微細構造制御の重要性について述べる。

2 スピントロニクスデバイスの微細構造の解析手法

　多くのスピントロニクス素子は多層膜構造を有しているので，電子顕微鏡（TEM）ならびに，透過型走査電子顕微鏡（STEM）による断面観察により，界面が電子線の透過方向に平行でさえあれば，かなり精度の高い界面構造と定性的な組成の情報が得られる。断面TEM試料は2つの基板上の薄膜試料を対面で接着させ，それらを薄片状に切り出し，さらに30 μm以下の厚さまで機械研磨した後にArイオンミリングにより薄膜化することにより容易に作製できる。最近は収束イオンビーム（FIB）を用いて断面試料が作製されることもあるが，試料表面のGaイオン

[*1] Yukiko Takahashi ㈱物質・材料研究機構　磁性材料センター　主任研究員
[*2] Kazuhiro Hono ㈱物質・材料研究機構　磁性材料センター　フェロー

による損傷が避けられないこと，さらに高分解能TEM（HREM）観察に適した10 nm程度の薄膜試料を作製することが困難であることから，一般にはArイオンミリング法が用いられている。スピントロニクス素子の断面TEM写真を見る機会が増えているが，ほぼ全ての観察が多波電子線の干渉による位相コントラストを用いたHREM像で行われている。HREM像はフォーカスの条件や膜厚により大きく変化し，その像解釈は容易ではない。またHREM像では界面の2次元投影像が得られるだけなので，界面に凹凸がある場合，それらの情報は平均化された情報としてしか現れない。よって，常にHREM法を用いるのではなく，得たい情報に適した観察法を用いる必要がある。例えば，特定のBragg条件を満たす透過波と回折波の透過波を用いて結像する2波条件での明視野像観察では膜の歪みや界面でのミスフィット転位の存在を効果的に結像することができる。この場合Bragg条件からミスフィット転位のBurgers vectorを決定することもできる（Bragg条件とBurgersベクトルが直交する時には，転位は結像されない）。一方，強磁性層がHeusler合金やFePtなどの規則構造を持つ相の場合，特定の規則反射を用いて暗視野像を得ることによって，規則化している領域のみを明るく結像することもできる。またナノサイズに絞った電子ビームを使うことにより，各層のナノビーム電子回折像を得ることができる。走査させた収束電子線の透過波を検出して，走査像を得るのがSTEM法であるが，STEMの検出器として散乱角度の小さい場所（試料直下）から電子線を検出して結像するのがSTEM明視野法であり，円環状の検出器で散乱角度の高い透過電子を検出して結像するのがSTEM暗視野法である。近年，この散乱角度の高い領域の暗視野法を用いた像のコントラストが原子の質量の二乗（Z^2）に比例することを利用した高角度円環暗視野法（HAADF）が高い空間分解能のZコントラストを得るために多用されるようになってきている。

明視野像や高分解能像では化学組成についての情報を得ることができない。TEM試料の局所的な組成についての情報を得るためには，TEMやSTEMに装備されたエネルギー分散型X線分光法（EDS）と電子エネルギー損失分光法（EELS）が一般的に用いられている。EDSは古くからSEMやTEMでの分析法として使われているものであるが，TEMでナノ領域からの分析に用いられる場合，電子線・X線の試料中での散乱やカウンティングエラー，さらには試料ドリフトなどによって，多くの場合その結果は定性的である。近接領域からの電子ビームをナノサイズに絞ることにより数nmの極微領域の分析も可能で，デバイスの局所的な組成分析や多層膜の各層の組成分析に良く使われている。ところが，ビームを対象領域に絞って特性X線を検出しても，Cuメッシュで試料を保持していると，かならずCuのX線も検出される。このことから，多層膜構造で隣接層を構成する元素が検出されたからといって，その層にその元素が含まれると断定するのは極めて危険であると言える。最近のTEMには，EELSスペクトルの一部を選択して結像が行えるエネルギーフィルター装置が組み込まれており，これと電界放出型電子銃を利用する

ことによって定性的な元素マッピングが行えるようになってきている。このエネルギーフィルター法を用いた元素マッピングは，原子の拡散や相分離の様子を視覚的に捉えることのできる有効な方法である。

原子レベルでの微細構造解析手法として3次元アトムプローブ（3DAP）がある。針状に加工した試料の表面から蒸発する原子の2次元マップを積み重ねることにより3次元のアトムマップが得られる。3DAPでは，TEMでは観測が難しいBやHなどの軽元素も観測できるという利点がある。また，TEMでは試料膜厚方向に対して平均的な情報が得られるのに対して，3DAPでは局所構造の組成分布を原子スケールで知ることができる。スピントロニクスデバイスの微細構造解析においてTEMで得られる組織情報には限界があるために3DAPによる解析が強く望まれており，すでにCPP-GMR素子[1]やTMR素子[2~4]の解析例が報告されている。3DAPでは原子の電界蒸発を用いて深さ方向にサンプリングしていくが，電界蒸発強度が大きく変化すると大きく深さ方向の分解能が失われることになる。よって，MgOやアルミナなどの絶縁層を含むMTJのアトムプローブ分析結果の解釈には細心の注意が必要である。実際に，現在公表されているMTJのアトムプローブ分析結果の中には，酸素が化学量論組成から大きく逸脱したものがあり[3,4]，これらの結果は現実的ではない。電界蒸発の不均一性によるアーティファクトである可能性が高い。

3　CCP-CPP-GMR素子の高分解能電子顕微鏡による微細構造解析

GMRは数nmの非磁性層を2つの強磁性層で挟んだときに2つの磁性体の磁化の方向によって電気抵抗が変化する効果である。電流を素子の垂直方向に流す場合はCPP-GMR素子と呼ばれ，この素子はオールメタルなためTMR素子と比較して電気抵抗が小さい。そのために高速読み出し・高密度記録に対応することが可能である。1 Tb/in^{2}を超える超高密度磁気記録を実現するためには室温で20％以上の高いGMR比を示すCPP-GMR素子が必要とされているが，数100％のTMR比が得られるTMR素子に対してCPP-GMRでは数％程度と小さい。GMR比を増大させる1つの方法として，非磁性層に流れる電子を狭窄化させることによるGMR比の増大があげられる。Fukuzawaらは，CoFe/Cu-Al/CoFeのCPP-GMRのCu-Al層をイオンビーム酸化することにより，GMR比が増加することを見出した[5]。これは，Cu-Al合金層のイオンビーム酸化中に進行する自己組織化により形成されたNOL（Nano-Oxide-Layer）中の金属ナノブリッジ部分の電流狭窄効果によるMRの増加であると結論されている。図1は断面試料のHREM像である。Al-Cu層はアモルファス酸化物となっており，アモルファス層中に幅5 nm程度の上下の強磁性層をつなぐ結晶性のナノブリッジが観測される。EDS分析（図2）により，ナノブリッ

第 24 章　スピントロニクス材料と微細構造制御

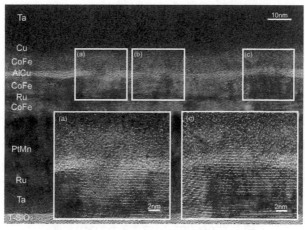

図1　CCP-CPP スピンバルブ膜の HREM 像

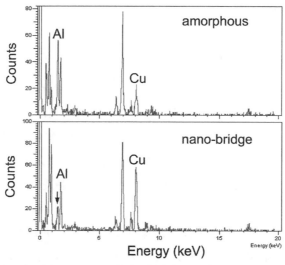

図2　NOL 中の(a)アモルファス部分と(b)金属ナノブリッジの EDS 分析結果
（Reprinted with permission from H. Fukuzawa, H. Yuasa, K. Koi, H. Iwasaki, Y. Tanaka, Y. K. Takahashi, and K. Hono, *J. Appl. Phys.*, **97**, IOC 509 (2005). Copyright (2005) American Institute of Physics.）

ジ部分はアモルファス部分に比して Cu 濃度が高くなっていることが証明された。従って，Al-Cu のイオンビーム酸化プロセスでアモルファスアルミナと結晶性の Cu に相分離した結果，ナノブリッジが形成されたと考えられる[6]。最近では3次元アトムプローブによる解析が Fukuzawa らによってなされ（図3[7]），TEM では観察されなかったような直径が 2 nm 程度の小さな Cu ナノブリッジもアルミナ中に分散していることが明らかとなっている。その結果，Cu 純度の高いナノブリッジを有する方が GMR 比が高いこと[8]や，CCP の密度の増加により RA が減少する[7]といった 3 DAP の結果と特性の相関が得られている。

スピントロニクスの基礎と材料・応用技術の最前線

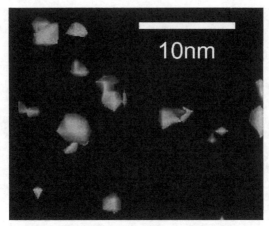

図3　CCP-CPP-GMR素子の3DAP結果
(Reprinted with permission from H. Fukuzawa, M. Hara, H. Yuasa, and Y. Fujii, IEEE Trans. Magn. 44, 3580 (2008). ⓒ 2008 IEEE)

4 　Co$_2$MnSiを用いた強磁性トンネル接合のHAADFによる微細構造解析

TMR素子ではCPP-GMR素子よりも大きなMR比が得られるために，HDDの再生ヘッドや磁気ランダムアクセスメモリ（MRAM）に用いられている。TMR比はJulliereによるモデル[9]によるとTMR＝$2P_1P_2/1-P_1P_2$で表される。ただし，P_1, P_2は上下の電極を介してトンネルする電子のスピン偏極率である。このことから，高いTMR比を得るためにはトンネル電子のスピン偏極率を出来るだけ高くする界面構造が必要となる。アモルファス構造のアルミナをトンネル障壁とした場合には，トンネル電子のスピン偏極率は電極材料のスピン偏極率と相関があると考えられている。高スピン偏極率材料としてはCo$_2$YZの組成比を持つL2$_1$規則相であるCo基ホイスラー合金が理論的にスピン偏極率が1のハーフメタルと予測され，さらにキュリー点が室温よりも非常に高いために実用的な観点から注目されている。実験的にはCo$_2$MnSi(CMS)とAl-Oバリアを用いたMTJで，低温で500 %を超えるTMR比[10]とその値からJulliereの式で見積もられた0.89という高いスピン偏極率[11]の報告がある。Co基ホイスラー合金には図4に示すようなL2$_1$/B2/

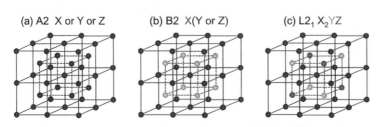

図4　(a)A2構造，(b)B2構造，(c)L2$_1$構造の模式図
（まてりあ，47, 406 (2008) 転載。日本金属学会の掲載許可済）

第24章　スピントロニクス材料と微細構造制御

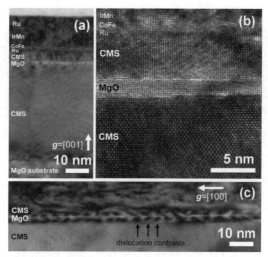

図5　550 ℃で上部 CMS を熱処理したサンプルの(a) 2 波条件（g ベクトルは MgO ［001］に平行）で観察した明視野像，(b)高分解能像，(c) 2 波条件（g ベクトルは MgO ［100］に平行）で観察した明視野像

A2の規則不規則変態を示す規則相と融点までL2$_1$構造の安定なL2$_1$金属間化合物があり，前者の場合はL2$_1$規則化のための駆動力が小さいためYとZの置換が起こったB2構造やX, Y, Z すべての原子の置換が起こったA2構造が得られる。理論予測によるとホイスラー合金の場合ハーフメタル性を示すためには高いL2$_1$規則度が必要である[12]。しかし，規則度と特性の相関については詳細な議論はなされていない。X線回折では膜全体の平均的な規則構造についての情報しか得られないが，HREM や電子線回折により多層膜中の各層における規則度を定性的に評価することが可能である。

図5にMgO/CMS(50)/MgO(2)/CMS(5)/Ru(0.8)/Co$_{90}$Fe$_{10}$(2)/IrMn(10)/Ru(5)の膜構成のMTJの断面試料を(a) 2 波条件（**g** ∥ MgO[001]）で観察した明視野像，(b)HREM像，(c) 2 波条件（**g** ∥ MgO[100]）で観察した明視野像を示す[13]。基板に近いCMS（後下部CMS）は成膜後600 ℃で熱処理されている。また上部CMSは400 ℃と550 ℃熱処理の2種類を用意し，それぞれ TMR 比は 80 %（4.2 K で 270 %），180 %（4.2 K で 700 %）となっている[14]。(a)および(b)から，非常に平坦な界面をもつMTJであることがわかる。また，**g** ベクトルを MgO ［100］に平行にすることにより，界面のミスフィット転移を明瞭に観察することができる。伝導特性に影響してくるのはMgO障壁の上下のミスフィット転移の密度[15]であるが，上部CMSの熱処理温度の違いによってミスフィット転移の密度の有意な差は見られなかった。図6に上下CMS電極から観察したナノビーム電子線回折（NBED）を示す。(a)は下部CMSであるが，L2$_1$の規則反射斑点である（111）からのスポットが明瞭に観測される。一方，上部CMSの場合，400 ℃の熱処理後

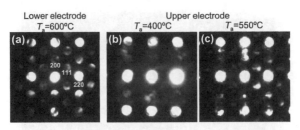

図6　上下CMS電極から観察したナノビーム電子線回折

は(111)からの反射斑点が観測されずB2構造であるが，550℃の熱処理後は(111)のL2_1超格子反射斑点が観測されL2_1構造であることがわかる。基本反射斑点である(220)と(111)の積分強度比を600℃で熱処理した下部CMSと550℃で熱処理した上部CMSを比較すると，下部CMSの方がL2_1規則度が高いことが明らかとなった。400℃で上部CMSを熱処理した試料の微細構造をさらに詳しく調べるためにHAADF (High Angle Annular Dark Field)-STM法によって観察を行った。HAADFではZ（原子番号）の2乗に比例した信号強度が得られるので，L2_1構造を(110)面から観察した場合，図7のようなコントラストが得られる。図8にHAADF-STM像（コントラストを強調するためにフーリエフィルタをかけている）を示す。下部CMSは全体的にL2_1構造をとっているのに対し，上部CMSは部分的に（例えば，上部CMSの右側）L2_1構造を形成している。界面付近全体がB2構造になっているのではなく，部分的にL2_1構造の部分が観察される。以上のことから，上部CMSの熱処理温度によるTMR比の違いは，規則化の違いに起因していることが明らかとなった。

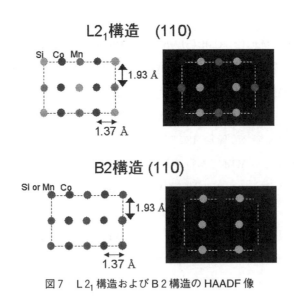

図7　L2_1構造およびB2構造のHAADF像

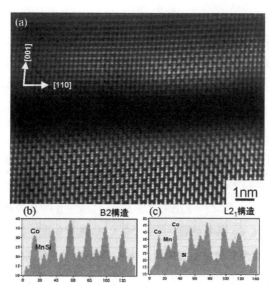

図8 (a)400℃で上部CMSを熱処理したMTJのHAADF像，(b)B2構造と(c)L2$_1$構造の強度プロファイル

5 Co$_2$Cr$_{1-x}$Fe$_x$Al の TEM と 3 DAP による微細構造解析

Galanakis らは X$_2$Y$_{1-x}$Y'Z, (X$_{1-x}$X'$_x$)$_2$YZ, X$_2$YZ$_{1-x}$Z'$_x$ といった4元系フルホイスラー合金の電子状態と磁気特性を計算し，ハーフメタルが得られる系について検討を行っている[16]。それによると Co$_2$Cr$_{1-x}$Fe$_x$Al(CCFA)は，x の低いところでB2およびL2$_1$構造の両方でハーフメタル性が予測されている。さらに，キュリー点は Co$_2$CrAl(CCA) の 330 K から Co$_2$FeAl(CFA) の 1170 K と増加する[17]。Inomata らは，CCFA の x の低い領域において高スピン偏極率と高キュリー点が期待されるとして，これを強磁性電極材料として用いたスピンバルブタイプのMTJを作製した[18]。CCA ではB2+A2の相分離をするが，CFA では相分離しないことが Kobayashi ら[17]によって報告されており，CCA に Fe を添加することで相分離を抑えるという狙いもある。その結果，CCA/Al-O/CoFe のMTJで低温で 13 % のTMRだったのが，Cr を Fe で置換していくと CCFA（x=0.6）/Al-O/CoFe で TMR が 86 %まで増加した。CoFe のスピン偏極率を 0.5 とすると Julliere の式[9]から CCFA（x=0.6）は 0.59 と見積もられる。この値は理論値[12]の 88 %に対応する。

ホイスラー合金電極を用いたMTJの研究は第一原理計算によるハーフメタル性の予測をよりどころにしているが，多くの第一原理計算では相平衡が考慮されていないために，理論で想定されている合金で実際にL2$_1$構造をもつ化合物が形成されるという根拠が無いことが多い。MTJを作製し，そのTMR比を評価するために高度な薄膜プロセス技術と微細加工技術が必要とされるので，実際に多層膜を作製して電気伝導特性を評価する前に，電極材料そのもののL2$_1$構造

の安定性とスピン偏極率を評価して，電極材料としての可能性をバルク合金で評価しておくことは重要である。このような目的で $Co_2CrFeAl$ 合金の $L2_1$ 相の相平衡とスピン偏極率が多角的に検討された[16,19]。バルク合金はアーク溶解で作製し，Co_2CrAl と $Co_2CrFe_{0.4}Al_{0.6}$ 合金は 500 ℃で 72 時間熱処理をしている。微細構造解析は TEM と 3 DAP を，スピン偏極率は点接触アンドレーフ反射（PCAR）法を用いて評価された。図 9 には(a)Co_2CrAl の暗視野像（B2（100）で結像），(b)$Co_2CrF_{0.4}Al_{0.6}$ の暗視野像（B2（200）で結像），(c)CFA の暗視野像（B2（100）で結像）を示す。CCA では，A2 と B2 に，CCFA では A2 と $L2_1$ に相分離しているが，CFA では B2 単相が得られている。図 10 に CCFA の Co および Cr マップを示す。相分離した A2 相は Cr が高濃度で Co が低濃度であることがわかる。さらに，図 11 に示す 3 DAP の結果[20]より，相分離した A2 領域では Cr 濃度が高く Co 濃度が低いだけでなく Al 濃度も低いことがわかる。これらの材料を PCAR 法でスピン偏極率を測定した結果，CCA では P=0.62, CCFA では P=0.54, CFA では P=0.56 となり，いずれも理論計算値よりも低い値となっている。これは CCA と CCFA においては相分離のためと考えられる。このような相分離が薄膜で起こっているかを TEM で確認した

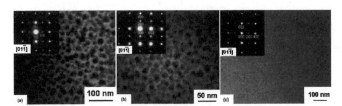

図 9 (a)CCA の暗視野像（B2（100）で結像），(b)CCFA の暗視野像（B2（200）で結像），(c)CFA の暗視野像（B2（100）で結像）

(Reprinted with permission from S. V. Karthik, A. Rajani Kanth, Y. K. Takahashi, T. Ohkubo and K. Hono, *Appl. Phys. Lett.*, **89**, 052505 (2006). Copyright (2006) American Institute of Physics.)

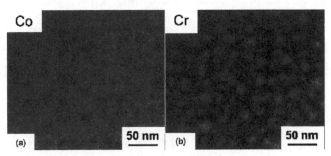

図 10 CCFA の Co および Cr マップ

(Reprinted with permission from S. V. Karthik, A. Rajani Kauth, Y. K. Takahashi, T. Ohkubo and K. Hono, *Appl. Phys. Lett.*, **89**, 052505 (2006). Copyright (2006) American Institute of Physics.)

第24章　スピントロニクス材料と微細構造制御

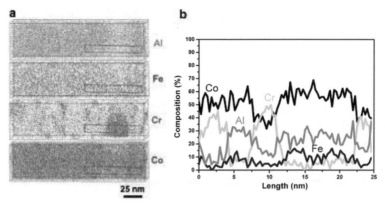

図11　CCFAの3DAP結果

が，どの組成においても相分離は観測されなかった[21]。Kobayashiらの報告[17]によると相分離は長時間の熱処理後において観察されているため，薄膜形成時に行われる短時間熱処理では相分離は起こらないほど相分離のキネティクスは小さいものと考えられる。観察した薄膜の規則度はいずれも低く，そのためにJulliereモデル[9]から期待されるような高いTMR比が得られなかったものと考えられる。

6　おわりに

以上のように，スピントロニクスデバイスは数nmの薄い層を積み重ねているだけでなく薄い層を3次元的に微細構造制御して高特性化を実現しているもの，高い規則度を実現することにより高い特性が得られるもの，高スピン偏極率を実現するために理想的な界面を必要とするものなど，材料やデバイスによって制御すべきパラメータが異なっている。制御すべきパラメータを的確に把握するためには微細構造解析による特性発現のメカニズムを明らかにする必要があり，スピントロニクスデバイスの高性能化のためには微細構造観察による微細構造制御が重要である。

文　献

1) C.Y. You, A. Cerezo, P.H. Clifton, L. Folks, M.J. Carey, A.K. Petford-Long, *Appl. Phys. Lett.*, **91**, 011905 (2007)
2) S. Pinitsoontorn, A. Cerezo, A.K. Petford-Long, D. Mauri, L. Folks and M.J. Carey, *Appl. Phys. Lett.*, **93**, 071901 (2008)

3) A.K. Petford-Long, Y.Q. Ma, A. Cerezo, D.J. Laeson, E.W. Singleton and B.W. Karr, *J. Appl. Phys.*, **98**, 124904 (2005)
4) A.N. Chiaramonti, D.K. Schreiber, W.F. Egelhoff, D.N. Seidman, and A.K. Petford-Long, *Appl. Phys. Lett.*, **93**, 103113 (2008)
5) H. Fukuzawa, H. Yuasa, S. Hashimoto, J. Koi, H. Iwasaki, M. Takagishi, Y. Tanaka, and M. Sahashi, *IEEE Trans. Magn.*, **40**, 2236 (2004)
6) H. Fukuzawa, H. Yuasa, K. Koi, H. Iwasaki, Y. Tanaka, Y.K. Takahashi, K. Hono, *J. Appl. Phys.*, **97**, 10 C 509 (2005)
7) H. Fukuzawa, M. Hara, H. Yuasa, and Y. Fujii, *IEEE Trans. Magn.*, **44**, 3580 (2008)
8) H. Yuasa, M. Hara, and H. Fukuzawa, *Appl. Phys. Lett.*, **92**, 262509 (2008)
9) M. Julliere, *Phys. Lett.* **54 A**, 225 (1975)
10) Y. Sakubara, M. Hattori, M. Ooganem Y. Ando, H. Kato, A. Sakuma, T. Miyazaki, H. Kubota, *Appl. Phys. Lett.*, **88**, 192508 (2006)
11) Y. Sakuraba, J. Nakata, M. Oohane, H. Kubota, Y. Ando, A. Sakuma, and T. Miyazaki, *J.J. Appl. Phys.*, **44**, L 1100 (2005)
12) Y. Miura, K. Nagao, and M. Shirai, *Phys. Rev. B*, **69**, 144413 (2004)
13) T.M. Nakatani, Y.K. Takahashi, K. Hono, to be submitted.
14) T. Ishikawa, S. Hakamata, K-i. Matsuda, T. Uemura, and M. Yamamoto, *J. appl. Phys.*, **103**, 07 A 919 (2008)
15) S. Yuasa, T. Nagahama, A. Fukushima, Y. Suzuki, and K. Ando, *Nat. Mater.*, **3**, 868 (2004)
16) I. Galanakis, *J. Phys.: Condens. Matter.*, **16**, 3089 (2004)
17) K. Kobayashi, R.Y. Umetsu, R. Kainuma, K. Ishida, T. Oyamada, A. Fujita, and K. Fukamichi, *Appl. Phys. Lett.*, **85**, 4684 (2004)
18) K. Inomata, S. Okamura, A. Miyazaki, M. Kikuchi, N. Tezuka, M. Wojcik and E. Jedryka, *J. Phys. D: Appl. Phys.*, **39**, 816 (2006)
19) S.V. Karthik, A. Rajanikanth, Y.K. Takahashi, T. Ohkubo, and K. Hono, *Appl. Phys. Lett.*, **89**, 052505 (2006)
20) S.V. Karthik, A. Rajanikanth, Y.K. Takahashi, T. Ohkubo, H. Hono, *Acta Mater.*, **55**, 3867 (2007)
21) Y.K. Takahashi, T. Ohkubo, K. Hono, S. Okamura, N. Tezuka, K. Inomata, *J. Magn. Magn. Mater.*, **313**, 378 (2007)

第25章 放射光を用いたスピントロニクス材料の電子状態評価

藤森　淳[*]

1　はじめに

より優れた特性・物性を示すスピントロニクス材料を開発するには，物性の発現機構を理解する必要がある。物性の発現機構を理解するためには，それらの材料・物質の電子状態の知識が欠かせない。強磁性材料に関しては交換相互作用の起源や磁気異方性の起源，巨大磁気抵抗材料に関しては磁性と伝導性の結合機構，磁気光学材料に関してはスピンに依存した電子状態およびスピン―軌道相互作用の影響などを明らかにする必要がある。また，材料の不均一性やヘテロ接合界面付近の電子状態も，スピントロニクス材料の特性・物性を生み出す重要な要素である。これらの電子状態の解明には，光電子分光法，X線吸収分光など，放射光を用いた評価・解析手法が欠かせない。本章では，放射光を用いてスピントロニクス材料の電子状態・磁気状態を解析・評価する様々な手法について述べる。

2　光電子分光

光電子分光法では，図1に模式的に示すように，物質に高エネルギー単色光子を入射し，外部光電効果により放出される電子のエネルギーや運動量分布を測定することによって，物質中の電子状態に関して直接的な知見を得る[1,2]。単色光源としては，実験室では希ガス放電管（$h\nu = 8 \sim 40$ eVの真空紫外線光源），AlまたはMgの陰極をもつX線管（$h\nu = 1.2 \sim 1.4$ keVの軟X線光源）を用いることができるが，近年はエネルギー可変性，高強度・高輝度を特徴とする極紫外から硬X線までの放射光光源を用いた光電子分光実験が盛んに利用されている。光電子分光は表面に敏感な実験手段である。図2に示す電子の平均自由行程が示すとおり，表面敏感性は光電子の運動エネルギーに依存する[2]。価電子帯の研究に多く用いられる $h\nu = $ 数$10 \sim 100$ eVの極紫外光源を用いると，試料表面から1 nm以下の範囲しか調べることができない。$h\nu = $ 数百 eVの軟X線を用いると数 nm，$h\nu = $ 数 keVの硬X線を用いると試料表面から10 nm程度の深さまで調

---

[*]　Atsushi Fujimori　東京大学　大学院理学系研究科　物理学専攻　教授

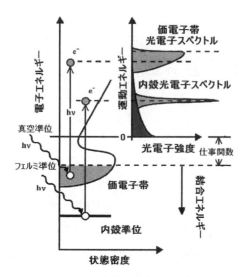

図1　光電子分光の原理
エネルギー hν の光子を吸収して真空中に放出される電子の
エネルギー分布を光電子スペクトルとして測定する。

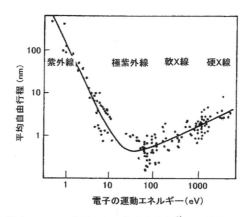

図2　固体中における光電子の平均自由行程[2]と，対応する励起光源

べることができる。

2.1 価電子帯の光電子分光

　試料のフェルミ準位から数 eV 以内の価電子帯からの光電子放出を観測することにより，スピントロニクス材料の磁性を担う遷移元素3d電子や希土類4f電子の状態を直接観測することができる。3d電子濃度が高くフェルミ準位での状態密度が高い合金系材料に関しては，価電子帯の光電子スペクトルから直接3d電子の状態密度に関する情報を得られる。得られたスペクトルを，各原子軌道成分の光電子放出断面積を考慮して，バンド計算で得られた状態密度と比較できる。

第25章　放射光を用いたスピントロニクス材料の電子状態評価

　一方，遷移金属原子が希薄にドープされた希薄磁性半導体中のd電子の状態は，半導体母物質の状態密度に埋もれてしまい観測が難しい。そこで，"共鳴光電子分光"を用いてd電子部分状態密度を求める手法が用いられる。半導体GaAs中のMn^{2+}イオン（d^{5}電子配置）を例にとり，Mn 3p内殻吸収領域の極紫外光を利用した共鳴光電子分光について以下に述べる[3]。図3に示すように，Mn 3p→3d吸収を起こすエネルギーの光（hν～50 eV）を用いて測定するとMn 3d電子の光電子放出強度が共鳴的に増大するので，hν～50 eVで測定した光電子スペクトル（共鳴スペクトル）と共鳴条件からずれたエネルギーの光（hν～48 eV）で測定したスペクトル（非共鳴スペクトル）の差分スペクトルからMn 3d部分状態密度を求めることができる。Mn 3d電子の光電子放出強度が共鳴的に増大する理由は，①光吸収によりMn 3p内殻からMn 3d外殻に電子を励起した後にオージェ型遷移により電子が放出される過程（$3p^63d^5+h\nu \rightarrow 3p^53d^6 \rightarrow 3p^63d^4+e$）と，②通常の光電効果によりMn 3d電子が放出される過程（$3p^63d^5+h\nu \rightarrow 3p^63d^4+e$）が量子力学的に干渉するためである。このようにして求めた3d部分状態密度は一般に，鋭いピーク，価電子帯全体に混成した成分，サテライトなどからなり，これらを理論モデルを用いて解析することによって本来の3d準位の位置，3d軌道と半導体母体軌道との混成の強度がわかり，さらには，価電子帯に導入されたホールのスピンと3d電子のスピンの間の交換相互作用の大きさ（Nβという記号で表される）を見積もることができる[4]。

　3d部分状態密度の形状の理論的解析以外にも，光電子スペクトルから直接いくつかの有用な情報が得られる。まず，価電子帯頂上とフェルミ準位の位置関係から，系がp型にドープされ

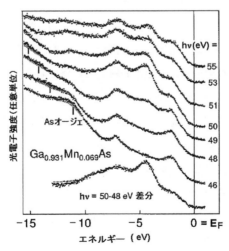

図3　共鳴光電子分光法を用いた希薄磁性半導体Ga$_{1-x}$Mn$_x$AsのMn 3d部分状態密度の抽出[3]
共鳴スペクトル（hν＝50 eV）と非共鳴スペクトル（hν＝48 eV）の差分がMn 3d部分状態密度を与える。非共鳴スペクトルは，母体GaAsの価電子帯状態密度を与える。

ているかn型にドープされているかがわかる。また，図3のMn 3 d部分状態密度が価電子帯全体に広がっているのは，本来の3 d準位が価電子帯深くに位置し，母体半導体の価電子帯と強く混成していることを示している。これと対照的なのがCrをGaNにドープした系で，GaNの価電子帯頂上からバンドギャップ中にかけてCr 3 d状態密度が強いピークを作り，本来の3 d準位が価電子帯頂上かバンドギャップ内に位置していることがわかる[5]。

2.2 スピン偏極光電子分光

放出された光電子のスピン偏極度を測定する"スピン偏極光電子分光"を行えば[6]，スピンに依存した電子状態を調べることができる。とくに，試料がハーフメタルであれば，スピン成分に分解した状態密度の一方がフェルミ準位に状態密度を持たないので，ハーフメタルの直接的検証が可能である。実際，巨大磁気抵抗を示す酸化物 $La_{1-x}Ca_xMnO_3$ がハーフメタルであることがスピン偏極光電子分光で示されている[7]。ただし，現在はスピン偏極度検出器の効率が低いために，スピン偏極光電子分光を用いた研究例は通常の光電子分光を用いた研究例に比べてまだ非常に少なく，スピントロニクス材料に応用された例はほとんどない。新しい検出器の開発とともに今後盛んになっていくと思われる。

2.3 内殻光電子分光

内殻準位の光電子スペクトルも，価電子状態に関する有用な情報を与える。とくに，ピークのエネルギーは価数によって"化学シフト"とよばれるシフトを示すので，様々な価数をとることのできる遷移元素の価数の推定に用いることができる。また，不完全d殻をもつ遷移元素の内殻準位は"多重項分裂"と呼ばれるピーク分裂を示し，その分裂のしかたや，高結合エネルギー側に現れるサテライト構造の位置や強度からも価数，スピン状態を見積もることができる。ただし，多重項分裂したピーク間の分離は有限の分解能のために明瞭には観測されず，ピーク幅の広がりや形状の変化としてのみ観測される。下記に述べる軟X線吸収分光の方が，ピークがよく分離され価数やスピン状態の同定に適していることが多い。合金系材料中の遷移元素の内殻準位は，ピークのエネルギーは単体金属に近いものが多く，d電子が遍歴電子であることから，多重項分裂の影響の少ない幅の狭いピークを示す。

非金属元素は不完全殻を持たないので，内殻準位は多重項分裂がなくピーク幅は狭い。半導体にキャリアーがドープされることによるフェルミ準位のシフトは，全ての非金属元素の内殻スペクトルのピーク・エネルギーを一様にシフトさせる。すなわち，内殻ピークの結合エネルギーは，p型キャリアーが増加すると一様に減少し，n型キャリアーが増加すると一様に増加する。

3 X線吸収分光・磁気二色性

X線を用いて測定する内殻準位から伝導帯へのX線吸収分光（x-ray absorption spectroscopy：XAS）も，価電子状態を反映するために電子状態評価の重要な手段である。さらに，円偏光放射光を用いて左右円偏光の吸収スペクトルの差であるX線磁気円二色性（x-ray magnetic circular dichroism：XMCD）を測定することによって，磁性に関する情報を得ることができる。XAS，XMCDの測定は，内殻を選ぶことにより元素選択的に電子状態・磁性を調べることができるのが特徴である，従って，希薄磁性半導体に少量ドープされた遷移元素を抽出して調べる場合や，複数の遷移元素からなる合金系材料における各元素の電子状態・磁気状態を選択的に調べるのに非常に適した手段である。3d遷移元素の場合，硬X線領域にある1s内殻から伝導帯の4pバンドへの吸収と，軟X線領域にある2p内殻から3d外殻への吸収がよく用いられる。

X線は光電子と異なり物質中に深く（軟X線で100 nm，硬X線は1 μm 以上）侵入するが，吸収の検出を電子収量測定（内殻正孔を電子遷移が埋めるときに放出される電子を測定する方法）で行う場合は，低エネルギー電子の平均自由行程（数 nm ～ 10 nm）により制限され，表面敏感となる。吸収の検出を蛍光収量測定（内殻正孔を電子遷移が埋めるときに放出される蛍光を測定する方法）で行えば，X線の侵入長程度の深くまで観測可能である。

3.1 電子状態の同定

遷移元素の1s内殻から伝導帯への吸収は5 ～ 10 keV領域の硬X線を用いて測定する。遷移先が主に遷移元素の4p軌道からなる幅広いバンドのため，多重項分裂は見られず，4pバンドの状態密度を反映したスペクトル形状を示す。しかし，遷移の閾値あるいはピークの光エネルギーが原子の価数に大きく依存するために，遷移元素の価数を決定するのに有効である。図4は，室

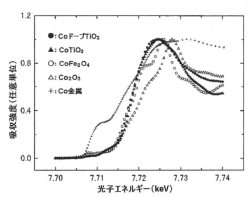

図4　Co酸化物およびCo金属のCo 1s内殻吸収領域のXASスペクトル[8]
　　Coの価数により，吸収端の構造が数eVシフトしている。

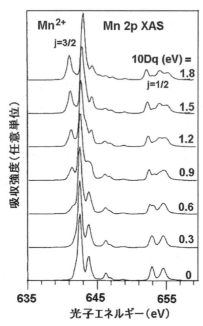

図5 立方対称結晶場中で高スピン状態（S=5/2）にある Mn^{2+} イオン
（d^5 電子配置）の Mn 2p 内殻 XAS スペクトルの計算値[9]
様々な結晶場分裂 10 Dq の値について示す。

温強磁性体として知られる $Ti_{1-x}Co_xO_2$ と標準物質の Co 1s 内殻 XAS を比較したもので，$Ti_{1-x}Co_xO_2$ 中の Co が2価であることを示している[8]。

遷移元素 2p 内殻の XAS スペクトルは，2p 内殻光電子スペクトルと同様に元素の価数やスピン状態に特徴的な多重項構造を示す。しかも，XAS では双極子許容の遷移のみ観測され，一般に分解能が高いために，多重項分裂は内殻光電子分光に比べてはるかに明瞭に観測される。Ti から Cu にかけての 3d 遷移元素に関して，価数，結晶場，スピン状態（高スピン・低スピン）を取り入れたスペクトル形状が計算されているので[9,10]，実測されたスペクトルと比較することにより，試料中の遷移元素の価数，結晶場，スピン状態を同定できる。例として，図5に立方対称結晶場中の Mn^{2+} イオンの計算結果を示す。結晶場分裂の大きさ 10 Dq とともにスペクトル形状が大きく変化するために，実測スペクトルを最もよく再現する 10 Dq を決められることがわかる。

外部磁場中で磁化した試料の XMCD を測定すると，元素選択的に磁性に関する情報を得られる。遷移元素 1s 内殻 XMCD からは，その元素サイトにおける磁気モーメントの有無がわかる。さらに，2p 内殻 XMCD は，多重項構造から解析で 3d 遷移元素の価数，結晶場，スピン状態を決められるだけでなく，光学的総和則を用いて 3d 電子のもつスピン角運動量，軌道角運動量の光進行方向での期待値 $<S_z>$, $<L_z>$ を求めることができる。図6に示すように，スピン―軌道

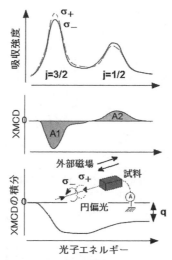

図6　遷移元素2p内殻吸収領域のX線磁気円二色性（XMCD）と光学総和則の模式図
σ_+，σ_-は，右回り，左回りの円偏光を表す。スピン－軌道分裂によるj=3/2ピーク，j=1/2ピークのXMCD積分強度をそれぞれA_1（<0），A_2（>0）とすると，$2A_2-A_1$（>0）がスピン角運動量の，A_1+A_2（<0）が軌道角運動量の光進行方向成分の期待値を与える。

分裂したj=3/2部分とj=1/2部分のXMCD信号の積分強度A_1（<0），A_2（>0）を用いて，$<S_z>$，$<L_z>$を見積もれる[11]。とくに，軌道角運動量の値は価数，結晶場，スピン状態によるので，$<L_z>$の値は価数，結晶場，スピン状態を決定するのに役に立つ。

3.2　強磁性成分と常磁性成分の分離

スピントロニクス材料の多くは単結晶基板上に成長した厚さ数10～数100 nmの薄膜であるため磁化が小さく，一般に磁化測定が難しい。とくに磁性半導体は磁性イオンが希薄なため，基板や母体半導体の大きな反磁性信号に比較して，強磁性信号が弱い。弱い強磁性信号のため，試料作製時やその後に混入した他の磁性不純物相の強磁性を検出してしまう恐れもある。強磁性は図7左に示すように，低磁場における磁化の急激な変化が検知されれば定量的に調べることができるが，反磁性と常磁性はともに磁場に比例し逆符号のため，これを任意性なしに分離することは難しい。さらに，スピントロニクス材料には組成が不均一であると考えられている物質が多い[12]。組成が不均一ならば磁性も不均一で，強磁性，常磁性，反磁性が混在する可能性がある。XMCDは元素選択的なプローブであるために反磁性の寄与はなく，強磁性と常磁性のみを不確定性なく抽出できる。すなわち，図7左に示すように，SQUIDにより測定した磁化は一般に，強磁性成分（M_{ferro}），常磁性成分（M_{para}），および基板等からの反磁性成分（M_{dia}）の和であるが，図7右に示すように，XMCD強度はM_{ferro}とM_{para}のみの和である[13]。XMCD強度の磁場変化に

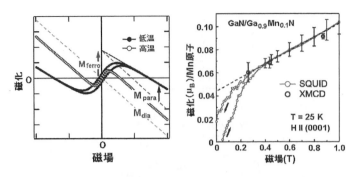

図7 SQUID により測定した磁化と XMCD 強度の磁場・温度依存性

左図に示すように，SQUID により測定した磁化は，強磁性成分（M_{ferro}），常磁性成分（M_{para}），および基板等からの反磁性成分（M_{dia}）の和であるが，XMCD 強度は M_{ferro} と M_{para} のみの和である。右図は，強磁性を示す GaN/Ga$_{0.9}$Mn$_{0.1}$N 超格子の XMCD 強度および SQUID により測定した磁化から反磁性成分を差し引いたものの磁場依存性[12]。ここでは，温度と磁場を変えた SQUID 測定の結果から，常磁性成分の温度依存性がキューリー・ワイス則に従うと仮定して，常磁性成分と反磁性成分を分離している。磁化の磁場依存性の傾きが常磁性帯磁率 M_{para}/[磁場]を，磁場→0 への外挿値が M_{ferro} を与える。

対する傾きが常磁性帯磁率 M_{para}/[磁場]を，磁場→0 の切片が M_{ferro} を与える。図7右の例における SQUID の結果と Mn 2p 内殻 XMCD のよい一致は，この試料（GaN/GaN$_{0.9}$Mn$_{0.1}$N 超格子）の磁性が Mn 原子から由来していることを示しており，磁性不純物相の混入がないことを示している。

文　　献

1) 藤森淳,「大学院物性物理 2」伊達宗行監修，講談社サイエンティフィック，1996 年, p.321
2) 藤森淳,「物性測定の進歩 II」シリーズ物性物理の新展開第 8 巻，小林俊一編，丸善，1993 年, p.149
3) J. Okabayashi et al., *Phys. Rev. B*, **59**, 2486 (1999)
4) T. Mizokawa and A. Fujimori, *Phys. Rev. B*, **56**, 6669 (1997)
5) J. I. Hwang et al., *Phys. Stat. Solidi B*, **243**, 1696 (2006)
6) 木下豊彦，日本放射光学会誌, **7**, 1 (1994)
7) J.-H. Park et al., *Nature*, **392**, 794 (1998)
8) N. Shimizu et al., *J. Phys. Soc. Jpn*., **73**, 800 (2004)
9) F. M. de Groot, J. C. Fuggle, B. T. Thole, and G. A. Sawatzky, *Phys. Rev. B*, **42**, 5459 (1990)
10) G. van der Laan and B. T. Thole, *Phys. Rev. B*, **43**, 13401 (1991)
11) 小出常晴,「新しい放射光科学」菅野暁，藤森淳，吉田博編，講談社サイエンティフィック，2000, p. 80
12) S. Kuroda et al., *Nat. Mater*., **6**, 440 (2007)
13) J.I. Hwang et al., *Appl. Phys. Lett*., **91**, 072507 (2007)

応用・デバイス編

第26章 スピントロニクスにおける微細加工技術

秋永広幸[*]

1 はじめに

　我々が自然現象を深く理解し，そしてそれを制御することで我々の生活に役立つものとしてきた過程において，微細加工技術の果たしてきた役割は極めて大きい。多くの量子効果が物質の微細化によってはじめて観測可能となり，また，シリコンCMOSをはじめとする半導体テクノロジーの発展においては微細化イコール実効的な低消費電力化でもあった。そして，スピントロニクスの発展においても微細加工技術は大きな役割を果たしてきた。例えば，第21～22章にて紹介されている各種の強磁性化合物や（Ga, Mn）Asに代表される強磁性半導体などは，薄膜作製技術の発展により初めて得られた材料群となっている。また，第16章に紹介されているホイスラー合金薄膜や第19章の規則合金薄膜も，成膜技術の高度化によってその研究が大きく進展した。トンネル磁気抵抗効果のMRAMや磁気ヘッドへの応用も，極めて平坦な絶縁体を強磁性体層に積層する技術の発展なしには実現されなかったものである。そして，これらの実用化，製品化の過程においては，磁気抵抗効果を再現性良く発現させるために，様々な微細加工技術の開発がなされた。

　本章ではこれらスピントロニクス材料を対象とした微細加工技術を，最新の報告例とともにご説明することにした。微細加工技術に関しては，2004年に発行された「スピンエレクトロニクスの基礎と最前線」第18章においてすでに俯瞰的説明がなされていることから，本稿においてはその概要を述べるにとどめた[1]。また，本稿では，微細加工技術を，「リソグラフィ」「成膜」「エッチング」という3つの素過程に分類してご説明する。なお，量子効果が顕在化するサイズは，例えば強磁性金属においてはサブ10 nmの領域であり，最新の成膜技術を用いて制御される膜厚方向の精度は原子レベルまでにも至っているものの，微細加工技術を用いてこれらの現象を評価するための素子を作製する際に用いるメサ構造の大きさや各種製品として実現されている素子の大きさから判断して，本稿で扱う微細加工技術にはサブミクロンサイズの加工技術を含めた。

---

[*] Hiroyuki Akinaga　㈱産業技術総合研究所　ナノ電子デバイス研究センター　副研究センター長

2 微細加工技術の概要

一般的に半導体デバイスは，図1に示す工程を100回のオーダーで繰り返すことで作製される。最もシンプルな工程として電極形成の事例を考えれば，洗浄後の絶縁性基板にTiなど密着層を成膜したのちAuやPtなどの電極材料を成膜し，レジストパターンをリソグラフィにより形成後，エッチング・プロセスでレジストの無い部分を取り除き，アッシングや有機洗浄などの後処理によって所望の電極パターンを得ることができる。また，成膜の順序を変えてまず絶縁体凸凹構造を作製した後に金属を蒸着し，絶縁体表面が出るまで化学機械研磨 (Chemical Mechanical Polishing, CMP) 工程を行えば，埋め込み電極が形成されることとなる。

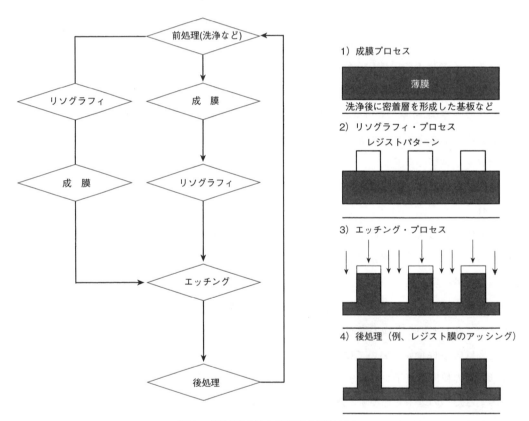

図1 微細加工による素子作製フロー

半導体テクノロジーにおける「前工程 (Front End Processes, FEP)」「後行程」と区別するために「前処理」「後処理」という用語を用いた。この図の全行程は，半導体テクノロジーにおけるFEPに含まれる。スピントロニクス材料，例えば遷移金属元素を半導体製造工程に導入する際にはFEPの見直しがなされることとなる。Silicon Valley Technology Center (SVTC) 等の半導体ファウンドリでは，導入するウェハの徹底的な元素分析と基板洗浄を実施することで，MRAM作製プロセスを半導体素子作製プロセスと並行して流している。

いままでの筆者の限られた経験では，図1にて分類した前処理，後処理のプロセスにおいては，スピントロニクス材料を扱う際の細かいノウハウはあるものの，基本的には半導体プロセスの延長線上の応用技術で事足りているのが現状である。そこで，次節以降では，リソグラフィ，成膜，エッチングの各プロセスに分類してスピントロニクス材料に係る微細加工技術を紹介する。

3 リソグラフィ技術

光リソグラフィ，電子線リソグラフィなど各種リソグラフィ技術をスピントロニクス材料に適用する際に，その材料にスピン依存特性あるいは磁性があるがゆえの特別なノウハウを必要としたことは，筆者の限られた経験においては少ない。例えば，リソグラフィの対象である材料の導電性や反射率に対する修正，あるいは電子線リソグラフィにおける近接効果補正[2]などを実施するにあたって，漏れ磁場の影響を考慮しなければならないということはほとんどなかった。一方で，次に述べる成膜やエッチング・プロセスにおける温度やプロセスガスなどに関する制約条件から，リソグラフィやそれに用いるレジストの選択に制約条件が与えられることは多い。より具体的には，強磁性体金属のパターンニングを行う際，通常のプロセスで多用されるNiメタルマスクはそれ自身が強磁性体金属でありエッチング選択性が落ちるので，転写技術が使えないことなどが挙げられる。微細加工プロセスにおけるこのような一般的な注意点はプロセスに関する専門書にその解説を譲ることにして[2]，本節では，強磁性酸化物材料に対して極微細加工や大面積リソグラフィを行った最近のトピックスをご紹介する。

電気伝導性のある探針を用いた原子間力顕微鏡（Conductive Atomic Force Microscope, cAFM）を用いた陽極酸化法は，主にSi/SiO_2からなるナノ構造を作製する際に用いられてきた技術であるが，強磁性体合金や化合物強磁性体薄膜にこの加工法を適用する技術開発が最近になって盛んになってきた[3]。大阪大学の田中らはさらにこの加工法をリフトオフ・プロセスにまで適用している。図2は，このAFMリソグラフィによるリフトオフ・プロセスの概略を示したものである[4]。まずは，アルミナ（Al_2O_3）基板上に成膜した20 [nm] 厚みのMo薄膜に対して，cAFMによる陽極酸化パターンニングを行う（図2(a)）。プローブ陽極酸化によって酸化された部分は150 [nm] 幅のMoO_3となり，3分間の水洗浄によって溶解し，Moからなるラインパターンが形成される（図2(b)）。ここに10 [nm] 厚みの$Fe_{2.5}Mn_{0.5}O_4$（FMO）を成膜，そしてリフトオフすることによってFMOのライン・アンド・スペース構造が完成する（図2(c)）。通常，cAFMは電圧制御で行われるので，酸化反応がエクスプローシブ（爆発的，あるいは雪崩的という意味）に起きてしまう傾向がある強磁性体材料のナノメートル加工においては，加工端のラフネスを抑え

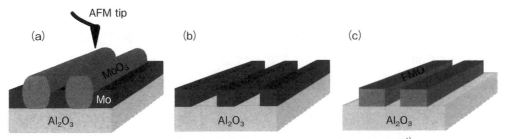

図2　AFMリソグラフィを活用したリフトオフ・プロセスの概略[4]

ることが難しいという問題点があった。Mo薄膜を用いるこのパターンニングプロセスでは，cAFMで比較的安定にMo酸化物が出来ることから，この問題を大きく改善したことになる。一方，cAFMによる陽極酸化法を磁性酸化物薄膜の局所的な電子状態を変えることに活用したいというより先端的な試みに関しては未だ明確な成功事例が得られていないところであり，今後のさらなる研究開発が望まれている。

　cAFMによる極微細加工法の対極にある技術として最近注目されている手法の1つに，ナノインプリント法による大面積加工技術が挙げられる。ナノインプリント法とは，いわゆる金型に刻み込んだナノメートル寸法の凸凹（これをモールドと呼んでいる）を，対象とする基板上に塗布した樹脂材料などに押しつけて形状を転写する技術であり，大面積で，かつ同じ形状のパターンニングを短時間に行えることから，パターンドメディア製造工程などへの応用が期待されている技術である。阪大の田中らは，上述のMoを用いたリフトオフ・プロセスの前段階にこのナノインプリント技術とドライエッチングを行うことで，大面積の磁性酸化物ナノドットを形成することに成功している[5]。ナノインプリント法は，大面積電子ビームリソグラフィ法と比較してスループットに優れるものの加工精度に落ちると言われてきたが，最近の技術開発によって電子ビームリソグラフィ法に迫る空間精度を持った加工が可能になりつつある。今後，その研究開発動向が注目されるところである。

4　成膜技術

　スピントロニクス材料の成膜に用いられている手法として主なものには，パルスレーザーデポジション（Pulsed Laser Deposition, PLD）法，分子線エピタキシー（Molecular Beam Epitaxy, MBE）法，そしてスパッタ法があげられる。PLD法は，ペロブスカイト系酸化物強磁性体の研究開発用途で用いられることが多かった成膜技術であるが，最近では半導体テクノロジーにも応用が検討されてきている。MBE法に関しては，(Ga, Mn)Asに代表される強磁性半導体，MnGa/

第26章 スピントロニクスにおける微細加工技術

GaAs ヘテロ接合,あるいは bccNi 薄膜など,熱的非平衡プロセスであることを活かした薄膜成長が報告されている[6]。また,基板最表面の原子構造を制御することによって,その基板上に成膜される強磁性体薄膜の成長方向を制御し,結果としてその薄膜における磁気異方性を制御するという成果が,この MBE 法を用いることによって多数得られている[7]。例えば,MBE 法を用いて作製された GaAs の c(4×4)表面構造に Fe を蒸着した場合,蒸着初期段階で大きさの揃った Fe 島状構造が観察され,さらにその Fe 島状構造の大きさが c(4×4)の単位構造の大きさと同じになっていることが走査型トンネル顕微鏡による観察で明らかになっている[8]。この単位構造を GaAs の(001)面上で表現したのが図3である。Fe と GaAs の格子定数が整合することを利用して Fe のナノ構造を形成するという観点から考えると,このような手法は究極の微細加工プロセスにもなっている。MBE 法については,本書＜物質・材料編＞にてその実際が紹介されるはずである。

さて,強磁性体の成膜に最も広く活用され,製造工程でも用いられている手法が3番目に挙げたスパッタ法である。スパッタ法(あるいはスパッタリング法)とは,高いエネルギーを持った粒子をターゲットに衝突させることによってそのターゲットからはじき出された原子,分子,イオン等を対向する基板に堆積させる成膜法である。一般的に,このスパッタ法の特徴は,以下のように整理できる。

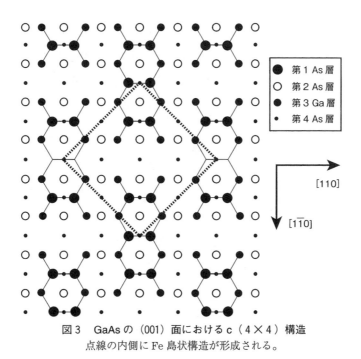

図3 GaAs の(001)面における c(4×4)構造
点線の内側に Fe 島状構造が形成される。

① 高融点材料の成膜が可能
② 絶縁膜〜金属まで様々な無機材料の成膜が可能
③ 広い面積にわたった均質な成膜が可能
　（一般的にターゲットと膜の組成ずれが小さい）
④ 堆積膜と下地との付着力が強い
⑤ 長時間の連続成膜が可能
⑥ 制御性・再現性が高い
　（酸素や窒素ガスを導入することで反応性の成膜が可能）

　また，筆者はスパッタ法による成膜の特徴として指向性の少なさもあると考えている。3次元的な対象物に対する成膜材料の回り込みを用いて，均一な強磁性体合金薄膜をコーティングした磁気力プローブ顕微鏡探針の作製に成功している[9]。

　このスパッタ法は，高エネルギー粒子の生成方法により，プラズマ法とイオンビーム法に分類される[10]。そして，このプラズマ法の中で最も広い範囲で活用されている手法が，マグネトロンスパッタ法である。この方式の特徴は，ターゲットの裏に永久磁石を配置し，ターゲットの表面に漏えい磁束を発生させることにある。この磁束によってターゲットから発生した電子が捕捉され，ターゲット表面近傍でのみプラズマ密度が高くなることから，比較的高い真空度でも安定したプラズマ放電が可能となった。ロングスロースパッタチャンバーに活用することで反応性スパッタ成膜を容易に実現できるようにもなり，ターゲットが不均一に消耗されるという難点に目をつぶりさえすれば，様々な低温・高速スパッタ成膜法に活用できる手法となった。一方で，この原理から明らかなように，強磁性体ターゲットを用いたスパッタ成膜は一般に困難なものとなる。図4は，筆者が所属する研究所に設置されている先端機器共用施設において，NiFeとCoFe

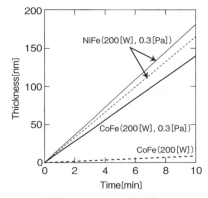

図4　マグネトロンスパッタ装置によるNiFe（細線）とCoFe（太線）の成膜レート
波線が通常のカソードで成膜を行った場合の成膜レート。実線が強磁性体オプションをつけたカソードで成膜を行った場合の成膜レート。

のスパッタ成膜を実施し，その成膜レートの実験値を整理して示したものである。装置はS社のロードロック式サイドスパッタ形式のものであり，研究開発から製造まで幅広く利用されている一般的，かつ汎用的な装置である。同じ強磁性体ターゲットであっても磁束をターゲット内に閉じ込めてしまうCoFeにおいては，通常のカソードではほとんど成膜できないことが明らかである。このような場合，強磁性体スパッタ成膜オプションがスパッタ装置毎に準備されていることが多く，当該装置においても磁束を漏れるようにした特殊カソードを用いることで，NiFeと同様なスパッタ成膜レートを出せるようになった。このほか，バッキングプレート上の強磁性体材料の厚みを薄くするという対応方法もあり，筆者のグループでは，このノウハウを用いる事で，希土類磁石材料のスパッタ成膜にも成功している[11]。

本書＜応用・デバイス編＞にて説明がなされる磁気ランダムアクセスメモリ（Magnetic Random Access Memory, MRAM）の項では，その成膜技術や極薄MgO層を形成するための技術が紹介されるはずであるが，それ以外にもスパッタ成膜法が活躍する場面として，クラッド配線形成プロセスが挙げられる。NECのグループは，スパッタ法の特徴を活かし，Ta（20 nm）/NiFe（30 nm）/Ta（20 nm）の3層からなる超薄膜をトレンチ構造に均一に形成することで，MRAMの反転電流の低減に成功している（図5）[12]。

5　エッチング技術

先述のとおり，スピントロニクス分野における最も重要な研究開発対象の1つがMRAMである。MRAMは，強磁性体金属／絶縁体／強磁性体金属からなる3層構造をその基本構造としているが，強磁性体金属／絶縁体界面への影響を最小限に抑えた極微細加工技術の開発が喫緊の課題となっている。すでに形成されたヘテロ接合を深さ方向に加工する後処理プロセスはその素子特性に影響を与えないように思われるが，ナノメートル領域の厚みしかない積層構造において微

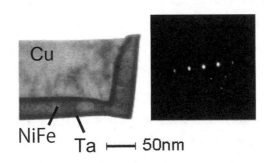

図5　Ta/NiFe/Ta 3層構造を持つクラッド配線の透過型電子顕微鏡像
NEC／東芝MRAM共同開発のご厚意による。

細加工時のダメージがデバイス内部に与える影響を無視できないことが明らかにされている[13]。さらに，強磁性体を用いた素子の動作が磁化反転過程に極めて敏感であり，その磁化反転が素子形状に依存することも重要な観点である。MRAMにおけるデータの書き込み・消去に必要な電力を低減し，ハーフセレクト時における誤動作への耐性を向上させるための素子形状の工夫がなされている[14]。このほか，MRAM多値化を目指し，ミクロン～サブミクロン寸法の矩形あるいは円状ディスク構造を持った強磁性体において観察される閉じた磁区構造におけるカイラリティ制御が試みられているが[15]，そのカイラリティ制御を正確に行うためにはナノメートル領域で十分に空間精度の高い加工方法の開発が必要となる。半導体テクノロジーにおいてこのような用途に活用されているエッチングとして，反応性イオンエッチング（Reactive Ion Etching, RIE）法が挙げられる。本節では，まずRIE法について述べ，さらに最近のトピックスとして，強磁性金属／絶縁体における選択エッチングの例を示す。

5.1 反応性イオンエッチング

RIE法とは，加工対象に対する反応性の高いガスをプラズマ化し，さらに被エッチング試料との間に適当なバイアスをかけて励起活性種を取り出して入射することによって物理的かつ化学的なエッチングを進める加工技術である。被エッチング試料表面における化学反応を誘起することにより，下記のような特徴を持っている。

① 異方性の高いエッチングが可能
② エッチングマスクや側壁方向へのエッチング速度に対して，より高いエッチング速度で被エッチング材料を加工することが可能（高い選択性）
③ 高いエッチング速度を期待できる（高い生産性）

しかしながら，強磁性体の多くが遷移金属を含み，かつ遷移金属には揮発性の高い化合物が少ない。極薄トンネル障壁を基本構造とするMRAM用素子の微細加工においては，エッチングされた金属材料が側壁に再付着することによるサイドリークや，あるいはメサ構造の上端面にエッチング残渣物が堆積して続く工程における障害となるなど問題点も指摘されている。そこで，上記のメリットを実現することを目指してスピントロニクス材料用RIE法の開発が進められてきたわけである[16～18]。表1は，各種の遷移金属化合物における蒸気圧をシリコン半導体テクノロジーで用いられている化合物のそれと比較したものである。

筆者らのグループは，比較的高い蒸気圧を持つカルボニル化合物を活用するために，第一原理計算を援用して，メタンガスなど炭素と酸素を含むプロセスガスを用いたRIE法の開発を進めてきた。第一原理計算においては，図6に示す3つの状態の総エネルギーを計算し，その比較によってRIEプロセス進行の可能性を検討した。しかしながら，NiFeのRIEプロセスにおいては

第26章 スピントロニクスにおける微細加工技術

表1 国際化学物質安全カードより収集した各種化合物の蒸気圧を比較したもの
塩化コバルトに関しては，770℃における蒸気圧であることに注意。

テトラフルオロシラン SiF_4	相対蒸気密度（空気＝1）	3.6
テトラクロロシラン $SiCl_4$	蒸気圧（20℃）	26 k [Pa]
ニッケルカルボニル $Ni(CO)_4$	蒸気圧（25.8℃）	53 k [Pa]
鉄カルボニル $Fe(CO)_5$	蒸気圧（25℃）	4.7 k [Pa]
コバルトカルボニル $Co_2(CO)_8$	蒸気圧（25℃）	199.5 [Pa]
塩化コバルト $CoCl_2$	蒸気圧（770℃）	5.33 k [Pa]
塩化鉄 $FeCl_3$	蒸気圧（20℃）	ほとんどない

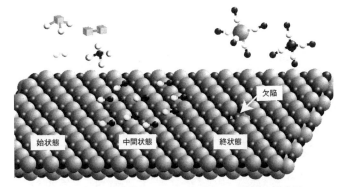

図6 第一原理計算によるRIEプロセス設計の概念図

始状態と終状態においては，それぞれの分子がエッチング対象面から十分に遠い位置にあるとして計算を行う。終状態においては，エッチングされた遷移金属合金に空欠陥が出来ているとした。一方，中間状態においては，エッチング対象物との反応を起こすのに十分に近い位置に分子を配置する。

化学的な効果の寄与が明らかになってきたものの，いまだ実用的なエッチング速度は得られていない[17]。この研究開発においてはそれ以前にカルボニル化合物生成のために用いられていたCOガスよりも取り扱いの容易なCH_4をベースとした$CH_4：O_2：NH_3$混合ガスを用いたが，エタノール，エチレン，トリフルオロエタンなど様々なガスが用いられる可能性が残っている。また，SiやSiO_2のRIEにて実績のある，モンテカルロ法を用いたRIEプロセス形状シミュレータに，被エッチング対象として強磁性体トレンチ構造を適用するための磁場解析機能を接続したところ，強磁性体トレンチ構造がサブミクロン寸法以下になったとき，そのトレンチの底面にて，漏れ磁場に依するナノメートル寸法の形状変化が発現することが明らかになった[19]。スピントロニクス材料の超微細構造を精度よく加工するため，また磁気光学効果を用いたフォトニック結晶や強磁性体薄膜のMEMS応用などを進めるためにも，今後のさらなるスピントロニクス材料用RIE技術の開発が求められる。

5.2 選択エッチング

多層膜のエッチングを行う際，終点検出用プロセスモニターは必須の装置である。研究開発の現場においてはエッチング時間での制御も可能ではあるが，MRAM素子のように極薄絶縁体膜と多層の金属電極からなる複雑な構造を制御性良く加工し，さらにそれを生産技術として利用するには，ジャストエッチングの技術が必要不可欠となっている。一般的にArミリングやRIE法などプラズマを用いたドライエッチングプロセスにおいては，プラズマ発光やあるいは質量分析を用いて終点検出を行う場合が多い。一方で，強磁性金属と絶縁体や半導体からなるヘテロ接合のエッチングにおいては，Si/SiO_2 ですでに実用化されている選択エッチングに類似したエッチング技術の開発が待たれていた。図7は，Fe_3Si 薄膜をHF，HNO_3 混合液でエッチングした際の速度を求めた実験データである[20]。120 [nm/min] という使い勝手の良いエッチング速度が得られていることがわかる。一方，この Fe_3Si と CaF_2 とのヘテロ接合はスピン依存共鳴トンネルダイオードを実現する有力候補と考えられているが，極めて幸いなことに，この混合溶液では CaF_2 がエッチングされないことも明らかになった。これに対して，CaF_2 のエッチングに用いられる希硫酸では，Fe_3Si がエッチングされないことも合わせて明らかになった。半導体基板上における重金属クリーニング用の各種溶液が知られているが，相補的な選択エッチングを可能とする例はほとんどない。本書＜基礎・物性編＞および＜物質・材料編＞にて明らかなように，今後のスピントロニクス分野においても強磁性体金属と半導体や絶縁体からなるヘテロ構造，ヘテロ界面の精密な制御に対する要望はより高まることから，これら Fe_3Si/CaF_2 系で開発された選択エッチング技術がさらに様々なスピントロニクス材料系で開発されることが望まれる。

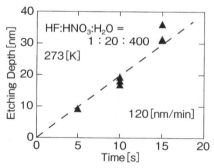

図7　Fe_3Si 薄膜をHF：HNO_3：H_2O＝1：20：400混合溶液でエッチングした場合における，エッチング深さの時間依存性

6 おわりに

　MRAMや磁気ヘッドの他にもスピントロニクス材料が実用デバイスに活用されることとなれば，今後もそれらに適した様々な微細加工技術が開発されていくこととなろう．一方，微細加工技術開発を牽引する半導体およびストレージ産業においては，高精度，高制御性，高生産性，低コストなどが最重視されてきた製造技術に対して，最近では，省資源，省エネルギー，そしてゼロエミッションなどの要求が極めて高くなってきていることから，スピントロニクス材料に対する微細加工技術の開発においてもこれらの視点が活かされるべきであろうと考えている．また，スピントロニクス材料に限った課題ではないが，自己組織化現象を活用した超低消費エネルギー微細加工技術が，本書の改訂版が企画される時までには実用化されていてほしいという期待を持っている．

文　　献

1) スピンエレクトロニクスの基礎と最前線，猪俣浩一郎監修，シーエムシー出版，2004年
2) 電子線リソグラフィ教本，横山浩監修，秋永広幸編，オーム社，2007年
3) H. Kuramochi, T. Tokizaki, T. Onuki, J. Okabayashi, M. Mizuguchi, F. Takano, H. Oshima, T. Manago, H. Akinaga, and H. Yokoyama, *Surface Science*, **566–568**, 349 (2004)
4) N. Suzuki, H. Tanaka, T. Kawai, *Adv. Mater.*, **20**, 909 (2008)
5) N. Suzuki, H. Tanaka, S. Yamanaka, M. Kanai, B.K. Lee, H.Y. Lee, and T. Kawai, *small*, **4**, 1661 (2008)
6) C.S. Tian, D. Qian, D. Wu, R.H. He, Y.Z. Wu, W.X. Tang, L.F. Lin, Y.S. Shi, G.S. Dong, X.F. Jin, X.M. Jiang, F.Q. Liu, H.J. Qian, K. Sun, L.M. Wang, G. Rossi, Z.Q. Qiu, and J. Shi, *Phys. Rev. Lett.*, **94**, 137210 (2005)
7) B.T. Jonker, O.J. Glembocki, R.T. Holm, and R.J. Wagner, *Phys. Rev. Lett.*, **79**, 4886 (1997)
8) H. Takeshita, Y. Suzuki, H. Akinaga, W. Mizutani, K. Tanaka, T. Katayama, and A. Itoh, *Appl. Phys. Lett.*, **68**, 3040 (1996)
9) H. Kuramochi, H. Akinaga, Y. Semba, M. Kijima, T. Uzumaki, M. Yasutake, A. Tanaka, and H. Yokoyama, *Jpn. J. Appl. Phys.*, **44**, 2077 (2005)
10) 薄膜作製応用ハンドブック，権田俊一監修，小川正毅，多賀康訓編，エヌ・ティー・エス，2003年
11) W. Zhang, H. Shima, F. Takano, M. Takenaka, H. Akinaga, and S. Nimori, *J. Phys. D: Appl. Phys.*, **42**, 025004 (2009)
12) K. Shimura, N. Ohshima, S. Miura, R. Nebashi, T. Suzuki, H. Hada, S. Tahara, H. Aikawa, T.

Ueda, T. Kajiyama, and H. Yoda, *IEEE Trans. Magn.*, **42**, 2736 (2006)
13) S. Takahashi, T. Kai, N. Shimomura, T. Ueda, M. Amano, M. Yoshikawa, E. Kitagawa, Y. Asao, S. Ikegawa, T. Kishi, H. Yoda, K. Nagahara, T. Mukai, and H. Hada, *IEEE Trans. Magn.*, **42**, 2745 (2006)
14) N. Shimomura, H. Yoda, S. Ikegawa, T. Kai, M. Amano, H. Aikawa, T. Ueda, M. Nakayama, Y. Asao, K. Hosotani, Y. Shimizu, and K. Tsuchida, *IEEE Trans. Magn.*, **42**, 2757 (2006)
15) T. Taniuchi, M. Oshima, H. Akinaga, and K. Ono, *J. Appl. Phys.*, **97**, 10 J 904 (2005)
16) 松浦正道, FED レビュー, **1** (26), 1 (2002)
17) 秋永広幸, 高野史好, 松本茂野, W. A. Dino, *J. Vac. Soc. Jpn.*, **49**, 716 (2006)
18) 小野一修, 森田正, 村上裕彦, 池田正二, 大野英男, *ULVAC Technical Journal*, **67**, 18 (2007)
19) http://www.mizuho-ir.co.jp/science/plasma/pe.html
20) T. Harianto, K. Sadakuni, H. Akinaga, and T. Suemasu, *Jpn. J. Appl. Phys.*, **47**, 6310 (2008)

第27章 スピン機能CMOSによる不揮発性高機能・高性能ロジック

山本修一郎[*1], 周藤悠介[*2], 菅原 聡[*3]

1 はじめに

近年，CMOSロジック・プロセッサの分野では，その消費電力削減が重要な課題の一つとなっている。CMOSの消費電力は，CMOSの動作（演算）時に消費するダイナミックパワーと，待機時にMOSFETのリーク電流により消費してしまうスタティックパワーの2つに大別される。高速動作を維持しつつダイナミックパワーを減らすためにはより高感度な電流駆動能力を追求することが重要であり，材料技術・デバイス技術の両面から検討されている。一方，スタティックパワーはMOSFETの微細化・高密度集積化によって急増し，チャネル長が数十ナノメートルの世代では，単位面積当たりのスタティックパワーはダイナミックパワーと同じレベルの非常に大きいものになるが，材料技術やデバイス技術によって大きく削減できるものではない。したがって，CMOSロジック・プロセッサではアーキテクチャによるスタティックパワーの削減が重要課題の一つとなっている。

本稿では，強磁性トンネル接合（MTJ）とCMOSの融合回路による不揮発性SRAM，不揮発性ラッチ／フリップ・フロップ技術について紹介する。本技術を利用すれば既存のMRAM技術を転用して，スタティックパワーを効果的に削減できるパワーゲーティング・アーキテクチャを用いた低消費電力高性能プロセッサを実現できる。

[*1] Shuu'ichirou Yamamoto　東京工業大学　大学院総合理工学研究科　物理情報システム専攻　助教；㈱科学技術振興機構　CREST

[*2] Yusuke Shuto　東京工業大学　大学院理工学研究科　附属像情報工学研究施設　特任助教；㈱科学技術振興機構　CREST

[*3] Satoshi Sugahara　東京工業大学　大学院理工学研究科　附属像情報工学研究施設，総合理工学研究科　物理電子システム創造専攻　准教授；㈱科学技術振興機構　CREST

2 パワーゲーティングシステムと不揮発性ロジック

パワーゲーティングはロジック回路をパワードメインと呼ばれるいくつかの領域に区切り，スリープトランジスタと呼ばれる一種の選択トランジスタを用いて，各パワードメインをスタンバイ時に電源から完全に切り離し，スタティックパワーを劇的に減少させるアーキテクチャである[1]。近年では次世代PC用の高性能マイクロプロセッサに搭載が検討され注目を集めている。マイクロプロセッサなどの高速動作するロジック回路でパワーゲーティングを実現するための課題は，回路内で利用しているSRAM，ラッチ，フリップ・フロップ（FF）等の情報の保持である。各パワードメイン内ではSRAM，ラッチ，FFは現在の演算に必要な情報を記憶し，その演算結果を次の演算のために記憶しておくために使用される。MOSFETから構成されるこれらの記憶デバイスは，原理的に揮発性であり，電源の遮断によって情報を失ってしまう。したがって，パワーゲーティングを実現する際にパワードメイン内の重要な情報を電源の非遮断領域に転送して保持するなどの方法が試みられている。しかし，このような方法は明らかに理想的ではなく，アーキテクチャが複雑化する，容量の大きなキャッシュには適応できない等の問題を生じる。理想的なパワーゲーティングを実現するためには，SRAM，ラッチ，FFそのものを不揮発化することが重要である（図1）。SRAM，ラッチ，FFはインバータループから構成される双安定回路をその基本構造としている。この双安定回路の記憶ノードにキャパシティブまたはレジスティブな不揮発性メモリ素子を接続することで不揮発化が可能である[2~17]。したがって，多層配線層中に不揮発性メモリ素子を配置すれば，スタンダードSRAMや通常のラッチ，FFを用いて，セル面積を増加させることなく不揮発性SRAM（NV-SRAM）や不揮発性ラッチ（NV-L）/FF（NV-FF）を構成できる可能性がある（以下，ロジック・プロセッサ内で使用するという意味で，NV-SRAMも含めてNV-L，NV-FF等を不揮発性ロジックと呼ぶことにする）。しかし，記憶ノードに接続された不揮発性メモリ素子が通常のSRAMやFFの動作に影響を与え，性能を劣化させてしまう可能性がある[16,17]。したがって，通常のSRAM，ラッチ，FFの動作を確保して不揮発化を実現するためには，不揮発性メモリ素子のデバイスデザインが重要な課題になる[16,17]。

強磁性電極で薄いトンネル絶縁膜を挟み込んだ強磁性トンネル接合（MTJ）は，MgOによるトンネル障壁の開発によってその性能が飛躍的に向上している。磁化状態の変化による抵抗の変化率（TMR比）は室温で600％もの大きな値も報告され[18]，また，スピン注入磁化反転により電気的に磁化状態（すなわち抵抗の状態）を変化できるなど[19]，NV-SRAM，NV-L，NV-FFに適した特徴を持つ[11~17]。

インバータループから構成される双相安定回路にMTJを組み合わせて，不揮発な双安定回路

第 27 章　スピン機能 CMOS による不揮発性高機能・高性能ロジック

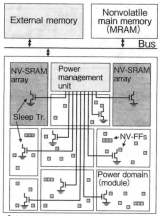

図 1　パワーゲーティング・プロセッサを用いた不揮発性コンピューティング・システムの概念図
プロセッサの内部では不揮発性 SRAM（NV-SRAM），不揮発性ラッチ（NV-L），不揮発性フリップフロップ（NV-FF）などを用いて理想的なパワーゲーティングを行う。また，MRAM などの不揮発性メモリを用いてメインメモリも不揮発化してある。本システムを用いればランタイムにおける効果的なパワーゲーティングが可能となる。

を構築する試みはこれまでにもいくつか報告されている[2,6,9]。しかし，これまでの回路ではインバータループ内に MTJ を接続するため，スピン注入磁化反転による磁化状態の電気的な書き換えができない，原理的にはスピン注入磁化反転を実現できるが，実際にはこれに必要な電流を供給できない，磁化状態を常に書き換える必要があるなどのデメリットがあった。

以下，このような従来型の問題点を解決できるスピン注入磁化反転 MTJ を用いた NV-SRAM，NV-L，NV-FF の提案と，その動作について述べる。また，インバータループに不揮発性メモリ素子を直接接続した場合の問題点を回避するため，MTJ の機能と MOSFET の機能を融合した機能デバイスであるスピン MOSFET[20〜22] を用いた不揮発性ロジックについて紹介する[23〜27]。

3　スピン注入磁化反転 MTJ を用いた不揮発性 SRAM

図 2(a) に NV-SRAM の回路図を示す。通常の SRAM セルのインバータループにおける記憶ノードに MTJ を接続することで，NV-SRAM を構成することができる。接続する MTJ の向きはパワードメインが virtual V_{DD} か virtual ground を採用するかによるが[14]，以下では簡単のため virtual V_{DD} を想定して議論を進める。NV-SRAM における SRAM としての動作は通常の SRAM と同一である。NV-SRAM としての動作は電源を遮断する場合に情報のストア動作を行い，記憶ノードの情報を MTJ に記憶する。また，電源を復帰させる場合にはリストア動作を行い MTJ に記憶されている情報をインバータループの双安定状態として復元する。同様にして，NV-L や NV-FF も

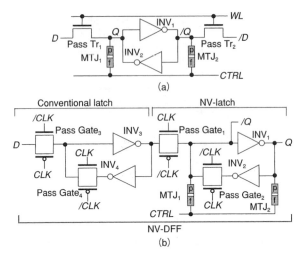

図2 (a)MTJを用いたNV-SRAMおよび(b)NV-FFの回路構成

ともにINV$_1$とINV$_2$からなるインバータループの記憶ノード（Qと/Q）にMTJを接続して構成する。NV-FFは通常のラッチ回路にNV-Lを接続してマスター・スレーブ型のDFF構成とすることで実現できる。

構成できる（図2(b)）

ストア動作はSRAMの電源を遮断する前に，MTJに接続されるCTRLラインにパルス信号を印加することによって行う。図3(a)，(b)にNV-SRAMのストア動作を示す。インバータループのQと/QノードはそれぞれHとLレベルである。CTRLラインがL，Hレベルのとき，それぞれ図のように電流がMTJへ流れるが，この電流によってHレベルのQノードではMTJは反平行（AP）状態となる（MTJのスピン注入磁化反転によるヒステリシス特性から，はじめに平行（P）状態であればスピン注入磁化反転によりAP状態になり，はじめからAP状態であればそのままAP状態にとどまる）。また，Lレベルの/Qノードでは同様にMTJの磁化状態によらず，CTRLパルスによってP状態となる。

電源復帰時のリストア動作は各インバータに電源を投入することで容易に実現される。図3(c)にリスト動作を示す。インバータループに接続されるパストランジスタをオフ状態のままで，インバータループの電源を適当なスイープレートで大きくしていくと，各種寄生容量によるキャパシティブカップリング，続いて各インバータのpMOSFETによってノードQおよび/Qは充電されるが，同時に各ノードに接続される抵抗状態の異なるMTJによって放電される。したがって，接続されているMTJがAP状態になっている記憶ノードでは，常にもう一方の記憶ノードより電位は高くなる。さらにインバータループに印加される電圧を上げていくと，電位の高い方のノード電圧によって，オン状態となるnMOSFETにより，電位の低い方の記憶ノードはさらに放電され，双安定状態が形成される。したがって，ストア前の情報が記憶ノードに復元される。

第27章 スピン機能CMOSによる不揮発性高機能・高性能ロジック

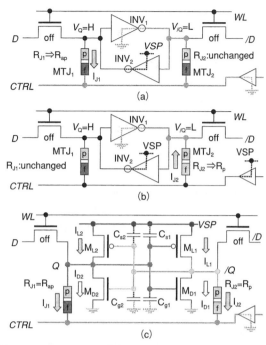

図3 (a), (b)NV-SRAMのストア動作。それぞれCTRL線がLレベルとHレベルの場合。ともにV_Q=H, $V_{/Q}$=Lの場合, (c)リストア動作の概念図

図4に我々の開発したスピン注入磁化反転MTJのSPICEモデルによる抵抗—電圧特性を示す。CoFeB/MgO/CoFeB構造からなるMTJの特性を参考にモデリングを行い，この構造のMTJが持つ平行磁化の場合のオーミック的な電気伝導，反平行磁化の場合のトンネル的な電気伝導を再現した。図5にNV-SRAMのシミュレーション結果を示す。ストア動作ではCTRLパルスによって，記憶ノードの情報が各MTJの磁化状態として記憶される。リストア動作では，ストア動作時の記憶ノードの電位が復元されていることがわかる。図6にリストア時の各ノードの電位の変化とリストア動作にともなうMTJのTMR比の変化を示す。AP状態にあるMTJではV_{half}の影響によって電源電圧（V_{SP}）の上昇にともない抵抗値が減少する。しかし，各記憶ノードに接続されたMTJの抵抗の差を利用するのはインバータループが初期的な双安定状態を形成するまでであることから，リストア動作の初期に抵抗差があれば良く，動作中におけるTMR比の減少の影響は小さい。次に，リストア動作に必要なMTJのV_{half}およびTMR比を調べたところ，インバータループによる双安定回路を利用していることから期待通りに100 mV以下の小さなV_{half}や100 %以下程度のTMR比のMTJでも動作可能であることがわかった（図7）。したがって，これらの値は，NV-SRAMのストア動作，各種動作余裕などから決定されることになる。

MTJを記憶ノードに接続してNV-SRAM（NV-LやNV-FFでも同様）を構成する場合の問題

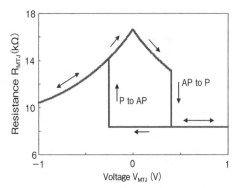

図4　開発したMTJモデルの抵抗―電圧特性
CoFeB/MgO/CoFeB系MTJの特性を精度良く再現できる。またスピン注入磁化反転による磁化のスイッチングも再現できる。

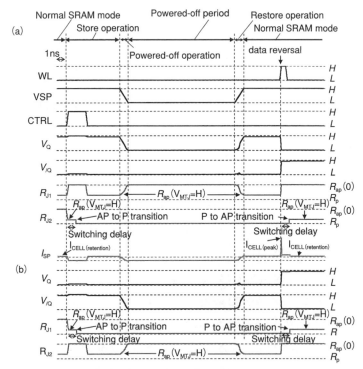

図5　スピン注入磁化反転MTJを用いたNV-SRAMのシミュレーション結果
(a) V_Q=H, $V_{/Q}$=Lの場合, (b) V_Q=L, $V_{/Q}$=Hの場合

点は，接続されたMTJが通常のSRAM動作時の性能に影響を与えてしまうことである。通常のSRAM動作時にCTRLラインを接地して動作させる場合には，Hレベルにある記憶ノードからCTRLラインにMTJを通して無駄な電流が生じるため消費電力が増大してしまう。したがって，

第 27 章　スピン機能 CMOS による不揮発性高機能・高性能ロジック

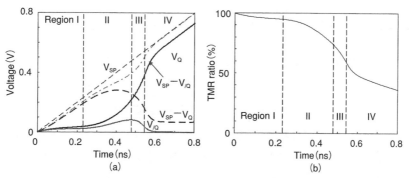

図 6　スピン注入磁化反転 MTJ を用いた NV-SRAM におけるリストア時の(a)ノード電圧と，(b)TMR 比の変化

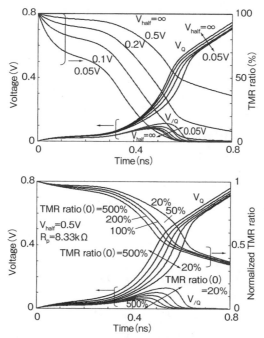

図 7　スピン注入磁化反転 MTJ を用いた NV-SRAM のストア動作における(a)V_{half} と，(b)TMR 比の影響

MTJ の抵抗値，TMR 比，V_{half} の設計が重要になるが，MTJ のこれらのパラメータはストア動作，通常の SRAM 動作時の読出ノイズマージン，リストア時の動作マージンに大きく影響する。消費電力や読出し時のノイズマージンからは高抵抗の MTJ が好ましいが，ストア動作やリストア動作時のデバイス特性のバラつきに対するマージンから低抵抗の MTJ が望ましく，トレードオフが存在し回路設計に注意を要する。

4 擬似スピン MOSFET を用いた不揮発性ロジック

スピン MOSFET は MTJ の機能と MOSFET の機能を合わせ持った機能デバイスである。SRAM，ラッチ，FF におけるインバータループの記憶ノードにスピン MOSFET を接続することで，NV-SRAM，NV-L，NV-FF を構成することができる。この場合では，記憶ノードにある情報のストアおよびリストア動作以外では，インバータループに接続される不揮発性メモリ素子（スピン MOSFET）を電気的に分離できるため，不揮発化は通常の SRAM 動作にほとんど影響しない。本報告では，MTJ と MOSFET を組み合せてスピン MOSFET と同様の動作が実現できる擬似スピン MOSFET（pseudo-spin-MOSFET：PS-MOSFET）を用いた NV-SRAM および NV-FF について述べる[23~27]。

PS-MOSFET は図8(a)に示すように MTJ による電圧降下を利用してゲートに負帰還をかけた回路である。MOSFET と MTJ を組み合せることでスピン MOSFET と同等の動作が可能である。MRAM とは設計指針が全く異なるが，既存の MRAM 技術を用いて擬似的にスピントランジスタを実現できる技術である。また，負帰還の効果によって，MTJ のデメリットを緩和できるなどの特徴を持つ。PS-MOSFET のスピントランジスタとしての性能指数である磁気電流比（P・AP 状態における出力電流の変化率）は，MTJ の TMR 比のみならず，MTJ の抵抗値を利用して比較的自由に設計できる。また，ゲートバイアスによって通常の MOSFET の動作と，スピン注入磁化反転の動作とを切り分けることができる。

図8(b)に PS-MOSFET の静特性を示す。スピン注入磁化反転による状態の遷移を NV-SRAM

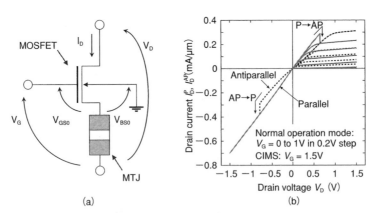

図8 (a)擬似スピン MOSFET の回路構成（バイアスの向きは Normal operation mode 時），(b)擬似スピン MOSFET の出力特性（HSPICE シミュレーション）
MTJ の磁化状態を変化させることで，MOSFET のゲート―ソース間の電圧および基板バイアスが変化するため，スピン MOSFET と同等の特性が得られる。実線と点線はそれぞれソース／ドレインが平行磁化および反平行磁化の場合のドレイン電流である。

第 27 章　スピン機能 CMOS による不揮発性高機能・高性能ロジック

のストア動作に利用し，磁化状態による電流駆動能力の差をリストア動作に利用する．図 9 に PS–MOSFET を用いた NV–SRAM の回路図を示す．通常の SRAM 動作時には PS–MOSFET のゲートに接続される SR ラインには信号は印加されず，PS–MOSFET は遮断状態である．したがって，通常の SRAM 動作時に H レベルの記憶ノードから CTRL ラインへ流れる無駄な電流をカットオフできる．ストア動作では SR ラインに信号を印加し，PS–MOSFET を導通状態にして，CTRL ラインにパルス信号を印加することで，MTJ のみを用いた NV–SRAM の場合と同様にしてストア動作を実現できる．また，リストア動作では PS–MOSFET を導通状態にしてから，インバータループの各インバータの電源を引き上げるだけで PS–MOSFET に接続されている MTJ に記憶してある情報を記憶ノードに復元できる．図 10 にリストア時における各ノード電位を示す．SR ラインに電圧 V_{SR} を各インバータへの供給電圧 V_{supply} の投入開始の 1 ns 前から印加し，図のように V_{SR} の印加時間を T_{active} (ns) とした．T_{active} が十分に長いとき，状態の復帰後でも MTJ に流れる電流による電圧降下によってノード Q の電位は減少している．これは MTJ のみを用いた NV–SRAM と同じ状況である．図に示すように NV–SRAM のインバータループの双安定状態は V_{supply} が完全に復帰する前に形成されている．よって，T_{active} を V_{supply} の復帰前の短い時間に制限しても安定に情報の復帰動作を行うことができる．図 11 に MTJ における消費電力の T_{active} 依存性を示す．PS–MOSFET を用いれば T_{active} の大幅な短縮が可能なことから，MTJ への余分な電流を遮断し，低い Rp の MTJ でも消費電力を劇的に抑制できる．前節で述べたように MTJ のみをインバータループの記憶ノードに接続した NV–SRAM では，ストア動作やリストア動作時のデバイス特性のバラつきに対するマージンから低抵抗の MTJ が望ましいが，消費電力や読出し時のノイズマージンからは高抵抗の MTJ が好ましくトレードオフが存在する．一方，PS–MOSFET を用いた場合では低い Rp を用いても消費電力が軽減できて，また読出し時のノイズマージンなどに影響を生じないため，回路設計の自由度が大きく容易に高性能の不揮発性ロジックを構成できる．

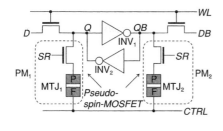

図 9　擬似スピン MOSFET を用いた NV–SRAM の回路構成

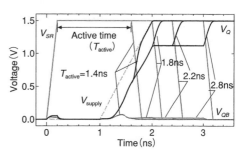

図 10　擬似スピン MOSFET を用いた NV–SRAM のシミュレーション結果（リストア動作時）

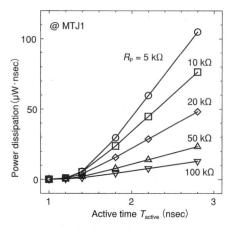

図11 リストア動作における MTJ での電力消費

図12にPS-MOSFETを用いたNV-FFの回路図を示す。NV-SRAMの場合と同様に双安定回路の記憶ノードにPS-MOSFETを接続することで，NV-Lを構成し，通常のラッチ回路とこのNV-Lを接続すればマスタ・スレーブ型のNV-FFを構成することができる。NV-L，NV-FFのストア動作とリストア動作はNV-SRAMと同様にして実現できる。一般に，FFではクロック（CLK）－出力（Q, /Q）遅延，正常なデータラッチ動作を保証するためのクロックパルスの立ち上がり前後におけるデータ保持時間（セットアップ時間およびホールド時間）が回路性能の重要な指標である。これらの値をSPICEシミュレーションによって求めた結果，提案したNV-FFはPS-MOSFETのない通常のFFに対して，出力遅延，セットアップ時間，ホールド時間は最大でもわずか数％の増加にとどまることがわかった。速度低下の原因は記憶ノードにおける負荷容量（PS-

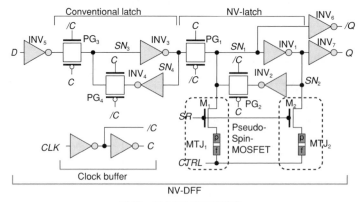

図12 NV-FF の回路構成

通常のラッチ回路にNV-Lを接続してマスター・スレーブ型のDFF構成とすることで実現できる。この図ではクロックバッファ，入出力用インバータも図示されている。

MOSFETの寄生容量）の増加によるものである。一方，提案したNV-FFではトランジスタ数が増加するため，通常の電源供給状態（通常のFF動作時）でのリーク電流についても10％程度増加することがわかった。したがって，システム全体の低消費電力化を図る際，パワーゲーティングを採用する回路ブロックの電源遮断可能状態が，システム全体の稼働時間に対してどの程度の割合となるかを見極めて適用していくことが重要であると考えられる。

5　おわりに

MTJおよびPS-MOSFETを用いた不揮発性ロジック（NV-SRAM，NV-L，NV-FF）について述べた。従来のCMOSロジックシステムに我々の提案する不揮発性ロジックを導入すれば，理想的なパワーゲーティングを実行できるマイクロプロセッサ等の高度なロジックシステムを実現できる。大規模な不揮発性メモリをCMOSロジックの近傍に集積するといったSoCの概念から，従来のCMOSロジックに直接アドオンできる不揮発性ロジック技術の開発が今後のロジック・プロセッサの開発におけるInnovationになると考えられる。

文　　献

1) S. Mutoh, T. Douseki, Y. Matsuya, T. Aoki, S. Sigematsu, and J. Yamada, *IEEE J. Solid-State Circuits*, **30**, 8, pp. 847-854 (1995)
2) D. Wang, M. Tondra, A. V. Pohm, C. Nordman, J. Anderson, J. M. Daughton, and W. C. Black, *J. Appl. Phys.*, **87**, 9, pp. 6385-6387 (2000)
3) T. Miwa, J. Yamada, H. Koike, H. Toyoshima, K. Amanuma, S. Kobayashi, T. Tatsumi, Y. Maejima, H. Hada, and T. Kunio, *IEEE J. Solid-State Circuits*, **36**, 3, pp. 522-527 (2001)
4) Y. Fujimori, T. Nakamura, and H. Takasu, *Integrated Ferroelectrics*, **47:1**, pp. 71-78 (2002)
5) S. Masui, T. Ninomiya, T. Ohkawa, M. Okura, Y. Horii, N. Kin, and K. Honda, *IEICE Trans. Electron.*, **E 87-C**, 11, pp. 1769-1776 (2004)
6) K. Abe, S. Fujita, and T.H. Lee, Tech. Proc. 2005 NSTI Nanotechnology Conf. Trade Show, vol. 3, May 2005, pp. 203-206
7) W. Wang, A. Gibby, Z. Wang, T. W. Chen, S. Fujita, P. Griffin, Y. Nishi, and S. Wong, IEEE IEDM Tech. Dig., Dec. 2006, pp. 1-4
8) M. Takata, K. Nakayama, T. Izumi, T. Shinmura, J. Akita, and A. Kitagawa, IEEE 21st Nonvolatile Semiconductor Memory Workshop, 2006, pp. 95-96
9) K. J. Hass, G. W. Donohoe, Y.-K. Hong, and B. C. Choi, *IEEE Trans. Magn.*, **42**, 10, pp.2751-

2753 (2006)

10) S. Koyama, Y. Kato, T. Yamada, and Y. Shimada, *IEICE Trans. Electron.*, **E 89-C**, 9, pp. 1368-1372 (2006)
11) 山本修一郎, 菅原聡, 第 68 回応用物理学会学術講演会, 札幌, September 4-8, 2007, paper 7 p-S-18
12) S. Yamamoto, and S. Sugahara, 52nd Annual Conf. on Magnetism and Magnetic Materials (MMM 2007), Tampa, USA, November 5-9, 2007, paper HP-02, p.481
13) S. Yamamoto and S. Sugahara, http://arXiv.org, cond-mat, arXiv:0803.3370 /to be published in *Jpn. J. Appl. Phys.* (2009)
14) 山本修一郎, 菅原聡, 第 55 回応用物理学会関連連合講演会, 船橋, March 27-30, 2008, paper 30 p-F-7
15) 山本修一郎, 菅原聡, 第 55 回応用物理学会関連連合講演会, 船橋, March 27-30, 2008, paper 30 p-F-8
16) 山本修一郎, 菅原聡, 第 69 回応用物理学会学術講演会, 春日井, September 2-5, 2008, paper 5 a-R-11
17) S. Yamamoto, and S. Sugahara, 53rd Annual Conference on Magnetism and Magnetic Materials (MMM 2008), Austin, USA, November 10-14, 2008.
18) S. Ikeda, J. Hayakawa, Y. Ashizawa, Y. M. Lee, K. Miura, H. Hasegawa, M. Tsunoda, F. Matsukura, and H. Ohno, *Appl. Phys. Lett.*, **93**, 8, pp. 082508/1-3 (2008)
19) M. Hosomi, H. Yamagishi, T. Yamamoto, K. Bessho, Y. Higo, K. Yamane, H. Yamada, M. Shoji, H. Hachino, C. Fukumoto, H. Nagao, and H. Kano, IEEE IEDM Tech. Dig., Dec. 2005, pp. 459-462
20) S. Sugahara, IEE Proc. Circuits, *Device-Systems*, **152**, 4, pp.355-365 (2005)
21) S. Sugahara and M. Tanaka, *ACM Trans. on Storage*, **2**, 2, pp 197-219 (2006)
22) S. Sugahara, *Physica Status Solidi C*, **3**, 12, pp.4405-4413 (2006)
23) 山本修一郎, 菅原聡, 第 68 回応用物理学会学術講演会, 札幌, September 4-8, 2007, paper 7 p-S-16
24) 菅原聡, 山本修一郎, 第 55 回応用物理学会関連連合講演会, 船橋, March 27-30, 2008, paper 30 p-F-6
25) 山本修一郎, 菅原聡, "第 68 回応用物理学会学術講演会, 札幌, September 4-8, 2007, paper 7 p-S-17
26) 周藤悠介, 山本修一郎, 菅原聡, 第 69 回応用物理学会学術講演会, 春日井, September 2-5, 2008, paper 5 a-R-12
27) Y. Shuto, S. Yamamoto, and S. Sugahara, http://arXiv.org, cond-mat, arXiv:0902.2388. / to be published in *J. Appl. Phys.*, (2009)

第28章　電界スピン回転制御とスピンFET

新田淳作[*]

1　はじめに

　半導体エレクトロニクスは微細化を進めることによりその性能を飛躍的に発展させてきた。微細化の背後にあるのは，浮遊容量が小さくなり高速化・低消費電力化が図れるところにある。しかしながら，ムーアのスケーリング則も早晩破綻するであろうと予測されているため，これまでの技術の延長にはない，新しい原理に基づくデバイス機能を追及していくことが必要である。従来の半導体エレクトロニクスは，LSI論理回路をはじめとして，電子のもつ「電荷」のみ用いてきた。一方，「スピン」を用いた磁気デバイスとして，磁性体金属が安定な磁気履歴特性を示すことから，ハードディスクドライブ（HDD）など不揮発性メモリーとして応用されてきた。最近は，ランダムアクセスメモリー（DRAM）に代わる不揮発性磁気メモリー（MRAM）が注目されている。しかしながら，これらの磁気デバイスはメモリーあるいはセンサーに限られており，スピンを用いた能動デバイスはなかった。その理由は，磁性体金属をベースにしたデバイスであるがゆえに三端子ゲート電圧制御が困難であったことによる。

　半導体エレクトロニクスが飛躍的に発展してきた背景には，第三電極によりチャンネルの特性を容易に制御できるという特徴を活かして，トランジスタとして機能化，能動デバイス化の道を開拓してきたところにある。そこで，「スピン」を用いた次世代エレクトロニクスを開拓してゆく上で，スピンを第三電極（ゲート電極）によって制御する方法を確立することが重要になってくる。本稿では，スピン軌道相互作用をとりあげその起源と電界制御方法について述べる。スピン軌道相互作用は物質固有の定数ではなく，半導体のヘテロ構造を設計とゲート電界により制御可能な量である。このゲート電界制御可能なスピン軌道相互作用を用いた「スピン」が関与するデバイス応用とそれに関連した物理を紹介する。

2　半導体中のスピン軌道相互作用

　スピン軌道相互作用は電子スピンを電界制御する重要な役割をはたす。そこで，スピン軌道相

　＊　Junsaku Nitta　東北大学　大学院工学研究科　知能デバイス材料学専攻　教授

互作用についてその原理を述べる。一般的なスピン軌道相互作用は，次式で与えられる。

$$H_{SO} = -\mu_B \vec{\sigma} \cdot \left[\frac{\vec{p} \times \vec{E}}{2m_0 c^2}\right] \quad (1)$$

ここで，m_0 は自由電子の質量，c は光速，σ はパウリのスピンマトリクス，p は運動量演算子，E は電場（電界）を表す。磁場（磁界）B の中にある電子スピンのゼーマンエネルギーが $\mu_B \sigma \cdot B$ で表されることを考慮すると，(1)式の括弧の中が磁場に相当することがわかる。これは，電界中を電子が高速で運動することにより磁界に変換されることを意味する。したがって，この電界が何らかの方法で制御できれば電子の感じる磁界の強さを変えることができる。この電子が感じる有効な磁界を用いて電子スピンを制御しようとするのがスピントロニクスに向けてのひとつのアプローチの方法である。もともと，スピン軌道相互作用は相対論的な効果であり，(1)式の分母には電子と陽電子のエネルギーギャップ（ディラックギャップ）$E_D = 2m_0 c^2 \approx 1$ [MeV] がくるため一般的にその効果は小さく無視できる。しかしながら，固体中ではスピン軌道相互作用の効果が真空中に比べて無視できないほど大きくなる。固体中では，電子波動関数はブロッホ関数として原子の強いポテンシャルを感じながら急速に振動する部分と，量子井戸のポテンシャルによってゆっくり変化する包絡線関数の積で与えられる。例えばIII-V族半導体の中では，原子核の周りに束縛された電子は，原子の強い電界中を運動するとともに，波動関数は空間的に急激な変化をともなうため，スピン軌道相互作用により価電子帯から数百 meV 離れたスピンスプリットオフバンドを形成する。伝導帯における Rashba のスピン軌道相互作用[1]は，量子井戸構造の反転対称性の破れに起因するが，量子構造に起因した対称性の破れは，ナノメータースケールで生じており，真空中でこのような空間スケールで対称性を破るのは困難である。価電子帯からのスピン軌道相互作用や量子井戸の電界からの効果をすべて，スピン軌道相互作用の強さを表すパラメータ α の中に取り込んだ形で，次式で与えられる。

$$H_R = \frac{\alpha}{\hbar}\left(p_x \sigma_y - p_y \sigma_x\right) \quad (2)$$

$k \cdot p$ 摂動論によれば α は次式で与えられる[2]。

$$\alpha = \frac{\hbar^2 E_p}{6m_0} \langle \psi(z)|\frac{d}{dz}\left(\frac{1}{E_F - E_{\Gamma7}(z)} - \frac{1}{E_F - E_{\Gamma8}(z)}\right)|\psi(z)\rangle \quad (3)$$

ここで，$\psi(z)$ は電子波動関数，E_p は $k \cdot p$ 相互作用のパラメータ，E_F はフェルミエネルギー，$E_{\Gamma7}(z), E_{\Gamma8}(z)$ はそれぞれ量子井戸のポテンシャルに依存したスピンスプリットオフのバンドエッジエネルギー，価電子帯のバンドエッジエネルギーに対応する。(1)式と(2)，(3)式を単純に比較すると(1)式の分母にあったディラックギャップ $E_D \approx 1$ MeV が，(3)式では半導体の電子と正孔のエネルギーギャップ $E_g \approx 1$ eV で置き換わった形となっており，特に狭ギャップ半導体中で

第28章　電界スピン回転制御とスピンFET

は，Rashbaスピン軌道相互作用が大きくなることが予想される。(3)式より価電子帯からの電界の効果が伝導帯のスピン軌道相互作用に寄与することがわかる。また，(3)式は価電子帯のバンドエッジが作るポテンシャルの傾き，すなわち電界が伝導帯のスピン軌道相互作用に影響を及ぼしていることがわかる。バンドエッジのポテンシャルは外部からゲート電圧によってその形状を変化させることが可能であるため，スピン軌道相互作用の強さもポテンシャルの形状変化に従って変化する。このように，ゲート電圧によって制御可能であることがRashbaスピン軌道相互作用の特徴である[3]。このように半導体中では，真空に比べてスピン軌道相互作用の効果は何桁も大きくなる。また，外部からスピン軌道相互作用の強さを制御することが可能である。

3　スピン軌道相互作用を用いたデバイス応用

3.1　電界効果スピントランジスタ

スピン軌道相互作用を用いたデバイスとしてもっとも有名なのは，1990年，S. DattaとB. Dasによって提案されたスピンFET[4]である。スピンの向きを磁界でなく，電界で制御するところにスピンFETの特徴がある。スピンFETのデバイス構造を図1に示す。従来のFETとの違いは，ソース，ドレイン電極が強磁性体であること，半導体二次元電子ガスチャネルとして，スピン軌道相互作用の強い材料を用いることである。強磁性体電極1（ソース電極）は，半導体チャネルにスピン偏極した電子を注入する役割をもち，二次元電子ガスチャネルでは，注入された電子スピンをスピン軌道相互作用により回転させる。(2)式のRashbaハミルトニアンによりスピンの縮退が解けるため，エネルギー固有値は

$$E = \frac{\hbar^2 k^2}{2m^*} \pm \alpha k \tag{4}$$

で与えられる。フェルミエネルギーで2つのスピン状態の波数は $k_\uparrow - k_\downarrow = 2\alpha m^*/\hbar^2$ だけ異なるため，チャネルの長さを L とすると，スピン軌道相互作用によって電子スピンが歳差運動によって回転する角度 $\Delta\theta$ は

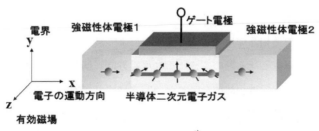

図1　電界効果スピントランジスタ[4]の模式図と動作原理

$$\Delta\theta = \frac{2\alpha m^*}{\hbar^2} L \tag{5}$$

で与えられる。このスピンの回転角度は，ゲート電圧によりスピン軌道相互作用を変化させることにより変調可能となる。また強磁性体電極2（ドレイン電極）は，電極のスピンの向きに一致したスピンのみを取り込む。ドレイン電極に流れ込む電流は，電極のスピンの向きと二次元電子ガス中のキャリアスピンとの相対的な角度に依存する。例えば，図1の様にスピンが反転してしまうと，たとえば100％スピン偏極したドレイン電極を考えると，反転したスピンの状態密度はなく，電流は流れ込まない。この様に，ゲート電圧により注入された電子スピンの回転角度を制御し，ソース，ドレイン電流を制御するのがスピンFETの動作原理である。電極として100％スピン偏極した磁性体電極と100％のスピン注入効率が可能となると，チャネルのキャリアを空乏層化させることなく，スピンを反転させるだけのゲート電圧で電流をブロックすることが可能となる。これは，従来のFETより高いトランスコンダクタンスと省電力化が可能となる。また，強磁性体電極の部分は，不揮発性メモリーとして使用することも可能であり，メモリーと論理素子が一体となったデバイスもできる。

3.2 スピン干渉デバイス

スピンの回転は，スピンの位相と密接な関係にある[5]。スピンは2回転（4π回転）して初めてもとの状態に戻るというスピン1/2の特性をみごとにとらえた実験として中性子スピン干渉計がある。中性子のスピン干渉実験は，1975年 H. Rauch らのグループ[6]と A. Overhauser のグループ[7]によりほぼ同時に行われた。我々は，ゲート電圧によりスピン軌道相互作用が可能なことを利用して，リング構造や正方ループ構造を作製すれば，メゾスコピックな半導体系でスピンの歳差運動に起因したスピンの干渉デバイスが可能であることを提案した[8~10]。このデバイスは，中性子スピン干渉実験がそうであったように，スピン偏極した電子を用いる必要はない。電子スピンがリングを回って干渉する際，スピン偏極していなくとも干渉効果が生じることを示すことができる。そこでは，強磁性体電極からのスピン注入は必要とせず，ゲート電圧によるスピン回転制御という観点からスピンFETのマイルストーンとなるものと考えられる。

図2には，我々の提案したスピン干渉デバイスを示す[8]。リングを伝搬する右周り，左周りの電子スピンは，スピン軌道相互作用による有効磁界により歳差運動を行うが，有効磁界は電子の運動する方向と電界に垂直となるため，それぞれ反対方向に回転する。そこで，分波した電子スピンが出会う干渉ポイントでは相対的なスピンの向きはずれており，この相対的なスピンの角度を，ゲート電圧によって制御すればスピンの干渉によりコンダクタンスが振動することになる。

InAlAs/InGaAs ヘテロ構造からなる二次元電子ガスは Rashba のスピン軌道相互作用が重要で

第28章　電界スピン回転制御とスピンFET

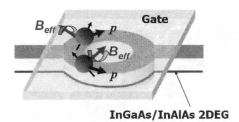

図2　スピン干渉デバイス[8]の模式図と動作原理

あり，ゲート電圧によってスピン軌道相互作用の強さが変調できることが実験的に確認されている[3]。我々は，このInAlAs/InGaAs系二次元電子ガスをループ状に微細化し，ゲート電極をつけた構造でスピン干渉効果が期待できることを理論的[8〜10]，実験的[11]に示した。これまで，単一のリング構造で，多くの実験を行ってきたが，我々の直面した問題は，非常に複雑なゲート電圧（スピン軌道相互作用）依存性を示すことであった。これは，ゲート電圧を印加することによりスピン軌道相互作用とともに電子のキャリア濃度も変化してしまうため，スピン干渉効果以外の干渉効果が存在することに起因する。最近，スピン軌道相互作用の強いHgTe/HgCdTe系の二次元電子ガスを用いた単一リングで，スピン干渉効果が観測されたとの報告がなされたが，ゲート電圧依存性は大変複雑で実験データの解釈が困難であった[12]。これは，ゲート電圧によりキャリア濃度が変化すると電子の波長が変わってしまうため，リングの右回り，左周りのアームの長さにわずかな違いがあると軌道部分からくる干渉効果により干渉パターンが変化してしまう。さらに，リングが完全にバリスティックでない場合は，電子が感じる散乱体の様子が電子波長とともに変化するためユニバーサルコンダクタンス揺らぎ（UCF）が現れスピン干渉効果を乱してしまう問題が生じる。一方，リングを一周回ってもとの位置で干渉する，Al'tshuler, Aronov, Spivak（AAS）振動[13,14]は時間反転対称な干渉効果であるため右回りと左回りの電子が得る軌道部分の位相は完全に等しくなってしまう。このため，AAS振動が強めあう干渉（コンダクタンスを下げる）なのか弱めあう干渉（コンダクタンスをあげる）なのかはスピンの位相によって決定される。すなわち，スピンの干渉効果を観測するにはAAS振動のゲート電圧依存性を詳細に測定する必要がある。当時IBMにいたR. Webbらのグループは，干渉ループの数を増やしていくに従い，アンサンブル平均によりサンプル固有の干渉を示すAB振動は減少し，AAS振動のみが生き残ることを実験的に示した[11]。このため，単一リングではなく，図3に示すようにリングをアレイ状に並べた素子を作製した。

このリングを4×4個並べた素子で測定された磁気抵抗は，2つの特徴的な振動周期を持つ。すなわち，振幅の大きなh/eに相当する周期と，比較的小さな振幅でh/2eの周期を持つ振動である。このh/eの周期を持つ振動はAB振動に対応し，散乱体の様子に依存した試料固有の振動

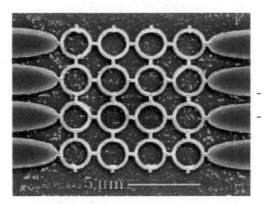

図3 実際に作製したスピン干渉デバイス[8]
リング列をゲート電極で覆うことによりスピン軌道相互作用を変化させている。

であるためゲート電圧に対して複雑に変動する。フィルターをかけて h/2e の振動成分を抽出すると磁界の増加とともに振動の振幅は減少する AAS 振動に対応していることが確認された。AAS 振動は時間反転対称な干渉効果であることから，磁界により時間の反転対称性が破れるに従いその干渉も減衰していく。AAS 振動のみを抽出するにはループの数を増やした実験も行い AAS 振動がゲート電圧とともに振動的な振る舞いを示すことを確認している[11]。ここでは，AAS 振動を抽出するためにわずかに異なるゲート電圧で測定した磁気抵抗特性を足し合わせることによりアンサンブル平均をとった。磁気抵抗特性を足し合わせるゲート電圧の範囲がスピンの位相変化に対してずっと小さければスピンの干渉効果は生き残る。一方，h/e の振動周期を有すサンプル固有の干渉効果は電子の波長変化に対して非常に敏感であるため，アンサンブル平均により急激に減衰し磁界に対し h/2e の周期をもった AAS 振動のみが抽出される。

このようなアンサンブル平均により得られた h/2e の振動周期をもつ AAS 振動のゲート電圧依存性を示す。この測定に用いたのは，リングの半径は $r=1\mu m$，測定温度は $T=0.26 K$ である。AAS 振動の位相がゲート電圧により周期的に変化している様子がわかる。図4はゲート電圧がそれぞれ $V_g=3.2$，3.5，3.9 V における AAS 振動の様子を示したものであるが，ゲート電圧を増加するにつれ，$V_g=3.5 V$ でいったん消滅した AAS 振動の振幅が $V_g=3.9 V$ では回復するとともに，$V_g=3.2 V$ では $B=0$ で極小であった抵抗が $V_g=3.5 V$ では極大に変化している。この様に，ゲート電圧によって AAS 振動が変化するのはスピン位相による干渉が電界によって変調されていることを示している。

図5にはこの $B=0$ の AAS 振動の振幅をゲート電圧に対してプロットしたものであるが，AAS 振動はゲート電圧に対して，規則的にほぼ正弦的な振動をしていることがわかる。図5中で赤い十字はキャリア濃度を示しており，ゲート電圧を増加するに従いゲート電圧に正比例してキャリ

第28章 電界スピン回転制御とスピンFET

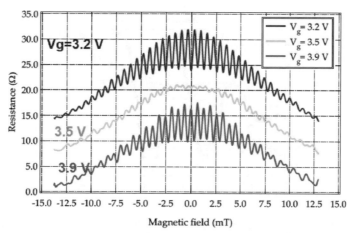

図4 異なったゲート電圧に対するAAS振動[15]
AAS振動がゲート電圧に対して大きく変調される様子が観測される。

ア濃度が増加している。一方，本素子に使用したInAlAs/InGaAs二次元電子ガスのシュブニコフ・ドハース振動に現れたビートパターンを解析することによりスピン軌道相互作用αのキャリア濃度依存性がわかっており，スピンの歳差回転角度$\theta = 2\alpha m^* L/\hbar^2$を評価することができる。ここで$L$は，電子スピンの伝搬距離を表す。一周回ってもとの位置で干渉する$h/2e$の振動周期を持つAAS振動において期待されるスピン干渉効果により振幅の変調は次式で与えられる。

$$\frac{\delta R_\alpha}{\delta R_{\alpha=0}} = \cos\left[2\pi\sqrt{1 + \left(\frac{2\alpha m^*}{\hbar^2}r\right)^2}\right] \approx \cos\left[2\pi r \frac{2\alpha m^*}{\hbar^2}\right] \qquad (6)$$

上式括弧の中は，スピン軌道相互作用αもしくはリングの半径rが大きい場合，右辺となり$L = 2\pi r$としてスピン歳差回転角度に一致する。

図5中に示した角度θは，例えば右回りのスピンの歳差運動の角度を示しており，この角度から上式を用いて逆にスピン軌道相互作用を求めることができる。この結果は，シュブニコフ・ドハース振動から求めたスピン軌道相互作用αのキャリア濃度依存性と良い一致を示すことからもAAS振動のゲート電圧依存性において観測された振動的な振る舞いは，ゲート電圧によってスピンの歳差回転が制御できることを示している。

このスピン干渉実験[15]は，低温で行われた実験であり実用的なデバイスの実現にはさらなる改善が必要であるが，ゲート電界によってスピンの歳差運動が制御できることを直接的に示しており，半導体を用いたスピン機能デバイスへ向けての第一歩であるといえる。

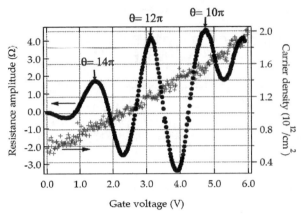

図5　$B=0$ における AAS 振動の振幅をゲート電圧に対してプロットしたもの[15]
赤い十字はゲート電圧に対するキャリア濃度依存性。図中 θ はスピンの歳差回転角度を示す。

3.3　スピンフィルター

　非磁性半導体のみからスピン偏極した電子が取り出せれば，半導体二次元電子ガスとのマッチングが良く，種々のスピンデバイスの基礎となる。我々は，スピン軌道相互作用によるスピン分離とスピン共鳴トンネル現象を組み合わせることにより，スピンフィルターを提案した[16]。一方，歴史的に初めてスピンフィルターの動作を示したのは，有名な Stern–Gerlach（SG）の実験である。彼らは，電荷をもたないスピン 1/2 粒子を磁場勾配の中を通過させることにより，スピンを空間的に分離することに成功した。これは，スピン上向き粒子と下向き粒子は磁場勾配に対して逆向きに力を受けることに起因する。大江らは，Rashba スピン軌道相互作用を半導体二次元電子チャネル中で空間勾配をもたせ，スピン軌道相互作用が作る有効磁場の空間勾配によりスピンフィルターが可能であることを理論計算により示した[17]。これまで電荷を持った粒子に対して SG 効果の観測は困難であることが指摘されてきた。その理由は，マックスウェルの関係 $\nabla \cdot B = 0$ より，たとえば，x 方向に進む粒子に z 方向に磁場の空間勾配をつけると，y 方向の磁場勾配もできてしまう。y 方向の磁場勾配は，ローレンツ力として働き，z 方向のスピン分離を隠してしまうためである。しかしながら，Rashba スピン軌道相互作用による有効磁場はこのマックスウェルの制約を受けないため，SG 効果を用いたスピンフィルターとして機能することが理論的に確認された。

4　おわりに

　半導体エレクトロニクスでは電子の持つ「電荷」の部分に着目し機能デバイス化を図ってき

第28章 電界スピン回転制御とスピンFET

た。また，これまで「スピン」を制御する手法としてスピンと強く相互作用する磁界が主に用いられてきた。高速でしかも局所的にスピンを操作するためには，磁界を用いるよりも電界を用いるほうが有利である。DattaとDasによって提案された電界効果スピントランジスタはソース強磁性体電極からスピン注入されたキャリアを電界制御可能なスピン軌道相互作用によってスピンの向きを操作しコレクタ強磁性体電極に入っていく電流を制御するものである。スピン干渉実験によって検証された電界によるスピン回転制御はスピントランジスタにおける要素技術となるものでありスピン機能化デバイスに向けての第一歩である。最近，GaAs上にエピタキシャル成長したFe電極を用いて非局所的な電気的スピン注入・検出実験に成功した報告がなされた[18]。近い将来，電界効果スピントランジスタの動作も確認されることが期待される。スピン軌道相互作用は，「スピン」と「軌道」（＝電子の流れ）が密接不可分であることを示している。スピンホール効果や電流誘起スピン偏極効果はスピン軌道相互作用が重要な役割を果たしている。このように，「電子の流れ（＝軌道）」を「スピン」により制御したり，逆に「スピン」を「電子の流れ」により制御することを考慮すると，スピントロニクスにおいてスピン軌道相互作用は今後ともますます重要な役割をはたしていくと考えられる。

文　献

1) E. I. Rashba, *Sov, Phys. Solid State*, **2**, 1109 (1960); Y. A. Bychkov and E. I. Rashba, *J. Phys.*, **C 17**, 6039 (1984)
2) Th. Schäpers, G. Engels, J. Lamge, Th. Klocke, M. Hollfelder, and H. Lüth, *J. Appl. Phys.*, **83**, 4324 (1998)
3) J. Nitta, T. Akazaki, H. Takayanagi, and T. Enoki, *Phys. Rev. Lett.*, **78**, 1335 (1997); T. Koga, J. Nitta, T. Akazaki, and H. Takayanagi, *ibid.* **89**, 046801 (2002)
4) S. Datta and B. Das, *Appl. Phys. Lett.*, **56**, 665 (1990)
5) J. J. Sakurai, Modern Quantum Mechanics (the Benjamin/Cummings Publishing Company, 1985)
6) H. Rauch, A. Zeilinger, G. Badurek, A. Wilfing, W. Bauspiess, and U. Bonse, *Phys. Lett.*, **54 A**, 425 (1975)
7) S. A. Werner, R. Colella, A. W. Overhauser, and C. F. Eagen, *Phys. Rev. Lett.*, **35**, 1053 (1975)
8) J. Nitta, F. E. Meijer, and H. Takayanagi, *Appl. Phys. Lett.*, **75**, 695 (1999)
9) T. Koga, J. Nitta, and M. van Veenhuisen, *Phys. Rev.*, **B 70**, R 161302 (2004)
10) M. J. van Veenhuizen, T. Koga, and J. Nitta, *Phys. Rev.*, **B 73**, 235315 (2006)
11) T. Koga, Y. Sekine, and J. Nitta, *Phys. Rev.*, **B 74**, 041302(R) (2006)

12) M. Koenig, A. Tschetschetkin, E. M. Hankiewiccz, J. Sinova, V. Hock, V. Daumer, M. Schaefer, C. R. Becker, H. Buhmann, anf L. W. Molenkamp, *Phys. Rev. Lett.*, **96**, 076804 (2006)
13) B. L. Al'tshuler, A. G. Aronov, and B. Z. Spivak, *JETP Lett.*, **33**, 94 (1981)
14) C. P. Umbach, C. Van Haesendonck, R. B. Laibowitz, S. Washburn, and R. A. Webb, *Phys. Rev. Lett.*, **56**, 386 (1986)
15) T. Bergsten, T. Kobayashi, Y. Sekine, and J. Nitta, *Phys. Rev. Lett.*, **97**, 196803 (2006)
16) T. Koga, J. Nitta, H. Takayanagi, and S. Datta, *Phys. Rev. Lett.*, **88**, 126601 (2002)
17) J. Ohe, M. Yamamoto, T. Ohtsuki, and J. Nitta, *Phys. Rev.*, **B 72**, 04308(R) (2005)
18) X. Lou, C. Adelmann, S. A. Crooker, E. S. Garlid, J. Zhang, K. S. Madhukar, S. D. Flexner, C. J. Palmstrom, and P. A. Crowell, *Nature Physics*, **3**, 197 (2007)

第 29 章　磁気ヘッドへの応用

上原裕二[*1], 小林和雄[*2]

1　はじめに

ハードディスク装置（HDD）の面記録密度は目覚ましく進展している。磁気記録媒体上には，情報は何本もの同心円状の磁化反転の線（トラック）となって記録されており，円周方向の記録密度を線記録密度 BPI（Bit Per Inch），半径方向の磁化反転の線記録密度をトラック密度 TPI（Track Per Inch）と呼んでいる。面記録密度はインチ平方当たりの記録されたビット数で表され，BPI と TPI の積で与えられる。

富士通㈱製の HDD ドライブの製品出荷時期と面記録密度の関係を図 1 に示す。図 1 には，各社から学会発表された面記録密度のデモンストレーション結果も合わせて載せてある。面記録密度の増加は，MR（磁気抵抗）ヘッドが採用される以前は，薄膜インダクティブヘッドを用いて年率 30 ％程度であった。1991 年頃から MR（磁気抵抗）ヘッド，PRML（Partial Response Maximum Likelyhood）信号処理方式の採用等により，年率 100 ％の記録密度の増加が実現した。そ

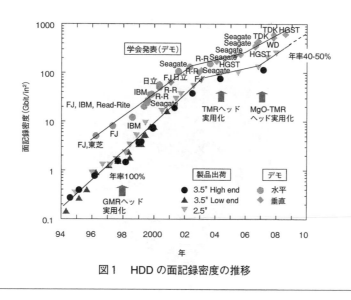

図 1　HDD の面記録密度の推移

---

*1　Yuji Uehara　富士通㈱　ストレージプロダクト事業本部　ヘッド事業部
*2　Kazuo Kobayashi　富士通㈱　ストレージプロダクト事業本部　ヘッド事業部

の後,スピンバルブ(SV)GMRヘッドの採用(1998年)や磁気記録媒体の改良等により,2002年までは年率100%の伸びが維持された。スピンバルブヘッドはスピントロニクス技術を初めて実用化したデバイスで,nmオーダの磁性薄膜を数層にわたって精度よく積層した構造を有しており,このようなデバイスが実用化できたことは当時としては画期的なことであった。しかしながら,そのSVヘッドも2000年を超えた頃から特性改善が行き詰まり,感度(MR比)の向上が限界に達した。さらに,記録ヘッドから発生する磁界強度の増加が頭打ちになってきたこと,熱揺らぎのために記録媒体上の情報が消えてしまう現象など,水平磁気記録としての物理的限界が顕在化し始め,面記録密度向上の勢いは徐々に鈍化した。このような中,2004〜2005年にかけてTMR(Tunnel MR)ヘッド,垂直磁気記録が相次いで実用化され,面記録密度は年率40〜50%の伸びを継続している。ここで特筆すべきことは,TMRヘッドの障壁層としてMgOが短期間で実用化されたことである[1,2]。これは現在の面記録密度の伸びを支えているだけでなく,今後のさらなる高記録密度化においてもその意味は非常に大きい。

本章では,先ず磁気ヘッド技術を概観し,その後磁気記録に使われているスピントロニクス技術について述べる。

2　磁気ヘッド概観

HDDの構成を図2に示す。ベースプレート,スピンドルモータ,磁気記録媒体,磁気ヘッド,アクチュエータ,回路プリント基板等からなり,この中でも磁気ヘッドおよび磁気記録媒体は情報を読み書きする機能を持つ最も重要なデバイスである。

図2　HDDの構成
(富士通製,2.5インチ M 250,400 Gbit/in^2)

第29章　磁気ヘッドへの応用

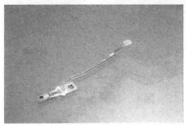

図3　磁気ヘッドウェハー，加工バーおよび完成体（HGA）

　磁気ヘッド用基板（ウェハー）およびヘッド完成体（HGA）の写真を図3に示す。基板には，硬度が高く導電性のあるセラミックスであるアルティック（$Al_2O_3・TiC$）が用いられている。磁気ヘッドのウェハープロセスは半導体デバイスと同様のフォトリソグラフィー，CMP，スパッタリング等のプロセスを採用しており，1枚のウェハーには数万個のヘッド素子が形成されている。HDDの高記録密度化とともに，記録再生を担う部分は微細な寸法が要求されており，半導体のトレンドを上回る勢いで微細化が進んでいる。現在，再生トラック幅は60 nm，記録トラック幅は80 nm程度である。

　完成したウェハーはまずバー状態に切り出され，浮上面のパターンを形成したのち，個片のヘッド（スライダ）に切断される。現在のスライダ・サイズは$0.7×0.85×0.23$ mmで，業界ではフェムト・スライダと呼ばれている。スライダはバネ性を持ったサスペンションにボンディングされたのち，アクチュエータの先端に取り付けられ記録媒体面に対向して配置される。ヘッド・媒体間の間隔を浮上量と呼び，面記録密度を上げるためには浮上量をできるだけ小さくして線記録密度（BPI）を稼ぐことが重要で，最新の製品では5 nm程度となっている。これは，スライダを長さ70 mのジャンボジェット機にたとえると，地上約0.4 mmで滑走していることに相当している。

　図4は，TMR素子部分を中心に，磁気ヘッドの構造を示した図である。TMR膜の主要部分は，自由層，MgO障壁層，固定層および反強磁性層から形成されている。反強磁性膜は固定層の磁化を素子高さ方向に固着させるために用いられており，固定層と自由層の磁化はほぼ直交している。TMR膜はトラック幅方向および高さ方向をイオンミリング法によって所定の形状に加工されている。TMR膜の両サイドには自由層の磁区を制御するために，CoPtのようなハード膜が配

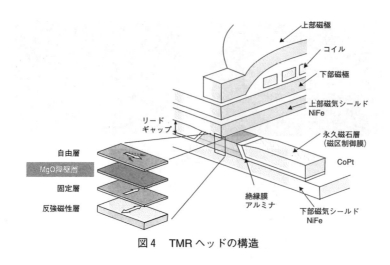

図4 TMRヘッドの構造

表1 HDD磁気ヘッドのテクノロジー・トレンド

	面記録密度（Gb/in^2）	250	400	500	800	1000
	製品出荷	2007/3 CQ	2008/4 CQ	2009/4 CQ	2011/1 CQ	2011/4 CQ
トラック幅	記録ヘッド（nm）	120	100	90	70	60
	再生ヘッド（nm）	85	70	55	45	40
TMR膜特性	MR比（％）	60	80	80	80	80
	RA（Ωμm^2）	2.0	1.1	0.6	0.4	0.3
	バリア材料	MgO	←	←	Advanced MgO	←
	反強磁性材料	IrMn	←	New IrMn	New IrMn or AF Less	←

置されている。TMR素子の上下には，再生過程での分解能を向上させる目的でNiFe（パーマロイ）からなる磁気シールドが設置されている。

表1は，今後の磁気ヘッドのテクノロジー・トレンドを面記録密度の伸びを年率40％としてまとめたものである。ここでは再生素子としてTMR膜を前提としている。TMR膜に要求される，膜としての基本特性は，RA（抵抗面積積）とMR比である。各面記録密度に対応する膜特性としてのRAおよびMR比の要求値を図5に示す。ヘッド抵抗の上限値は信号伝送系の周波数特性で決められており，現状の上限は約1kΩである。記録密度の上昇とともにヘッド素子寸法は微細化するため，今後はさらに低RAの膜が要求される。面記録密度1Tb/in^{2}ではRAは0.3Ωμm^{2}程度が要求されることになり，MgO障壁層の改良もしくは新規障壁層の開発が必要となるであろう。

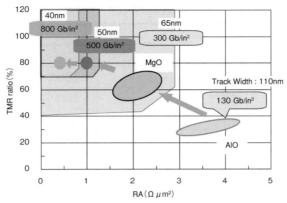

図5　各面記録密度に要求される RA と TMR 比

現在，磁気ヘッド用として実用化されている TMR 膜の MR 比は，70～80％程度である。必要な MR 比は TMR ヘッドの再生出力とノイズの関係から導くことができ，TMR ヘッドの場合のノイズ N_h は以下のように表せる[3]。

$$N_h = \sqrt{N_{mag}^2 + N_{shot}^2 + N_{amp}^2}$$

ここで，N_{mag} は TMR 膜の熱ゆらぎに起因するノイズ，N_{shot} はショットノイズ，N_{amp} は回路系のノイズである。N_{mag} および N_{shot} はそれぞれ次式で与えられる。

$$N_{mag} = \frac{I_s \Delta R \cos\theta}{H_{stiff}} \sqrt{\frac{\alpha k_B T}{\mu_0 M_s V \gamma}}$$

$$N_{shot} = \sqrt{2eI_s R_d^2 \coth\left(\frac{eV}{2k_B T}\right)}$$

ここで ΔR は TMR 素子の抵抗変化量で MR 比に相当する量，I_s はセンス電流，θ は自由層の磁化方向と磁区制御磁界のなす角度，M_s は自由層の飽和磁化，V は自由層の体積，H_{stiff} は自由層の実効的な異方性磁界で素子の形状や磁区制御磁界などを含む値である。N_h を構成する3つのノイズ成分のうち，支配的な成分は N_{mag} と N_{shot} であり，かつ N_{mag} のみが MR 比に比例する。したがって TMR ヘッドの S/N を最大にするには，N_{shot} に比べて N_{mag} が十分に大きくなるまで MR 比を上げるのが効果的である。N_{mag} の大きさは MR 比のみならず，H_{stiff} で表現される磁区制御磁界等の影響も大きく受けるため一概にはいえないが，現状の素子サイズでは MR 比が70～90％程度で S/N がほぼ飽和した領域に持っていくことが可能である。以上の考察から，今後の高記録密度化で求められている低 RA–TMR 膜においても，MR 比は80％程度が必要である。さらに，素子サイズの微細化とともに積層フェリ構造を有する固定層からのマグノイズも無視できなくなりつつあり，構造最適化によるノイズの抑制が大きな課題となってくるであろう。一

表2 TMR膜に要求される特性

	膜特性	ヘッド特性
TMR膜全体	MR比	SN
	RA	素子抵抗／安定性
	耐蝕性	ヘッド信頼性
自由層	磁歪	安定性／素子感度
	Free/Pinned Coupling (H_{in})	波形非対称／素子感度
	熱ゆらぎ	マグノイズ／SN
	スピン注入トルク	スピントルクノイズ／SN
反強磁性層	交換結合 (J_k)	安定性／マグノイズ
	ブロッキング温度 (T_B)	熱安定性／マグノイズ
障壁層	ブレイクダウン電圧 ピンホール	素子寿命／信頼性 電気的ノイズ

方，CPP-GMR膜を採用する場合には，ショットノイズはなくなるが，反面，スピン注入トルクによるノイズが加わるため，MR比としては40～50％（RA＝0.1-0.3Ωμm）が必要であると考えられている。TMRヘッドの動作時の電流密度は，大きめに見積もっても$2 \times 10^7 A/cm^2$程度であり，スピン注入トルクによるノイズはN_{mag}と比べてはるかに小さい。

TMRヘッドを実用化するためには，RA，MR比以外にもさまざまな要件を満足する必要がある。表2はTMR素子に要求される特性をまとめたものである。自由層の磁歪は素子の安定な動作に大きく影響を及ぼすため，2×10^{-6}程度に抑えなければならない。MgO障壁層のピンホールは，次節で詳しく述べるが素子寿命や電気的なノイズに大きな影響を与える。その他，当然のことではあるが耐蝕性や熱安定性は実用上，非常に重要な項目である。

3 磁気ヘッド技術

スピントロニクス技術の応用例としては，MR（Magnetoresistive）ヘッド，スピンバルブGMR（Giant Magnetoresistive）ヘッド，およびTMRヘッド等が考えられるが，MRおよびGMRヘッドに関しては旧版で詳細に説明した。従って，ここでは，現在市販のHDD用ヘッドとして100％使われているTMRヘッドのみ解説する。

面記録密度の増大のためには，1ビットの大きさが小さくなるため，磁気ヘッドの高感度化が必須となる。そのためにはよりMR比の大きい材料が必要で，スピンバルブGMRヘッドより高いMR比を実現できるTMRヘッドがHDD用ヘッドとして使われた。図6にTMRヘッドの基本

第29章　磁気ヘッドへの応用

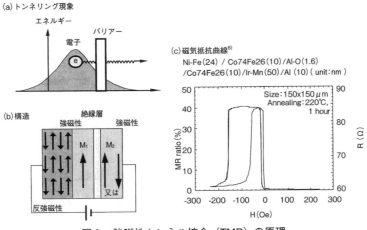

図6　強磁性トンネル接合（TMR）の原理

構造である強磁性スピントンネル接合の構成および原理を示す[4,5]。絶縁層を二枚の磁性体（自由層，および磁気的固定層）で挟んだ，SVと類似のサンドイッチ構造であるが，スピンバルブヘッドの非磁性Cu層の代わりに1nm程度と薄い絶縁層を用い，かつ電流が膜面に垂直方向に流れる点が異なる。二枚の磁性層の磁化が平行の時にトンネル電流が流れ易く抵抗が低く，反平行の時に抵抗が高くなる。

TMRは，磁性体内において磁化の向きと同じ向きのスピンを持つ電子と，反対向きのスピンを持つ電子の状態密度が異なることによって生ずる効果である。強磁性トンネル接合の強磁性層における電子の状態密度の模型を図7に示す。両磁性層の磁化が平行な場合には，下向きスピンを持った電子は，もう片側の強磁性層（磁化M_1）の空いた下向きスピンの状態にトンネルすることができるが，磁化が反平行な場合には，もう片側の強磁性層（磁化M_2）の下向きスピンの状態はすでに電子が満たされて空きがないためトンネルすることができない。したがって，すでに述べた様に，両方の強磁性層の磁化が互いに平行な場合は抵抗が低くなり，互いに反平行な場合には抵抗が高くなる。図7の例はMR比が無限大の極端な場合であり，実際のFe，Co，Ni等

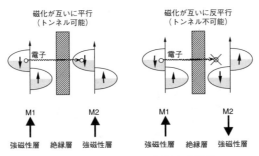

図7　トンネル電子の状態密度模型

の金属強磁性体の場合には,上向きスピンの状態と下向きスピンの状態ともに空きがあるため有限のMR比を示し,上向きスピンと下向きスピンの状態密度の差,すなわち分極率が大きくなるとMR比も大きくなる。

トンネル接合の抵抗変化率（MR比,TMRとも呼ばれている）は,Julliere[6]により,第1の磁性層と第2の磁性層の分極率をそれぞれP_1, P_2とすると,

$$\Delta R/R = 2P_1P_2/(1-P_1P_2)$$

で与えられる。分極率はNi, NiFe, Co, Feでそれぞれ0.23, 0.25, 0.35, 0.4と測定されており[7],上記Julliereの式より計算したMR比はそれぞれ11.2, 13.3, 27.8, 38.1％となり,飽和磁化の大きな磁性体を持ってくることが大きなMR比に結びつくと考えて良い。Julliereの式による計算値と室温で測定した主だった実験結果の関係を図8に示す[8]。

磁気ヘッドへの応用に関してはヘッドノイズおよび高速転送性の二点より,低抵抗化が重要な課題である。MTJは,絶縁的バリア層を持つことにより,MR比が高いにもかかわらず普通は大きな抵抗面積（RA）を示す。仮にもしRAが3Ωμm^2としても,0.1μm×0.1μmの大きさの素子では抵抗は300Ωとなってしまう。抵抗と浮遊容量はローパスフィルターを形成するので,高抵抗素子は高データレート（高周波数）の信号を通さない。したがって,TMRヘッドとして最も重要なことは,いかにその抵抗面積積RAを減らすかである。これまでRAを減らすための多くの努力がなされてきた。バリア層形成のための酸化は,電気を通すための平坦な端子面に堆積

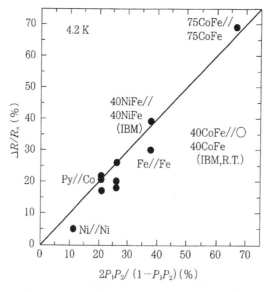

図8　トンネル接合の実験値と理論値の比較[8]

第29章　磁気ヘッドへの応用

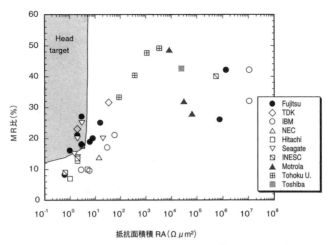

図9　MTJにおけるMR比と抵抗面積積RAの関係

された薄いアルミ（Al）層を用いて最適化される必要がある。また，膜の平坦度は，電気的ショートをなくし，低抵抗MTJを得るための非常に重要なファクターである。

図9には，Al-OバリアMTJに関して，過去10年間以上にわたって多くの研究者によって報告された，MR比と抵抗面積積RAの関係を示す。初期の研究においては数$M\Omega \cdot \mu m^2$の大きなRAであったが，現在では驚くことに，この期間に8桁ほど減少することが可能となった。しかし，ごく小さなピンホールの影響であろうか，低抵抗化とともにMR比は低下する傾向を示している。

絶縁層として低バリアエネルギー材料はRAを下げるのにまた有効である。Al-OバリアのMTJは，研究の初期段階から開発されてきたが，その後新しいバリア層材料としてのTi-OやMgOが低抵抗TMRヘッドに適していることが発見された。

3.1　各種の絶縁層材料によるTMRヘッドの磁気抵抗特性

以下に，我々が開発した低抵抗Al-OバリアMTJ，Ti-OバリアMTJ，およびMgOバリアMTJの磁気抵抗特性，および試作TMRヘッドの特性について述べる。

MTJは，通常DCスパッタリング法を用いて，表面酸化されたSiウエファかまたはメカノケミカルに研磨（CMP：Chemical-Mechanical-Polished）されたアルチック（$Al_2O_3 \cdot TiC$）基板の上に作製される。図10はそれらMTJの構造を示す。ピニング層とピンド層には，それぞれPtMn層およびCoFe/Ru/CoFeシンセティック（擬似的）フェリマグネティク層を用いた。バリア層は，1枚のウエファでバリアの厚さ依存性を把握できるように，ウエッジ型に堆積した（ウエファの場所により徐々に膜厚を変化させる）。ピンアニール温度は，14 kOeの磁場中で

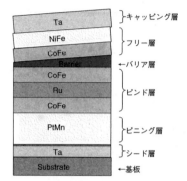

図10 ウエッジ型バリアのMTJの膜構造

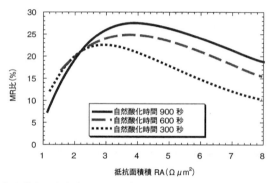

図11 自然酸化時間を変化させたときのAl-OバリアMTJにおけるMR比の抵抗面積積RA依存性

260℃，4時間行なった。MTJは従来のフォトリソグラフィ，イオンミリング，およびリフトオフプロセスを用いてパターン化した。電気特性については，四端子プローブを用いて，室温で±100 Oeの最大磁場をかけて測定した。

3.1.1 低抵抗Al-OバリアMTJの特性

三つの異なる酸化時間に対する，アルチック基板上でのAl-OバリアMTJのMR比のRA依存性を図11に示す。Al層は自然酸化法を用いて酸化した。MTJの膜構成は，Ta/PtMn/$Co_{89}Fe_{11}$/Ru/$Co_{74}Fe_{26}$/Al（0.55 w. & oxid.）/$Co_{74}Fe_{26}$（1.5）/NiFe（3）/Taである。括弧内の値はnm単位での膜厚で，"0.55 w. & oxid."はAlウエッジの平均の膜厚が0.55 nmであり，また膜形成後の引き続いての酸化処理を意味する。RAが3 $\Omega\mu m^2$で，MR比が27％のヘッドとして良好な特性が得られた。

3.1.2 Ti-OバリアMTJの特性

Ti-OバリアMTJはSeagate社がTMRヘッドとして実用化したものである[9]。三つの異なる酸化時間に対する，アルチック基板上でのTi-OバリアMTJのMR比のRA依存性を図12に示す。

第 29 章　磁気ヘッドへの応用

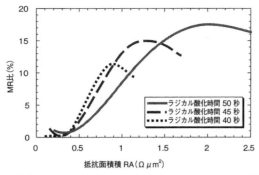

図12　ラジカル酸化時間を変化させたときの Ti–O バリア MTJ における MR 比の抵抗面積積 RA 依存性

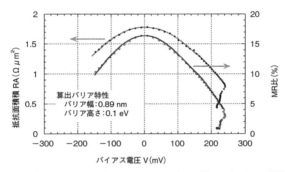

図13　Ti–O バリア MTJ における RA および MR 比のバイアス電圧依存性

この場合，Ti はラジカル酸化法により酸化した。MTJ の膜構成は，Ta/PtMn/$Co_{74}Fe_{26}$/Ru/$Co_{74}Fe_{26}$/Ti (0.45 w. & oxid.)/$Co_{74}Fe_{26}$ (1)/NiFe (3)/Ta である。Ti–O バリア MTJ はバリア高さが低いために，非常に低い RA を示す。Ti–O バリア MTJ の典型的な R–V 曲線と MR 比のバイアス電圧依存性を図13に示す。R–V 曲線を Simmons の式[10]にフィッティングすることにより，Ti–O バリア MTJ のバリア高さ 0.1 eV が得られた。この値は Al–O バリア MTJ のバリア高さである 0.5 eV よりもかなり小さな値である。また，$V_{1/2}$ は MR 比が 0 バイアス電圧の半分になる電圧で定義される。$V_{1/2}$ は約 200 mV であり，この値も Al–O バリア MTJ の 450 mV に比較して小さい。

3.1.3　MgO バリア MTJ の特性

CoFeB を磁性層にした MgO バリア MTJ は 200 % もの大きな MR 比を持つことが報告されている[11～13]。Si 基板上に形成した MgO バリア MTJ の MR 比の RA 依存性を図14に示す。MgO は MgO ターゲットを用い，RF スパッタリングにより形成した。この MTJ の膜構成は，Ta/PtMn/$Co_{74}Fe_{26}$/Ru/CoFeB (3)/MgO (1.5 w.)/CoFeB (3)/Ta である。膜堆積後，MTJ を温度 350 ℃ で熱処理した。RA が 1 k$\Omega\mu m^2$ を超えたところで 200 % の MR 比が得られた。MR 比のバイアス電圧依存性を図15に示す。600 mV の高い $V_{1/2}$ が得られている。

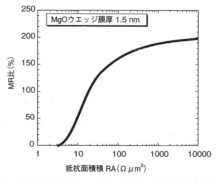

図14　MgOバリアMTJにおけるMR比の抵抗面積積RA依存性

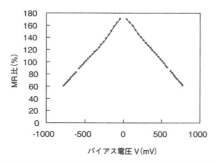

図15　MgOバリアMTJにおけるMR比のバイアス電圧依存性

　RAはMgOの膜厚を薄くすれば低くすることができる。MgO膜の平均ウエッジ膜厚を1.0 nmとしたときのアルチック基板上でのMR比のRA依存性を図16に示す。RAが$2\,\Omega\mu m^2$のとき80～100 %のMR比が得られた。

　ピンド層およびフリー層の両方にCoFeBを用いたMTJは大きなMR比が得られるものの，その保磁力Hcは25 Oeとヘッドへの応用には非常に高すぎる値である。そこで，CoFeBフリー層の代わりに$Co_{74}Fe_{26}$/NiFe複合層を用いた。これにより，CoFeBフリー層MTJに比べMR比は半分程度に低下したが，Hcは5 Oe以下に低減した。MgOの膜厚をそれぞれ0.97，1.00，および1.03 nmとしたとき（ウエッジではなく均一な膜）の，アルチック基板上でのMgOバリアMTJのMR比のRA依存性を図17に示す。このときの膜構造は，Ta/PtMn/$Co_{74}Fe_{26}$/Ru/CoFeB/MgO/$Co_{74}Fe_{26}$ (1.5)/NiFe (3)/Taである。RAが$2\,\Omega\mu m^2$で40 %のMR比が得られた。

　図18には，現在得られているMgOバリアTMRの低RA化を可能にした特性例を示す。膜構造は，Underlayer/Ru/IrMn/$Co_{74}Fe_{26}$/Ru/CoFeB/MgO/CoFeB/Ta/NiFe/Taであり，スパッタガスとしてArに10 %のNeガスを混入している[14]。反強磁性層には層厚さを薄くできるIrMnを用い，フリー層にはCoFeBとNiFeの間に0.2 nm程度の薄いTa膜を使用しMR比の低下を押

第 29 章　磁気ヘッドへの応用

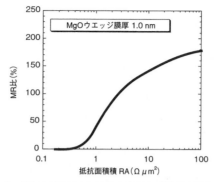

図 16　MgO バリア MTJ における MR 比の抵抗面積積 RA 依存性
（MgO 膜の平均ウエッジ膜厚を 1.0 nm としたとき）

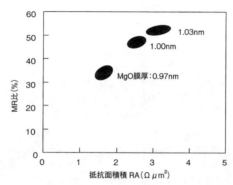

図 17　MgO バリア MTJ における MR 比の抵抗面積積 RA 依存性
（MgO 膜厚を 0.97, 1.00, 1.03 nm としたとき（ウエッジではなく均一な膜））

さえている[15]。RA が 1 $\Omega\mu m^2$ 以下でも 80〜100 ％ の MR 比が得られており，前節の膜特性への要求値を示した図 5 の様に，500 Gbit/in^2 の記録密度に充分対応可能な特性が得られている。

3.2　TMR ヘッドの実用化

100 Gbit/in^2 向けに，TMR ヘッドとして初めて Al–O バリアを使用した TMR ヘッドが実用化された。その次の世代の 130 Gbit/in^2 向けにも Al–O バリアを使用した TMR ヘッドが使われた。TMR ヘッドはフォトリソグラフィを用いパターニング後，イオンミリング，リフトオフ工程を経る従来と同等の製造装置・製造方法で作製された。TMR 素子構造は Ta/PdPtMn/CoFe/Ru/CoFe/Al & oxid. /CoFe/NiFe/Ta 膜を使用し，素子両端にはフリー層に縦バイアス磁界を印加するためのハード膜として CoCrPt を配置したアバテッドジャンクションタイプのヘッドである。130 Gbit/in^2 向けに試作した TMR ヘッドに用いた素子の膜特性は，RA が 4 $\Omega\mu m^2$，抵抗変化率が 30 ％ 程度である。図 19 は 130 Gbit/in^2 向けに試作した TMR ヘッドの浮上面形状を透過型電子顕微鏡（TEM）によって観察した結果の一例である。TMR ヘッドの素子幅は約 110 nm，素子

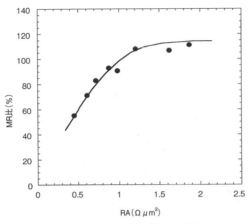

図18 MgO-TMRの低RA特性

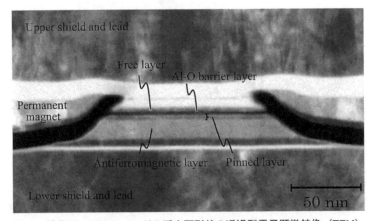

図19 試作Al-O TMRヘッドの浮上面形状の透過型電子顕微鏡像（TEM）

高さは100 nm程度である。これらの試作ヘッドに対し，バイアス電圧（V_b）として150 mVを印加して記録再生特性を評価したところ，孤立波再生出力として平均5500 μVpp程度の出力を得た。なお，記録再生特性評価に用いた媒体は残留磁束密度と膜厚の積（$B_r\delta$）が3.7 Tnm（37 G μm）のシンセティックフェリマグネティク媒体である。この再生信号出力は従来のCIP-GMRヘッドの出力に比べ約4倍程度大きく，高感度化が達成された。

さらに次の世代である200 Gbit/in^{2}向けにはMgOバリアを使用したTMRヘッドが実用化された。図20は200 Gbit/in^{2}向けに試作したTMRヘッドの浮上面形状を透過型電子顕微鏡（TEM）によって観察した結果の一例である。試作したTMRヘッドに用いた素子の膜特性は，RAが2.7 $\Omega\mu$m^2，抵抗変化率が60%程度である。やはりアバテッドジャンクションタイプのヘッドである。TMR素子には，膜厚が薄くてもピニング磁場が発生し，高密度化のための狭いシールド間

第 29 章 磁気ヘッドへの応用

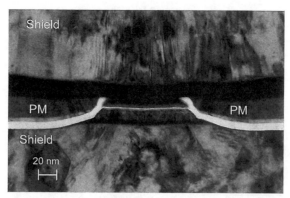

図 20　MgO–TMR ヘッドの浮上面形状の透過型電子顕微鏡像（TEM）

隔が可能な IrMn 反強磁性膜を用いている。TMR ヘッドの素子幅は約 87 nm である。これらの試作ヘッドに対し，バイアス電圧 (V_b) として 150 mV を印加して記録再生特性を評価したところ，孤立波再生出力として平均 15,000 μVpp 程度の非常に大きな出力を得ることができた。なお，130 Gbit/in^2 以上の記録密度の一部の装置では，既に水平記録方式では HDD ドライブが成り立たず，垂直記録方式が採用され始め，記録再生特性評価には垂直媒体を用いている。

3.3　TMR ヘッドの信頼性

MTJ はある一定電圧以上を加えると破壊する。その電圧は絶縁破壊電圧と呼ばれる。その一例を図 21 に示す。ごく薄い絶縁層を持った MTJ では，トンネルバリアー層におけるピンホールがその信頼性を左右する。ここでは，TMR 膜のピンホール数密度，および TMR 膜の寿命について述べる。

3.3.1　TMR 膜のピンホール数密度

RA が 3.5 Ωμm^2 である Al–O バリア TMR 膜を，サイズ 0.28 μm^2 に加工した素子を用いて，図 21(a)に示すごとく電圧印加時間 1 sec，20 mV ステップにてストレス電圧を印加する耐圧試験を行い，その結果（二つの素子）を図 21(b)に示す。二素子の絶縁破壊電圧は必ずしも一致しない。素子数を増やし測定を行い，素子の破壊電圧の分布を求めた結果を図 21(c)に示す。素子の破壊電圧が高い 700〜750 mV 付近と低い 450〜500 mV 付近にピークが見られ，二つの状態に分けられることが分かった[16,17]。アルミナ薄膜の絶縁耐圧は通常 10 MV/cm 程度であり，トンネルバリアー層の厚さは 0.8 nm 程度であるので，欠陥のないトンネルバリアー層の絶縁耐圧は 800 mV 程度と見積もられる。従って，破壊電圧が高い状態は素子にピンホールがない状態（無欠陥状態と仮定），破壊電圧が低い状態はピンホールがある（欠陥がある）状態と考えられる。そこで，RA の異なる種々の TMR 膜サンプルを用意し，各種のサイズに加工した素子の耐圧試験を

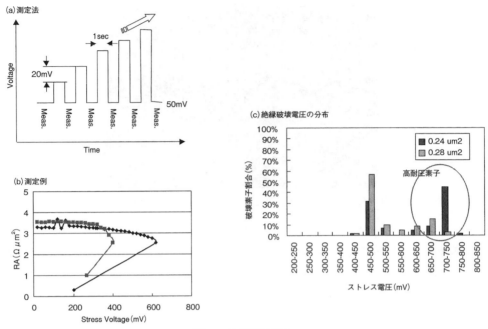

図21　絶縁耐圧測定

行った。破壊電圧が高い状態の発生確率をイールドとし，RAを変えた膜において，イールドを素子面積に対してプロットした結果を図22に示す。

ピンホールは平均密度D（個/μm^2）で分布すると仮定すると，加工された微小面積A（μm^2）の素子における平均ピンホール数はDA（個）で与えられる。ピンホール数が充分小さいとすると，微小面積Aの素子中にピンホール数がk個存在する確率P（k）はポアッソン分布に従うことが知られており[18]，

$$P(k) = \frac{DA^k}{k!} \times e^{-DA}$$

で与えられる。従って，ピンホールがまったく含まない素子の存在確率は，

$$P(0) = e^{-DA}$$

となる。この式を用い，図22のデータにフィッティングをかけることにより，各種のTMR膜の平均ピンホール密度Dが決定される。

絶縁層にピンホールがあると，通電時に電気ノイズと呼ばれている，間欠的に突発性ノイズの発生することが知られている[19]。原因はまだ完全に究明された訳ではないが，S/Nが劣化するためヘッドとしては好ましいものではない。

第29章 磁気ヘッドへの応用

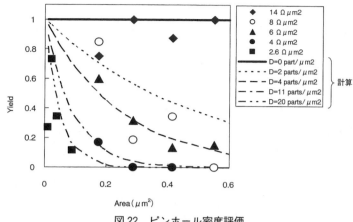

図22 ピンホール密度評価

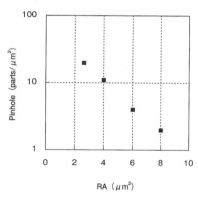

図23 ピンホール密度のRA依存性

フィッティングにより決定されたDとRAの関係を図23に示す。RAが低下するにつれピンホール密度は増大傾向を示しており，HDDの面記録密度が高密度になるほど，素子自体の大きさが微細化されるものの，より平均ピンホール密度Dの少ないTMR膜の開発が必要であるかが分かる。それには，質の良い絶縁層およびプロセス開発が必須となる。

3.3.2 TMR膜の寿命

これまでに見た様に，TMR膜は電圧をかけ過ぎると破壊してしまう。TMR膜は磁気ヘッドとして実用に耐え得るのであろうか。この問題を調査するために，次に述べるショートタイムテストとロングタイムテストよりTMR膜の寿命予測を行った。ショートタイムテストは，実際のヘッドに1μsecおよび1ms，1secの微小パルス幅の電圧を，電圧を変え徐々に加えた場合のヘッド破壊電圧TTF（Time to Failure）を測定した。ロングタイムテストとしては，測定電圧で通電し続け，その時の破壊電圧TTFを測定した。

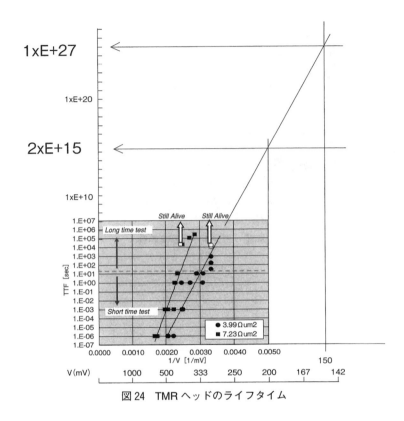

図24 TMRヘッドのライフタイム

RAが7.23および3.99 $\Omega\mu m^2$のAl-OバリアTMR膜に対して測定し，1/Vにより整理[20]した結果を図24に示す。図中の白抜き印は，まだ破壊されずに生き延びている接合を示している。図24には，TTFの平均的な線を引き，その線を延長して200 mV（1/V=0.005）および150 mV（1/V=0.0067）でのTTFの推定値が示されている。200 mVでは2×10^{15}秒（6.3×10^7年），150 mVでは1×10^{27}秒（3.2×10^{19}年）の寿命を持つこととなり，通常のHDDの補償寿命5年に比較して充分な寿命があると言える。MgO-TMR膜でも同じ様な結果が得られているが紙面の関係で省略する。

以上のことより，TMRヘッドは高電圧をかけず，200 mV以下の動作電圧で使用する限りにおいては充分な寿命を持ち，実用に耐えうる。

4 おわりに

以上，磁気記録技術の概観から始まり，スピントロニクスの磁気ヘッドへの応用の具体例および現状について述べた。磁気ヘッドはスピントロニクスのテクノロジーそのものであり，それな

第 29 章 磁気ヘッドへの応用

くしてはかくなる発展は難しかったであろう。HDD 産業は，2008 年において，ワールドワイドに約 3 兆 3 千億円，台数ベースでは約 5 億 4 千万台の市場規模を誇っている。HDD の面記録密度は，MR およびスピンバルブ GMR ヘッドの採用により約年率 100 ％増加，その後の TMR ヘッドの採用（垂直記録との併用）により約年率 40～50 ％増加できており，スピントロニクスはそれを支える技術であった。今後は寸法的限界や物理的限界のためにかなり困難になりつつあると思われるが，新しいスピントロニクス技術の開発により，今後も 1 Tbit/in^2 の面記録密度を越えて増大し続けるだろう。磁気記録はこれまで各種の困難を乗り越えて目覚ましい発展を遂げてきており，今後も AV，ブロードバンド時代を睨みつつ発展し続けるものと期待される。

文　献

1) S. Yuasa, Y. Suzuki, T. Katayama, and K. Ando, *Appl. Phys. Lett.*, **87**, 242503 (2005)
2) K. Tsunekawa, David. D. Djayaprawira, M. Nagai, H. Maehara, S. Yamagata, and N. Watanabe, *Appl. Phys. Lett.*, **87**, 072503 (2005)
3) 椎本正人，片田裕之，中本一広，星屋裕之，幡谷昌彦，難波明博，日本応用磁気学会誌，**31**, 54, (2006)
4) M. Sato and K. Kobayashi, *IEEE Trans. Magn.*, **33**, 5, 3553 (1997)
5) H. Kikuchi, M. Sato, and K. Kobayashi, *J. Appl. Phys.*, **87**, 9, 6055 (2000)
6) M. Julliere, *Phys. Lett.*, **54 A**, 225 (1975)
7) R. Meservey and P. M. Tedrow, *Phys. Rep.*, **238**, 4, 173 (1994)
8) 宮崎照宣著，「スピントロニクス」，日刊工業新聞社，2004 年 4 月
9) Z. Gao, S. Mao, K. Tran, J. Nowac, and J. Chen, United States Patent, US 6,791,806 B 1, Sept.14, 2004
10) J. G. Simmons, *J. Appl. Phys.*, **34**, 6, 1793 (1963)
11) S. S. P. Parkin, C. Kaiser, A. Panchula, P. M. Rice, B. Hughes, M. Samant, and S. H. Yang: *Nat. Mater.*, **3**, 862 (2004)
12) S. Yuasa, T. Nagahama, A. Fukushima, Y. Suzuki, and K. Ando, *Nat. Mater.*, **8**, 868 (2004)
13) D. D. Djayaprawira, K. Tsunekawa, M. Nagai, H. Maehara, S. Yamagata, and N. Watanabe, *Appl. Phys. Lett.*, **86**, 092502 (2005)
14) K. Noma, K. Komagaki, K. Sunaga, H. Kanai, Y. Uehara, and T. Umehara, *IEEE Trans. Magn.*, **44**, 11, 3572 (2008)
15) 佐藤雅重，梅原慎二郎，芦田裕，小林和雄，公開特許公報 2006-319259, 2006 年 11 月 24 日
16) K. B. Klaassen, X. Xing, and J. C. L. Peppen, *IEEE Trans. Magn.*, **40**, 1, 195 (2004)
17) 加々美健朗，桑島哲哉，蜂須賀望，笠原寛顕，佐藤一樹，太田尚樹，三浦聡，上杉卓己，高橋法男，金谷貴保，稲毛健治，直江昌武，清野浩，猿樹俊司，茨田和弘，長井健太郎，

照沼幸一, 福田一正, 小林敦夫, 日本応用磁気学会第 134 回研究会資料, 141 (2004)
18) F. R. コナー原著, 広田修訳, 「ノイズ入門」, 森北出版, 1985 年 7 月
19) S. Saruki, H. Kiyono, K. Fukuda, T. Kuwashima, N. Hachisuka, K. Inage, T. Kagami, T. Uesugi, S. Miura, K. Barada, N. Takahashi, N. Ohta, N. Kasahara, K. Sato, T. Kanaya, and A. Kobayashi, Digests of Intermag 2005 held at Nagoya in Japan, FB 06, p.613.
20) P. Wong, K. Inage, A. Lai, E. Leung, and T. Shimizu, *IEEE Trans. Magn.*, **42**, 2, 232 (2006)

第30章　MRAMからスピンRAMへ

與田博明[*]

1　はじめに

　図1に，既存のメモリ，PRAM (Phase-change Random Access Memory)，スピン注入書き込みMRAMを（アクセス＋書き込み）時間vs.容量マップに整理した。高速で書き換え回数制限の無いものはワークメモリとして，大容量のものはストレージとして広く使用され，それぞれ数兆円の二大市場を形成している。ストレージはその誕生からずっと不揮発であるが，ワークメモリはDRAMの誕生以来揮発性となっていた。2006年にフリースケールセミコンダクター社から4MビットのMRAM書き込みMRAM (Magneto-resistive Random Access Memory) が製品化され，容量は小さいながらも不揮発性ワークメモリが誕生した[1]。同年には図2に示すような16MビットのMRAMが開発された[2]。次第にワークメモリの不揮発化が進展していくことが予想される。

　しかし，依然としてもっとも広く使用されているワークメモリはDRAM (Dynamic Random Access Memory) である。近年携帯機器でも画像・動画が利用されるようになり，ワークメモリもある程度の容量が必要となっているからである。DRAMは揮発性なので休止状態から電源を入れた段階ではなんの情報も蓄えていない。電源をいれ，ストレージから情報を読み出してその情報をDRAMに書き込んで初めて，機器が使用可能となる。PCではこの時間が1分以上かかるた

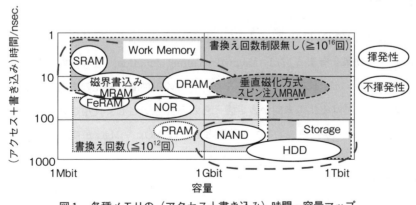

図1　各種メモリの（アクセス＋書き込み）時間―容量マップ

---

[*]　Hiroaki Yoda　㈱東芝　研究開発センター　LSI基盤技術ラボラトリー　研究主幹

スピントロニクスの基礎と材料・応用技術の最前線

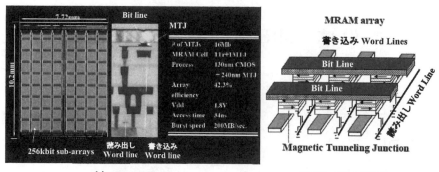

(a) 16Mbit MRAM　　　　(b) アレイ部の概念図

図2　16 Mbit MRAM と MRAM アレイ部の概念図

め電源を入れたままにする場合が多く，その結果膨大な電力を浪費している。また，DRAM は使用中にもデータが消えてしまうので，数十 msec. 毎にデータを書き直す（リフレッシュ）必要があり，使用時にも多くの電力を消費している。DRAM と同程度の容量の不揮発性ワークメモリがあれば電源を切っても情報は失われないために，電源を入れると同時に機器を使用できる。不要なときには電源を切って，必要なときだけ電源を入れて使用できるので，膨大な省電力化がはかれる。また，使用時においてもリフレッシュする必要がないため，使用時の消費電力ですら 1/10 程度に低減できる。このように，DRAM と同程度の容量の不揮発性ワークメモリを実現することは利便性のみならず，環境面でも大きな効果をもたらす。そこで，現在では G ビット超を狙って，スピン注入書き込み原理を用いた大容量化の検討が行われている[3〜11]。

2　動作原理

図2に示すように MRAM は Bit Line と Word Line の交点の記憶セルとして TMR（Tunnel Magneto-Resistance）効果を有する MTJ（Magnetic Tunnel Junction）を用いている。MTJ はトンネル障壁とこれを挟持する二枚の磁性層からなり，一方の磁性層は磁化の方向が固定された参照層として，他方の磁性層は磁化の方向が書き換えられる記憶層として使用される。現在は，磁性層としては通常 Ni，Fe，Co 合金，トンネル障壁としては AlOx や MgO が使用されている。

2.1　記憶保持原理

図3に示すように，記憶層の磁化の向きに対してデータの"0"と"1"を対応させる。不揮発性をもたせるためには"0"の状態と"1"の状態の間にはエネルギーバリア（記憶保持エネルギー）が必要である。10 年間の不揮発性をもたせるためにはこのエネルギーバリアの大きさを

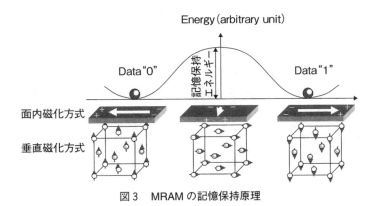

図3　MRAMの記憶保持原理

$60\,k_BT$ 程度とする必要がある（k_B はボルツマン定数，T は絶対温度）。記憶保持エネルギーの付与方法としては形状の異方向性を用いる面内磁化方式と結晶格子の異方向性等を用いる垂直磁化方式とがある。

面内磁化方式では MTJ を横長形状とし，長辺方向と短辺方向で静磁エネルギーの差を発生させ，これを記憶保持エネルギーとして利用する。

垂直磁化方式では結晶格子の異方向性により，原子の磁化の方向が垂直方向を向く場合と膜面内にある場合で磁気エネルギーの差が発生し（結晶磁気異方性エネルギー），これを記憶保持エネルギーとして利用する。結晶磁気異方性エネルギーの大きさは $10^7\mathrm{erg/cc}$ 程度と非常に大きいため，MTJ を 10 nm 程度に微細化しても $60\,k_BT$ 程度の記憶保持エネルギーを確保できる。これが，垂直磁化方式が MRAM の高集積化に向く理由のひとつである。

2.2　書き込み原理

MRAM の書き込み原理には図4に示すように(a)磁界書き込みと(b)スピン注入書き込みの二つがある。前者はすでに実用化されており，後者は大容量化のブレイクスルーを狙って現在活発に研究・開発されている。

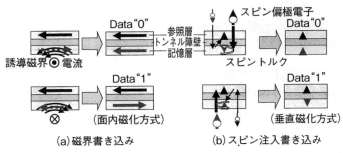

図4　MRAM の書き込み原理

磁界書き込み原理では，MTJに近接して配置された書き込み配線に電流を流して誘導磁界を発生させ，これを利用してMTJの記憶層の磁化を誘導磁界の向きに書き込む。

スピン注入書き込み原理ではスピン偏極した電子をMTJの記憶層に注入し，MTJの記憶層の磁化に偏極方向のスピントルクを発生させ，同方向に磁化を反転させる[12]。磁性体中を流れる電子のスピンは一般に偏極しており，一方のスピンをもつ電子（Majority）の数がもう一方のスピンをもつ電子（Minority）よりも多く存在する。図4の(b)ではMajority電子を太い矢印で，Minority電子を細い矢印で示している。Data "0" の書き込みにおいてはスピン偏極した電子を参照層から記憶層に注入する。参照層のMajority電子のスピンが記憶層の磁化にトルクを与えてその磁化を反転させる。Data "1" の書き込みにおいてはスピン偏極した電子が記憶層から参照層に注入される。この場合，Minority電子のトンネル確率が低いためMinority電子が記憶層内に蓄積し，自分自身にトルクを与えてその磁化を反転させる。この様子を図4の(b)ではMinority電子が反射しているように図示している。

2.3 読み出し原理

図5の(a)に垂直磁化方式のMgOトンネル障壁を有するMTJを示す。以前はアモルファスAlOxがトンネル障壁として用いられていたが，MgOトンネル障壁が発見され400–500 %の大きな抵抗変化率が得られるようになった[13,14]。集積化に向く垂直磁化方式でも100 %を超える抵抗変化率が報告されるようになってきている[8]。MTJは，同図(b)に示すように各々の磁化が平行の場合に小さな抵抗値（Data "0" に対応）を，反平行の場合に大きな抵抗値（Data "1" に対応）をとる。

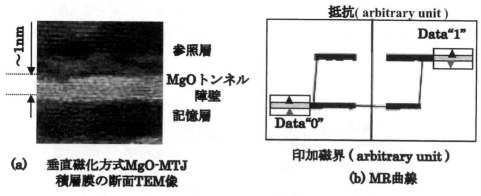

図5　MRAMの読み出し原理

3 磁界書き込み MRAM

図6の(a)に書き込み原理として誘導磁界を利用した磁界書き込み MRAM の単位セルを示す。MTJ の形状を横長形状とする必要があること，しかも磁化反転磁界のバラツキを制御するためには多少複雑な横長形状としなければならないこと，また誘導磁界を発生させる2本の書き込み配線が必要であるため，同図に示すように $11\,F^2$ 程度の比較的大きなセルサイズとなる（F：Feature Size, 配線のハーフピッチとほぼ同等）。DRAM のセルサイズは $6\text{--}8\,F^2$ であるため，残念ながら DRAM を置き換えることは困難である。

読み出しにおいては選択 Transistor を ON にして，MTJ の抵抗値を測定する。書き込み時は直交するふたつの書き込み配線（Bit Line と Word Line，同図(b)では赤で表示）に電流を流し，x 軸・y 軸と 45°方向に合成磁界を発生させて書き込む。図7に示すように，選択されたセルには合成磁界が印加され，磁化反転閾値を超えるため情報を書き込むことができる。片方の磁界だけでは磁化反転閾値を超えないため，選択されたセルのみ書き換えることができる。しかし，この閾値曲線がセル毎にばらつくと一方の磁界のみで書き換わるセルが出てくる。一方の磁界のみ印加されるセルを半選択セルと呼ぶが，この半選択セルの誤書き込みの問題が長らく MRAM の実用化を阻害していた。

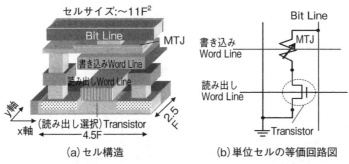

(a) セル構造　　(b) 単位セルの等価回路図

図6　磁界書き込み MRAM の単位セルとその等価回路図

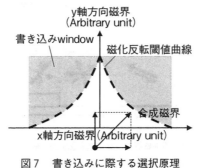

図7　書き込みに際する選択原理

3.1 誤書き込み防止技術（Disturb Robust 技術）

誤書き込みを防止する技術を Disturb Robust 技術と呼ぶ。この技術としてサブチェンコ switching が提案された[15]。図8にその概要を示す。この switching では，同図(a)に示すように記憶層としてシンセティック記憶層と呼ばれる NiFe/Ru/NiFe 積層膜を使用する。Ru の厚さを適切に設定すると RKKY 相互作用と呼ばれる金属磁性層間の交換相互作用が上下の磁性層の磁化を反平行にするように働く。このシンセティック記憶層に弱い磁界を印加しても二枚の磁性層の磁化が受けるトルクが相殺するためになんの変化も起きないが，フロップ磁界と呼ばれる磁界より大きな磁界を印加すると同図(c)に示すように印加磁界を挟むような磁化配列をとる。印加磁界を45°ずつ四回回していけばシンセティック記憶層の磁化を180°回すことができる。この様子を同図(c)に示す。この switching においては同図(a)に示すように MTJ の長辺を x 軸と45°傾けて配置し，まず一方の書き込み配線のみに電流を流してフロップ磁界以上の磁界を y 方向に発生させる。次に同様にもう一方の書き込み配線にも電流を流して x 方向の磁界も発生させ，45°の方向に合成磁界を印加する。今度は y 方向の磁界を取り去り x 方向の磁界のみ残す。最後にすべての磁界を取り去ると，それぞれの磁化は長辺方向に向くので，結果的に磁化を180°回転させることができるわけである。この switching のよさは，同図(b)に示すような磁化反転閾値曲線にある。一方の磁界のみ印加される半選択状態（x or y 軸方向）では，反転閾値が存在しないため誤書き込み（Disturb）が発生しない。また，半選択状態では磁化反転のエネルギーバリアが増大し，Disturb に非常に強くなっている。この switching を利用し，2006年に4Mビットの MRAM が製品化された。

しかし，この switching は同図(b)に示すように通常の switching（破線）と比べると磁化反転閾

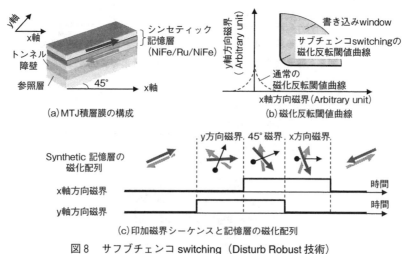

図8 サブチェンコ switching（Disturb Robust 技術）

値が大きく，その結果 10 mA を超える大きな書き込み電流を必要とし，大容量化に際して課題を残すこととなった。

そこで，電流値を増大させないで誤書き込みを解消する switching が検討された。図9にその一例を示す。この switching は磁化過程制御 switching と呼ばれる[16]。この switching ではプロペラ形状のような特殊な形状をもつ MTJ が用いられる。その磁化分布は磁界印加がない状態では MTJ 内で不均一（横に寝た S 字状）となる。これに x 方向と 45°方向の合成磁界を印加すると均一な磁化分布をとり，比較的小さな閾値磁界により磁化反転する。一方，x 方向の磁界を印加した場合は，その磁化分布が誇張された S 字状態となるためその内部エネルギーが増大し，反転しづらくなる。その結果，x 方向の磁界が印加される半選択状態のセルの誤書き込みの解消に大きな効果があった。図2に示す 16 M ビットの MRAM ではこの switching が採用された。その結果，書き込み電流値が 4-5 mA 程度に低減され，42.3％のアレイ占有率と 1.8 V の低電圧駆動が実現された。その後，X 方向だけでなく，y 方向の磁界が印加された半選択セルの誤書き込みも解消した新しい磁化過程制御 switching も提案されている[17]。

また，図10(a)に示すように，ビット毎に書き込み選択トランジスタを設けて半選択セルを無くす試みもされている[18]。同図でも書き込み時に通電されている配線はグレーで示している。当然のことながら，この方法はセルサイズが大きくなるディメリットがあるが，nsec. レベルの高速書き込みが出来るメリットをもっているため，混載 SRAM の代替を狙って開発が進められている。この方式では書き込み配線が一本でよいため書き込み配線を MTJ に近接して配置でき，1 mA 程度の書き込み電流値とすることができる。しかし，1 mA 程度の電流を供給するためには Transistor の幅も 1 μm 程度必要であり，より大きな市場を狙うためには書き込み電流値をさらに低減していくことが必要である。

さらには，図10(b)に示すように，8〜32 ビット毎に書き込み選択 Transistor を設け，その

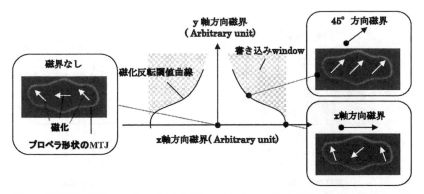

図9　磁化過程制御 switching による Disturb Robust（誤書き込み防止）技術の一例

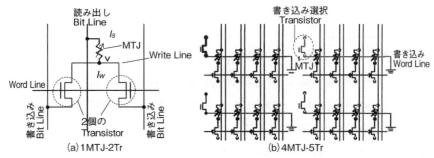

図10 書き込み選択トランジスタを設けたMRAMの例

Transistorにつながれた記憶セルはすべて書き込む方式も提案されている[19]。この場合は書き込み選択Transistorの大きさを小さくするため，Word Line電流を小さく，Bit Line電流は大きく設定される。

このように磁界書き込みMRAM技術は2001-2006年の間に目覚ましい進歩を遂げ，256 Mbit程度までの大容量化の可能性ができた。しかし，書き込み電流により発生させる誘導磁界は空間に漏洩するため書き込み効率の向上には限度があり，Gbit級の大容量化は困難であると考えられている。

4 スピン注入MRAM

前述のように，磁界書き込み原理を用いたMRAMはGbit級の大容量化は困難であるため，スピン注入書き込み原理を用いたMRAMの研究開発が活性化している。

スピン注入MRAMの単位セルを図11に示す。この書き込み原理では，読み出し・書き込みともに選択TransistorをONにして，記憶セルを選択する（書き込み時に通電されている配線は赤で示している）。よって，半選択セルは存在しない。また，誘導磁界を発生させる書き込み配線

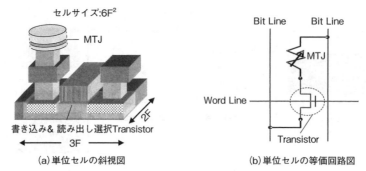

図11 スピン注入MRAMの単位セルとその等価回路図（垂直磁化方式の例）

第30章 MRAMからスピンRAMへ

がないため，同図に示すようにDRAMと同等の$6F^2$の微細なセルサイズが実現できる．微細な選択Transistorで流せる電流には限度があるため，書き込み電流値をその限度以下に低減することが必要となる．Gbit級の大容量化のためにはFを65 nm程度にする必要があり，利用可能な書き込み電流値は通常30–40 μA（電流密度 1×10^{-6} A/cm^{2}以下）程度となる．

スピン注入書き込み原理では電子の漏洩はないため高効率な書き込みが実現すると期待されたが，通常の面内磁化方式のMTJでは100 μAを超える反転電流値となり，Gビット級の大容量化はまったく不可能と思われた．

2005年に図12の(a)に示すような磁化の方向をMJTの膜面と垂直方向にする垂直磁化方式のMTJを用いたスピン注入書き込みMRAMが提案された[13]．同図(b)には面内磁化方式のスピン注入磁化反転の様子を示す．スピン注入により磁化を反転させる際，磁化の歳差運動が増大し，磁化が垂直成分をもたなければならない．このときのエネルギーバリアは記憶保持エネルギーに比べて一桁以上大きいため，面内磁化方式のスピン注入磁化反転はエネルギー的には非常に効率が悪いと言える．一方，垂直磁化方式の場合は同図(a)に示すようにスピン注入により磁化を反転させるために超えなければならないエネルギーバリアは記憶保持エネルギー（$60 k_BT$程度）と同じであり，非常に効率がよいのである．その結果，垂直磁化方式の反転閾値電流（Icp）は同図中の①のように記述できる．面内磁化方式の反転閾値電流（Icl）は同図中の②のようになり，カッコ内の第二項の分だけ大きくなる．ここに，eは電子の電荷，$\hbar$はディラック定数，αはダンピング定数，$g(\theta)$はスピン注入効率，θは参照層と記憶層の磁化のなす角度である．

このように垂直磁化方式のMTJは反転閾値電流を大きく低減できる可能性をもつのであるが，垂直磁化方式のMTJを作成することが非常に困難だった．特にMgOトンネル障壁を用いる

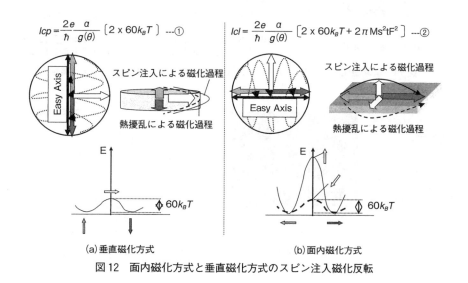

(a) 垂直磁化方式　　　　(b) 面内磁化方式

図12　面内磁化方式と垂直磁化方式のスピン注入磁化反転

場合,MgO の格子定数と垂直磁化膜の格子定数の差が大きいこと等の理由があり,その作成例は皆無であった。

2007 年の IWFIPT(7 th International Workshop on Future Information Processing Technologies)で垂直磁化方式により低電流化できることと,初めて垂直磁化方式の MTJ を用いたスピン注入磁化反転の成功例が報告された(図13)[4]。その直後にはその詳細が報告された[5]。これを図 14 に示す。この場合,1 kOe を超える大きな保持力を有する垂直磁化膜をたった 3.5×10^6 A/cm^2 の電流で反転させることに成功している。その後も人工格子系の垂直磁化 MTJ により同程度の電流密度でのスピン注入磁化反転が報告され,垂直磁化方式の優位性が確認された[6]。2008 年には図 15 に示すように直径 50 nm の垂直磁化方式 MTJ を用いた 1 kbit の垂直磁化方式

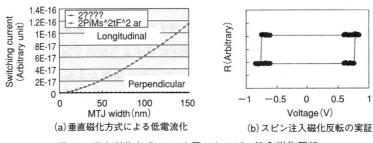

図 13 垂直磁化方式 MTJ を用いたスピン注入磁化反転

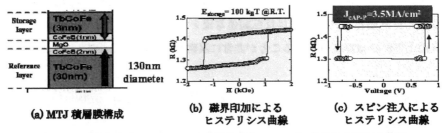

図 14 垂直磁化方式 MTJ を用いた低電流密度でのスピン注入磁化反転の実証

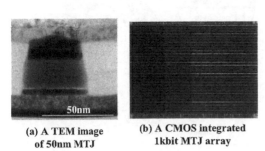

図 15 微細 MTJ を用いた 1 kbit の垂直磁化方式スピン注入 MRAM

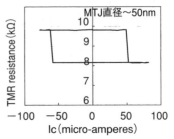

図 16 垂直磁化方式 MTJ の低電流密度でのスピン注入磁化反転

スピン注入 MRAM の開発も報告された[7]。さらには図 16 に示すように MTJ のサイズを縮小することによって 50 µA と非常に小さな電流でスピン注入磁化反転を起こすことが出来ることが報告され，Gbit 級の大容量化も現実のものに近づいている[9,10]。

5　スケーラビリティー

垂直磁化方式の MTJ では，微細化による反転電流値の低下のほうが，記憶保持エネルギーの低下よりは大きいことが報告された[11]。その結果，不揮発性を保持して反転電流値を低減できるため，直径 40 nm の MTJ を用いれば 30 µA 以下の電流でスピン注入磁化反転を起こすことができると予想されている。図 17 に CMOS トランジスタのドライブ電流（Id）と垂直磁化方式の反転閾値電流（Ic）の Feature size 依存性を示す。ともに同程度の減少傾向を示すため，65 nm（1 G ビット程度）の Feature Size で MRAM が開発されれば 10 nm の Feature Size での設計も原理的には成り立つ。10 nm の Feature Size で $6F^2$ のセルサイズが実現すれば 50 G ビットを超える大容量化が可能となる。このように，垂直磁化方式のスピン注入 MRAM は非常に良好なスケーラビリティーを有しているといえる。

6　おわりに

磁界書き込み MRAM においては Disturb Robust 技術が開発され，その結果 MRAM が製品化された。その後，大容量化を目指してスピン注入書き込み MRAM の研究が活性化し，垂直磁化方式の提案により最大の課題である書き込み電流値の低減に目処が立ってきた。最近では，数 msec. のパルス幅ではあるが，10 µA 未満の反転電流値も報告されている。垂直磁化方式は非常に良好なスケーラビリティーを有するため，バラツキを制御する技術さえ構築できれば，低消費

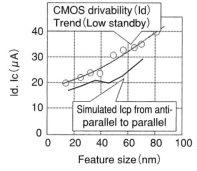

図 17　垂直磁化方式スピン注入 MRAM のスケーラビリティー

電力化が必要な携帯機器分野のみならず，DRAM 代替応用としても使用されることになるはずである。

謝辞

本研究の一部は NEDO の委託研究によってなされたものである。

文　献

1) M. Durlam *et al.*, IEDM Technicql Digest 2003, p 995
2) H. Yoda *et al.*, *IEEE Trans. Magn.*, **42**, p.2724 (2006)
3) Y. Huai *et al.*, *Appl. Phys. Lett.*, **84**, 3118 (2004)
4) H. Yoda *et al.*, 7th IWFIPT, Session Ⅲc
5) M. Nakayama *et al.*, *J. Appl. Phys.*, **103**, 07 A 710 (2008)
6) T. Nagase *et al.*, American Physical Society March meeting 2008, New Orleans
7) H. Yoda *et al.*, Intermag 2008 digest book, FA-04, pp.1024
8) M. Yoshikawa *et al.*, Intermag 2008 digest book, AC-01 (2008)
9) H. Yoda *et al.*, Meeting Abstracts MA 2008-2, PRIME 2008, abs. 2108
10) T. Kishi *et al.*, IEDM 2008 digest, 12-6
11) T. Kai *et al.*, 第 32 回日本磁気学会学術講演会, 15 pB 9
12) J. Slonczewski, *Phys. Rev.*, **B 39**, 6995 (1989)
13) Miyazaki and N.Tezuka, *J. Magn. Magn. Mater.*, **139**, L 231 (1995)
14) Yuasa, *et al.*, *Nature Materials*, **3**, p.868 (2004)
15) L. Savtchenko *et al.*, U. S. Pat. 6, 545, 906
16) T. Kai *et al.*, Japanese Patent, P 2004-12806
17) M. Nakayama *et al.*, *IEEE Trans. Magn.*, **42**, p.2724 (2006)
18) N. Ishiwata *et al.*, 214th ECS Meeting digest, E-08, Abst.# 2106
19) W. Reohr, US patent 6, 335, 890

第31章 Racetrack Memory

林　将光[*1], Stuart S. P. Parkin[*2]

1　序論

　Racetrack memory[1,2]とは，近年米国IBM社より提唱された3次元型の次世代メモリである。現在の情報記録メディアは，磁気記録を用いるハードディスクドライブ（HDD）と，半導体エレクトロニクスを主体としたランダムアクセスメモリ（RAM）に大きく分けられる。HDDは大容量の記録が可能であり，特に単位ビットあたりのコストがRAMのおよそ100分の1以下であるため，大容量記録デバイスの主流となっている。一方でRAMは，HDDと比較すると高速で動作し，信頼性も高いため，コンピュータ内の一時記録素子（メモリ）などに使われている。HDDと同等の容量を持ち，かつRAMのように信頼性が高く，高速で動作するメモリが実現可能となれば，コンピュータのアーキテクチャは大幅に簡素化できる。

　Racetrack memoryは，これまでの情報記録媒体で使われていない基板の上の空間を利用することによって，固体メモリでありながら大容量記録が実現できる構造を持つ。基板から垂直に伸びた強磁性体細線において，細線内の磁区の磁化方向を情報の単位記録ビットに用いる。情報の読み込みや書き込みなどの操作を行うにあたっては，記録ビット自身を読み込み・書き込み素子まで動かし，その操作を行う。読み込み・書き込み素子が記録ビットに向かって動いていくHDDとは逆の構成を成しており，またHDDと違って，記録ビットの運動は強磁性体の磁化変化に相当するため，機械的に動くパーツがない。3次元型の固体メモリを作製することによって，HDDとRAMの長所を併せ持つ大容量，高速，高信頼性メモリの実現が可能となる。

　記録ビットを動かすメモリは一般的にシフトレジスタと呼ばれている。Racetrack memoryでは強磁性体細線中に多数の磁区を挿入し，各磁区の磁化が記録ビットの役割を担う。隣接する磁区の間には磁壁が存在し，記録ビットを動かすことは，細線中に連なった磁壁を移動させることに対応する。磁壁の移動は，強磁性体細線中に電流を流すことで可能であることが近年発見された。このような，電流による磁壁の移動は，スピントランスファー[3,4]と呼ばれる，強磁性体中の磁気モーメントを形成する局在電子と，スピン分極電流を形成する伝導電子との交換相互作用

[*1] Masamitsu Hayashi　(独)物質・材料研究機構　材料ラボ　主任研究員

[*2] Stuart S. P. Parkin　IBM Almaden Research Center

によって起こる。強磁性体細線中の磁壁を電流を用いて動かす試みは，スピントランスファー理論が提唱された1996年以降，活発化した[5~9]。

2　電流駆動による磁壁の移動

電流駆動による磁壁の移動と，従来用いられてきた磁場による磁壁の運動の大きな違いは，細線中に2個以上の磁壁が存在した場合に顕著に現れる。図1にNiFe細線の磁化構造を模式的に表したものを示す。NiFe（パーマロイ：$Ni_{81}Fe_{19}$）のように，結晶磁気異方性が形状磁気異方性よりも小さいソフト磁性材料を細線に用いた場合，磁化は細線の長さ方向を向く。磁区と磁区の間に存在する磁壁は，隣接する磁区の磁化方向によって，2つのタイプに分けられる。隣り合う磁区の磁化が磁壁の方を向いている場合，磁壁はHead to head(HH)と呼ばれ，逆の場合はTail to tail(TT)と呼ばれる。

この系に，磁場を印加すると隣り合う磁壁はそれぞれ逆の方向に進む。図1(a)の場合，右方向に磁場が印加されているため，右向きの磁化が安定状態となり，右向きの磁化を持つ真中の磁区を拡大する方向に磁壁は動く。つまり，2つの磁壁は反対方向に動く。一方，この系に電流を流した場合，図1(b)のように，2つの磁壁は同じ方向に進む。磁壁の進行方向は一般的には電流と逆向き，すなわち電子の流れと同じ方向である。

電流の注入による磁壁の移動原理はスピントランスファー理論を用いて説明できる[10~17]。強磁性体に電流を流すと，スピン依存散乱によって電流は自発的にスピン分極する[18]。そのスピン分極した電流がひとつの磁区から磁壁を介して次の磁区に入った場合，スピントランスファーによって後者の磁区の磁化反転を誘起する。磁区内の磁化反転は磁壁の移動を意味し，磁壁はスピン分極した電子群の移動の向きと同じ方向に移動していく。この場合，隣接する磁区の磁化方向にかかわらず，電流の向きのみによってその移動方向が決定されるため，図1(b)のように2つの磁壁が同じ方向に動くのである。

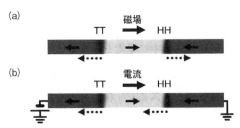

図1　2個の磁壁が存在する強磁性体細線に，(a)磁場と(b)電流を印加した場合の各磁壁の運動方向を点線矢印で示した
　　　細線内の矢印は磁化方向を表す。TT(Tail to Tail)とHH(Head to Head)は磁壁の極性を表す。

このようにスピントランスファーを用いれば，細線に電流を流すことによって，細線内の多数の磁壁を一斉に，かつ同じ方向に移動させることができる。Racetrack Memoryはこの原理を利用して情報操作を行う。

3　Racetrack memoryの動作原理

Racetrack Memoryは強磁性体細線に複数の磁壁を組み込み，各磁区の磁化方向，例えば上向きか下向きかで，情報のビット，すなわち0か1かを記録する。1つの細線には数個から100個以上の磁壁の挿入が理論上は可能である。現在Racetrack Memoryは細線の配置の違いから，2種類の構造が提案されている。最初に提案されたのは，基板の面直方向に細線を形成する手法で，新型の3次元メモリとうたわれている。図2はそのVertical-Racetrack Memoryの模式図を表している[1,2]。従来の半導体メモリやハードディスクドライブは，基板の面内にいかに多くの情報を書き込むことができるかで，記録密度の向上を図ってきた。一方で，V-Racetrack Memoryは，基板の面直方向に情報を書き込むことができるため，単位面積あたりの記録密度を飛躍的に伸ばすことが期待できる。しかしながら，図2のように細線を面直方向に作製し，かつその動作評価をするには大きな困難が伴うことが予測される。そこで，まず動作実証を主な目的に提唱されたのが，Horizontal-Racetrack Memoryと呼ばれる，細線を基板面と平行に配置する構造である。図3はその模式図を表している。H-Racetrack Memoryにおいても，情報を構成する1つの

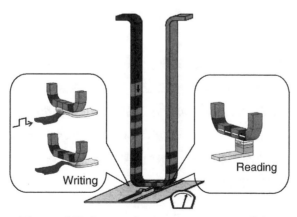

図2　3次元（Vertical-）Racetrack memoryの模式図

U型の強磁性体細線を基板上に作製し，細線内の磁区の磁化を単位記録ビットに用いる。U型細線の下部にあたる基板上に読み込み，書き込み素子を配置する。ここでは，磁壁からの漏れ磁場を利用した書き込み素子を用いている。読み込み素子は，強磁性トンネル接合を用いた磁気センサで構成される。読み書きを行いたいビット（磁区）を，読み込み，または書き込み素子まで移動させるために，細線に電流パルスを印加し，細線内の全磁壁を一斉に動かしていく[1]。

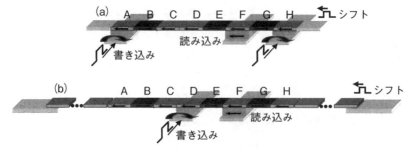

図3　2次元（Horizontal-）Racetrack memory の模式図

原理は3次元型と同じである。ここでは書き込みに，電流から発生する局所磁場（Oersted field）を利用している。(a)，(b)共にA–Hの8個の磁区で構成される8ビットメモリを表す。シフト操作を行う際に，境界のビットをどのように扱うかで2通りのモデルが考えられる。(a)シフト操作によって区間Aの左に出た磁区は区間Hに書きなおし，また区間Hの右に出た磁区は区間Aに書きなおす。(b)区間Aの左側と区間Hの右側に空き区間を設け，A–Hの外側に出た磁区が消失しないようにする[1]。

磁区の大きさ，すわなち隣接する磁壁間の距離を小さくできれば，FLASHなどの半導体メモリと同等の記録密度を持つことが可能である[1]。

Racetrack Memoryは，1本の細線に対して情報の読み込み素子，書き込み素子がそれぞれ1つずつ配置されている[2-a]。MRAMに代表されるランダムアクセスメモリが，ひとつの読み込み・書き込み素子でひとつの情報（1ビット）の読み書きを行うのに対し，HDDはひとつの読み込み・書き込み素子で最近では10^{11}以上の情報量の操作をすべて行う。RAMが高速で駆動できる反面，記録密度ではHDDが勝っている原因の1つである。Racetrack Memoryはこの点で，RAMとHDDの中間に位置する。すなわち，ひとつの読み込み・書き込み素子で数個から100程度の情報の読み書きを行うのである。RAM程度の高速演算を維持しつつ，HDDに劣らない記録密度を目指すには適した構造といえる。

Racetrack Memoryにおける情報の読み込み[2-c]は，おもに強磁性トンネル接合などを用いた磁気センサー[19]の利用が考えられる。細線中の磁壁からは漏れ磁場が発生しており，細線の近傍に作製した磁気センサーを用いて，読み取りを行う場所の磁化状態を測定することが可能である（図2）。NiFeにおいて，磁壁からの漏れ磁場は，細線の形状や磁壁までの距離にも依存するが，最大で〜1000 Oe程度発生するため，比較的容易に検出が可能である。また，図3(a)(b)で示したように，細線の一部を利用して強磁性トンネル接合を形成し，細線の磁化状態を直接読み取る方法も考えられる。

情報の書き込みについてもいくつかの方法が提唱されている。ひとつは，図3(a)(b)にあるように，強磁性体細線に直行配列した金属細線に電流を流し，発生する局所的な磁場（Oersted磁場）を利用して細線中の磁化反転を試みる手法である。ただ，この方法では強磁性体細線の材料や形状によっては，かなり大きな磁場の発生が必要となり，単位細線あたりの書き込み消費電力が大

第31章 Racetrack Memory

きくなりすぎる可能性がある。対策としては，ひとつの金属細線を用いて，複数の強磁性体細線の書き込みを行うことなどが考えられる。同じ局所磁場を用いて書き込みを行う，別の手法を図2に示す[2-b]。ここでは，書き込みにも強磁性体細線を用い，その中に閉じ込めた磁壁の漏れ磁場を利用して書き込みを行う。直行配列した強磁性体細線に電流を流し，磁壁を情報が記録されている細線にアプローチさせ，磁壁からの漏れ磁場が十分に大きければ，書き込みが可能となる。用いる強磁性材料と細線間の配置などにもよるが，磁壁から発生する漏れ磁場は，電流から発生する Oersted 磁場よりも通常大きい。書き込みに使われる電力は，磁壁を動かす電流で決まるため，Oersted 磁場発生電力と比べて少ない電力で書き込みができる可能性がある。最後に，読み込み素子を書き込みとしても利用する手法が考えられる。図3(a)(b)のように，読み込み素子に強磁性トンネル接合を用い，細線をフリー層に使った場合，スピン注入磁化反転[20,21]を用いて，書き込みを行うことが可能となる。ここでは，強磁性トンネル接合の特性が，読み込み，書き込み両方の仕様を決定してしまうため，その特性向上が課題となる。

実際に Racetrack Memory において読み込み，書き込み操作を行うには，読み書きを行いたいビット（磁区，または磁壁）をその素子の近傍まで動かさなければならない。各ビット（磁壁）を動かすには，スピン分極した電流を利用する。動作原理の説明を簡潔にするため，図3(a)のように，細線をAからHの8区間に仮想的に区切り，各区間の磁化を1ビットの構成要素とする。一定の長さの電流パルス（シフトパルス）を細線に流すことにより，すべてのビットを一区間ずつ同時に左右に動かすことができると仮定する。例えば，Hのビット状態を読みたい場合，左向きのシフトパルスを2回印加することによって，Hの区間にあった磁化状態が，読み込み素子が隣接するFの位置まで移動する。この後，読み込みの動作を行い，Hにあった磁化状態を測定する。また，書き込みも同様に，目的のビットを書き込み素子が隣接するAの区間まで移動するよう，シフトパルスを印加し，書き込み動作を行う。このようなメモリは一般的にシフトレジスタと呼ばれている。

ここで，1つ問題となるのが，移動させたビットが細線外に出る場合である。通常，シフトレジスタをメモリとして用いる場合，シフト操作によって片端から外に出たビットは，もう片方の端に書き込むことで，メモリの消去を防ぐ。例えば，左方向のシフト操作を1回行うことによってAの左側に移動したビットは，空きになったHの区間に書き込むのである。この場合，AとHの両端に書き込み素子が必要となり（図3(a)参照），一シフト操作に対して，毎回書込み操作を行わなければならないので，電力消費と動作速度の特性が落ちてしまうという欠点がある。この課題を克服する方法として，細線の両端に空き区間を用意する手法がある[2-d]。図3(b)のように，8区間で構成されるメモリの場合，Aの左側とHの右側にそれぞれ7区間ずつの空きスペースを用意することで，シフト操作によるビット消去を防ぐことができる。問題となるのは，一メ

モリ素子あたりの面積が大きくなることであるが，3次元型のV-Racetrack memoryでは，基板の垂直方向にある空き空間が大きいため，この手法は有効であることが予想される。

4 ピン止めした磁壁の移動制御

図3(a)(b)では，強磁性体細線を仮想的に区間分けした。実際には例えば，図4(a)に示すように，強磁性体細線に構造的な欠陥（三角形のノッチ構造）などを周期的に加工し，物理的に各区間を形成する方法が考えられる。図4(a)のようなノッチを作製すると，磁壁はその近傍で位置が固定される。これは，磁壁を細線中を伝播している変形できる粒子と考えるとわかりやすい。粒子が細線中を伝播する際，ノッチの位置で移動が困難になることが予想され，ある程度の外場（電流，または磁場など）を加えない限り，ノッチを通過できない。言い換えると，欠陥付近は磁壁にとってエネルギー的に安定な場所なのである。また，ノッチの深さを大きくすると，磁壁がノッチ近傍にとどまる確率が大きくなり，より強くピン止めされる。図4(b)には，ノッチが11個存在する細線に2個の磁壁を挿入し，電流パルスでシフトするところを磁気顕微鏡で観察した様子を示す。1回の電流パルス（高さ26 mA，長さ14 ns）の印加によって2つの磁壁が共に左側に移動している[1]。基本的には各磁壁が，1回のパルスの印加でひとつのノッチから，すぐ左にある次のノッチへ，1区間ずつ移動している。しかしながら，時折1回の電流パルスの印加で2区間一気に移動したり，または移動しなかったりと，ランダムな応答も見られる。

これまでの実験結果からこのようなランダムな応答は，電流パルス印加の際に生じるジュール加熱の影響によるところが大きいと考えられている。図5には磁壁が1つのノッチから移動（ピン止めから脱出）するのに必要となる閾値電流密度を，ノッチのピン止めの強さに対して測定し

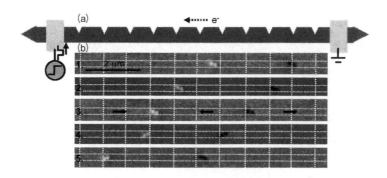

図4 NiFe細線に2個の磁壁を挿入し，26 mA，14 nsの電流パルスを印加した際の磁壁の応答を磁気力顕微鏡を用いて観察した様子（1-5）
点線矢印は電流を印加した際の電子の流れを表す。細線には11個のノッチが加工してあり，ノッチの位置を縦の白点線で示す。太矢印は細線内の磁化状態に相当する[1]。

第31章　Racetrack Memory

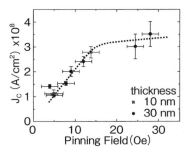

図5　NiFe 細線において，電流で磁壁を駆動するのに必要な閾値電流密度と，磁壁のピン止め強度との関係
ピン止め強度は，ピン止めされた磁壁を動かすのに必要となる磁場で表している。細線の厚さは 10 nm と 30 nm，幅は 100–300 nm，電流パルスには長さ 20–100 ns を用いた[1]。

た結果を示す[1]。ピン止めの強さは，磁壁がノッチから脱出するのに必要となる閾値磁場で表している。ここでは，ノッチの深さが異なる細線を用いて，閾値電流密度を測定している。図5から，閾値電流密度はピン止めの強さ，またはノッチの深さにおよそ比例していることがわかる。ただ，ピン止めの強さが大きくなると，閾値電流密度が若干飽和している。電流を印加中の細線温度を抵抗測定から推測すると，この飽和領域（$J > \sim 3 \times 10^8 \mathrm{A/cm^2}$）で細線温度はキュリー点（$\sim 850$ K）近くまで上がっている[22,23]。図4(b)の印加電流密度もこの領域であり，熱励起による効果が磁壁移動のランダム性に大きく寄与していると考えられる。

図5の閾値電流密度は，ピン止めが小さい領域でピン止めの強さに比例している。興味深いのは，ピン止めがゼロの時に，閾値電流密度がどのような値をとるかである。これがわかれば，スピントランスファーによる磁壁の電流駆動の原理の解明につながる可能性がある。当初のスピントランスファー理論では，ピン止めがゼロのときにでも閾値電流密度はゼロでない有限の値をとるとされていた[11]。ピン止めがゼロからある値までは，ピン止めの強さによらず閾値電流密度が一定であるとされていた。後に，β 項と呼ばれる，2つ目のスピントランスファーによる効果が提唱され，それを導入すると閾値電流密度はピン止めの強さに比例し，ピン止めがゼロの時，閾値もゼロになると予測される[12,13,16,17]。図5において，微細加工による細線作製時の技術的な課題から，ピン止めの強さが ~ 5 Oe 以下の細線を作製するのは難しく，その領域のデータ点がない。今後，この β 項の大きさ[24]を議論する上では，ピン止めが小さい領域における閾値電流密度の測定がひとつの重要なヒントを与えると考えられる。

Racetrack memory を実現するにあたっては，各ビットを形成する磁区，磁壁が熱励起や周辺機器からの漏れ磁場に対して安定でなければならない。特に，高記録密度メモリの作製を目指した場合，隣接する磁壁間の距離を小さくする必要があり，その場合，周辺の磁壁からの漏れ磁場の影響が大きくなる。NiFe において，細線内の最近接磁壁間距離が細線幅の 3〜5 倍程度と仮

定した場合，最低でもおよそ20 Oe程度のピン止め磁場が必要となる。記録した情報の安定的な保持を目指す場合には，ピン止めをできる限り強くしなければならない。しかし，図5からわかるように，ピン止めの強さを大きくすると，磁壁を次のノッチなどへと移動するのに必要な電流が大きくなってしまう。この課題を克服するには，例えば，磁壁の共鳴現象[7,25,26]を利用することが考えられる。強くピン止めされた磁壁の運動を低電流密度で制御するには，電流パルスを磁壁の共鳴周波数で変調すれば良く，従来の5～7倍程度の閾値電流密度の低下が見込める[27]。また，NiFe以外の材料で，強いピン止めにおいても小さい電流密度で磁壁を駆動できる材料の探索も必要となってくる[6,28,29]。

5　シフトレジスタの動作実証実験

最後に，微細加工によって作製したNiFeの細線を用いて，H-Racetrack memoryの動作実証実験を行った結果を図6に示す[30]。ここでは，長さ6 μmの細線を3つの仮想空間に区分けした3ビットシフトレジスタの動作の検証を行った。必要となる電流密度が大きくなるため，ノッチなどの構造欠陥は導入せず，物理的な区間分けは行っていない。そのため，特に隣の磁壁からの漏れ磁場の影響を小さくするため，磁壁間距離が大きくとれる構造を用いている。また，磁気センサーなどの読み取り素子はおかず，NiFe細線の抵抗測定から，細線内の磁化構造を推測する。

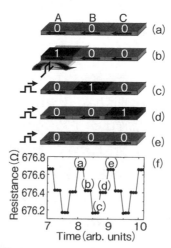

図6　NiFe細線において，3ビットシフトレジスタのデモを実証
(b)で電流から発生する局所磁場を用いて，書き込みを行い，(c)-(e)で細線に電流パルスを流すことでシフト操作を行った。読み込みとしてここでは，細線の抵抗測定から磁化状態の推測する。異方性磁気抵抗効果によって，細線内に磁壁が1個入ると抵抗が～0.25Ω減少する。(a)-(e)の操作を3回繰り返した時の抵抗変化を(f)に示す。NiFe細線の長さは6 μm，幅200 nm，厚さ10 nm[30]。

第 31 章　Racetrack Memory

NiFe は比較的大きな異方性磁気抵抗効果（AMR）を示すため，その抵抗は測定領域の磁化状態に依存する。細線を形成した場合，細線中の磁壁の数に応じて，抵抗が変化するため，これを利用して細線中の磁化状態が推測できる。

図6では，まず細線中に磁壁がない状態(a)，すなわち区間 ABC のビット状態が 000 から始める。区間 A において，書込み操作(b)を行い，A のビットを反転させる。これによって，ビット状態は 100 に変化する。その後，細線に電流パルスを流すことでシフト操作(c)–(e)を行い，区間 A に書いたビットを右にシフトさせていく。この(a)–(e)の操作を行った後の細線中の磁壁の数の変化を追うと，それは 0, 1, 2, 1, 0 と変わることが見て取れる。ゆえに，抵抗測定から磁壁の数の変化，ひいては磁化状態の変遷を推測することが可能である。上記の(a)–(e)の操作を 3 回繰り返して行った時の細線の抵抗変化を測定した結果を図 6(f)に示す。(a)と(e)の抵抗値は細線中に磁壁が存在していない場合，(b)と(d)は磁壁がひとつ存在する場合，そして(c)は 2 つ存在する場合の抵抗値に対応している。(a)–(e)の操作に対して，抵抗値の変化は磁壁の数が 0, 1, 2, 1, 0 と変化しているのと対応しており，書き込みとシフト操作が機能していることを証明している。

ここでシフト操作に用いた電流パルスは，大きさが～1.5–2×10^8 A/cm^2 程度，長さが～20–50 ns 程度である。この電流密度におけるジュール加熱（～150 K 程度の温度上昇）の影響は比較的小さい。そのため，図 6 で示したシフト操作の再現性は，図 4 のそれと比べて大きく改善された。また，Racetrack memory の動作速度は，ビット間距離（磁区の大きさ），すなわち隣接する磁壁間の距離と，磁壁の移動速度で決定される。電流駆動による磁壁の移動速度は，図 7 に示すように印加している電流におよそ比例し，電流密度が 1–2×10^8 A/cm^2 程度でおよそ 100–200 m/s の値をとる[8,30]。100 m/s の移動速度を仮定すると，各磁壁が次のビットまで移動するのに必要な時間は，ビット間距離が 1 μm で 10 ns，100 nm で 1 ns となる。このように Racetrack memory では，磁壁間の距離が縮められれば，高記録密度だけでなく，動作速度も速くなる利点がある。

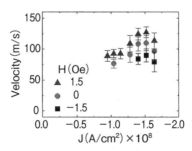

図 7　細線は幅 300 nm，厚さ 10 nm の NiFe 細線における，磁壁の移動速度と印加電流密度の関係
　　　磁場の印加によって，移動速度は変化する[8]。

6 今後の展望

これまでに，NiFe細線を用いて，Racetrack memoryの基礎となる，電流駆動の磁壁を使ったシフトレジスタの作製は可能であることが証明された。しかしながら，H–Racetrack memoryの実現に当たってはいくつかの課題が残る。特に大きな問題となるのが，漏れ磁場を介して，隣接する磁壁が相互作用してしまうことである。磁壁のピン止めが小さい細線を用いた場合，磁壁間の距離を大きくとらなければならず，高記録密度の障害となる。また，細線内の磁壁間の相互作用のほかにも，実際にRacetrack memoryを作製するとなれば隣接する細線間の磁壁からの漏れ磁場の影響も無視できない。これらのことを考慮すると，どのような手法を用いるにしてもある程度のピン止めが施してある細線の使用が必要不可欠である。ピン止めされた磁壁を，いかに低電流で制御することができるか，この点がRacetrack memoryの今後の重要な課題となってくる。また，さらに3次元型のメモリであるV–Racetrack memoryの実現に当たっては，基板と垂直方向に，アスペクト比が大きい強磁性体細線の作製がひとつの課題となる。特に，垂直方向に伸びた細線において，どのようにピン止めを導入するか，工夫が必要となる。

近年のスピントロニクスと微細加工技術の発展によって，強磁性体細線中の磁壁を電流で駆動することが可能となった。特に，スピン分極した電流を用いて，強磁性体中の磁気モーメントを制御することが可能となったのは，スピントランスファー効果の理解によるところが大きい。今後は，スピン分極電流を用いて，強磁性体細線中の多数の磁壁を同時に，かつ効率よく制御することが必要となる。Racetrack memoryの実現には，スピントロニクスとナノテクノロジーが結合することによる，新材料の発見や新たなアーキテクチャの創生などが必要である。

文　献

1) S. S. P. Parkin *et al.*, *Science*, **320**, 190 (2008)
2) S. S. P. Parkin, US Patent, (a) 6834005 (b) 6898132 (c) 6920062 (d) 7031178 and (e) 7236386 (2004–2007)
3) J. C. Slonczewski, *J. Magn. Magn. Mater.*, **159**, L 1 (1996)
4) L. Berger, *Phys. Rev. B*, **54**, 9353 (1996)
5) A. Yamaguchi *et al.*, *Phys. Rev. Lett.*, **92**, 077205 (2004)
6) M. Yamanouchi *et al.*, *Nature*, **428**, 539 (2004)
7) L. Thomas *et al.*, *Nature*, **443**, 197 (2006)
8) M. Hayashi *et al.*, *Phys. Rev. Lett.*, **98**, 037204 (2007)

9) A. Vanhaverbeke *et al.*, *Phys. Rev. Lett.*, **101**, 107202 (2008)
10) L. Berger, *J. Appl. Phys.*, **55**, 1954 (1984)
11) G. Tatara, and H. Kohno, *Phys. Rev. Lett.*, **92**, 086601 (2004)
12) S. Zhang, and Z. Li, *Phys. Rev. Lett.*, **93**, 127204 (2004)
13) A. Thiaville *et al.*, *Europhys. Lett.*, **69**, 990 (2005)
14) S. E. Barnes, and S. Maekawa, *Phys. Rev. Lett.*, **95**, 107204 (2005)
15) M. D. Stiles *et al.*, *Phys. Rev. B*, **75**, 214423 (2007)
16) G. Tatara *et al.*, *J. Phys. Soc. Jpn.*, **77**, 031003 (2008)
17) A. Thiaville *et al.*, *Eur. Phys. J. B*, **60**, 15 (2007)
18) N. F. Mott, *Proc. Roy. Soc. London*, **A 153**, 699 (1936)
19) S. Parkin *et al.*, *Proc. IEEE*, **91**, 661 (2003)
20) J. A. Katine *et al.*, *Phys. Rev. Lett.*, **84**, 3149 (2000)
21) J. Hayakawa *et al.*, *Jpn. J. Appl. Phys.*, **44**, L 1267 (2005)
22) A. Yamaguchi *et al.*, *Appl. Phys. Lett.*, **86**, 012511 (2005)
23) L. Thomas *et al.*, *Appl. Phys. Lett.*, **92**, 112504 (2008)
24) G. S. D. Beach *et al.*, *J. Magn. Magn. Mater.*, **320**, 1272 (2008)
25) E. Saitoh *et al.*, *Nature*, **432**, 203 (2004)
26) T. Nozaki *et al.*, *Appl. Phys. Lett.*, **91**, 082502 (2007)
27) L. Thomas *et al.*, *Science*, **315**, 1553 (2007)
28) M. Feigenson *et al.*, *Phys. Rev. Lett.*, **98**, 247204 (2007)
29) H. Tanigawa *et al.*, *Appl. Phys. Express*, **1**, 011301 (2008)
30) M. Hayashi *et al.*, *Science*, **320**, 209 (2008)

第32章 スピントロニクス素子のシステム LSI への応用とその課題

齋藤好昭*

1 はじめに

近年,デジタル家電の普及,携帯機器向け不揮発メモリの需要の大幅な伸びを背景として,半導体で現在まで使用されなかった新規な材料,および,新しい原理を利用した不揮発メモリの開発が活発化している。その一つに本誌でも紹介されている磁気ランダムアクセスメモリ(Magnetic Random Access Memory(MRAM))がある。MRAM に代表されるスピンを用いた LSI(Large Scale Integration)用のメモリデバイスでは,スピンを活用することで自由度を増し,さらに磁性の特徴である不揮発性を利用することで,従来にない機能の発現もしくは機能高度化を目指してきた。

メモリの次なるターゲットは,メモリ機能とロジック機能の融合デバイスである能動デバイスの創生である[1,2]。半導体エレクトロニクスが飛躍的に発展してきた理由は,微細化による高性能化が可能であったことに加え,MOSFET(Metal Oxide Semiconductor Field Effect Transistor)のような能動デバイス,つまり,ゲート電圧による電流増幅機能を有する素子が存在していたことに因ることが大きい。MOS 型スピントランジスタ[3]が実現すると,ゲート電圧による ON/OFF 制御での電流増幅機能に加え,磁性体ソース・磁性体ドレインの磁化状態によるロジック制御が可能となり,エレクトロニクスの発展に寄与すると考えられる。

以下,スピントロニクス・デバイスの究極目標の一つであるスピン MOSFET のシステム LSI への応用,とりわけ最も応用上重要と考えられる再構成可能デバイスへの適用,および,その課題と必要スペック,取組みについて報告し,将来を展望してみたい。

2 システム LSI の課題と再構成可能ロジックデバイス

システム LSI の分野の代表的なデバイスである ASIC(Application-Specific Integrated Circuit)では,システムごとに,機能に合わせて個別設計する対応が採られており,このことが LSI 設計

---

* Yoshiaki Saito ㈱東芝 研究開発センター 研究主幹

第32章 スピントロニクス素子のシステムLSIへの応用とその課題

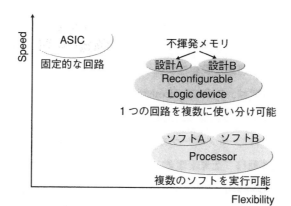

図1 再構成可能デバイス（Reconfigurable logic device）の特徴を示す図
再構成可能デバイスは柔軟性と高速性が両立できる。

生産性の律速課題となっている。近年，半導体エレクトロニクスでは微細化を進めることにより性能を飛躍的に向上させてきたが，一方で，システムLSIのように個別設計が必要な分野では，設計しなければならないトランジスタ数の増加により設計が複雑化し，多くの修正を余儀なくされている現状がある。この問題を解決するため，リコンフィギャラブル（再構成可能）論理回路が注目されている。再構成可能論理回路とは，半導体ユーザであるシステム設計者の手で，予め用意された専用の開発ツールを使ってLSIの内部機能を購入後に再構成できるように設計された論理回路を指している。再構成可能論理回路が実現すれば，図1に示したように，ハードウェア論理の高速性と，ソフトウェア論理の柔軟性を兼ね備えた回路が実現でき，LSI設計生産性の格段の向上が図られる。ASICは，半導体チップ上に多数の素子を集積し大規模回路を実現できるが，製造時に論理機能をチップ上に作り込むため，ユーザが機能を変更することはできない。一方，ソフトウェア論理の代表であるプロセッサは，設計者であるユーザが記述したソフトウェアを解読・実行する機能を備えており，ソフトウェアを入れ替えるだけで容易に論理機能を変更できるが，実行速度が遅いという欠点がある。再構成可能論理回路が実現すれば，ASICのような高速性と，チップ購入後に論理回路を再構成できる点でソフトウェア論理のような柔軟性を両立できる。

また，LSIでは，微細化に伴って半導体デバイスのリーク電流が増加し待受け時の静的消費電力が増加するとともに，大局的配線遅延が増大している現状がある。その結果，性能／電力の試算比が近年下降傾向にあり，メモリ，論理回路も含め全てのLSIを不揮発化することが望まれている。メモリとロジックを一体化することで大局的遅延を大幅に削減できる他，動的消費電力を大幅に削減できる。さらに，LSIに関する全ての機能を不揮発にすることができれば，不使用時に回路ブロックごとに電源を完全に遮断することにより消費電力を削減できるというメリットも

生じる。

　上記に説明したように，メモリ，論理素子ともに不揮発化することが望まれる。また，再構成可能論理回路の実現には，高速性と柔軟性が生かされる素子設計が重要となる。現在検討されている不揮発メモリ素子の中では，ReRAM（Resistive RAM），MRAMに代表されるスピントロニクス素子が高速なデバイスとなる。まだ，両者とも主流の不揮発メモリとして市場に認知されるには至っていない。ReRAMは，モノポーラやバイポーラなどの動作モードも含めた原理解明がなされていないこと，基本動作（低電圧駆動，高速動作，データ保持時間（Retention），書き換え回数など）を全て満たした素子の報告がほとんど無いこと，および，Switching特性のばらつきなどが課題として挙げられる。スピン注入書込み型MRAMは，書込み電流密度の低減，特性のばらつきなどが課題として挙げられる。スピントロニクス素子はシステムLSIへの応用を目指す場合，後述するようにMR比の更なる向上という課題も付与される。両メモリ素子とも多くの課題は存在するものの，日々特性の向上が見られており，不揮発メモリとして市場に認知された方が，再構成可能論理回路への適用素子として実現可能性も高いと考えられる。また信頼性，特に，書き換え回数が $>10^{15}$ 回の不揮発メモリ素子はスピントロニクス素子しかなく，その点からは，ダイナミックリコンフィギャラブル（動的再構成可能）論理回路への応用はスピントロニクス素子が一番適しているといえる。

3　再構成可能ロジックデバイスの現状と将来

　前節で示したように，再構成可能な新しい素子が実現すると，汎用の論理回路の構築可能性が広がり，システムLSI生産性の格段の向上が図られる。再構成可能論理回路として最初のものは，1970年代後半に登場したPLA（Programmable Logic Array）で，そこからSPLA（Simple Programmable Logic Array），CPLD（Complex Programmable Logic Device），FPGA（Field Programmable Gate Array）と発展し，現在市販されている再構成可能デバイスは，FPGAが主流となっている。2010年におけるFPGAの世界全体の出荷額は，年々伸びて68億米ドルに達すると予測されている。FPAGは主要な2社（米Xilinx社およびAltera社）の寡占市場となっている。FPGAの内部はいくつかのブロックで構成されており，その中で論理部を構成しているのが図2に示したLook Up Table回路（LUT回路）と呼ばれる回路である。LUT回路はメモリに入力と出力の対応表を記憶させておき，入力を読み取り，対応表にしたがって出力する。LUT回路は全ての入力の組み合わせを記憶させているため冗長な回路だが，どんな組み合わせにも対応でき，後から対応表を書き換えればロジックを変更できるため，システム設計者にとって使用しやすいというメリットがある。FPGAで用いているLUT回路は4入力1出力が主流だが，図2では紙面の

第32章　スピントロニクス素子のシステムLSIへの応用とその課題

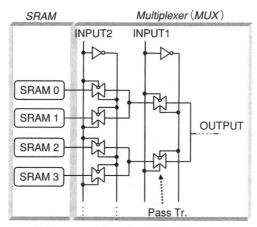

図2　FPGA（Field Programmable Gate Array）の論理部を構成しているLUT（Look-Up-Table）回路

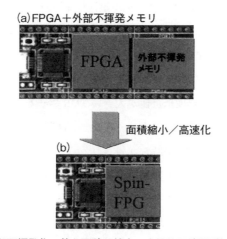

図3　論理部不揮発化に伴う面積の縮小，大局的配線遅延解消（高速化）

関係上2入力1出力の例を示した。現状のFPGAでは，対応表の記憶にSRAMを用いている。また，パストランジスタ（Pass Tr.）でマルチプレクサ（MUX）を構成している。入力信号をMUXの制御線に接続しているため，LUT回路の出力は1つのSRAMとのみ導通するように選択される。つまり，選択されたSRAMに記憶されている情報がLUT回路の出力となる。現在主流である4入力1出力のLUT回路では，16個のSRAMが使用されている。SRAM 1個には6個のトランジスタが使用されており，4入力1出力のLUT回路全体では166個のトランジスタが使用されている。したがって，現状LUT回路では面積が大きいという課題（ASICの約10倍の面積）が存在する。また，その性能は，ASICの1/10のスピード，超ハイパワー，揮発性と，システム設計者にとって決して満足できるものではない。逆にこのことは，新デバイスの入り込む余地が十分に存在することを意味している。

上記に示したようにFPGAのメモリ部は揮発のため,現在の使用方法としては,図3(a)に示したようにFPGAの外部に配置された不揮発メモリから電源投入時にFPGAのSRAMへ記憶情報を転送して使用している。外部不揮発メモリとしては,FLASHメモリが主流であり,電流磁場書き込み型のMRAMも一部高速用途として市場に投入されている[4]。現在FPGAは,性能を向上させるためトランジスタの微細化に頼っているが,近年,ゲート長が数10 nmの領域に達し,微細化の限界が叫ばれるようになってきた[5]。このような背景の下,新材料・新デバイスを用いた機能融合により性能を向上させる方向で研究開発が活発化している。図3(b)に示したようにメモリ機能と論理機能を融合した新しいFPGA(ここではSpin-FPGA呼ぶことにする)が実現すれば,面積の縮小,大局的配線遅延解消(高速化),論理部不揮発化に伴う消費電力の削減が可能となる。今後は,新材料・新デバイスによる機能融合技術が進展して行くと考えられる。

また近年,100%スピン偏極したハーフメタル磁性体をシリコンMOSFETの電極として用いることにより大きな磁気電流比(MR比と等価)が得られるスピンMOSFETが提案されている[3]。また,このスピンMOSFETに通常のシリコンMOSFETを組み合わせたニューロン型の回路を用いることにより,わずか10個のMOSFETを用いれば再構成可能論理回路が実現できることが示されている[6]。更に,ある程度抵抗値が大きいTMR素子をスピンMOSFETのソース部へ配置(Pseudo spin-MOSFET)することにより,スピードは落ちる欠点はあるもののハーフメタル磁性体を用いた時と同様のMOSFET特性が得られることが示された[7]。上記ニューロン型回路は,貫通電流の問題,2入力1出力しか実現できないなどの課題も存在するが,今後も,少ない数のMOSFETを用いた回路構成のアイデアが望まれる。

4　スピンFPGA回路構成

図4に前節で紹介したニューロン型回路の基本ロジックゲート[6]を示す。FPGAのSRAMを本ロジックゲートで置き換えた場合,SRAMのMOSFET数6個に対して,メモリ部の素子数は1/3に削減される。これだけでも大きな削減ではあるが,我々はメモリ部のみではなく,回路全体に着目して更なる素子数削減の可能性について検討を行った。図5に我々が提案しているSpin-FPGAの回路構成を示す[8]。MUXの一部にスピンMOSFETを用いている。これは,ロジックの中にメモリ機能を埋め込んだスピンMOSFETの特性を利用している。また,メモリ部はSRAMでは無いため,ロジック部を構成しているMUXのPass Tr.をn-MOSだけで構成することができる。さらに,動作マージン増大に向けて,MR比の動作スペックを低減するために,比較器,電流供給部,参照部を追加している。比較器として電圧比較型センスアンプ(S/A)を用いると,その分だけトランジスタの素子数は増加するが,上記SRAM,MUX部の素子数削減を加味する

第32章 スピントロニクス素子のシステムLSIへの応用とその課題

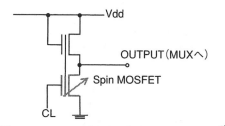

図4 ニューロン型回路の基本ロジックゲート[6]

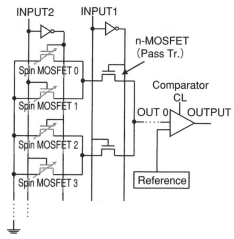

図5 Spin-FPGAのLUT回路構成

とおつりがくる。一般的な4入力1出力のLUT回路では，従来のFPGAでは166個の素子数であったが，ここで紹介したSpin-FPGA回路構成では素子数は52個と1/3以下に削減可能である。このSpin-FPGAを用い100万ゲート程度の20種類の回路についてシミュレーションによりベンチマークをした結果，20個の回路の平均をとると回路評価指標である［スピンMOSFETによる回路面積×配線遅延］が改善されること，微細化に有利であることが明らかになった[9]。このことは，図5に示したSpin-FPGA回路の有用性を示している。

5　MR比スペックとスピンMOSFET構造

スピンMOSFETをシステムLSI用再構成可能論理素子へ適用するには，MR比の更なる向上という課題も付与される。ここでは，SPICEシミュレーションより求めたMR比のスペックに関して言及する。MR比のスペックは，回路構成で異なる。ここでは，3節で紹介したニューロン型再構成可能回路と，4節で紹介したSpin-FPGA回路に関してMR比スペックを示す。

3節で紹介したニューロン型再構成可能回路で用いられている論理回路では，図4に示した

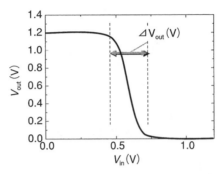

図6　Inverter 回路への投入電圧（V_{in}）に対する出力電圧（V_{out}）特性

p-MOS，n-MOS で構成された Inverter 回路が多用されている。Inverter の出力（V_{out}）が次段の Inverter に結合されることを考えると V_{out} はスピンの変化に伴い Inverter の遷移電圧領域以上の変化を示す必要がある。今回，必要 MR スペックをしきい値電圧（V_{th}）のばらつきも考慮して SPICE シミュレーションにより決定した。SPICE シミュレーションには，最小線幅 4 Xnm ルール世代のデバイスパラメータを用いた。図6に，図4に示した Inverter 回路への投入電圧（V_{in}）に対する出力電圧（V_{out}）特性を示した。図6に示した遷移領域 ΔV_{out} としきい値ばらつき ΔV_{th} を足した電圧以上の出力を，スピン MOSFET の磁化の向きが平行，反平行時の電圧差（ΔV_{MR}）で出すことが次段に配置された Inverter を動作させる条件となる。したがって，MR スペックを求める条件は，次式のように与えられる。

$$\Delta V_{MR} > \Delta V_{out} + \Delta V_{th}$$

この条件より求めた必要 MR スペックは，MR＞630 % と求まる。

また，図5に示した Spin-FPGA 回路動作条件は，MRAM と同様に参照信号に比べて磁化が反平行時，平行時の電圧をセンスアンプが感受できる MR 値で決まる。センスアンプの出力は，$\Delta V_{MR} > \pm 50$ mV が必要となる。通常の MOSFET，スピン MOSFET の ON 抵抗のばらつきを±5 % と仮定すると，この条件より求めた必要 MR スペックは，MR＞320 % と求まった。また，両回路とも 22 nm ルール以降で使用されることを考慮すると，ソース・ドレインに配置された磁性体の界面抵抗は RA～10 $\Omega\mu m^2$ 程度にする必要がある。また，書き込み技術としてスピン注入書き込みを利用すると仮定すると，この抵抗値の目標はこの観点からも妥当であると言える。しかし，RA～10 $\Omega\mu m^2$ で室温にて得られている TMR 値は MR～200 % 程度であり[10]，更なる努力が必要となる。

次に，我々が提案しているスピン MOSFET の基本構造を図7に示す[11]。通常の MOSFET のソース／ドレイン部にトンネル障壁を介して磁性体が付与された構造からなる。本構造の特徴

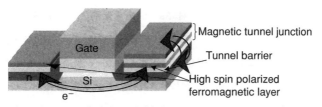

図7　トンネル障壁を利用したスピン MOSFET 基本構造

は，MOSFET であるため能動素子であること，ソースまたはドレイン部に MTJ が付与されているため半導体を介したスピン依存の信号出力と MTJ 信号出力の2重の信号出力を利用できること，スピン注入書込みが利用可能であることにある。図7に示したスピン MOSFET と Pseudo spin-MOSFET[7]との違いは，図7構造では MTJ の抵抗値をフィードバックさせるために MTJ を付与したのでは無いため，①高速動作，スケーラビリティを確保するために MTJ の抵抗値を MOSFET のソース／ドレイン間の ON 抵抗と同程度の低い値に設計できること，②MTJ はソース部／ドレイン部どちらに付与しても良いことにある。また，ソース／ドレイン部の面積を変えるなどして，スピン注入書き込み時ソース／ドレイン部に配置された MTJ の片方の記憶層が反転し，片方の記憶層が反転しなければ，ソース／ドレイン部両方に MTJ を付与しても動作原理上問題は無い。図7構造は，上記したように MTJ の抵抗値に制限がないため高速動作，スケーラビリティの点で有利であり，図5に示した Spin-FPGA などには有効である。しかし一方，ニューロン型再構成可能回路[6]のような大きな磁気電流比（ON 抵抗が変わっても MR 比が変わらない）用途には不向きであることも言及しておく。

6　半導体を介したスピン依存伝導の現状と課題

1～5節では，スピントロニクス・デバイスの究極目標の一つであるスピン MOSFET のシステム LSI への応用，とりわけ最も応用上重要と考えられる再構成可能デバイスへの応用，その必要スペックについて述べた。MRAM のような受動素子の他に，能動素子が存在することがスピントロニクスの発展にとって欠かせないと考えられる。しかし，スピントランジスタを目指した半導体を介したスピン依存伝導の研究の歴史は古いものの[1,2]，半導体チャネルを介した電気的な信号が観測されたのはつい最近のことである[12,13]。この1つの理由は，磁性体と結晶のエピタキシャル性が良く，スピン偏極率を Spin-LED の実験から求めることができる直接遷移型の半導体である GaAs が主にチャネル材料として用いられて来たことにある。GaAs チャネルを用いた MOSFET は，その移動度の大きさから近年また注目されているが，MOSFET 用の良好な絶縁膜がないこと，n-MOS のドーパントである Si の固溶限界が $6 \times 10^{18} \mathrm{cm}^{-3}$ 程度でありソース／ドレ

イン部の界面抵抗が下がらないことなど，GaAs チャネルを有する MOSFET 自体の実用化に課題が存在する。また，本誌でも紹介されているゲート電圧でスピンの方向を制御する Spin-FET が応用の念頭にあったため，スピン軌道相互作用が大きい III-V 族系チャネル材料が注目されてきた歴史もあった。近年，スピン MOSFET が提案され[3]，チャネル長もいよいよ 28 nm～32 nm 世代に突入し[5]，Si, C 系などのスピン軌道相互作用の小さなチャネル材料がようやく注目されるようになってきた。

効率的な半導体中へのスピン注入を行うためには，磁性体／半導体の界面構造の形成が重要であり，このためには磁性体と半導体界面の間にトンネル障壁層を用いる方法，適切な界面抵抗の必要性が理論的に示唆されている[14,15]。

我々は，既存 LSI との適合性とスピン軌道相互作用が小さいことを考慮して Si をチャネル材料として選択した。また，他研究機関のデータの蓄積量の観点や，GaAs MOSFET 用の良好な絶縁膜の発見および Si 基板上への GaAs 成膜技術の発展など近年の GaAs MOSFET 技術の進展の観点から，GaAs チャネル材料として選択している。

理論から，半導体を介した MR が観測できる界面抵抗 r_b^* の範囲は，Si, GaAs チャネル材料に対して次式で与えられる[15]。

$$\text{Si チャネル}: 320\Omega \cdot \mu m^2 \left(\frac{t_N}{l_{sf}^{Si} \text{nm}}\right)^2 \ll r_b^* \ll 320\Omega \cdot \mu m^2$$

$$\text{GaAs チャネル}: 64\Omega \cdot \mu m^2 \left(\frac{t_N}{l_{sf}^{GaAs} \text{nm}}\right)^2 \ll r_b^* \ll 64\Omega \cdot \mu m^2$$

ここで，t_N はチャネル長，l_{sf}^{Si}, l_{sf}^{GaAs} は GaAs, Si のスピン拡散長である。GaAs, Si のスピン拡散長は，それぞれ >600 nm[12], >1000 nm[16] と実験的に求められていること，チャネル長も 28 nm～32 nm と微細化が進んでいること[5]を考慮すると，上記式は界面抵抗の制約とはならず，5 節で示した RA 値 RA～10 $\Omega\mu m^2$ が目標値となる。

これまでにいくつかの研究機関より GaAs, Si チャネルを介したスピン依存伝導が報告されている[12,13]。しかしまだ研究は始まったばかりであり，チャネル長も数 μm～数 10 μm と長く，スピン MOSFET 応用に結びつくような十分な結果はまだない。確実な結果を示すには，平面の半導体チャネル中を電流が流れ，磁化制御が自在に行われ，局所信号と非局所信号の整合性がとれることが必要条件である。その上で，室温においても大きな局所信号（MR 比）が得られることが，デバイス応用にとって最も重要である。理論からは，半導体を介したスピン依存伝導は，最大でも強磁性トンネル接合で得られている TMR 比の半分であるため[15]，半導体を介したスピン依存伝導のみでは 5 節で示した MR 比スペックを満たさない。その観点からは図 7 構造が応用上

の最終形態となる可能性もあるが,ハーフメタル強磁性開発など MR 比を向上させる研究も活発化していることもあり,現在の研究フェーズでは,図7構造にこだわらず,基本データを蓄積することが重要であると考えられる。

　これらの課題解決のため我々は,MgO トンネル障壁膜と CoFeB またはフルホイスラー合金を組み合わせて実現される高いスピン偏極率に着目し,GaAs,Si 基板への MgO トンネル障壁膜形成と,スピン依存伝導,半導体/磁性体界面抵抗低減を目的として検討を重ねてきた。図8(a)に,12 K にて CoFeB 強磁性電極から電流を流し,GaAs チャネルを通り再び CoFeB 強磁性体へ戻る経路における抵抗の磁場による変化(local 信号)を調べた結果を示す[17]。磁場に依存した抵抗変化すなわち磁気抵抗を観測した。この磁気抵抗は本質的なスピン依存伝導以外に AMR,TAMR やホール効果などの寄生的な磁気抵抗効果に起因している可能性も考えられる。このことを検証するために非局所(non-local)測定を行った。Non-local 測定では,電流経路と電圧モニター位置が異なるため,上記のような寄生的な磁気抵抗は原理上観測されない。図8(b)に示したように,Non-local 測定においても磁場に依存した電圧変化が得られた[17]。このことは,GaAs を介したスピン依存伝導が得られていることを意味している。したがって,local 信号においても GaAs を介したスピン依存伝導を含んでいると考えられる。しかし,その MR 値はチャネル長 $L=0.5\ \mu m$ において約 1 % と小さい。この原因は,理論により指摘されているように,半導体/磁性体の界面抵抗が大きいことに因っていると考えられる。現在,GaAs での界面抵抗は室温に

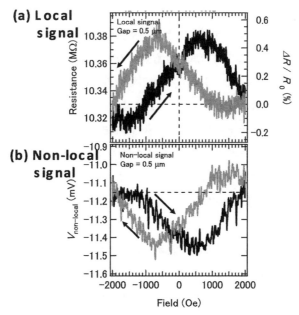

図8　CoFeB/MgO 電極からの GaAs チャネルへのスピン依存伝導[17]

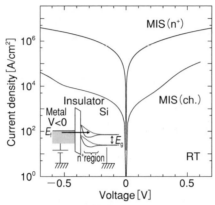

図9 CoFeB／トンネル障壁／Si における接合抵抗（界面抵抗）[18]

おいて 1 kΩμm^2 のオーダーであるため，あと 2 桁界面抵抗を低減する必要がある。

一方，Si をチャネル材料と選択すると，不純物濃度を GaAs に比べ高濃度にドープすることが可能なため，低抵抗化が容易であるというメリットがある。室温での直流 4 端子法 I-V 測定により，磁性電極／トンネル障壁／Si における接合抵抗（界面抵抗）を評価した結果を図 9 に示す[18]。図に示したように，n+Si 領域（As 濃度：10^{20}cm^{-3}）上の接合では 10^6A/cm^2 程度の高い電流密度が得られた。一方，チャネルと同じ不純物濃度（P 濃度：～10^{18}cm^{-3}）を持つ接合ではそれよりも 2 桁も電流密度が小さいことから，これらの違いは Si 基板側のバンドプロファイルによる抵抗成分の差が見えていると言える。トンネル障壁／半導体界面ではフェルミレベルピンニングが存在し，電界により Si 側のバンドが曲げられ，Schottky-like なトンネル障壁成分が存在する。磁性体金属側に負電圧を印可したとき，電圧が低いときは Schottky 成分が顕著に現れるが，電圧を上昇させると Si の伝導帯底よりも金属の E_F が高くなるのでトンネル成分が支配的になる。この変化が I-V 特性にキンクとしてみえている。ここに示したように Si の場合不純物濃度を高めることにより界面抵抗を下げることができ，上記試料では 300 Ωμm^2 程度が得られることが確認されている[18]。Si チャネルにおいても GaAs チャネル同様，磁場に依存した抵抗変化すなわち磁気抵抗を観測している[18]。界面抵抗を低減させる方法としては，上記不純物ドープの方法の他，ゲート電圧印可に伴う Schottky-like なトンネル障壁成分の障壁幅低減の方法[19]，磁性体のワークファンクション制御の方法[20]がある。今後，これらの効果も詳細に調べていく必要がある。

また，図 8 に示したスピン依存伝導は，低温のデータであった。このようなスピン依存シグナルは 150 K 程度で消失し，応用のためには室温動作が必須となる。スピン依存伝導の消失の原因は，スピン緩和に由来する[21]。半導体中のスピン緩和メカニズムは，大きく分けて，①スピン軌道相互作用に起因した効果と，②電子－正孔の相互作用に起因した効果，③核スピンからの相互

作用に起因した効果に分けられる。スピン軌道相互作用に起因した半導体中のスピン緩和は，GaAsのような非反転対称性の結晶中で生じるDP機構[21,22]と，それ以外のEY機構[21,23]に分けられる。また，電子－正孔間の相互作用による効果はBAP機構[21]と呼ばれ，p型半導体で顕著になる。また，核スピンからの相互作用[21]は，核スピンからのHyperfine相互作用に起因し，核スピンを有しないSiにはこの機構は関係ない。

以上の分類に従うと，n型SiではDP機構とBAP機構は効かないため，EY機構のみがスピン緩和メカニズムとなる。この点からもSiチャネル材料はGaAsチャネル材料に比べ有利といえる。

EY機構は電子移動度，エネルギーギャップ，荷電子帯のスピン分裂エネルギーΔなどがパラメータとなる。移動度は不純物濃度と温度に依存し，エネルギーギャップは温度に依存する。すなわちスピン拡散長は不純物濃度と温度に依存することになり，不純物濃度と温度が大きいほどスピン拡散長が短くなる。この機構を抑えるためには，結晶品質の高いトンネル障壁の挿入や急峻な界面の形成，さらには，膜中の欠陥や界面転位をなくすことが重要である。

7 おわりに

半導体の世界では，微細化技術の急速な進展によって高集積化が進むとともに，SoC（システムオンチップ）化の要求が高まり，ASICの開発はよりコストと時間を要するようになってきた。一方で，電子機器の商品サイクルは短くなり，多品種少量生産化とともに生産性の向上が叫ばれるようになってきた。加えてユビキタス社会の実現に向けて，通信やマルチメディア技術が飛躍的に進歩しており，それらの規格の即時変更や複数規格への対応能力など，論理回路の柔軟性を求めるニーズが膨らんでいる。これら環境の変化は，より高性能な再構成可能ロジック回路の登場を嘱望させている。スピン軌道相互作用が小さい半導体チャネル材料を有するスピンMOSFETを念頭に置いた研究開発は始まったばかりであるが，今後，更なるスピントロニクス要素技術の確立を図り，柔軟な高度情報処理デバイス・回路の実現が達成されることを期待したい。

謝辞

本研究の一部は，㈱新エネルギー・産業技術総合開発機構の研究委託を受けて行なわれた。また，本稿をまとめるにあたり，共同研究者の杉山英行，井口智明，丸亀孝生，石川瑞恵の各氏に感謝したい。

文　　献

1) G. A. Prinz, *Phys. Today*, **48**, 58 (1995); *Science*, **282**, 1660 (1998)
2) S. Datta, B. Das, *Appl. Phys. Lett.*, **56**, 665 (1990)
3) S. Sugahara, M. Tanaka, *Appl.Phys.Lett.*, **84**, 2307 (2004)
4) http://www 2.electronicproducts.com/Development_card_features_FPGA_MRAM−article−SWJH02−Nov 2007−html.aspx
5) ITRS 2007, http://www.itrs.net/Links/2007 ITRS/2007_Chapters/2007_ERD.pdf
6) T. Matsumoto *et al.*, *Jap.J.Appl.Phys.*, **43**, 6032 (2004)
7) 菅原聡ほか, 第55回応用物理学会関係連合講演会予稿集, No.2, 30 P-F-6 (2008)
8) H. Sugiyama *et al.*, Int. Conf. on Solid State Devices and Materials, 670 (2008)
9) K. Ikegami *et al.*, IEEE Intermag 2009, FS-9
10) K. Tsunekawa *et al.*, *Appl. Phys. Lett.*, **87**, 072503 (2005)
11) 齋藤好昭ほか, 第69回応用物理学会学術講演会予稿集, No.0, 3 P-CA-8 (2008)
12) X. Lou *et al.*, *Nature Phys.*, **3**, 197 (2007)
13) O.M.J. van't Erve *et al.*, *Appl. Phys. Lett.*, **91**, 212109 (2007)
14) E. I. Rashba, *Phys. Rev.* **B 62**, R 16267 (2000)
15) A. Fert and H. Jaffrès, *Phys. Rev.*, **B 64**, 184420 (2001)
16) B. Huang *et al.*, *Phys. Rev. Lett.*, **99**, 177209 (2007)
17) 井口智明ほか, 第32回日本磁気学会学術講演会 15 PB-5; T. Inokuchi *et al.*, *Appl. Phys. Express 2*, 023006 (2009) Conference AE-06
18) 丸亀孝生ほか, 第56回応用物理学会関係連合講演会予稿集, No.2; T. Marukame *et. al.*, IEEE Intermag 2009, FF-10
19) S. M. Sze, in Semiconductor device, 2 nd edition, Chapter 7 (2005)
20) B. Min *et al.*, *Nature Material*, **5**, 817 (2006)
21) B. T. Jonker, M. E. Flatte, in NANOMAGNETISM, Chapter 7 (2006)
22) M. I. D'yakonov, V. I. Perel, *Sov. Phys. JETP*, **33**, 1053 (1971)
23) Y. Yafet, *in Solid State Phys.*, **14**, 1 (1963)

第33章　光スピントロニクスデバイス
―集積光非相反デバイス―

清水大雅[*]

1　はじめに

　強磁性金属から強磁性半導体，ハーフメタルにいたる様々なスピントロニクス材料の最もよく知られた物理現象はスピン依存伝導特性を利用した巨大磁気抵抗効果であろう．巨大磁気抵抗効果やトンネル磁気抵抗効果，それらを応用したデバイスであるMRAMやスピンRAMについては本書の他の章に詳しい．これらはスピントロニクス材料を利用した電子―スピンデバイスである．本章ではスピントロニクス材料を利用した光―スピンデバイスに目を向ける．磁性体と光の相互作用は磁気光学効果として古くから知られている．磁気光学効果に特有な「光の非相反性」は光アイソレータとして応用され，半導体レーザの安定動作に必要不可欠な光デバイスである．光アイソレータは大きなファラデー効果を示す磁気光学結晶と偏光子や複屈折板とを組み合わせることによって構成されている[1,2]．SiやGaAs，InP等の非磁性半導体は光アイソレータへの応用に足る磁気光学効果をもたないため，磁気光学効果が大きな磁性体が必要である．実用化の実績が長い従来の光アイソレータは優れた性能を示すが，ファラデー回転子や偏光子は光を自由空間に取り出すタイプの光素子であり，光ファイバや半導体レーザとの集積，実装には集光レンズを必要とする．また半導体レーザ等を構成するGaAsやInP等の光化合物半導体と光アイソレータは材料と素子構造の点から整合性が悪い．半導体レーザや光変調器に代表されるように半導体光エレクトロニクスは目覚ましい発展を遂げてきたが，非相反機能だけは一体集積化ができていなかったのである．

　本章で述べる半導体強磁性金属ハイブリッド光アイソレータは偏光子などの自由空間型の光素子を必要とせず，半導体基板上に実現可能な集積光非相反デバイスである．これら二点が従来の光アイソレータとは異なる大きな特長である．半導体強磁性金属ハイブリッド光アイソレータ（以下では「ハイブリッド光アイソレータ」と呼ぶ）は半導体の発光・光増幅・光導波現象と強磁性体の非相反性と不揮発性を組み合わせたデバイスであり，光スピントロニクスデバイスとして位置づけることができる．従来の磁気光学素子とハイブリッド光アイソレータの大きな違いは

---

[*] Hiromasa Shimizu　東京農工大学　工学府　電気電子工学専攻　特任准教授

偏光子などの自由空間型の光素子の有無である．本章ではハイブリッド光アイソレータを中心に述べ，その原理，スピン依存伝導現象との類推とこれまでに得られた実験結果，将来展望について述べる．非相反効果はスピン依存伝導現象と共に磁性体固有であり，スピントロニクスのデバイス応用に重要な現象の一つである．より多くの方々にスピントロニクスの非相反デバイスへの応用に興味を抱いていただければ幸いである．

2 半導体強磁性金属ハイブリッド光アイソレータの動作原理

2.1 ファラデー効果を利用したバルク型光アイソレータの動作原理

　本章の中心であるハイブリッド光アイソレータについて述べる前に，希土類鉄ガーネットやII-VI族希薄磁性半導体のCdMnHgTeを利用した従来のバルク型（自由空間型）の光アイソレータについて簡単に触れておく．バルク型の光アイソレータはこれらの磁気光学材料から構成されるバルク状のファラデー回転子（45°の偏光面の回転素子）と偏光子や複屈折板からなる．ファラデー回転子の偏光面の回転方向が前進光と反射光で逆方向に回転することを応用して光アイソレータが実現されている．詳細は文献1）を参照されたい．実用化されている光アイソレータは前進光に対して反射光の強度が50 dB以上少なく（＝反射光強度が前進光強度の1/100000以下），素子長も2 mm以下と短い．長距離・高速伝送用途に用いられる半導体レーザの安定動作に不可欠な光デバイスである．性能は非常に優れている一方，材料と素子構造の二点において半導体レーザと整合性が悪いため，両者の物理的な位置合わせに手間が生じるのが問題の一つである．伝送距離や速度に制限があるものの，光アイソレータを必要としない反射戻り光耐性の強い通信用半導体レーザも発表されている[3]．光信号送信モジュールのコストのうち，実装を含む光アイソレータのコストの占める割合が小さくないことが光アイソレータを必要としない通信用半導体レーザの開発の背景にあると見られる．

2.2 CdMnTe導波路光アイソレータ

　II-VI族の希薄磁性半導体であるCdMnTeはGaAs基板上に分子線エピタキシー法で結晶成長が可能である．GaAs基板上にCdMnTe導波路を形成し，直交する偏波モードの100 %の変換の実証が報告されている[4]．これは半導体基板上にファラデー回転素子を導波路状に作製した光アイソレータであり，やはり偏光子が必要である．この点が半導体レーザとの集積化には問題の一つとなる．

2.3 非相反損失変化に基づく半導体導波路光アイソレータ

本章で重点的に述べる半導体強磁性金属ハイブリッド光アイソレータは,「非相反損失変化」と呼ばれる効果に基づく。原理提案は1999年になされ[5,6],2002～08年にかけて日本とベルギーの研究グループによって実証が報告された。実証の詳細については3節で述べる。図1にハイブリッド光アイソレータの素子構造を示す。ハイブリッド光アイソレータの基本構造は強磁性金属等の光の吸収媒体である強磁性体層をプレーナ型の光導波路の一部にもつ半導体光増幅器導波路である。光がコア／クラッド層間を多重反射しながら伝搬する際,強磁性体層／非磁性体層界面における反射率が伝搬する方向によって異なる。これは磁気光学効果の一種である「横磁気カー効果」である。最もよく知られた磁気光学効果である極カー効果やファラデー効果ではなく,横磁気カー効果であることに注意されたい。横磁気カー配置では強磁性体の磁化方向と光の伝搬方向は平行ではなく垂直である[1]。ハイブリッド光アイソレータの動作に関係があるのは強磁性体の磁化と光の電磁界の磁界ベクトルの振動方向が平行である場合である(図2(a))。これは自由空間の光の反射における p 偏光,プレーナ導波路における Transverse Magnetic(TM)モードである。s 偏光に対しては非相反効果を及ぼさない。横磁気カー効果は光の磁界ベクトルの振動方向,進行方向と磁化の間の相互作用であり,図2(b)に示すようにスピン依存電気伝導現象と対比してイメージすると理解しやすい。図2(c)にエピタキシャル MnSb 薄膜／空気界面における横磁気カー効果(反射率の磁場依存性)を示す。MnSb 薄膜の磁化の反転に伴って反射率が変化し,その変化量はゼロ磁場における反射率で規格化すると1％である。1％という変化量は小さいように見えるが,図1のように導波路に沿って多重反射を繰り返すため,積分された反射率の変化量は大きくなる。光の伝搬方向に沿って反射率変化を積分すると素子長0.5～1mm前後の素子で500回繰り返し反射が起こった場合,前進波と後退波で22dBの伝搬損失の差(非相反損失変化)が予測される。この値が光アイソレータとしての消光比となる。ただしここで計算に用いた反射率変化は MnSb 薄膜／空気界面における測定結果であり,実際の素子では強磁性体／半導

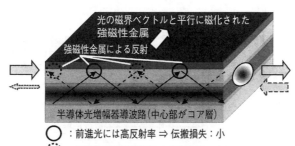

図1 半導体強磁性金属ハイブリッド光アイソレータの基本構造

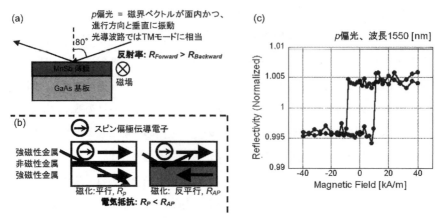

図2 (a)横磁気カー配置における試料と光の入射・反射方向，磁場の配置，(b)スピン依存電気伝導現象と横磁気カー効果(a)の対比，(c)MnSb薄膜と空気の界面における横磁気カー効果（室温）

体界面における反射を考慮する必要がある。反射率，及び，反射率の変化率は反射界面の半導体の屈折率，強磁性体の複素屈折率，誘電率テンソルの非対角項の大きさ，入射角度，導波路層構造に依存する。

一方マクロに見ると，非相反損失変化は図1の強磁性体を含むプレーナ導波路の実効屈折率が前進波と後退波で異なることによって説明される。強磁性体の磁気光学効果を誘電率テンソルの非対角項としてマクスウェル方程式に取りこみ，非対角項の符号を反転させることで前進波と後退波の実効屈折率$N_{eff, Forward}$，$N_{eff, Backward}$を計算することができる。強磁性金属は光の吸収媒体であり，強磁性金属による前進波の伝搬損失を半導体光増幅器（Semiconductor Optical Amplifier, SOA）の光利得によって補償することで前進波の伝搬損失は0になる。図3に動作原理の模式図を示す。伝搬損失の補償に必要な電流は強磁性金属の吸収係数や導波路の形状（コア層と強磁性金属の間の距離等）によって増減する。図1のように強磁性金属と半導体光増幅器からなるため「半導体・強磁性金属ハイブリッド光アイソレータ」と呼ぶ。ハイブリッド光アイソレータは

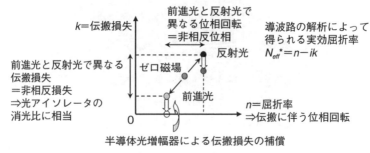

図3 ハイブリッド光アイソレータの動作原理

第 33 章 光スピントロニクスデバイス～集積光非相反デバイス～

ファラデー効果のように偏光面の回転を利用していないため偏光子が不要である。また SOA 導波路を基にしており，半導体レーザとの一体集積化に適していることが特長である。強磁性金属は真空蒸着法やスパッタ法といった簡易な方法で製膜が可能であり，素子構造が単純であることも特長に挙げられる。光アイソレータの動作波長は SOA の利得ピーク波長近辺であり，半導体材料の選択によって紫外から可視，近赤外光に対応することができる。磁性体には動作波長に応じて磁気光学効果が大きく，吸収係数が小さい強磁性金属を選べばよい。ハイブリッド光アイソレータに限らず，導波路光アイソレータには導波路構造の異方性に起因する複屈折がもたらす偏光依存性が存在する。ハイブリッド光アイソレータでは強磁性金属の磁化方向と該当する光の磁化ベクトルの振動方向が平行であれば，光アイソレータ動作が得られる。強磁性金属を図 1 のようにプレーナ導波路の上面に製膜すれば TM モードの光アイソレータが得られ，側面に蒸着すれば Transverse Electric(TE)モードの光アイソレータが得られる。TM モードのハイブリッド光アイソレータでは強磁性金属が上部電極を兼ねる必要がある。詳細は 3 節以降に紹介する。

2.4 非相反位相変化に基づく導波路光アイソレータ

2.3 項で示した非相反損失変化は半導体と磁性体界面での反射に伴う振幅変化の非相反性を利用したものである。この界面の反射には非相反な振幅変化とともに位相変化が生じる。この非相反位相変化を利用した半導体導波路光アイソレータが実証されている。非相反位相変化によって前進光は同位相，反射光は逆位相となるように光干渉導波路を構成することによって半導体導波路光アイソレータが実現されている。非相反位相変化に基づく導波路光アイソレータでは磁性ガーネットが磁気光学効果の源となる。磁性ガーネットを半導体基板に製膜するのは一般に困難であるが，InP，及び，SOI(Silicon on Insulator)基板上への磁性ガーネット結晶のウエハボンディング技術の向上によって半導体導波路光アイソレータが実現されている[7,8]。これらの導波路光アイソレータでは磁性ガーネット結晶が光導波路の上面にボンディングされているため，光アイソレータ動作は TM モードで実証されている。

3 半導体強磁性金属ハイブリッド光アイソレータの実証

3.1 TE モード導波路光アイソレータ

バルク型光アイソレータと比較した導波路光アイソレータの最も大きな特長は半導体レーザ等の光エレクトロニクス素子との一体集積化が容易な点である。光エレクトロニクス素子の代表である半導体レーザは一定の偏波でレーザ発振し，多くの端面発光型半導体レーザは TE モードでレーザ発振する。よって半導体レーザとの一体集積化という目的を満たすためには TE モードの

ハイブリッド光アイソレータが必要である。2.3 項で述べたようにハイブリッド光アイソレータが動作する偏波は光の磁界ベクトルの振動方向が磁性体の磁化と平行であればよい。TE モード光の磁界ベクトルの振動方向は鉛直方向であるため，SOA 導波路の一方の側壁に強磁性金属を蒸着し，鉛直方向に磁化させれば TE モードハイブリッド光アイソレータを実現することができる。図 4（a）は SOA 導波路として InP 基板上の InGaAsP 多重量子井戸構造，強磁性金属として Fe 薄膜を用いた TE モードハイブリッド光アイソレータの断面電子顕微鏡写真である。SOA の利得ピーク波長は 1550 nm である。導波路の加工には反応性イオンエッチング，Fe 薄膜の製膜には斜め電子ビーム蒸着法を用いた。図 4（b）に波長 1530～60 nm の TE モード光の前進波と後退波の伝搬光強度を示す。バイアス電流は 100 mA である。永久磁石を用いて 0.1 T の外部磁場を印加した。波長 1550 nm において前進光と反射光の間で 14.7 dB/mm の伝搬損失の差が得られた。この伝搬損失の差は入射光が TM モード光の場合には観測されない。よってこの伝搬損失の差 14.7 dB/mm は非相反損失変化による光アイソレータ動作に起因すると結論づけられる。また，波長 1530～60 nm にわたって 10 dB/mm 以上の光アイソレーションが得られた[9, 10]。14.7 dB/mm の光アイソレーションは単位素子長あたりのハイブリッド光アイソレータの観測例としては最大の値である。

3.2　単一波長半導体レーザとの一体集積化

　導波路光アイソレータの最大の特長は光エレクトロニクス素子との一体集積化である。3.1 項の TE モードハイブリッド光アイソレータと単一モード分布帰還型半導体レーザ（Distributed Feedback Lasers：DFB LDs）の一体集積素子が図 5 の光学顕微鏡写真である。波長 1543.8 nm

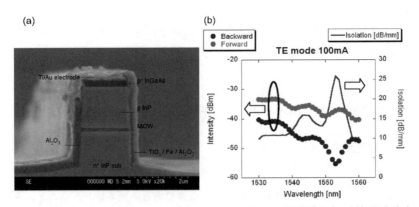

図 4　(a)TE モードハイブリッド光アイソレータの断面電子顕微鏡写真，(b)伝搬光強度（前進光と後退光，左軸）と光アイソレーション（右軸）の入射光波長依存性 バイアス電流は 100 mA。X [mW] $= 10 \log_{10} X$ [dBm]。[10]

第33章 光スピントロニクスデバイス～集積光非相反デバイス～

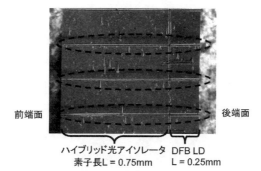

図5 光アイソレータと分布帰還型半導体レーザ (Distributed Feedback Laser Diode, DFB LD) の一体集積素子の光学顕微鏡写真
点線で囲んだ部分が1つの集積化素子である。素子長は1 mm。[11]

における単一モード発振と4 dBの光アイソレーション比を達成した[11]。光アイソレーションは小さいが，光アイソレータと半導体レーザは素子作製工程におけるリソグラフィーの工程で一体形成されており，別々に素子を作製して貼り合わせを行ったのではない。これは半導体レーザと光アイソレータがモノリシック集積された世界初の実証例である。

3.3 エピタキシャル強磁性金属MnAs，MnSbを用いたハイブリッド光アイソレータ

3.1，3.2項で述べたのはTEモードで動作するハイブリッド光アイソレータである。一方，TMモードで動作するハイブリッド光アイソレータを作製するには，図1で示したようにプレーナ型光導波路の上部に強磁性体を配置する必要があり，かつ，強磁性体が半導体光増幅器の上部電極を兼ねる必要がある。すなわち，強磁性金属が大きな磁気光学効果を持つと同時に半導体光増幅器の電極として良好な半導体／強磁性金属接触抵抗を示さなければならない。半導体光増幅器の動作に必要な電流密度は一般に数 kA/cm^2 程度であり低接触抵抗化が必要である。そこでエピタキシャル強磁性金属であるMnAs，及び，MnSbをTMモードハイブリッド光アイソレータに応用した。エピタキシャル強磁性金属を利用する利点は，①一般にFe，Coなどの強磁性金属とp型のInGaAsPの界面で低抵抗な接触抵抗を実現する場合，高濃度のp型ドーピングが必要であり，低抵抗化のための熱処理とともにFeAsなどの非強磁性寄生化合物が界面に形成されてしまうこと，②MnAs，MnSb薄膜はGaAs，InP基板上にエピタキシャル成長が可能であり，熱力学的に安定な強磁性金属／半導体界面を形成することができること[12,13]，③MnAs，MnSbの結晶構造は六方晶のNiAs型であり，強い結晶磁気異方性を有するため，導波路ストライプ型の形状に加工してもデバイス動作に必要な印加磁化方向である短軸方向に磁化させやすいこと等である。以上の利点を念頭にエピタキシャルMnAs薄膜を用いてTMモードハイブリッド光アイソレータを作製した例を以下に示す。SOA導波路はInP基板上のInGaAlAs多重量子井戸構造であ

る。素子構造が比較的簡易な利得導波路型のハイブリッド光アイソレータにおいて波長1540 nmに対して9.8 dB/mmの光アイソレーションを実現した[14]。MnAs薄膜は光エレクトロニクス素子としての加工実績が少ない材料であったが，反応性イオンエッチング等の素子作製プロセスの改善により，光伝搬損失の少ないリッジ導波路ストライプ状に加工した屈折率導波型の素子を作製した。図6に断面電子顕微鏡写真，測定結果を示す。この素子において挿入損失を6.9 dBまで低減することに成功した[15]。幅2 μm，長さ0.65 mmの導波路ストライプ状に加工した素子であり，MnAsの結晶磁気異方性による磁化容易軸が導波路ストライプの短軸方向に向くように素子を作製した。MnAs導波路ストライプ形成後の磁化測定により，期待した通り結晶磁気異方性が形状磁気異方性を上回っていることが確認され，エピタキシャル強磁性金属の利点が実証された[15]。しかしながら，MnAsのキュリー温度は313 Kと電流注入型の素子としては高くはなく，SOAへの電流注入に伴うジュール熱によって磁化の反転が起こる可能性がある。また，MnAsの磁気光学効果は磁気光学材料として大きいとは言えない。そこでキュリー温度がより高く，磁気光学効果が大きいエピタキシャル強磁性金属であるMnSb薄膜を利用したハイブリッド光アイソレータを作製した。MnSbのキュリー温度は587 Kであり，MnAsと比べて大きなスピン軌道相互作用による大きな磁気光学効果を示す。InGaAs/InP基板上へのMnSb薄膜のエピタキシャル成長法を確立し，ハイブリッド光アイソレータを作製した。作製した素子は波長1550 nmの入射光に対し素子温度20 ℃で11 dB/mmの光アイソレーション比を示し，また20-70 ℃において一定の光アイソレーション比を実現した。これはMnSbの大きな磁気光学効果と十分に高いキュリー温度によるものである[16]。1990年代以来，半導体強磁性金属ハイブリッド構造の作製が行われてきた[12,13]。エピタキシャルMnAs，MnSbのハイブリッド光アイソレータへの応用はこれらの半導体強磁性金属ハイブリッド構造の研究がデバイス応用として結実した成果の一つである

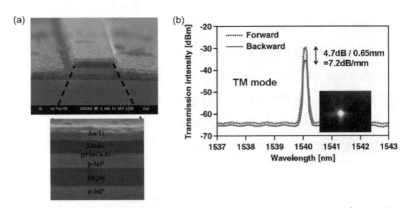

図6 (a)エピタキシャルMnAs薄膜を強磁性金属に用いたTMモードハイブリッド光アイソレータの断面電子顕微鏡写真，(b)(a)の素子の非相反伝搬の測定結果
挿図は伝搬光の近視野像である。[15]

と言えよう。TM モードハイブリッド光アイソレータでは他に多結晶 FeCo を用いた研究例があり，前進光のゼロ伝搬損失化と消光比 12.7 dB が達成されている[17,18]。

4　バルク型光アイソレータと半導体導波路光アイソレータの比較，課題，応用可能性

表1に本章で述べたハイブリッド光アイソレータと従来のバルク型光アイソレータ，非相反位相変化を用いた半導体導波路光アイソレータの性能比較をまとめた。半導体導波路光アイソレータの実証が 2002～08 年にかけて相次いで報告されたこともあり，国際会議 Conference on Laser and Electro-Optics (CLEO) 2008 では「集積光アイソレータと磁気光学現象」に関するシンポジウムが開催され，議論が行われた[19]。実証されている半導体光アイソレータの消光比は素子長2 mm に対して 15-20 dB であり，バルク型光アイソレータの消光比（50 dB 以上）と比較すると劣る。しかし，半導体導波路光アイソレータは DFB レーザとの集積素子の実証や Si フォトニクス向けの光アイソレータ等，バルク型の光アイソレータにはない特長をもつ。バルク型の光アイソレータは集光レンズなどの実装の手間が必要であることは 2.1 項で述べた通りである。一体集積化が容易で，消光比・偏波依存性等の全ての性能に優れる万能の光アイソレータは存在しない。バルク型の光アイソレータには優れた性能と長い実用化の実績があり，ハイブリッド光アイソレータをもって現存のすべてのバルク型光アイソレータを置き換えるのは現実的ではない。集積光アイソレータの素子長が半導体レーザの素子長と比べて長すぎれば問題となる。一方，近年の光集積回路の進展は目覚ましく，大規模光集積回路と呼ばれる 50 個以上の光素子の一体集積素子が報告されている[20]。ハイブリッド光アイソレータの特長はこういった比較的規模の大きい

表1　従来のバルク型光アイソレータ，ハイブリッド光アイソレータ，非相反位相変化を用いた導波路光アイソレータの比較

	性能 （消光比，素子長）	偏波依存性	半導体レーザとの集積化，実装	その他，応用可能性
従来のバルク型光アイソレータ	消光比：50 dB 素子長：1.5 mm	解決済み	人手による実装	長い実用化の実績有。
ハイブリッド光アイソレータ （非相反損失変化）[9～11,14～18]	消光比：15 dB 素子長：1-2mm	TE，TM 両モードで実証	実証済み	光集積回路に簡便に非相反機能を組み込む場合に有効。光増幅に伴う自然放出光雑音有。
非相反位相変化を用いた導波路光アイソレータ[7,8]	消光比：21 dB 素子長：4 mm	TM モードで実証	単体の実証まで	Si フォトニクス向けの光アイソレータの実証。

光集積回路のちょっとした箇所に消光比10 dB程度の集積光アイソレータを実現することができる点であろう。一例はハイブリッド光アイソレータを応用した外部磁場で制御可能な半導体双安定レーザ，光情報信号の一時記憶素子である。非相反性の導入によって双安定状態が安定化することが理論的に示されている[21]。光信号情報の一時記憶は光の非相反性と並んで半導体光エレクトロニクス素子が最も苦手とする機能の一つである。光集積回路における一方向伝搬特性，磁化状態による光素子の機能の再構成はハイブリッド光アイソレータの応用の一つである。Fe，Co等の従来の強磁性金属にとどまらない新奇磁気光学材料の探索もハイブリッド光アイソレータの高性能化に必要であろう。

5　おわりに

　本章では半導体強磁性金属ハイブリッド光アイソレータの原理と実証結果を中心に述べた。ハイブリッド光アイソレータは半導体の発光・光増幅・光導波現象と強磁性体の非相反性と不揮発性を組み合わせたデバイスであり，光スピントロニクスデバイスとして位置づけることができる。ハイブリッド光アイソレータの実証と半導体レーザとの一体集積化の実現は，これまで不可能と考えられてきた光エレクトロニクスへの非相反性の導入が可能になったことを意味し，大きなブレークスルーである。エピタキシャル強磁性金属のハイブリッド光アイソレータへの応用はその特長を巧みに活かしており，半導体強磁性金属ハイブリッド構造の研究が結実した成果の一つである。最後にバルク型光アイソレータを含む他の光アイソレータとの利害得失を論じ，ハイブリッド光アイソレータならではの応用の方向性について述べた。ハイブリッド光アイソレータが従来の技術の延長線上にはない光素子として，光集積回路における重要な役割を担うことを願うものである。

謝辞

　本章で述べた研究成果は，東京大学の中野義昭教授，田中雅明教授，東京工業大学の宗片比呂夫教授，及び大学院生（当時）の雨宮智宏氏，横山正史氏，ファムナムハイ氏，小川悠介氏との共同研究によって得られたものである。本研究を行うに当たって，NEDO産業技術研究助成事業，文部科学省科学研究費補助金特定領域研究「半導体ナノスピントロニクス」，「スピン流の創出と制御」，文部科学省の委託業務「若手研究者の自立的研究環境整備促進事業」の援助を受けた。

第 33 章 光スピントロニクスデバイス～集積光非相反デバイス～

文　　献

1) 佐藤勝昭，光と磁気（改訂版）現代人の物理，朝倉書店（2001）
2) K. Onodera, T. Matsumoto and M. Kimura, *Electron. Lett.*, **30**, 1954（1994）
3) K. Nakamura *et al.*, Optical Fiber Communication Conference and Exhibition 2007, OMK 5, Anaheim, USA
4) V. Zayets, M. C. Debnath, and K. Ando, *Appl. Phys. Lett.*, **84**, 565（2006）
5) M. Takenaka and Y. Nakano., 11th Int'l Conf. on Indium Phosphide and Related Materials, 289（1999）
6) W. Zaets and K. Ando, *IEEE., Photon. Tech. Lett.*, **11**, 1012,（1999）
7) H. Yokoi, T. Mizumoto, N. Shinjo, N. Futakuchi, and Y. Nakano, *Appl. Opt.*, **39**, 6158（2000）
8) Y. Shoji, T. Mizumoto, H. Yokoi, I. W. Hsieh, and R. M. Osgood, Jr., *Appl. Phys. Lett.*, **92**, 071117（2008）
9) H. Shimizu and Y. Nakano, *Jpn. J. Appl. Phys.*, **43**, L 1561,（2004）
10) H. Shimizu and Y. Nakano, *IEEE J. Lightwave Technol.*, **24**, 38（2006）
11) H. Shimizu and Y. Nakano, *Photon. Tech. Lett.*, **19**, 1973,（2007）
12) M. Tanaka *et al, J. Vac. Sci. Technol. B*, **12**, 1091（1994）
13) H. Akinaga, K. Tanaka, K. Ando, and T. Katayama, *J. Cryst. Growth*, **150**, 1144（1995）
14) T. Amemiya, H. Shimizu, Y. Nakano, P. N. Hai, M. Yokoyama, and M. Tanaka, *Appl. Phys. Lett.*, **89**, 021104（2006）
15) T. Amemiya, H. Shimizu, P. N. Hai, M. Yokoyama, M. Tanaka, and Y. Nakano, *Appl. Opt.*, **46**, 5784（2007）
16) T. Amemiya, Y. Ogawa, H. Shimizu, H. Munekata, and Y. Nakano, *Appl. Phys. Expr.*, **1**, 022002（2008）
17) W. Van. Parys *et al.*, *Appl. Phys. Lett.*, **88**, 071115（2006）
18) W. Van Parys *et al.*, 2006 Integrated Photonics and Applications Topical Meeting and Nanophotonics Topical Meeting, ITuG 3.
19) "Symposium on Integrated Optical Isolators and Magneto-Optical Phenomena I, II", CThC, CThM, CLEO / QELS 08（Conference on Lasers and Electro-Optics / Quantum Electronics and Laser Science Conference 2008）.
20) R. Nagarajan *et al.*, *IEEE. J. Select. Topics Quantum. Electron.*, **11**, 50,（2005）
21) W. Zaets and K. Ando, *IEEE., Photon. Tech. Lett.*, **13**, 185,（2001）

第34章　量子コンピュータとスピントロニクス

伊藤公平[*]

1　量子コンピュータの基礎と性能指標

　現代のコンピュータの不可能の一部を可能にし得る装置が量子コンピュータである。単一量子からなる量子ビットが基本要素であり，その量子ビットの集合を初期化（例えば基底状態に設定）し，入力・演算を行い，結果を読み出す技術が必要となる。これまでに開発された多くの量子計算用アルゴリズムの中でも，グローバーのデータベース検索[1]とショアの素因数分解量子アルゴリズム[2]が特に実用性が高く有名であり，今後は量子系（すなわちすべての系）のシミュレーションにも量子計算が威力を発揮すると期待される[3]。

　ディビンチェンゾ（DiVincenzo）は，量子コンピュータを実現するために必要な有名な5つの条件を提示した[4]。

　①　物理性質がよく理解されている量子ビット（2準位系）を必要な数だけ用意できること。
　②　初期化が可能であること。
　③　位相緩和時間（T_2）が量子演算に必要な時間（t_s）より充分に長いこと。
　④　量子演算（ユニタリ変換）が実行可能であること。
　⑤　量子ビットの測定が可能であること。

　これらの条件の意味することを順に説明する。まず，量子ビットを説明するために，量子コンピュータと現在のコンピュータ（以降，古典コンピュータと呼ぶ）の違いについて考える。ご存知のとおり，古典コンピュータにおける情報処理は2進数に基づく論理回路によって実行される。ひとつのビット（以降，古典ビット）が0または1の値を蓄え，それらビット情報の組み合わせで目的とする情報処理を行う。1つの古典ビットでは，0または1のどちらか一方のみが100％の確率で決定されるため，0である確率がx，1である確率が$1-x$という状態はありえない（ここでxは1より小さい実数である）。量子コンピュータでも情報処理の基本は2進数に基づく演算である。しかし，古典コンピュータと決定的に異なるのが，量子コンピュータの1つのビット（以下，量子ビット）は，先に述べた0である確率がx，1である確率が$1-x$という状態がとれることである。量子ビットでは，古典ビットの0の状態を$|0\rangle$，1の状態を$|1\rangle$と表

---

[*]　Kohei M. Itoh　慶應義塾大学　理工学部　物理情報工学科　教授

第34章 量子コンピュータとスピントロニクス

す。ここで0と1をある確率分布でとる状態 $|\psi\rangle$ を

$$|\psi\rangle = \alpha|0\rangle + \beta|1\rangle \tag{1}$$

と表す。α と β は，$|\alpha|^2+|\beta|^2=1$ を満たす複素数である。すなわち，量子ビットは $|0\rangle$ を $|\alpha|^2$，$|1\rangle$ を $|\beta|^2=1-|\alpha|^2$ という任意の確率で同時に蓄えることができる。このような性質を有する量子ビットは，直感的には単一光子，単一電子スピン，単一核スピン，単一磁束量子といった「単一量子」によってのみ得られる。次に「必要な数だけ用意できること」という部分について考える。式(1)で $|0\rangle$ と $|1\rangle$ を等しい確率0.5で得たい場合は $\alpha=\beta=1/\sqrt{2}$ と設定すればよい。このような設定は，1つの量子ビットを初期化し，続いてアダマード変換と知られる量子演算を実行することによって得られる。この $\alpha=\beta=1/\sqrt{2}$ の量子ビットを測定した場合，1回の測定では0または1のどちらか一方のみが得られ，その確率は0.5ずつである。この量子ビットを100回測定すると，確率的には0を50回，1を50回得る可能性が一番高い。すなわち，古典ビットでは考えられないことであるが，たった1つの量子ビットが0と1の両方の状態を等しい確率で含み，実際にそれが測定に反映されるのである。このような量子ビットを2つ並べた場合，$|0\rangle|0\rangle$, $|0\rangle|1\rangle$, $|1\rangle|0\rangle$, $|1\rangle|1\rangle$ の4つの状態が等しい確率で含まれる。わずか2つの量子ビットで，2進数の00, 01, 10, 11，すなわち10進数の0, 1, 2, 3に対応する4つの数字を格納できることから明らかなとおり，n 個の量子ビットで 2^n 通りの数字（状態）を同時に含むことができる。この量子並列性こそが量子コンピュータの最大の長所である。例えば，200量子ビットの量子コンピュータができたとしよう。一度に含まれる量子状態の数は $2^n=2^{200}\sim 10^{60}$ となり，この数字は宇宙に存在する原子の総数に匹敵する。この莫大な級数をわずか200個の量子ビットで蓄えることができ，さらにそれらの量子ビットを用いて実行する量子演算は0から 10^{60} までの数列（級数）を同時に並列計算できるため，量子計算機の性能は強力である。この量子並列性に基づく超並列処理こそが，古典コンピュータでの一部の不可能を量子コンピュータが可能にすると期待される理由である。当然，量子ビット数（n）が量子計算機の性能指標のひとつとなり，n は大きいほどよい。ただし多数の量子系を制御することは容易でないため，ディビンチェンゾは「必要な数」と目的に応じて量子ビット数を決定する柔軟性を強調している。

2番目の初期化とは，式(1)で $\alpha=1$ または $\beta=1$ に設定することを指す。演算の始めには，すべての量子ビットを $|0\rangle$ または $|1\rangle$ に設定できることが必要となる。

3番目の条件は量子ビット数（n）と並んで重要な性能指標である演算可能な総ステップ数（s）に関する条件である。多数の量子ビットを用意し，莫大な級数が量子情報として書き込めたとしても，それらを利用して演算ができなければ意味がない。s は，位相緩和時間（T_2）を1

つの量子演算に要する時間 (t_s) で割ることによって与えられる ($s=T_2/t_s$)。位相緩和時間とは量子情報を保てる時間の目安であり，これより長い時間が経過すると量子情報が失われ計算が破綻する。

4番目の量子演算とは，ある量子状態のユニタリ変換を指す。ここでは1つの量子ビットに対するNOT演算と，2つの量子ビットに対する制御NOT演算の例を示す。NOT演算と制御NOT演算の組み合わせで任意の n 量子ビットのユニタリ変換（すなわち，すべての量子アルゴリズム）が実行可能であることが数学的に証明されている[5,6]。よって，これら2つの変換は万能ゲートと呼ばれる。NOT演算の演算子を U_{NOT} とすると，式(1)のNOT演算は

$$U_{NOT}|\psi\rangle = U_{NOT}(\alpha|0\rangle + \beta|1\rangle) = \beta|0\rangle + \alpha|1\rangle \tag{2}$$

と $|0\rangle$ と $|1\rangle$ の係数を入れ替える。位相緩和時間 T_2 内に何回のNOT演算（すなわち1量子ビット演算）が実行できるかは，T_2 を $|0\rangle$ と $|1\rangle$ の係数を入れ替えるのに必要な時間で割ることによって与えられる。今，1つの量子ビットの $|0\rangle$ 状態と $|1\rangle$ 状態のエネルギー差を E_{0-1} としよう。1つの量子ビットに E_{0-1} の共鳴電磁波を照射し続けると $|0\rangle$ 状態と $|1\rangle$ 状態の係数は $|\alpha|^2 + |\beta|^2 = 1$ の関係を保ちながら，占有確率が $|\beta|^2 = \sin^2(\Omega t/2)$ と照射時間に対して振動する。この現象はラビ振動，Ω はラビ周波数として知られる。よって $|0\rangle$ を $|1\rangle$ 状態に反転させるNOT演算を実行するためには $t=\pi/\Omega$ の時間が必要となる。2つの量子ビットを用いる制御NOT演算では，一方の量子ビットを制御ビット，もう一方の量子ビットを標的ビットと定め，制御ビットが $|0\rangle$ の場合は全く何も変化させず，制御ビットが $|1\rangle$ の時だけ標的ビットにNOT演算を行う。例えば，制御ビットを $(|0\rangle + |1\rangle)/\sqrt{2}$，標的ビットを $|1\rangle$ として制御NOT (U_{CNOT}) を実行すると

$$\frac{1}{\sqrt{2}}(|0\rangle|1\rangle + |1\rangle|1\rangle) \xrightarrow{CNOT} \frac{1}{\sqrt{2}}(|0\rangle|1\rangle + |1\rangle|0\rangle) \tag{3}$$

となり，これは2つの量子ビットのエンタングル状態として知られる。このような2量子ビットの間の相互作用に依存する量子演算に必要な時間は，2つの量子ビット間の相互作用の指標となる結合定数 J によって決まる。制御NOTに必要な時間は，結合が強ければ短縮され，弱ければ長くなる。

5番目の量子ビットの測定は，計算終了時に結果が読み出せなければ意味がないことをさしている。

本稿の主題は量子コンピュータとスピントロニクスの関係であるため，図1に量子力学的なスピン（磁石）を用いた量子コンピュータの概念をまとめた。ディビンチェンゾの5つの条件をスピンを例に示し直した図である。ここでは磁石の向きが上向きなら2進数の「1」，下向きなら2

第34章　量子コンピュータとスピントロニクス

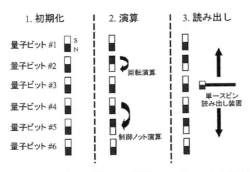

図1　スピン（磁石）を利用した量子コンピュータの基本3要素

進数の「0」に対応すると定義する。量子力学的スピンの向きが0または1の情報の担い手になるため、各磁石が「量子ビット」と呼ばれる。量子計算の第一のステップは磁石を一列に並べた後に、すべて下向き（0）にセットする初期化である。次に演算を行うが、ここでは任意の磁石を反対向きにする「回転演算」と、二つの量子ビット間の相互作用に基づく「制御NOT演算」を行う。制御ビットが「0（下向き）」であれば標的ビットには何もしない、制御ビットが「1（上向き）」であれば標的ビットを反転させるという条件つきの2量子ビット演算であることはすでに述べた。演算終了後は、各量子ビットの方向を読み出す必要がある。以上のステップが実現できれば量子コンピュータが完成するので、話は一見単純である。しかし、ここでもう一度強調すべき点が、図1に示すのは小学生の棒磁石の列ではなく、電子1個1個のスピン、原子核1個1個のスピンといった微小空間において量子力学的振る舞いをする単一スピン（磁石）であることだ。単一スピンを相互作用可能な距離で周期的に配置することは、最新のナノテクノロジーを利用しても非常にチャレンジングな課題であるうえ、そこで量子操作を実現する必要がある。量子操作の実現が困難である理由として、計算中には量子情報を失わないように外界との相互作用を最小限に抑える必要がある（すなわち、緩和時間（T_2）をできるだけ長くする必要がある）。一方で、2量子ビット演算や最終的な読出し（観測）においては必要な相手のみとの相互作用だけをできるだけ強める必要が生じるという、相反する要求が課される点にある。2量子ビット演算では、結合させたい2つの量子ビット間の相互作用、測定の場合は対象とする量子ビットと測定用プローブの間の相互作用のみをできるだけ強めたい。これにより、1つの2量子演算に必要な時間（t_s）や、1つの測定に必要な時間が短縮され、結果としてより多くの計算ステップsが実行できるようになるからである。このように1個単位の電子スピンや核スピンといった量子間の相互作用を必要なときは誘起するが、それ以外の時は完全に遮断するとなると相当な工夫を要する。よって、時と場合に応じて相互作用が必要または不必要になるという「量子ビットのジレンマ」を解決（または最適化）するための基礎研究が重要となっている。

2 量子コンピュータ開発最前線

　量子コンピュータの開発は世界中の研究室で進められており，その技術はまさに日進月歩である。本原稿執筆時（2009年2月）までに開発された最も進んだ量子コンピュータが溶液NMR量子計算機で[7]，15→3×5というショアの素因数分解アルゴリズムの実行に成功している[8]。溶液中の分子の核スピンを量子ビットとして用いるこの方法は，スピントロニクスの真骨頂といえる。一方，集積性に関しては10量子ビット程度が限界といわれており，その他の方法を考慮する必要性がでてきた。そこで，集積可能な量子ビットの候補として，光子を用いる提案[9]，イオン準位を用いる提案[10]，超伝導を用いる提案[11,12]，半導体量子ドットを利用する提案[13,14]，半導体中の核スピンを用いる提案[15~17]，液体ヘリウムを用いる提案[18]などが注目されている。これら量子ビット開発の最前線を列挙してみよう。スピントロニクスとは少し離れるが巨視的コヒーレンスを利用して大きな進歩をとげているのが超伝導量子ビットである。超伝導量子ビットには大きく分けて電荷，磁束，位相を利用する3種類に分けられるが，いずれの手法でも2量子ビット演算の実行が示された[19~23]。また，超伝導量子ビットと電磁波をエンタングルさせる実験も大いに進歩し，量子情報の転送や複数量子ビットの結合を移動可能な量子ビット（例えば光子）を用いて行う量子転送バスに関する実験が盛んに行われている[24~27]。やはりスピントロニクスと少し離れるが，イオントラップの実験も大いに進んでいる。最大8量子ビットまでのエンタングルメントが実験により示され[28]，2量子ビットのエンテングルメント精製[29]まで実行されたのは驚きである。

　さて，本題のスピントロニクス関連であるが固体中のスピンの利用という観点から最も進んでいるのが半導体量子ドットである。スピン量子ビットとして重要なスピンブロケード動作が示され[30]，横型結合ドットでの量子ビット動作も確認されると[31]，電気や光を用いた単一電子スピンの様々なコヒーレント操作が報告された[32~35]。さらに量子通信のリピーターや量子バスという観点から重要なのが，光子の偏光と量子ドット中の電子スピンの間で量子情報をコヒーレントに移転した実験である[36]。ただし，III-V族を利用した量子ドットでは背景の核スピンが電子スピンの量子情報保持時間を極端に短縮させる欠点がある。そこで最近では炭素系（ダイヤモンドやグラフィン）やシリコンといった核スピンが除去できる半導体にも注目が集まっている。前節の議論から初期化や読み出しが可能であることに加え，量子コンピュータの性能指標として量子ビットの数nと演算可能な総ステップ数sが重要であることはすでにおわかりのとおりである。その現状を表1に示す。以下に表中の列を順に説明する。$\omega_0/2\pi$は，量子ビットの2準位間のエネルギーであり，その共鳴周波数を有する電磁波を外部から照射することで2準位の占有確率が変化できることはすでに述べた。T_2は位相緩和時間であり，ここで示すのは理論値では

第34章 量子コンピュータとスピントロニクス

表1 2009年2月までに報告された，実験により測定された様々な量子ビットの位相緩和時間 T_2

量子ビット	$\omega_0/2\pi$	T_2	Q	ΩT_2	JT_2	文献
光学イオントラップ (^{40}Ca$^+$)	412 THz	1 ms	10^{12}	10^2	10^1–10^3	41)
イオントラップ (^{9}Be$^+$)	1.25 GHz	100 ms	10^8	10^5	10^3–10^5	29)
液体中の分子核スピン	500 MHz	2 seconds	10^9	10^5	10^2	8)
量子ドット中の電荷状態	200–600 THz	40–630 ps	10^5	10^2	10^2	41)
超伝導磁束ビット	6.6 GHz	1 μs	10^5	10^4	10^3	20)
超伝導電荷量子ビット	16 GHz	1 μs	10^5	10^3	10^5	19)
超伝導位相量子ビット	16 GHz	10 μs	10^6	10^3	10^6	22)
Si 中のリン束縛電子	10 GHz	200 ms	10^9	10^7	—	42)
ダイアモンド中の N-V 中心	120 MHz	1 ms	10^5	10^5	10^3	43)
Si 中の ^{29}Si 核スピン	60 MHz	25 seconds	10^9	10^6	10^4	40)

ΩT_2 が T_2 時間内に実行できる現実的な1量子ビットの回数，JT_2 が T_2 時間内に実行できる2量子ビットの回数を指す．その他の詳細は本文に記述した．

なく，現時点までに実験により測定された値である．ほとんどの理論がさらに長い T_2 を予想するため，今後の環境系との隔離技術の進歩によってさらに伸ばせることが期待できる．ここに示した T_2 のほとんどがスピンエコー法を用いて得られた値で，不均一拡がりを有する集団から得られる T_2^* とは異なることに注意してほしい．$Q=\frac{\omega_0}{2\pi}\times \pi T_2$ は，2準位間のエネルギー差のみをもとに見積もった，T_2 時間内に実行できる最大の量子ゲート数である．しかし，実際に実行可能な量子ゲート数の見積もりは，上述のラビ振動周波数 Ω を用いることが現実的である．よって，T_2 時間内に実行可能な1つの量子ビットに対するゲート回数は ΩT_2 で与えられ，それが表の5列目に示してある．最終列の JT_2 が T_2 時間内に何回の2つの量子ビットに対するゲート操作が行えるかを示す．J は上述のとおり，2つの量子ビット間の結合定数である．2量子ビット演算の実行は，量子操作研究の真骨頂といえる．これが何回実行できるかが JT_2 の値であり，これまで議論をしてきた演算可能総ゲート数 s に相当する．表1において際立つのが，シリコン単結晶中の ^{29}Si 核スピンの $T_2=25$ 秒である．この値は固体中で実験により観測されたスピンコヒーレンスの最高値であり，核スピン間の双極子結合をパルス照射によって切る工夫を施した成果である[40]．$T_2=25$ 秒の間に，1量子ビット演算が 10^6 回，2量子ビット演算が 10^4 回実施できることが見積もられ，これらの数字も固体としては最大である．$T_2=25$ 秒は，さらに工夫を重ねることで伸ばせるであろう．もう1つのシリコン核スピンの利点としてラビ振動数 Ω が比較的低いことにある．これはクロックスピードが低いことを意味し，一見，短所と受け止められることが多い．しかし，NOT や制御 NOT 演算をエラーなしに行うためには，決められた時間だけ正確に電磁波を矩形波として照射する必要があり，これを ns 以内の領域で実現するのは現在の技術では難しい．NOT 演算を例にあげると，ここでは正確に $t=\pi/\Omega$ 時間の電磁波を矩形波として

照射することが必要で，この制御が Ω が高いと技術的に困難になり演算エラーにつながる。シリコン核スピンの場合は kHz から GHz 程度と現在の技術でも充分正確に制御できる領域に位置する。一方，シリコン核スピン量子ビットにも欠点がある。初期化と単一核スピン読みだしが困難で現時点では実現されていない。固体で最も進んでいる超伝導量子ビットや半導体量子ドットは，初期化や単一量子読み出しが可能という点で優れているが，T_2 が短い。このように，すべての量子ビットに一長一短があるのが現状であり，現状をどのように改善していくかが今後の基礎研究の興味となる。

さて，量子ビット数 n と，1量子ビット演算および2量子ビット演算回数 s をどこまで伸ばせれば，現在のコンピュータを上回る威力を発揮するのであろうか？　この質問に答えるのは以下の理由で極めて困難である。まず，T_2 の時間内でも位相のコヒーレンスは指数関数的に減衰している。また，完璧な演算パルスを照射して誤差のない量子演算を実行することも実験では不可能である。よって，演算エラーは避けられないものとして，量子誤り訂正と呼ばれるアルゴリズム面での補正法が開発されている[37]。例えば，1量子ビットの情報を5量子ビットで符号化することによって，任意の1量子ビットのエラーを訂正することが可能となる[38]。このようなエラー訂正が適用できる理想的な量子コンピュータでは，s が 10^4 以上であれば無限ステップの計算が可能になるとされる[39]。しかし，実際の量子コンピュータの構成では空間的に遠く離れた量子ビット同士が結合できないなどの様々な現実的な制約が生じ，結果として，該当する量子コンピュータの構成も含めて耐故障量子計算を実現するためのアルゴリズム解析が必要となる。すなわち，現在のコンピュータを凌駕する量子演算を実現するためには，まずは解決したい問題とそれに適した量子計算アルゴリズムを明らかにし，次に利用する量子ビットの種類と量子コンピュータ全体の構成（初期化方法，量子ビットの結合・隔離方法，読み出し方法，エラー訂正方法）を考え，最終的に，それらの条件に照らし合わせて耐故障量子計算のために必要なビット数と演算回数が決まるのである。

また，耐故障性はアルゴリズムだけの問題ではなく，単一量子ビットごとに初期化・演算・読み出しを行う理想的な量子計算機と，純粋集団を利用するアンサンブル平均量子計算機の違いといったハード面にも依存する。量子誤り訂正符号などは前者の理想的な量子コンピュータを想定して作成されることが多いが，純粋集団を同時に量子制御できれば，一部のビットがエラーを起こしても問題にならないという耐故障性に関するメリットがある。

3　シリコン量子コンピュータ

最後に筆者が特に興味をもって開発を進めているシリコン量子コンピュータを例として，量子

第34章 量子コンピュータとスピントロニクス

コンピュータ研究の実際を紹介する。

現代における機能性材料の代表格が半導体シリコンであろう。シリコンチップを含まない電化製品は、ほぼ皆無である。シリコン単結晶は比類なき結晶の完全性（すなわち低い欠陥濃度）と高純度（すなわち電気的に活性な不純物濃度が 0.0001 ppm 未満）を誇り、そこにわずかな量のドーピング（故意的に添加する不純物）を加え電極を形成することで電気的特性が自由自在に制御できる。この単純なプロセスが現在ではナノメーターの精度で実現され、一枚のシリコンウエハー上に何千万個のトランジスタ、抵抗、コンデンサが集積化されるのであるから驚きの一言である。このような観点から、半導体という切り口で量子コンピュータ開発を考えるときにシリコンを考えない手はない。

シリコンを用いた量子コンピュータの提案として最も有名なのが、1998年にブルース・ケーン（Bruce Kane）博士が発表したシリコン量子コンピュータ（Silicon-based quantum computer）である[15]。量子ビットの初期化・演算・読出しをすべてシリコン内で実現する先駆的な構想は世界中から注目を集めた。ケーンの提案後はシリコンを利用する提案も増えた。代表例として Si 基板上に成長した SiGe 多層膜を利用する方法[44]、シリコン中にテルル（Te）ダブルドナーを埋め込む方法[45]、ケーン型に ^{29}Si 同位体を用いる方法[46]などが挙げられる。平行して、筆者はスタンフォード大学・山本喜久教授グループと共同で、独自の「全シリコン量子コンピュータ（All-Silicon Quantum Computer）」を提案した[16]。

3.1 ケーン型シリコン量子コンピュータ[15]

図2にケーン型量子コンピュータの概観を示す。ここでは、ウエハー表面付近の位置に、約 20 nm 間隔で1個ずつ埋め込まれたリン（P）不純物の核スピンを量子ビットとして用いる。リンの核スピンは上向きと下向きの状態がとれる磁石（2準位系）と考えるとよい。リンはドナー

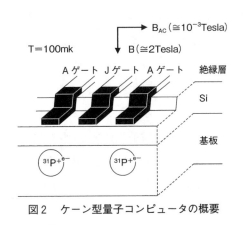

図2 ケーン型量子コンピュータの概要

不純物で，高温ではそれぞれのリンが一個の伝導電子を伝導帯に供給するが，$T \ll 20$ K の低温ではそれぞれのリンが一個ずつの束縛電子を有する水素原子のような不純物と考えてよい。ケーン型量子コンピュータの動作温度は $T \sim 100$ mK と非常に低温であるため，すべてのリンが一個ずつの電子を有し，そのボーア半径（基底状態の電子軌道半径の期待値）は 3 nm 程度とかなり大きい。リンに束縛された電子は，シリコンの格子定数の 20 倍以上の領域に拡がっている。ケーンの提案の素晴らしい点は，リンの核スピン 2 準位系を量子ビットに用いながらも，初期化，演算，読出しの基本ステップでリンに束縛された電子を利用する発想である。そのために各リンの真上には，絶縁膜で隔てられた A ゲート電極が位置する。また，A ゲート間の中央には J ゲートと呼ばれるゲート電極が形成される。

　ケーン型量子コンピュータにおける回転演算には A ゲートが利用される。リン直上の A ゲートに正の電圧を印加した場合と，しない場合を比べる。正の電圧ではリンの束縛電子が上向きに引っ張られ，その電子とリン原子核の相互作用が変化し，結果として核スピンの共鳴周波数が変化する。よって，回転操作を行いたいリンの真上の A ゲートのみに電圧を印加し，それらに対して較正された核磁気共鳴周波数を適切な時間照射すれば回転演算が実行できる。A ゲートに電圧が印加されていない量子ビットは異なる核磁気共鳴周波数を有するため回転されない。このようにして任意の量子ビットのみを回転させる選択性が得られる。次に 2 量子ビット間の制御ノット演算を考える。ここでは A ゲートと J ゲートに正の電圧を印加して，二つのリンの中央でそれぞれの電子の距離が小さくなるように工夫する。これにより 2 つの電子間の相互作用を強め，結果として 2 量子ビット間の核スピンも相互に作用するようになる。孤立した核スピン 2 準位系の基底状態を $|0\rangle$ 励起状態を $|1\rangle$ とすると，A と J ゲートによって交じり合った二つの核スピンのエネルギー準位は，$|00\rangle$, $|01\rangle$, $|10\rangle$, $|11\rangle$ に分裂する。ここで $|xy\rangle$ 内の左の数字が左のリンの状態（0 また 1），右の数字が右のリンの状態を示す。制御ノット演算は，左のリンを制御ビット，右のリンを標的ビットとして，$|10\rangle$ 準位と $|11\rangle$ 準位間のエネルギー差に相当する光を適当な時間照射することで実行できる。計算終了後の読出しには核スピン状態に依存した，束縛電子の単電子トンネル伝導を利用する。低温におけるリンは電子を 2 個同時に束縛することもできる。よって，ある確率で一つのリンに束縛された電子が，隣接するリンの上の A ゲートの正電圧に引っ張られてトンネル移動することができる。ここで核スピンの情報を電子スピンが共有しているとすれば，電子スピン状態を測定することは，核スピン状態を測定することと等価である。移動前のリンに束縛された電子スピンと，移動先のリンに束縛された電子スピンが平行の場合は移動しづらいが，反平行の場合は移動確率が高くなる。すなわちトンネル伝導を誘起するために必要な A ゲート電圧がスピン状態によって変化する。トンネルしたかどうかはゲート電極を通した容量の変化で確認できるため，トンネルに要した電圧が小さければスピンが

反平行で，大きければ平行だと読み出せる。また，電子スピンをとおして核スピン読出しができるということは，上述の回転操作を用いて，読出しにより反平行とわかったスピンを平行に揃えなおすことができる。すなわち，初期化が達成できる。

ケーンの提案はシリコンで量子コンピュータが構築できることを示したパイオニアであるが，実際に図2に示す構造を作製するのは現在の技術でも容易ではない。その実現に向けた要素技術の開発に様々なグループが取り組んでいる。

3.2 全シリコン量子コンピュータ

次に筆者らが提案し，実験室における開発を進めている全シリコン量子コンピュータ構想を紹介する。提案の詳細は文献48) に記したとおりであるが，その要約を以下に記す。シリコン元素は，^{28}Si（92.2 %），^{29}Si（4.7 %），^{30}Si（3.1 %）の3種類の安定同位体から構成され，その自然存在比は括弧内に示された値で常に一定である。このうち，^{29}Siのみが核スピン$I=1/2$を有し，^{28}Siと^{30}Siは核スピンを持たない（$I=0$）。半導体中の同位体組成を制御し基礎研究や工学上の応用に利用する手法は「半導体同位体工学」として知られる[17,47]。ここで^{29}Siの核スピン2準位系を量子ビットとして用いるのが筆者らのアイデアであり，図3に示すとおり，^{29}Si核スピンを核スピンをもたない^{28}Siウエハー上に一列に並べることで図1に示した量子力学的スピンの列を完成させる。この列をなす^{29}Si安定同位体の1個1個にビット情報（0または1）を格納して情報処理を行う。具体的には，^{29}Si安定同位体は核スピン1/2を有するため，2準位系であり，核スピン上向きを0，下向きを1として情報を格納する。核スピンは量子であり，その振る舞いは古典力学ではなく量子力学に従う。よって，この素子は量子コンピュータである。この素子を量子コンピュータとして動作させるためには，①初めにすべての核スピンを0状態にセット（初期化）し，②量子演算（1量子ゲート演算と2量子ゲート演算）を実行し，③終りに個々の核スピンの向きが上か下かを測定する必要がある。これらの条件を満たすために，パーマロイ磁

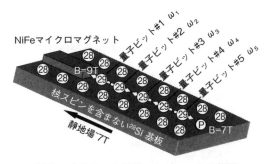

図3　全シリコン量子コンピュータの概要

石（NiFe）とリン不純物がそれぞれ列の両端に置かれている。図3に示す素子全体に7テスラの強磁場を印加すると，パーマロイの端では飽和磁場の約2テスラが加わり9テスラの磁場が発生する。よって，^{29}Si量子ビット列の一端（パーマロイ側）は9テスラ，その反対の端は7テスラの磁場となり，結果として^{29}Si量子ビット列に沿った大きな磁場勾配が実現する。これにより，個々の^{29}Si量子ビットが異なる磁場，すなわち，異なる核磁気共鳴周波数を有することになり，周波数選択による任意の量子ビットの任意の量子演算が可能になる。現提案が2002年の提案[16]と比較して改良された点は，アンサンブル（統計的集団）演算を理想的な単一量子演算に拡張したことと，その場合に困難とされる初期化と読み出しをリン不純物を用いて実現するアイデアを具体化したことである。

最後に，図3の構造を実現するための材料研究の現状を述べる。すでにシリコン核スピンを一列に並べる技術[49]とNiFeマイクロマグネットの開発[50]に成功している。さらに初期化に関しても大きな進展を得て[51]，光を用いた核スピン量子ビットの集団測定にも成功している[52]。今後は単一核スピン測定に向けての努力が必要となる。

4　まとめ

本稿では量子コンピュータとスピントロニクスの関係を議論した。量子コンピュータに関するハードウェア研究の歴史は浅い。しかし，これまでに蓄積された数多くの基礎科学に関する知見と古くから開発されてきた様々な工学的手法は，量子コンピュータ開発という視点から見ると宝の山である。一見，何の役にも立たないと思われて発表された基礎研究結果が，量子コンピュータ開発の新しいアイデアにつながることが多々ある。特にスピントロニクスとナノテクノロジーの境界領域は量子コンピュータ研究者にとって目を離せない位置を占め続けるであろう。実際に役に立つ量子コンピュータが完成するのは何十年も先になるであろうが，この目標は科学者の夢であり，その黎明期に研究を行えることは研究者としての大変な特権である。

謝辞

本研究の一部は科学研究費特別推進研究，科学技術振興調整費，JST戦略的国際科学技術協力推進事業によって補助されている。

第 34 章 量子コンピュータとスピントロニクス

文　　献

1) L. K. Grover, *Phys. Rev. Lett.*, **79**, 325 (1997)
2) P. W. Shor, in Proceedings of the 35 th Symposium on the Foundations of Computer Science (IEEE Computer Society Press, Los Alamitos, 1994), p. 124
3) R. P. Feynman, *Int. J. Theor. Phys*., **21**, 467 (1982); S. Lloyd, *Science*, **273**, 1073 (1996)
4) D. P. Divincenzo, inMesoscopic Electron Transport, Edited by L. Kowenhoven, G. Schoen, and L. Sohn, (Kluwer Academic, 1997), p.657
5) D. Deutch, A, Barenco, and A. Ekert, *Proc. R. Soc. Lond. A*, **449**, 669 (1995)
6) A, Barenco, C. Bennett, R. Cleve, D. DiVincenzo, N. Margolous, P. Shor, T. Sleator, J. Smolin, and H. Weinfurter, *Phys. Rev. A*, **52**, 3457 (1995)
7) N. A. Gershenfeld and I. Chuang, *Science*, **275**, 350 (1997); D. G. Cory, A. F. Fahmy, and T. F. Havel, *Proc. Natl. Acad. Sci. USA*, **94**, 1634 (1997); E. Knill, I. Chuang, and R. La.amme, *Phys. Rev. A*, **57**, 3348 (1998)
8) L. M. Vandersypen, M. Ste.en, G. Breyta, C. S. Yannoni, M. H. Sherwood, and I. L. Chuang, *Nature*, **414**, 883 (2001)
9) E. Knill, R. La.amme, and G. J. Milburn, *Nature*, **409**, 46 (2001)
10) J. J. Cirac and P. Zoller, *Phys. Rev. Lett*., **74**, 4091 (1995)
11) J. E. Mooji, T. P. Orlando, L. Levitov, L. Tian, C. H. van der Wal, and S. Lloyd, *Science*, **285**, 1036 (1999)
12) Y. Nakamura, Y. A. Pashkin, and J. S. Tsai, *Nature*, **398**, 786 (1999)
13) D. Loss and D. P. DiVincenzo, *Phys. Rev. A*, **57** 120 (1998)
14) W. G. van der Wiel, S. De Franceschi, J. M. Elzerman, T. Fujisawa, S. Tarucha, and L. P. Kouwenhoven, *Rev. Mod. Phys*., **75**, 1 (2003)
15) B. E. Kane, *Nature*, **393**, 133 (1998)
16) T. D. Ladd, J. R. Goldman, F. Yamaguchi, Y. Yamamoto, E. Abe, and K. M. Itoh, *Phys. Rev. Lett*., **89**, 017901 (2002)
17) 伊藤公平，固体物理，**33**，965 (1998)
18) P. M. Platzman and M. I. Dykman, *Science*, **284**, 1967 (1999)
19) T. Yamamoto, Yu. A. Pashkin, O. Asta.ev, Y. Nakamura, and J. S. Tsai, *Nature*, **425**, 941 (2003)
20) J. H. Plantenberg, P. C. de Groot, C. J. P. M. Harmans, and J. E. Mooij, *Nature*, **447**, 836 (2007)
21) M. Ste.en, M. Ansmann, R. C. Bialczak, N. Katz, E. Lucero, R. McDermott, M. Neeley, E. M. Weig, A. N. Cleland, and J. M. Martinis, *Science*, **313**, 1423 (2006)
22) M. Neeley, M. Ansmann, R. C. Bialczak, M. Hofheinz, N. Katz, E. Lucero, A. O'Connell, H. Wang, A. N. Cleland, and J. M. Martinis, *Nature Phys*., **4**, 523, (2008)
23) A. O. Niskanen, K. Harrabi, F. Yoshihara, Y. Nakamura, S. Lloyd, J. S. Tsai, *Science*, **316**, 723 (2007)
24) A. Wallra., D. I. Schuster, A. Blais, L. Frunzio, R. –S. Huang, J. Majer, S. Kumar, S. M. Girvin,

and R. J. Schoelkopf, *Nature*, **431**, 162 (2004)
25) A. Blais, J. Gambetta, A. Wallra., D. I. Schuster, S. M. Girvin, M. H. Devoret, and R. J. Schoelkopf, *Phys. Rev. A*, **75**, 032329 (2007)
26) M. A. Sillanpäa, J. I. Park, and R. W. Simmonds, *Nature*, **449**, 438 (2007)
27) J. Majer, J. M. Chow, J. M. Gambetta, Jens Koch, B. R. Johnson, J. A. Schreier, L. Frunzio, D. I. Schuster, A. A. Houck, A. Wallra., A. Blais, M. H. Devoret, S. M. Girvin, and R. J. Schoelkopf, *Nature*, **449**, 443 (2007)
28) H. Ha.ner, W. Hansel, C. F. Roos, J. Benhelm, D. Chek-al-kar, M. Chwalla, T. Korber, U. D. Rapol, M. Riebe, P. O. Schmidt, C. Becher, O. Guhne, W. Durand, and R. Blatt, *Nature*, **438** 643 (2005)
29) R. Reichle, D. Leibfried, E. Knill, J. Britton, R. B. Blakestad, J. D. Jost, C. Langer, R. Ozeri, S. Seidelin and D. J. Wineland, *Nature*, **443**, 838 (2007)
30) K. Ono, D.G. Austing, Y. Tokura and S. Tarucha, *Science*, **297**, 1313 (2002)
31) T. Hayashi, T. Fujisawa, H.D. Cheong, and Y. Hirayama, *Phys. Rev. Lett.*, **91**, 226804 (2003)
32) J. R. Petta, A. C. Johnson, J. M. Taylor, E. A. Laird, A. Yacoby, M. D. Lukin, C. M. Marcus, M. P. Hanson, and A. C. Gossard, *Science*, **309**, 2180 (2005)
33) J. Berezovsky, M. H. Mikkelsen, N. G. Stoltz, L. A. Coldren, and D. D. Awschalom, *Science*, **320**, 349 (2008)
34) F. H. L. Koppens, C. Buizert, K. J. Tielrooij, I. T. Vink, K. C. Nowack, T. Meunier, L. P. Kouwenhoven and L. M. K. Vandersypen, *Nature*, **442**, 766 (2006)
35) K. C. Nowack, F. H. L. Koppens, Yu. V. Nazarov, and L. M. K. Vandersypen, *Science* **318**, 1430 (2007)
36) H. Kosaka, H. Shigyou, Y. Mitsumori, Y. Rikitake, H. Imamura, T. Kutsuwa, K. Arai, and K. Edamatsu, *Phys. Rev. Lett.*, **100**, 096602 (2008)
37) 量子誤り訂正や耐故障性量子計算に関する議論は，M. A. Nielsen and I. L. Chuang, Quantum Computation and Quantum Information (Cambridge University Press, Cambridge, 2000); J. Grusuka, 量子コンピューティング，伊藤正美ら共訳（森北出版，2003）； J. P. Paz and W. H. Zurek, in Fundamentals of Quantum Information, edited by D. Heiss, (Springer, Berlin, 2002), p.77-148; The Physics of Quantum Information, edited by D. Boumeester, A. Ekert, and A. Zeilinger (Springer, Berlin, 2001), Chapter 7 などに詳しく記述されている。
38) D. Gottesman, *Phys. Rev. A*, **54**, 1862 (1996)
39) 川畑史郎，固体物理，**38**，733(2003)
40) T. D. Ladd, D. Maryenko, Y. Yamamoto, E. Abe, and K. M. Itoh, *Phys. Rev. B*, **71**, 014401 (2005)
41) F. Schmidt-Kaler *et al.*, *Nature*, **422**, 408 (2003); *J. Phys. B: At. Mol. Opt. Phys.* **36**, 623 (2003)
42) A. M. Tyryshkin *et al.*, in preparation.
43) J. Wrachtrup, S. Ya. Kilin, and A. P. Nizovtesev, *Opt. Spectrosc.*, **91**, 429 (2001)
44) R. Vrijen, E. Yablonovitch, K. Wang, H. W. Jiang, A. Balandin, V. Roychowdhury, T. Mor, and D. DiVincenzo, *Phys. Rev. A*, **62**, 012306 (2000)
45) G. P. Berman, G. D. Doolen, P. C. Hammel, and V. I. Tsifrinovich, *Phys. Rev. Lett.*, **86**, 2894

(2001)
46) I. Shlimak, V. I. Safarov, and I. D. Vagner, *J. Phys.: Condens. Matter*, **13**, 6059 (2001)
47) E. E. Haller, *J. Appl. Phys.*, **77**, 2857 (1995)
48) K. M. Itoh, *Solid State Commun.*, **133**, 747 (2005)
49) T. Sekiguchi, S. Yoshida, and K. M. Itoh, *Phys. Rev. Lett.*, **95**, 106101 (2005)
50) D. F. Wang, A.Takahashi, Y. Matsumoto, K. M. Itoh, Y. Yamamoto, T. Ono, and M. Esashi, *Nanotechnology*, **16**, 990 (2005)
51) H. Hayashi, W. Ko, T. Itahashi, A. Sagara, K. M. Itoh, L. S. Vlasenko, and M. P. Vlasenko, *Phys. Status Solidi C*, **3**, 4388 (2006)
52) A. Yang, M. Steger, D. Karaiskaj, M. L. W. Thewalt, M. Cardona, K. M. Itoh, H. Riemann, N. V. Abrosimov, M. F. Churbanov, A. V. Gusev, A. D. Bulanov, A. K. Kaliteevskii, O. N. Godisov, P. Becker, H.–J. Pohl, J. W. Ager III, and E. E. Haller, *Phys. Rev. Lett.*, **97**, 227401 (2006)

スピントロニクスの基礎と
材料・応用技術の最前線《普及版》 (B1133)

2009年6月30日　初　版　第1刷発行
2015年8月10日　普及版　第1刷発行

監　修　　高梨弘毅　　　　　　　　　　Printed in Japan
発行者　　辻　賢司
発行所　　株式会社シーエムシー出版
　　　　　東京都千代田区神田錦町1-17-1
　　　　　電話 03(3293)7066
　　　　　大阪市中央区内平野町1-3-12
　　　　　電話 06(4794)8234
　　　　　http://www.cmcbooks.co.jp/

〔印刷　倉敷印刷株式会社〕　　　　　　© K. Takanashi, 2015

落丁・乱丁本はお取替えいたします。

本書の内容の一部あるいは全部を無断で複写（コピー）することは，法律で認められた場合を除き，著作者および出版社の権利の侵害になります。

ISBN978-4-7813-1026-8　C3054　¥6800E